ADVANCED SURFACE TREATMENT AND MEASUREMENT TECHNOLOGY OF MATERIALS

材料先进表面处理与测试技术

付 明　田保红　齐建涛　等 编著

化学工业出版社
·北 京·

内容简介

本书结合编者及团队多年在激光表面熔覆、热喷涂、化学镀等领域取得的研究成果，以及国内外该领域新的研究进展等编写而成。全书共5章，在阐述材料表面工程相关基础理论的基础上，详细介绍了激光表面处理技术（概念、理论基础、特征与应用分析）、化学镀技术（概念、理论、发展情况、特点、应用）、涂（膜）层测试技术（概念、种类、测试评价）等内容。另外，书后附有国际标准化组织（ISO）、美国材料与试验协会（ASTM）、日本工业协会（JIS）、中国国家标准（GB）等有关材料表面处理和测试技术的标准目录，以便读者参考。

本书具有较强的专业性与技术应用性，可供从事材料表面处理的工程技术人员、科研人员和管理人员参考，也可供高等学校材料工程及相关专业师生参阅。

图书在版编目（CIP）数据

材料先进表面处理与测试技术/付明等编著.—北京：化学工业出版社，2023.6（2024.5重印）

ISBN 978-7-122-43771-6

Ⅰ.①材… Ⅱ.①付… Ⅲ.①金属表面处理 Ⅳ.①TG178

中国国家版本馆CIP数据核字（2023）第125017号

责任编辑：刘兴春 刘 婧　　文字编辑：范伟鑫 王云霞

责任校对：王 静　　装帧设计：韩 飞

出版发行：化学工业出版社（北京市东城区青年湖南街13号 邮政编码100011）

印 装：北京天宇星印刷厂

787mm×1092mm 1/16 印张18½ 字数389千字 2024年5月北京第1版第2次印刷

购书咨询：010-64518888　　售后服务：010-64518899

网 址：http://www.cip.com.cn

凡购买本书，如有缺损质量问题，本社销售中心负责调换。

定 价：138.00元

前言

表面技术是建立在表面（界面）科学基础上，材料、机械、物理、化学等多学科相互复合、渗透而成的一门交叉学科，也是在材料、机械、化工、能源、建筑、宇航、交通等诸多领域得到广泛应用的工程技术之一。

近几十年来，随着科学技术的飞速发展，人们对材料在高温、高压、高速、高度自动化和恶劣工况下长期稳定运转的性能，尤其是材料的表面性能（如耐磨、耐蚀、耐热、电磁及光学等）的要求不断提高，使得传统的材料表面改性技术及手段已无法满足需要；与此同时，人们也普遍希望通过对材料表面进行改性，以达到用普通材料替代昂贵材料的目的。因而，表面技术迅速成为一门极具研究和应用价值的学科，许多新的表面技术不断涌现，传统的表面技术不断得到改进、完善、交叉和复合，从而大大丰富和发展了原有的表面工程学。

本书基于目前材料表面处理和测试技术现状及发展趋势，总结了编者及团队多年在激光表面熔覆、热喷涂、化学镀等领域取得的研究成果，并结合国内外最新相关研究进展，就材料表面与界面基础理论、激光熔覆、化学镀、涂（膜）层测试技术进行了论述；附录给出了国际标准化组织（ISO）、美国材料与试验协会（ASTM）、日本工业协会（JIS）、中国国家标准（GB）等有关材料表面处理和测试技术的标准目录，以便读者参考。本书编写注重通用性、可行性和易操作性，通俗易懂，简便实用，可供从事材料表面处理的工程技术人员、科研人员和管理人员参考，也可供高等学校材料工程及相关专业师生参阅。

本书由付明、田保红和齐建涛等编著，卞贵学、刘群、王勇、胡娜、王寒冰等参与了本书的编写工作。付明负责全书的规划及统筹，并对本书进行了统稿和定稿。

本书编写过程中参考了众多专家研究成果及各类国内外标准，在此表示衷心感谢！同时，感谢国家自然科学基金资助项目“镁合金表面功能性转化膜材料的多尺度表征及可控制备研究（51701239）”对本书出版的支持！

限于编者水平及编写时间，书中不足和疏漏之处在所难免，敬请读者提出修改建议。

编者

2023年1月

目　录

第1章

绪 论

1.1 材料表面处理

材料经初步加工成形后修饰材料表面，美化材料表面，更进一步改变材料表面的机械性质及物理、化学性质等各种操作过程，称为材料表面处理或材料表面加工。其包括激光、电子束热处理技术以及喷丸、辊压、孔挤等表面加工硬化技术与表面纳米化加工技术。

表面处理的对象非常广泛，从传统工业到现在的高科技工业，从以前的金属表面到现在的塑料、非金属的表面；它使材料更耐腐蚀、更耐磨耗、更耐热，寿命延长；此外其还可改善材料表面特性，使材料光泽美观等来提高产品附加价值。所有这些改变材料表面物理、机械及化学性质的加工技术统称为表面处理或表面加工。表面处理工业虽然不是主流工业，但只有通过表面处理，制品的特性及价值才能充分发挥出来。应用电镀、阳极处理、化成处理、涂装等工业技术，达到防蚀和增进可焊性、润滑性、耐磨性、附着性及防止钢材渗碳等多项目的。

随着生态文明建设深入推进，环保政策趋严已常态化，材料表面处理行业作为基础产业，对经济发展起着重要作用。但长期以来，材料表面处理行业的增长建立在高投入、高能耗、高污染基础之上，是一种不可持续的增长方式。面对资源、环境的约束，转型升级已是必然。目前国内材料表面处理企业面临的政策导向有一定的共同点：加快淘汰落后产能、化工入园、保护生态环境、鼓励企业向高端方向发展。通过持续研发投入，转变生产方式，寻找创新环保的表面处理技术替代污染较严重的电镀，实现产品附加值和企业竞争力的提升。预计表面处理行业将迎来新一轮的资源整合，将出现强者恒强的局面，利于行业集中度提高，实现资源优化配置。

1.2 表面和界面结构

1.2.1 固体表面的结构

固体可分为晶体和非晶体两类。晶体中原子、离子或分子在三维空间呈周期性规则排列，即存在长程有序的排列。非晶体包括传统的玻璃、非晶态金属、非晶态半导体和某些高分子化合物，内部原子、离子或分子在三维空间排列短程有序，但是由于化学键的作用，在1～2nm范围内原子分布仍有一定的配位关系，原子间距和键角等都有一定特征，然而没有晶体那样严格。

固体中的原子、离子或分子之间存在一定的结合键。这种结合键与原子结构有关。最简单的固体可能是凝固态的稀有气体。稀有气体因其原子外壳电子层已经填满而呈稳定状态。通常稀有气体因原子之间的结合键非常微弱，只有处于很低温度时才会液化和凝固。这种结合键称为范德瓦耳斯（van der Waals）力。除稀有气体外，许多分子之间也可通过这种键结合为固体。例如，甲烷分子内部有很强的键合，但分子间依靠范德瓦耳斯键结合成固体。这种结合键又称为分子键。还有一种特殊的分子间作用力称为氢键，可把氢原子与其他原子结合起来而构成某些氢的化合物。分子键和氢键都属于物理键或次价键。

大多数元素的原子最外电子层没有填满电子，具有争夺电子成为类似稀有气体那种稳定结构的倾向。由于不同元素有不同的电子排布，所以可能导致不同的键合方式。例如，氯化钠固体是离子键结合，硅是共价键结合，而铜是金属键结合。这三种结合键都较强，同属于化学键或主价键。

常见的晶体结构有面心立方、密排六方和体心立方 3 种。前两种晶体结构是密排型的，其配位数是 12；而体心立方晶格则是非密排的，配位数是 8。上述配位数是对位于晶体内部的原子而言的，而对位于晶体表面的原子，情况则有所变化。如面心立方晶体中（111）面作表面时，（111）面上的每个原子的最近邻原子数为 9，“断键”数为 3。这样，由于表面原子受力状态的改变导致表层体系自由能高于晶体内部，高出的这部分能量称为表面能。不同晶面作表面时表面能不同，因此单晶体的表面能是各向异性的。在金属晶体中，金属原子靠金属键结合在一起，在晶体表面，由于出现“断键”，电子与离子之间的交互作用会发生改变，结果必然导致表面电子密度发生变化。

固体也可按结合键方式来分类。实际上许多固体并非由一种键把原子或分子结合起来，而是包含两种或更多的结合键，但是通常其中某种键是主要的，起主导作用，这种键合方式称为混合键。例如，GaAs 晶体中共价键和离子键的比例为 96%：4%，其键合以共价键为主；而 MgO 晶体的共价键和离子键的比例为 32%：68%，以离子键为主。

物质存在的某种状态或结构，通常称为相。严格地说，相是系统中均匀的、与其他部分有界面分开的部分。在一定温度和压力下，含有多个相的系统称为复相系。两种不同相之间的交界区称为界面。

固体材料的界面有 3 种。

① 表面：固体材料与真空、气体或液体的分界面。

② 晶界（或亚晶界）：多晶材料内部成分、结构相同而取向不同的晶粒（或亚晶粒）之间的界面。

③ 相界：固体材料中成分、结构不同的两相之间的界面。

1.2.2　固体的理想表面和清洁表面

理想表面是一种理论上认为的结构完整的二维点阵平面，表面的原子分布位置和电子密度都和体内一样。理想表面忽略了晶体内部周期性势场在晶体表面中断的影响，也忽略了表面上原子的热运动以及出现的晶体缺陷和扩散现象、表面外界环境的作用等。通常可以把晶体的解理面认为是理想表面，但实际上理想表面是不存在的。

清洁表面是指在特殊环境中经过特殊处理后获得的表面，是不存在吸附、催化反应或杂质扩散等物理、化学效应的表面。例如，经过诸如离子轰击、高温脱附、超高真空中解理、蒸发薄膜、场效应蒸发、化学反应、分子束外延等特殊处理后，保持在超高真空下，外来污染减少到不能用一般表面分析方法探测的表面。

1.2.2.1 清洁表面的结构

固体材料有单晶、多晶、非晶体和准晶等之分。目前对一些单晶材料的清洁表面研究得较为深入，对多晶和非晶体的清洁表面研究得还很少。

晶体表面是原子排列面，有一侧无固体原子的键合，形成了附加的表面能。从热力学来看，表面附近的原子排列总是趋于能量最低的稳定状态。达到这个稳定态的方式有两种：一种是自行调整，使表面原子排列情况与材料内部明显不同；另一种是依靠表面的成分偏析、表面对外来原子（或分子）的吸附以及这两者的相互作用而趋向稳定态，因而使表面组分与材料内部不同。

表 1.1 列出了几种清洁表面的结构和特点。由此来看，一方面，晶体表面的成分和结构都不同于晶体内部，一般要经过 4～6 个原子层之后才与体内基本相似，所以晶体表面实际上只有几个原子层范围。另一方面，晶体表面的最外一层也不是一个原子级的平整表面，因为这样的熵值较小，尽管原子排列做了调整，但是自由能仍较高，所以清洁表面必然存在各种类型的表面缺陷。

表 1.1 几种清洁表面结构和特点[1-5]

序号	名称	结构示意图	特点
1	弛豫	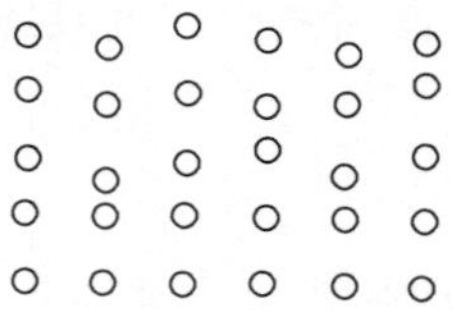	表面最外层原子与第二层原子之间的距离不同于体内原子间距（缩小或增大；也可以是有些原子间距增大，有些减小）
2	重构	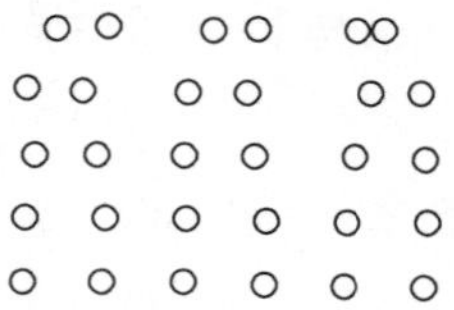	在平行基底的表面上，原子的平移对称性与体内显著不同，原子位置做了较大幅度的调整
3	偏析	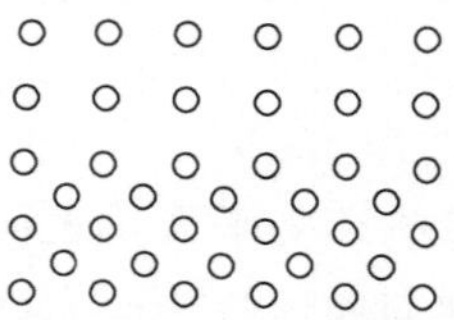	表面原子是从体内通过分离、扩散出来而聚集的外来原子

续表

序号	名称	结构示意图	特点
4	化学吸附		外来原子（超高真空条件下主要是气体）吸附于表面，并以化学键合
5	化合物		外来原子进入表面，并与表面原子键合形成化合物
6	台阶		表面不是原子级的平坦，表面原子可以形成台阶结构

图 1.1 为单晶表面的平台-台阶-扭折（TLK）模型，已被低能电子衍射（LEED）等表面分析结果所证实。由于表面原子的活动能力较体内强，形成点缺陷的能量小，因而表面上的热平衡点缺陷浓度远大于体内。各种材料表面上的点缺陷类型和浓度都以一定条件而定，最为普遍的是吸附（或偏析）原子。另一种晶体缺陷是位错。实际单晶体的表面并不是理想的平面，而是存在很多缺陷，如台阶、扭折、位错露头、空位等。由于位错只能终止在晶体表面或晶界上，而不能终止在晶体内部，因此位错往往在表面露头。实际上位错并不是几何学上定义的线，而被认为是具有一定宽度的“管道”。位错附近的原子平均能量高于其他区域的能量，容易被杂质原子所取代。如果是螺型位错的露头，则在表面形成一个台阶。无论是具有各种缺陷的平台，还是台阶和扭折都会对表面的一些性能产生显著的影响。例如，TLK 表面的台阶和扭折对晶体生长、气体吸附和反应速率等影响较大。

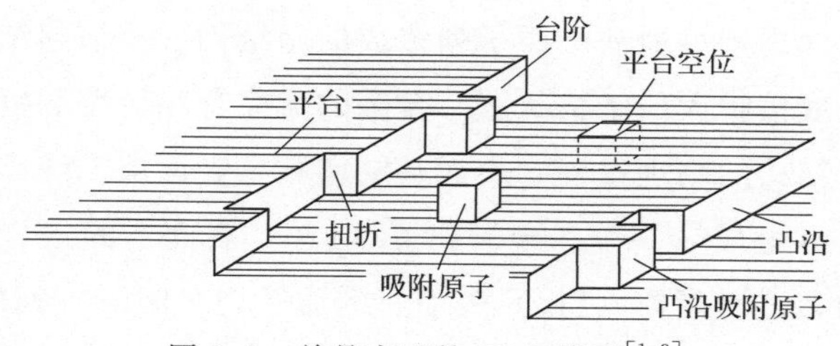

图 1.1　单晶表面的 TLK 模型[1,3]

1.2.2.2　表面弛豫

晶体的三维周期性原子排列规律在表面处突然中断，表面上原子的配位情况发生变化，并且表面原子附近的电荷分布也有改变，使表面原子所处的力场与体内原子不同，因此表面上的原子会发生相对于正常位置的上、下位移，以降低体系能量。表面上原子的这种位移（压缩或膨胀）称为表面弛豫。表面弛豫的最明显处是表面第一层原子与第二层原子之间距离的变化；越深入晶体内部，弛豫效应越弱，并且迅速消失。因此，往往只考虑第一层原子的弛豫效应。通常所观察到的大部分表面层间距缩短，即存在表面负弛豫；但也观察到表面层间距膨胀，即表面正弛豫的现象。例如，纯铝的表面为（110）面时会有3%～5%的负弛豫；纯铜的表面为（110）面时会有20%的正弛豫。在金属、卤化碱金属化合物、MgO等离子晶体中，表面弛豫是普遍存在的。

一般简单地认为，负弛豫是将一个晶体劈裂成新表面时，表面原子原来的成键电子会部分地从断开的键移到未断的键上去，从而使未断键增强，因此会缩短键长。不过，一旦有被吸附的原子存在，键长的变化应减少或消失。正弛豫是由于表面原子间的键合力比体内弱，表面原子的热振动频率会降低，使振幅增大，从而导致表面原子发生重组，重组后的点阵常数大于体内。研究表明，某些体心立方金属的表面，其弛豫的正负自表向内可能交替改变，即自外向内的几个表面原子层的层间距是收缩、膨胀交替变化的。表面弛豫主要取决于表面断键即悬挂键的情况。弛豫作用对杂质、缺陷、外来吸附很敏感。对于离子晶体，表层离子失去外层离子后破坏了静电平衡，由于极化作用，可能会造成双电层效应。

1.2.2.3 表面重构

在平行基底的表面上，原子的平移对称性与体内显著不同，原子位置做了较大幅度的调整，这种表面结构称为重构。表面重构与表面悬挂键有关。表面原子价键不饱和会产生表面悬挂键，当表面吸附外来原子而使表面悬挂键饱和时，重构必然发生变化。

表面重构能使表面结构发生质的变化，因而在许多情况下，表面重构在降低表面能方面比表面弛豫要有效得多。最常见的表面重构有两种类型：一种是缺列型重构；另一种是重组型重构。

缺列型重构是表面周期性地缺失原子列造成的超结构。所谓超结构是指晶体平移对称周期，即晶胞基矢成倍扩大的结构状态。合金的无序有序转变和复合氧化物固溶体的失稳分解都是造成超结构的物理过程。表面超结构则是表面层二维晶胞基矢的整数倍扩大。在洁净的面心立方金属铱、铂、金、钯等（110）表面上的（1×2）型超结构，是最典型的缺列型重构，这时晶体（110）表面上的原子列每间隔一列即缺失一列。

重组型重构并不减少表面的原子数，但却显著地改变表面的原子排列方式。通常，重组型重构发生在共价键晶体或有较强共价成分的混合键晶体中。共价键具有强的方向性，表面原子断开的键，即悬挂键处于非常不稳定的状态，因而将造成表面晶格的强烈畸变，最终重排成具有较少悬挂键的新表面结构。重组型重构常会同时伴有表面弛豫而进一步降低能量，仅就表面结构变化的影响程度而言，表面弛豫比重组要小得多。

总之，当原子键不具有明显方向性时，表面重构较为少见，即使重构也以缺列型重构为主；当原子键具有明显的方向性如共价键时，则洁净的低指数表面上的重组型重构是很常见的。近年来发现，多种具有较强共价成分的晶体中也存在重组型重构，最典型的例子就是 $SrTiO_3$ 晶体。

1.2.2.4　表面台阶结构

清洁表面实际上不会是完整表面，因为这种原子级的平整表面熵很小，属热力学不稳定状态，故而清洁表面必然存在台阶结构等表面缺陷。LEED 等实验证实单晶体的表面有平台、台阶和扭折。台阶的转折处称为扭折。

1.2.2.5　表面相变

由于表面原子处在各向异性的环境，比体相原子具有较少的相邻原子，因此其电子密度分布与体相不同，可用来键合的价电子既可比体相的多，也可比体相的少，所以在表面的原子平面上可以发生结构的转变。这种表面结构的重组不仅改变了键角，而且改变了转动的对称性和最近邻的原子数目，这就是表面的相变。

图 1.2 为川崎、高井等学者在高分辨透射电子显微镜下获得的 Au 单晶表面的原子结构，可以清楚看出 Au 单晶表面（110）晶面原子向表面方向松弛 0.02nm（白框内），而白色箭头所指原子则向晶体内部收缩，即发生表面弛豫。同时可以清晰看出 Au 单晶表面由众多台阶构成。

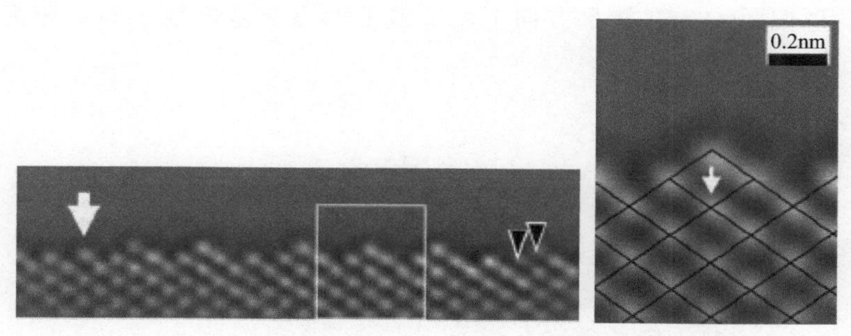

图 1.2　高分辨透射电子显微镜下的 Au 单晶表面的原子结构[6]

1.2.3　实际表面结构

纯净的清洁表面是很难制备的。实际表面与清洁表面相比主要有下列不同。

1.2.3.1　表面粗糙度

经过切削、研磨、抛光的固体表面似乎很平整，然而用电子显微镜进行观察，可以看到表面有明显的起伏，同时还可能有裂缝、空洞等。

表面粗糙度是指加工表面上具有的较小间距的峰和谷所组成的微观几何形状特性。它与波纹度、宏观几何形状误差不同的是：相邻波峰和波谷的间距<1mm，并且大体呈周期性起伏。其主要由加工过程中刀具与工件表面间的摩擦、切屑分离工件表面层材料的塑性变形、加工系统的高频振动以及刀尖轮廓痕迹等原因造成。

表面粗糙度对材料的许多性能有显著的影响。控制这种微观几何形状误差，对于实现零件配合的可靠和稳定、减小摩擦与磨损、提高接触刚度和疲劳强度、降低振动与噪声等有重要作用。因此，表面粗糙度通常要严格控制和评定。其评定参数大约有 30 种。在我国国家标准中，GB/T 1031 对表面粗糙度参数及其数值，GB/T 3505 对表面粗糙度术语、表面及其参数，GB/T 7220 对表面粗糙度术语、参数测量等，都有严格的规定。对工业制品，规定用中线制（即以中线为基准线评定轮廓的计算制）评定表面粗糙度，并从以下 3 项参数中选取。

① 轮廓算术平均偏差 R_a　它是在取样长度 l 内轮廓偏距绝对值的算术平均值：

$$R_a = \frac{1}{l}\int_0^l |y(x)| \mathrm{d}x \tag{1.1}$$

或近似为

$$R_a = \frac{1}{n}\sum_{i=1}^{n} |y_i| \tag{1.2}$$

式中，轮廓偏距 y 为在测量方向上轮廓线上的点与基准线之间的距离；l 为取样长度。

② 微观不平度十点高度 R_z

$$R_z = \frac{1}{5}\left(\sum_{i=1}^{5} |y_{p_i}| + \sum_{i=1}^{5} |y_{v_i}|\right) \tag{1.3}$$

式中　y_{p_i}——第 i 个最大的轮廓峰高；

y_{v_i}——第 i 个最大的轮廓谷深。

③ 轮廓最大高度 R_y　它是取样长度 l 范围内的轮廓峰顶线与轮廓谷底线之间的距离。

在常用的参数范围内（R_a 为 0.025～6.300μm，R_z 为 0.100～25.000μm），以上 3 个参数中推荐优先选用 R_a。除了 R_a、R_z、R_y 参数外，在一些实际工作中，还选用了其他表面粗糙度参数，例如（见图 1.3）：

① 最大凸峰高度 R_p　它是从中线到最高轮廓峰顶线的距离。

② 平均凸峰间距 S_m

$$S_m=\frac{1}{n}\sum_{i=1}^{n}S_{m_i} \tag{1.4}$$

③ 相对凸峰宽度 t_p

$$t_p=\frac{\sum_{i=1}^{n}b_i}{l} \tag{1.5}$$

式中 b_i——凸峰宽度。

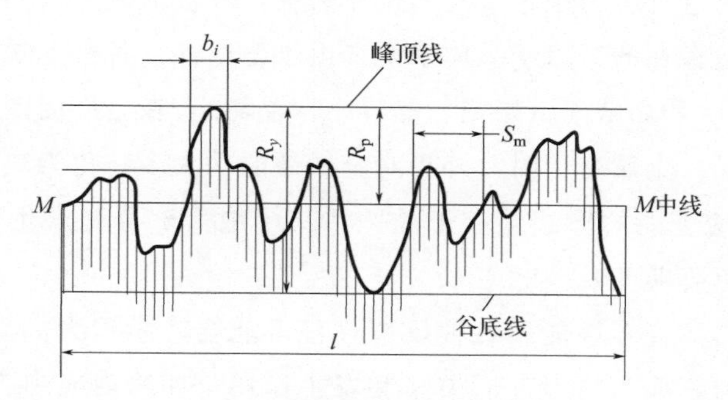

图 1.3 表面粗糙度轮廓示意[1]

表面粗糙度的测量方法有比较法、激光光斑法、光切法、光波干涉法、针描法、激光全息干涉法、光点扫描法等，分别适用于不同评定参数和不同粗糙度范围的测量。

1.2.3.2 贝尔比层和残余应力

固体材料经切削加工后，在几个微米或者十几个微米的表层中可能发生组织结构的剧烈变化。例如金属在研磨时，由于表面的不平整，接触处实际上是“点”接触，其温度可以远高于表面的平均温度；但是由于作用时间短，而金属导热性又好，所以摩擦后该区域迅速冷却下来，原子来不及回到平衡位置，造成一定程度的晶格畸变，深度可达几十微米。这种晶格畸变是随深度变化的，而在最外层的 5～10μm 厚度内可能会形成一种非晶态层，称为贝尔比（Beilby）层，其成分为金属材料和它的氧化物，而性质与体内明显不同。

贝尔比层具有较高的耐磨性和耐蚀性，这在机械制造时可以利用。但是在许多其他场合，贝尔比层是有害的，例如在硅片上进行外延、氧化和扩散处理之前要用腐蚀法除掉贝尔比层，因为它会诱发出位错等缺陷而严重影响器件的性能。

金属在切割、研磨和抛光后还存在着各种残余应力，同样对材料的许多性能产生影响。实际上残余应力是材料经各种加工处理后普遍存在的。

残余应力（内应力）按其作用范围大小可分为宏观内应力和微观内应力两类。材料经过不均匀塑性变形后卸载，就会在内部残存作用范围较大的宏观内应力。许多表面加工处理能在材料表层产生很大的残余应力。焊接也能产生残余应力。材料受热不均匀或各部分热膨胀系数不同，在温度变化时就会在材料内部产生热应力，它也是一种内应力。

微观内应力的作用范围较小，通常分为两类。一类是其作用范围大致与晶粒尺寸为同一数量级。例如多晶体变形过程中各晶粒的变形是不均匀的，并且每个晶粒内总的变形也不均匀，有的已发生塑性变形，有的还处于弹性变形阶段；当外力去除后，处于弹性变形的晶粒要恢复原状，而已塑性流动的晶粒就不能完全恢复，造成了晶粒之间互相牵连的内应力；如果这种应力超过材料的抗拉强度，就会形成显微裂纹。另一类作用范围更小，但却是普遍存在的。对于晶体来说，由于普遍存在各种点缺陷（空位、间隙原子）、线缺陷（位错）和面缺陷（层错、晶界、孪晶界），在它们周围引起弹性畸变，因而相应存在内应力场。金属变形时，外界对金属做的功大多转化为热能而散失，而大约有小于10%的功以应变能的形式储存于晶体，其中绝大部分是产生位错等晶体缺陷而引起的弹性畸变（点阵畸变）。

残余应力对材料的许多性能和各种反应过程可能会产生很大的影响，有利也有弊。例如，材料在受载时内应力将与外应力一起发生作用。如果内应力方向和外应力相反，就会抵消一部分外应力，从而起有利的作用；如果方向相同则互相叠加，则起不利作用。许多表面技术就是利用这个原理，在材料表层产生残余抗压应力（压应力），来显著提高零件的疲劳强度，降低零件的疲劳缺口敏感性。

1.2.3.3 表面氧化、吸附和污染

固体与气体的作用有吸附、吸收和化学反应三种形式。吸附是固体表面吸引气体与之结合，以降低固体表面能的作用。吸收是固体的表面和内部都容纳气体，使整个固体材料的能量发生变化。化学反应是固体与气体的分子或离子间以化学键相互作用，形成新的物质，整个固体的能量发生显著的变化。

吸附有物理吸附和化学吸附两种。物理吸附是依靠范德瓦耳斯力，吸附热数量级为$\Delta H_a < 0.2\text{eV}$（约20kJ/mol）。化学吸附是依靠强得多的化学键，吸附热数量为$\Delta H_a > 0.5\text{eV}$。由于气体分子的热运动，被吸附在固体表面的气体也会脱附离去，当吸附速率与脱附（解吸）速率相等时为吸附平衡，吸附量达到恒定值。恒定值的大小与吸附体系的本质、气体的压力、温度等因素有关。对于一定的吸附体系，当气体压力大和温度低时吸附量就大。

分析具有表面吸附的实际表面时，可以把清洁表面作为基底，然后观察吸附表面结构相对于清洁表面的变化。稀有气体原子在基底上往往通过范德瓦耳斯力形成有序的密堆积结构，但这种物理吸附不稳定，易解吸，也易受温度影响，对表面结构和性能影响小。其他气体原子在基底上往往以化学吸附形成覆盖层，或者形成置换式或间隙式合金

型结构，对表面结构和性能影响大。对金属、半导体等固体表面的研究表明，在一定条件下，吸附原子在基底上有相应的排列结构，而条件变化时，如吸附物、基底材料、基底表面结构、温度、覆盖度等发生变化，则表面吸附结构也会出现一定的变化。

因此，固体表面与气体之间会发生作用。当固体表面暴露在一般的空气中就会吸附氧或水蒸气，甚至在一定的条件下发生化学反应而形成氧化物或氢氧化物。金属在高温下的氧化是一种典型的化学腐蚀，形成的氧化物大致有三种类型：一是不稳定的氧化物，如金、铂等的氧化物；二是挥发性的氧化物，如氧化钼等，它们以恒定的、相当高的速率形成；三是在金属表面上形成一层或多层的一种或多种氧化物，这是经常遇到的情况。例如，铁在高于560℃时生成三种氧化物：外层是Fe_2O_3；中层是Fe_3O_4；内层是溶有氧的FeO，为一种以化合物为基的缺位固溶体，称作郁氏体。这三层氧化物的含量依次递减而厚度却依次递增。铁在低于560℃氧化时不存在FeO。Fe_2O_3、Fe_3O_4及郁氏体对扩散物质的阻碍均很小，因而它们的保护性较差，尤其是厚度较大的郁氏体，其晶体结构不够致密，保护性更差，故碳钢零件一般只能用到400℃左右。对于更高温度下使用的零件，就需用抗氧化合金钢来制造。

实际上在工业环境中除了氧和水蒸气外，还可能存在CO_2、SO_2、NO_2等各种污染气体，它们吸附于材料表面生成各种化合物。污染气体的化学吸附和物理吸附层中其他物质，如有机物、盐等，与材料表面接触后也留下痕迹。

研究实际表面在现代工业，特别是高新技术方面，有着重要的意义。其中，制造集成电路是一个典型的实例。制造集成电路包含高纯度材料的制备、超微细加工等工艺技术，而表面净化和保护处理对于制作高质量、高可靠性的集成电路是十分重要的。因为在大规模、超大规模集成电路中，导电带宽度为微米或亚微米级尺寸，一个尘埃大约也是这个尺寸。如果尘埃刚好落在导电带位置，在沉积导电带时就会阻挡金属膜的沉积，从而影响互连，使集成电路失效。不仅是空气，还有清洗水和溶液中，如果残存各种污染物质，而且被材料表面所吸附，那么将严重影响集成电路和其他许多半导电器件的性能、成品率和可靠性。除了空气净化、水纯化等的环境管理和半导体表面的净化处理之外，表面保护处理也是十分重要的。因为不管表面净化得如何细致，总会混入某些微量污染物质，所以为了确保半导体器件实际使用的稳定性，必须采用纯化膜等保护措施。

当然各种器件表面清洁程度的要求是相对的，例如有的器件体积大，又用的是多晶材料，有些场合即使洁净程度不是很高，也能制造出电路和器件，但或多或少会影响到成品率和性能。

材料的表面吸附方式受到环境的显著影响，有时也会受到来自材料内部的影响，所以在研究实际表面成分和结构时必须综合考虑来自内外两方面因素。例如Pd-Ag合金，在真空中表面层富Ag，但吸附CO后，由于CO与表面Pd原子间强烈的作用，Pd原子趋向表面，使表面富Pd；18-8不锈钢氧化后表面Cr_2O_3层消失而转化为氧化铁。另外，实际表面还包括许多特殊的情况，如高温下的实际表面、薄膜表面、粉体表面、超微粒子表面等。

1.2.3.4 固体的实际表面

纯净的表面通常是在特定的环境和加工条件下获得的，往往很难制备。通常接触的是实际表面，如图1.4所示。为了描述实际表面的构成，早在1936年西迈尔兹就把实际表面区分为两个范围：一个是所谓的“内表面层”，它包括基体金属层和加工硬化层等；另一个是所谓的“外表面层”，它包括吸附气体层、氧化层等。对于给定条件下的表面，其实际组成及各层的厚度与表面制备过程、环境介质以及材料本身的性质有关。因此，实际表面的结构及性质很复杂。

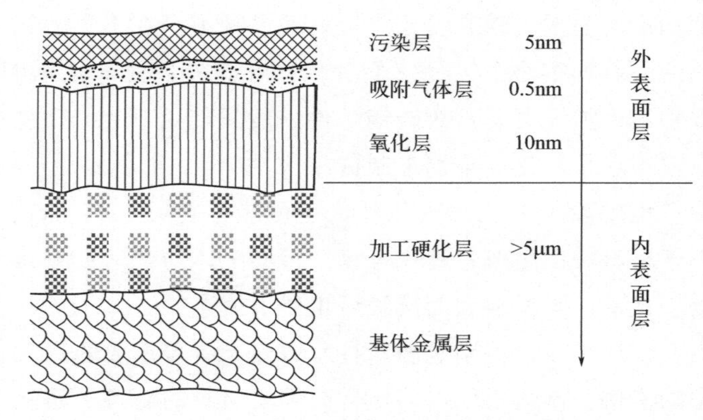

图1.4 金属的实际表面示意

1.3 表面和界面热力学——表面能和界面能

1.3.1 液体的表面张力与表面自由能

1.3.1.1 液体的表面张力

液体表面最基本的特性是倾向收缩，即在表面力的作用下趋于最小表面积的倾向。设液面上一直线的长度为 l，若在此线上施加外力 f，恰能使它平衡不动，则该外力 f 就等于表面张力。实验证明：

$$f=\sigma l \text{ 或 } \sigma=f/l \tag{1.6}$$

式中 σ——表面张力系数或比表面张力，一般简称为表面张力。

σ 除了与液体性质及液面外相邻物质的性质有关外，还与温度及液体所含的杂质有关。能使σ减小的物质称为表面活性剂。

1.3.1.2 液体的表面自由能

考察一个具有液-气界面的系统。由于分子在一定距离内有相互作用，气相的密度显著小于液相的密度，因此处于液体表面的分子所受到的引力不完全对称，合力指向液体内部；而处于液体内部的分子受到四周分子的作用力是等同的，合力为零，即分子在液体内部运动无需做功。因此，液体内部的分子若要迁移到表面，必须克服一定的引力的作用，也就是说欲使表面增大就必须做功。此时该系统的体积没有变化，所做的功属于有效功。在等温等压条件下，对立方体所做的有效可逆功等于立方体增加的表面吉布斯自由能，因此，液体表面分子比液体内部分子有着较高的能量。

总表面分子比同样多的内部分子多余的吉布斯自由能称为总表面（自由）能，记作G_s。它等于增加表面积A所需的可逆功。

单位面积的表面分子比同样多的内部分子所多余的吉布斯自由能，称为比表面能，简称表面能，记为γ。它等于增加单位表面所需的可逆功。写成关系式为

$$G_s=\gamma A \tag{1.7}$$

由于表面过程既是等温等压过程，也是等容过程，故形成单位面积时系统的吉布斯自由能G_s的变化与亥姆霍兹自由能F_s的变化是相同的。所以，比表面能可以定义为

$$\gamma=\left(\frac{\partial G_s}{\partial A}\right)_{T,p}=\left(\frac{\partial F_s}{\partial A}\right)_{T,V} \tag{1.8}$$

式中 A——表面积；

G_s，F_s——总表面能。

对于液体来说，表面（自由）能与表面张力是一致的，即$\gamma=\sigma$。

1.3.2 固体的表面张力与表面自由能

1.3.2.1 固体的表面张力与表面自由能的概念

液体中原子或分子之间的相互作用力较弱，原子或分子的相对运动较易进行。液体内部原子或分子克服引力迁移到表面，形成新的表面，此时很快达到一种动平衡状态。一般认为，液体的比表面自由能与表面张力在数值上是一致的。

但是，固体与液体不同。固体中原子或分子、离子之间的相互作用力较强。固体可大致分为晶态和非晶态两大类。即使是非晶态固体，由于受到结合键的制约，虽然不具有晶体那样的长程有序结构，但在短程范围内（通常为几个原子）仍具有特定的有序排列。因此，固体中原子或分子、离子彼此间的相对运动比液体要困难得多，直接造成固

体表面具有不同于液体表面的一系列特性：

① 固体的表面自由能中包含弹性能，它在数值上已不等于表面自由能。

② 固体表面上的原子组成和排列呈各向异性，不像液体那样表面能是各向同性的。不同晶面的表面能彼此不同。若表面不均匀，表面能甚至随表面上不同区域而改变。固体的表面张力也是各向异性的。

③ 实际固体的表面通常处于非平衡状态，决定固体表面形态的主要是形成条件和过程，而表面张力的影响变小。

④ 液体表面张力涉及液体表面的抗拉应力（拉应力）。张力功可以通过表面积测算而得到；而固体表面的增加，涉及表面断键密度等概念，所以固体的表面能具有更复杂的意义。

⑤ 表面张力是在研究液体表面状态时提出来的，严格地说，对于有关固体表面的问题，往往不采用这个概念。固体的表面能在概念上不等同于表面张力。但是在一定条件下，尤其是接近熔点的高温条件下，固体表面的某些性质类似于液体，此时常用液体表面理论和概念来近似讨论固体表面现象，从而避免复杂的数学运算。

根据热力学关系，固体的表面能包括自由能和束缚能，即

$$E_s = G_s - TS_s \tag{1.9}$$

式中 E_s——表面总能量，代表表面分子相互作用的总内能；

G_s——总表面（自由）能；

TS_s——表面束缚能，其中表面熵 S_s 由组态熵、振动熵（又称声子熵，表征晶格振动对熵的贡献）和电子熵（表征电子热运动对熵的贡献）三部分组成；

T——热力学温度。

实际上组态熵、振动熵和电子熵在总能量中贡献很小，可以粗略地忽略不计，所以表面能取决于表面自由能。

对于纯金属，比表面自由能 γ 可写为

$$\gamma = \mathrm{d}F_s/\mathrm{d}A \tag{1.10}$$

式中 $\mathrm{d}F_s/\mathrm{d}A$——形成单位面积表面时系统亥姆霍兹自由能 F_s 的变化；

A——表面积。

固体的比表面（自由）能 γ 也常简称为表面能。

对于合金系，当温度 T、体积 V 及晶体畸变为常数时：

$$\gamma = \mathrm{d}F_s/\mathrm{d}AA - \sum \mu_i [(\mathrm{d}n_i/\mathrm{d}A)N_A] \tag{1.11}$$

式中 i——合金中所有组元；

μ_i——i 组元的化学势；

$\mathrm{d}n_i/\mathrm{d}A$——由晶体表面积 A 的改变所引起的晶体本体内 i 组元数的变化；

N_A——阿伏伽德罗常量。

实际测定固体的表面能和表面张力是非常困难的。对于金属晶体，通常采用“零蠕变法”测表面能的大小。如果已知晶界能的大小，对长度为l、半径为R、共含有$n+1$个晶粒的试样，其自身重力使它在高温下伸长。但另一方面，表面能及晶界能使试样收缩，这样通过测定蠕变为零的条件，便可计算试样表面能大小。

1.3.2.2　影响表面能的主要因素

影响表面能的因素很多，主要有晶体类型、晶体取向、温度、杂质、表面形状、表面曲率、表面状况等。下面用热力学讨论其中表面温度和晶体取向两个因素。

（1）表面温度

由$\left(\frac{\partial F_s}{\partial T}\right)_V=-S$，可得

$$U=F_s-T\frac{\partial F_s}{\partial T} \tag{1.12}$$

式中　U——表面内能。

若以U_A表示单位面积表面内能，则有

$$U_A=\gamma-T\frac{\partial \gamma}{\partial T} \tag{1.13}$$

$$\frac{\partial \gamma}{\partial T}=\frac{1}{T}(\gamma-U_A) \tag{1.14}$$

由自由能定义可得$U_A-\gamma=TS/A$，其中TS/A恒为正，可知$U_A>\gamma$恒成立。由此：

$$\frac{\partial \gamma}{\partial T}=TS/A\ \frac{1}{T}(U_A-\gamma) \tag{1.15}$$

可以看出$\frac{\partial \gamma}{\partial T}<0$恒成立，这说明表面能$\gamma$随温度$T$的升高而降低。

（2）晶体取向

晶体发生劈裂而形成新的表面时，要破坏原子间的结合能（键能）。在取向不同的晶面上，原子的密度不相同，因而形成新表面时断键的数目也不同。我们可以根据断键的情况来估算不同的表面能。其主要方法是温室表面蒸发潜热，即通过表面原子在蒸发态与结合态的能量差来决定表面能。

现以面心立方结构为例。设汽化热为uM/N_A，其中M是摩尔质量；N_A是阿伏伽德罗常量；u是单位质量内能。由于某种原因面心立方结构中具有12个最近邻的原子，蒸发时平均6个最近原子的键被切断，因此键的能量为$uM/(6N_A)$。对于（111）晶

面，每单位面积有 $2/(\sqrt{3}a^2)$ 个原子（其中 a 为原子间距离），而对其上的一个原子来说有 3 个键被切断，出现 2 个新的表面，故每单位面积的能量为

$$\gamma=\frac{uM}{6N_A}\times\frac{1}{2}\times3\frac{2}{\sqrt{3}a^2}=\frac{uM}{2\sqrt{3}a^2N_A} \tag{1.16}$$

若以新（111）面的表面能作为标准，则面心立方结构各晶面的相对表面能列于表 1.2 中。

表 1.2　面心立方结构中各晶面上被切断的键数与表面能

晶面	被切断的键的密度	相对表面能
(111)	$6/(\sqrt{3}a^2)$	1.000
(100)	$4/a^2$	1.154
(110)	$6/(\sqrt{2}a^2)$	1.223
(210)	$14/(\sqrt{10}a^2)$	1.275

上面是大略的估算，只计算了最邻近原子间的键，而没有考虑全部原子间的位能之和，也没有考虑表面电子云分布等因素的影响，因此要精确计算还必须采用严密的方法。

1.4　表面和界面的吸附和润湿

表面现象一般是指具有确切表面的固体、液体表面上产生的各种物理化学现象，如吸附、润湿等现象都是表面现象。表面现象在金属表面技术中具有重要的作用。表面现象与表面自由能有密切关系，因此与表面自由能一样，表面现象普遍存在于多相体系中。表面和界面的吸附和润湿是两种重要的表面现象。

1.4.1　表面和界面吸附现象

固体表面的重要特征之一是存在吸附现象，吸附的定义是：由于物理或化学的作用力场，某种物质分子能够附着或结合在两相界面上的浓度与两相本体不同的现象，即在界面上发生增浓现象。当固体金属表面的力场和被吸附的分子产生的力场有相互作用时，就将产生表面吸附。表面吸附是指在固-气两相系统中，分子或原子从气相到固-气交界面上的堆积。吸附现象在各种问题和过程中都具有实用意义。它是形成定向附生（随膜的“外延”生长）的第一阶段。它在催化中起重要作用，在催化过程中，一个催化表面上的不同吸附物质可能促进也可能妨碍化学反应的进行。它在真空技术中也是重

要的，因为它可用来从真空室中抽吸气体（例如低温泵）。当然如果要降低环境压强而必须清除吸附气体时，吸附现象就会成为一种不利因素。气体在固体表面的吸附可分为物理吸附和化学吸附两大类。

1.4.1.1 物理吸附

物理吸附是指反应物分子靠范德瓦耳斯力吸附在固-气交界面上。物理吸附时，吸附原子与衬底表面间的相互作用主要是范德瓦耳斯力，吸附热约为4.18kJ/mol，很多稀有气体在金属表面上的吸附，如Xe在Ir上以及Ar、Xe、Kr在Nb上的吸附，都属于这一类。这种吸附对温度很敏感，它们往往是处于低温下在表面上形成密堆积的单层有序结构，类似蒸气的凝结和气体的液化。

由于范德瓦耳斯力的作用较弱，所以被物理吸附的分子在结构上变化不大，与原气体中分子的状态差不多。由于物理吸附热较低，所以低温下表面上的吸附以物理吸附为主。

1.4.1.2 化学吸附

化学吸附的吸附质与吸附剂之间本质上发生了表面化学反应，它们的粒子间有电子转移，且以相似于化学键的表面键力相结合，改变了吸附分子的结构。化学吸附有更大的吸附热，吸附原子与衬底表面的原子间形成化学键，它们可以是离子键、金属键或共价键。化学吸附的外来原子基本上可以有以下两种结构：吸附原子形成周期的黏附层叠在衬底顶部，形成所谓“叠层”；吸附原子与衬底相互作用形成合金型的结构（见表1.1）。在合金的情况下，表层原子的二维周期性可能逐层改变，实际上存在一个组分与原子排列随进入晶体的深度而改变的三维结构，因此比单一叠层的情况要复杂得多。而电子转移的程度，则因固体和吸附物的性质不同而有所区别。按照吸附过程中电子转移的程度，化学吸附还可以分为离子吸附和化学键吸附。

（1）离子吸附

离子吸附，是指在化学吸附中，吸附剂和吸附物之间发生了完全的电子转移，或者吸附物失去电子而交给吸附剂；或者相反，从而使吸附剂和吸附物的原子或分子变成离子，二者之间的结合是纯离子键，结合力为正负离子之间的静电库仑力。

（2）化学键吸附

化学键吸附，是指在化学吸附中，吸附剂和吸附物之间的电子转移不完全，即二者之一或双方提供电子作为二者的共有化电子，形成局部价键（共价键、离子键或配位键），同时，二者之间的共有化电子不是等同的。在化学键吸附中的结合力，主要是共有化电子与离子之间的库仑力。

实际上，在化学吸附中，除上述两种情况外也有二者兼有的情况。

1.4.2 润湿现象

润湿是液体与固体表面接触时产生的一种表面现象。液体对固体表面的润湿程度可以用液滴在固体表面上的铺展情况来说明。如图 1.5 所示，水滴在玻璃表面上可以迅速散开，但水滴在石蜡表面上却不易散开而趋于球状。这说明水对玻璃是润湿的，对石蜡是不润湿的。

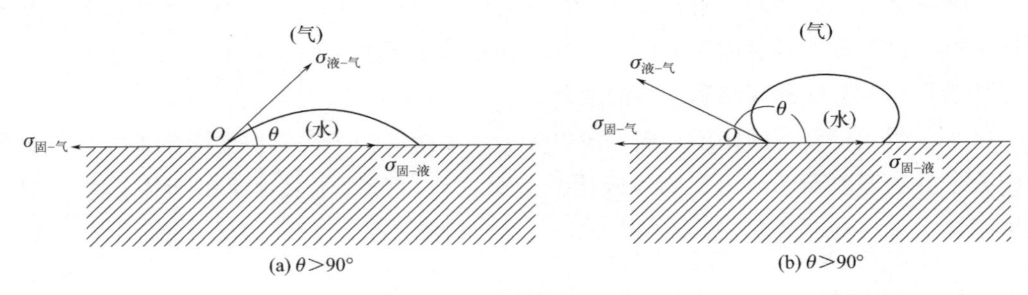

图 1.5 固体的润湿现象与接触角[2]

物质表面的润湿程度常用接触角（θ）来度量。接触角是在平衡时三相接触点上（见图 1.5 的 O 点），沿液-气表面的切线与固相界面所夹的角。接触角的大小与三相界面张力有关。从界面张力的性质和图 1.5 可以看出，固-气表面张力 $\sigma_{固-气}$ 力图把液体拉开，使液体往固体表面铺开。固-液表面张力 $\sigma_{固-液}$ 则力图使液体紧缩，阻止液体往固体表面铺开。液-气表面张力的作用则视 θ 的大小而定，它有时（$\theta>90°$）使液体紧缩，有时（$\theta<90°$）使液体铺开。凡是能引起任何界面张力变化的因素都能影响固体表面的润湿性。若 θ 较小或接近零，则称这样的物质具有良好润湿性；反之，θ 较大，则称这样的物质的润湿性较差。

润湿现象在表面技术中有重要作用，如在金属表面覆层技术中，润湿程度对涂层与基体的结合强度有很大影响，在液体介质化学热处理中，熔盐对金属表面的润湿性将影响传热传质过程。

1.4.3 表面吸附热力学

用热力学理论可以分析表面润湿、新相形成、表面吸附等许多表面过程，下面仅讨论固-气界面的表面吸附问题。

现讨论简单的情况，即气体在固体表面吸附而形成单元系不与基底表面发生化学变化和互不相溶的惰性吸附物。

吸附膜的吉布斯自由能 G_s 是吸附膜的平衡压力 p、温度 T、覆盖面积 A 和吸附物的物质的量 n 的函数。考虑只含一种组分，在平衡吸附的等温等压条件下，$\mathrm{d}T=\mathrm{d}p=$

0，因此：

$$dG_s=\gamma dA+\mu dn+Ad\gamma+nd\mu \tag{1.17}$$

式中，$\gamma=\left(\frac{\partial G_s}{\partial A}\right)_{p,T,n}$ 为吸附膜表面能；$\mu=\left(\frac{\partial G_s}{\partial n}\right)_{p,T,A}$ 为吸附化学势。

达到吸附平衡时，A 与 n 不发生宏观变化，$dA=dn=0$，系统吉布斯自由能为最低值，即 $dG_s=0$，故有

$$\begin{aligned}Ad\gamma+nd\mu=0\\ d\gamma=-\frac{n}{A}d\mu\end{aligned} \tag{1.18}$$

令 $\Gamma=n/A$，为单位面积上所吸附的气体的物质的量，称为吸附量，则 $d\gamma=-\Gamma d\mu$，或

$$\Gamma=\frac{-d\gamma}{d\mu} \tag{1.19}$$

对于多组分的物质，有 Γ_i，$i=1$，2，3，…，x 则吉布斯方程表示为

$$d\gamma=-\sum_{i=1}^{x}\Gamma_i d\mu_i \text{ 或 } \Gamma_i=-\left(\frac{\partial\gamma}{\partial\mu_i}\right)_{T,\mu_j} \quad (j\neq i) \tag{1.20}$$

该方程在具体应用时，需要选择气体的具体模型，以确定化学势的形式。例如，当气体较稀薄时，可近似运用理想气体模型，化学势为

$$\mu=RT\left[\varphi_T+\ln\left(\frac{p}{p^{\ominus}}\right)\right] \tag{1.21}$$

式中　$p^{\ominus}$——标准状态下的大气压力；

R——摩尔气体常数；

φ_T——温度的函数。

当温度恒定时，$d\varphi_T=0$，则：

$$d\gamma=-\Gamma RT\,d\ln\left(\frac{p}{p^{\ominus}}\right) \tag{1.22}$$

可通过吸附等温线来表示吸附膜的表面能随压力的变化。吸附等温线是指一定温度下，吸附量对吸附物质浓度的关系曲线。吸附物质为气体时，其浓度用压力 p 表示，其吸附等温线为 Γ-p 曲线。

通常固-气界面能即表面能难以直接测定，因而常利用式（1.22）做适当的变化后求得。若气体的体积为 V，气体的摩尔体积为 V_m，吸附面积为 A，则：

$$\Gamma=V/(V_{\mathrm{m}}A) \tag{1.23}$$

$$\mathrm{d}\gamma=\frac{RT}{-V_{\mathrm{m}}A}V\mathrm{d}\left(\frac{p}{p^{\ominus}}\right) \tag{1.24}$$

可将$-\mathrm{d}\gamma$定义为表面压或膜压力。Harkins-Jura 在 1943 年按热力学从表面压导出如下的吸附等温式：

$$\ln\left(\frac{p}{p_0}\right)=a-\frac{b}{\Gamma^2} \tag{1.25}$$

式中　p——吸附平衡的气体压力；

p_0——该温度下的饱和蒸气压；

p/p_0——相对压力；

a，b——与吸附比表面有关的常数，称为吸附量。

式（1.25）称为 Harkins-Jura 方程，它表示 ln（p/p_0）与 $1/\Gamma^2$ 成直线关系。

1.5 表面扩散

扩散是指原子、离子或分子因热运动而发生的迁移。固体的扩散通过固体中原子、离子或分子的相对位移来实现。原子在多晶体中扩散可按体扩散（晶格扩散）、表面扩散、晶界扩散和位错扩散 4 种不同途径进行。其中表面扩散，即原子在晶体表面的迁移，所需的扩散激活能最低。许多金属的表面扩散所需的热能为 62.7～209.4kJ/mol。随着温度的升高，越来越多的表面原子可以得到足够的激活能使它与近邻原子的键断裂而沿表面运动。固体表面的任何原子或分子要从一个位置移到另一个位置，也像晶体点阵内一样，必须克服一定的位垒（扩散激活能），并且要到达的位置是空着的，这要求点阵中有空位或其他缺陷。缺陷构成了扩散的主要机制。但是，表面缺陷与晶体内部的缺陷情况有着一定的差异，因而表面扩散与体扩散亦不相同。

1.5.1 表面缺陷及其能量

1.5.1.1 表面缺陷

单晶表面 TLK 模型（图 1.1）说明晶体表面存在着低晶面指数平台（terrace）、单分子或单分子高度的台阶（ledge）和扭折（kink）。表面缺陷由热激发所引起的表面空位、表面增原子和表面杂质原子等容易发生在 TLK 结构的台面上。

表面空位指在二维点阵的格点上失去原子所形成的空位缺陷。它除了经常出现在 TLK 结构表面外，也可出现在一般重构表面。在热激发下，某些表面原子有可能脱离格点而进入晶体内部成为填原子，并在表面留下空位；或者，某些表面原子脱离格点挥发以及在表面迁移，形成空位。

表面增原子指二维点阵以外出现的额外同质原子。其位置可在TLK结构的台面、台阶和扭折处。在热激发下，某些晶体内部的位移原子可能连续不断地迁移而最后定位在表面处，成为表面增原子，而在晶体内部留下空位，这种缺陷称为肖特基(Schottky)缺陷。表面增原子也可以通过表面原子的迁移而形成。表面杂质原子是指杂质原子占据表面的一些晶格格点或间隙位置后形成的缺陷。吸附、晶体内部向表面扩散杂质、合金化等，都是这种缺陷的来源。

碱卤化合物等离子晶体表面在辐射、渗入杂质或过量成分、电解等条件下，常出现由于正负离子缺位，或电子进入表面而形成荷电中心，这类缺陷称为色心和极化子。色心根据形成机理大致可分为俘获电子心、俘获空穴心和化学缺陷心等。目前研究最多的色心是碱卤化合物（如NaCl）中的F心，它是一个负离子空位俘获一个电子所构成的系统。其他重要的色心还有正离子空位俘获穴形成的V心（及V_k心），以及复合结构的H心、M心、R心等。极化子是指电子进入离子晶体表面所造成的点阵畸变。当电子进入晶格后，其附近正离子被吸引，负离子被排斥，产生离子位移极化，其构成的库仑场反过来又成为束缚电子的“陷阱”。一个“自陷”态电子和晶格的极化畸变，形成了一个准粒子称为极化子。换言之，进入离子晶体的电子与周围极化场构成的总体称为极化子。

1.5.1.2 表面缺陷的能量和熵

严格计算表面缺陷的能量和熵的参数方面，需要采用量子力学法，这较为复杂。通常仍采用经典的近似方法，假设固体中原子之间存在成对作用，按表面原子之间的结合势，来计算表面缺陷形成能和迁移能。空位（vacancy）缺陷形成能ΔE_f^v为

$$\Delta E_f^v=\Delta E_t-\Delta E_k-\Delta E_R^v \tag{1.26}$$

$$\Delta E_f^a=\Delta E_k-\Delta E_A-\Delta E_R^a \tag{1.27}$$

式中 ΔE_t——从平台上移动一个原子离开平台点阵所需的能量；

ΔE_k——该移动原子落入另一格点（扭折或台阶边缘）时所消耗的能量；

ΔE_R^v——平台失去一个原子后平台空位周围点阵弛豫畸变所消耗的能量；

ΔE_f^a——表面增原子（adatom）的形成能；

ΔE_k——原子脱离格点（多自TLK结构的扭折处）所需的能量；

ΔE_A——原子占据台阶格点所消耗的能量；

ΔE_R^a——由于平台或台阶吸附一个增原子而引起点阵畸变所消耗的表面弛豫能。

以上各项能量，与表面原子之间的结合势有关。Wynblatt和Gjostein利用Morse势对Cu、W等进行了计算。Morse为计算金属表面能提出的势能函数为

$$V(r_{ij})=D(\mathrm{e}^{-2ar_{ij}}-2\mathrm{e}^{-ar_{ij}}) \tag{1.28}$$

式中　D、a——两个调节参数。

Wynblatt 等对此修正为

$$V(r_{ij})=A\{\exp[-2a(r_{ij}-r_0)]-2\exp[-a(r_{ij}-r_0)]\} \tag{1.29}$$

式中　a、r_0、A——常数；

r_{ij}——两原子 i 和 j 之间的距离。

表 1.3 为对铜晶体计算的结果。

表 1.3　铜晶体表面缺陷形成能和迁移能

表面	$\Delta E_f/(kJ/mol)$		$\Delta E_m/(kJ/mol)$		$\Delta E_D=(\Delta E_m+\Delta E_f)/(kJ/mol)$	
	ΔE_f^v	ΔE_f^a	ΔE_m^v	ΔE_m^a	ΔE_D^v	ΔE_D^a
{100}	47.28	98.32	16.32	23.85	63.60	122.17
{110} {100}	48.95	57.74	29.29	5.86	78.24	63.60
{111}	80.75	95.40	63.18	约 2.51	143.93	约 97.91

从表 1.3 中可见，在原子密排面 {111} 处，$\Delta E_f^v=80.75\mathrm{kJ/mol}$，$\Delta E_f^a=95.40\mathrm{kJ/mol}$，而铜晶体结合能为 336.39kJ/mol，约为表面点缺陷形成能的 4 倍。$\Delta E_D=\Delta E_m+\Delta E_f$，$\Delta E_D$ 为跃进激活能；ΔE_f 为表面点缺陷形成能；ΔE_m 为表面原子的迁移能，即表面原子或表面空位由一个平衡位置越过势垒跃迁到邻近格点位置时所需的能量，其数值上等于原子互作用势垒的高度。

同样，Wynblatt 等对表面缺陷迁移能作了计算（表 1.3）。假定唯一的扩散物质是吸附原子，它表示一个吸附原子从一个平衡位置到另一个平衡位置伴随扩散跳跃的能量变化。由于缺陷在迁移前后或过程中，正常格点的弛豫都要受到周围格点弛豫的影响，所以缺陷的迁移能实际上包含了原子能势垒和势谷时的弛豫能。图 1.6 中实线为扩散跳跃时真正的能量变化；虚线表示原子在跳跃过程中周围格点的弛豫能。ΔE_2 为弛豫势垒高度，ΔE_1 为势谷弛豫能，ΔE_3 为势垒（鞍点）弛豫能，则表面点缺陷迁移能 ΔE_m 为

$$\Delta E_m=\Delta E_1+\Delta E_2-\Delta E_3 \tag{1.30}$$

由玻尔兹曼关系式 $S=k\ln W$，可以写出表面缺陷所引起的熵增。例如由表面增原子引起的熵增（组态熵），即此时表面缺陷形成熵 ΔS_f 为

$$\Delta S_f=k\ln\left(\frac{W_f}{W_0}\right) \tag{1.31}$$

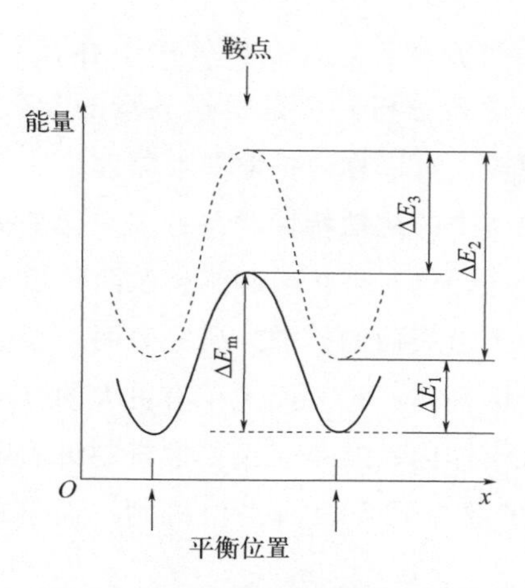

图 1.6 缺陷迁移时隔能量项示意

式中 W_0——表面未出现缺陷时的平衡态热力学概率；

W_f——表面出现缺陷时的非完整表面态热力学概率；

k——玻尔兹曼常数。

W_0 和 W_f 可以用原子振动频率来计算，从而可计算出 ΔS_f。同样，也可以计算得到表面缺陷迁移熵。

Wynblatt 等计算铜晶体的 ΔS_f 和 ΔS_m 见表 1.4。

表 1.4 铜晶体表面缺陷形成熵与迁移熵

晶面	$\Delta S_f/k$		$\Delta S_m/k$		$D_0/(cm^2/s)$	
	v	a	v	a	v	a
{100}	2.82	1.46	0.095	0.28	3.38×10	9.28×10
{110}	0.58	0.90	0.100	1.15	2.45×10	6.17×10
{111}	1.04	2.45	0.056	0.24	1.51×10	2.49×10

表 1.4 中 v 表示表面空位；a 表示表面增原子；ΔS_f 为形成熵；ΔS_m 为迁移熵；D_0 为频率因子，定义为

$$D_0 = al^2 \nu \exp\left(\frac{\Delta S_f + \Delta S_m}{k}\right) \tag{1.32}$$

式中 a——常数；

ν——频率；

l——缺陷迁移的平均自由程。

1.5.2 表面扩散系数

扩散是物质中原子、离子或分子的迁移现象，是物质传输的一种方式。在气体及液

体中，物质传输方式一般是对流和扩散。在固体中不存在对流，扩散是传输的唯一方式。扩散问题可以从两方面进行分析：一是根据测量的参数描述质量传输的速率和数量，研究扩散现象的宏观规律，可以称为扩散的唯象理论；二是扩散的微观机制，把一个原子的扩散系数与它在固体中的跳动特性联系起来，这是扩散的原子理论。

表面扩散与体内扩散一样，也有自扩散和互扩散两种情况，前者是基质原子在表面的扩散过程，后者是外来原子沿表面的扩散。研究表明，表面原子的自扩散机制与晶体体内基本相同，但存在两个区别：一是表面原子有更大的自由度，并且扩散激活能远小于体内，因而扩散速率远大于体内；二是表面扩散机制可能因不同晶面而异。例如，面心立方晶面｛100｝的表面扩散主要为表面空位机制，而｛110｝面主要为增原子扩散机制。

如前所述，TLK 模型是单晶表面结构的基本模型。TLK 表面的势能是一个复杂的三维函数。表面原子沿这种表面扩散，不可能保持均匀单一速率。为简化计算程序，假设表面原子以平均长度 l 做无序跳动，连续两次跳动之间的平均时间为 τ，根据无序跳动理论，扩散系数的一般表达式为

$$D_s' = a(l^2/\tau) \tag{1.33}$$

式中　a——与晶体结构和缺陷运动状况有关的常数，例如对于简立方晶系，一维运动取 1/2，表面二维运动取 1/4，体内三维运动取 1/6。

又设 p 为单位时间内原子跳动的次数，称为跳动概率，即

$$p = \frac{1}{\tau} \tag{1.34}$$

由统计理论可得

$$p = \nu_0 \exp[-\Delta E_D/(kT)] \tag{1.35}$$

式中　ν_0——表面原子的本征频率；

ΔE_D——跳动激活能，它是缺陷形成能ΔE_f与迁移能ΔE_m之和，即

$$\Delta E_D = \Delta E_f + \Delta E_m \tag{1.36}$$

这样，可得表面自扩散系数表达式：

$$D_s' = al^2 \nu_0 \exp[-\Delta E_D/(kT)] \tag{1.37}$$

如果考虑到原子周围缺陷的形成概率 p_f 和迁移概率 p_m，则表面自扩散系数应表达为

$$D_s = D'_s p_f p_m = a l^2 \nu_0 p_f p_m \exp[-\Delta E_D/(kT)] \tag{1.38}$$

令 $D_0 = a l^2 \nu_0 p_f p_m$，则

$$D_s = D_0 \exp[-\Delta E_D/(kT)] \tag{1.39}$$

式中 D_0——与温度无关的频率因子。

由于表面缺陷的形成和迁移都使系统的熵增加，以及

$$p_f = \exp(\Delta S_f/k) \tag{1.40}$$

$$p_m = \exp(\Delta S_m/k) \tag{1.41}$$

因而：

$$D_0 = a l^2 \nu_0 \exp[(\Delta S_f + \Delta S_m)/k] \tag{1.42}$$

$$D_s = a l^2 \nu_0 \exp[(\Delta S_f + \Delta S_m)/k] \exp[-(\Delta E_f + \Delta E_m)/(kT)] \tag{1.43}$$

上述表面自扩散是原子跳动的长度与点阵原子间距具有相同数量级的情况，属于“短程扩散”，可称为“局域扩散”。如果温度升高，表面原子能量随之增加，可以处于较高的激发态，其跳动的长度会比点阵原子间距长得多，即属于“长程扩散”，称为“非局限扩散”。为了说明这个概念，可参考图 1.7 所示的体心立方（100）平台上吸附原子运动的例子。

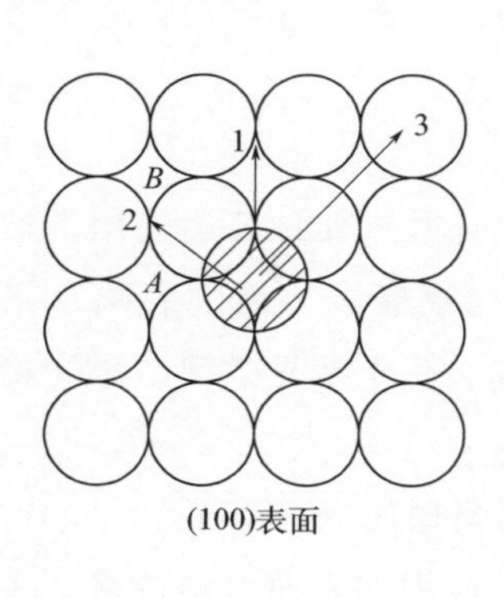

(a) 吸附原子的平衡位置及可能的跃迁途径

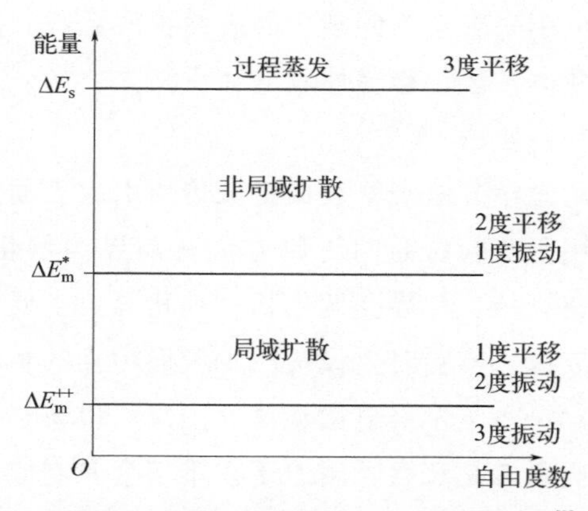

(b) 吸附原子局域、非局域以及蒸发态下的能量图[3]

图 1.7 体心立方（100）表面原子的运动及其激活能

在（100）表面上的吸附原子，由于声子的相互作用（热起伏现象），在某一时刻可从平衡位置越过一个鞍点，鞍点位置的能量为迁移能ΔE_m^{++}，扩散跳跃长度与点阵原子间距同数量级。如果原子积累的能量比表面扩散最小能量ΔE_m^{++} 大得多（隧道效应除

外)，它就有能力沿图 1.7 (a) 中箭头 3 跳到远处，此时跳跃路径比点阵原子间距长得多；若以ΔE_{m}^{*}表示完成这种跳跃的最小能量，并以ΔE_{s}表示平台吸附原子的束缚能，则$\Delta E_{m}^{++}<\Delta E_{m}^{*}<\Delta E_{s}$。当然它可能沿箭头 2 的路径扩散到次邻近 A、B 位置。把图 1.7 (a) 中 1、2 的短程扩散称为局域扩散，而把 3 的长程扩散称为非局域扩散。

图 1.7 (b) 还标出了吸附原子做局域扩散、非局域扩散以及处于蒸发状态下的能量范围。每种状态各有不同的自由度分配。例如，局域扩散原子具有两个振动自由度和一个平移自由度；在非局域扩散状态下则具有两个平衡自由度和一个振动自由度。对于大分子物质的扩散，具有更复杂的自由度分配。由以上分析可见，表面扩散时原子可能跳跃到固体表面上的三维空隙位置后进入另一个新位置，此时能量只要大于ΔE_{m}^{*}，而小于ΔE_{s}。体扩散不可能出现这种情况，它不存在这种“附加自由度”。

表面互扩散（异质扩散）是外来原子沿表面的扩散。外来原子在表面以间隙、置换、化合、吸附等方式存在，由于受势场束缚较弱，其跳动速度远大于自扩散。如果外来原子是置换式的，那么在点阵弛豫作用下，表面缺陷的形成和迁移概率增加，从而使扩散系数增大；如果外来原子是间隙式的，那么它们的迁移仅与表面势垒有关，扩散系数表示式［式 (1.39)］中的ΔE_{D}仅有ΔE_{m}一项，此时 ν_0 为外来原子的振动频率。

1.5.3 表面扩散的实验研究和唯象理论

表面扩散的主要特征可由表面扩散系数来描述。现有许多实验测定表面扩散系数的方法。

(1) 示踪法

它可用来求出不同杂质的表面扩散系数和激活能。这是一种较为古老的方法，其由于蒸发和体扩散，容易使示踪物质流失。

(2) 传质法

即用光学方法观察表面扩散传质引起表面形貌变化并进而计算出表面扩散系数和激活能。用于实验研究的传质方法有晶界沟槽化、单划痕衰减、划痕衰减（正弦轮廓）、小面化、烧结、晶界孔洞生长、钝化等。主要测量方法有干涉显微镜、激光衍射轮廓和场发射成像。实验时要设法减少表面污染的影响。

(3) 场离子发射显微镜法（FIM）和场电子发射显微法（FEM）

它们通常是观察吸附原子在难熔金属制成的场发射尖端表面上的位移，进而测量异质表面扩散系数和激活能。

在讨论扩散问题时，经常遇到“下坡扩散”，即扩散从浓度高处向浓度低处扩散。但在自然界中，亦可由于某种原因出现从浓度低处向浓度高处扩散，也就是形成“上坡扩散”。因此，真正的扩散驱动力并不是浓度梯度，而是化学势的变化 $\partial\mu/\partial x$。在多组元系统中，组元 i 的化学势可看成每个 i 组元原子的自由能，而化学势对距离的求导就是原子所受的化学力 F_{c}，即扩散驱动力 $(F_{c})_{i}=-\partial\mu_{i}/\partial x$，其中负号表示扩散总是沿化学势减小的方向进行。至于引起扩散的具体原因，要做具体分析。对表面扩散来说，大致有以下两个重要类型。

① 由浓度梯度引起的表面扩散。处理这一类表面扩散问题的步骤与体扩散类似。如果已知扩散系数，那么可用菲克（Fick）第一定律或第二定律根据边界条件求解，以此计算出由于浓度梯度引起的表面扩散通量或各区域浓度随时间的变化值等。

② 由毛细管作用力引起的表面扩散，也就是由表面自由能最小化引起的扩散，属于这类表面扩散的有许多种。例如：为使表面能与晶界达到平衡而在晶界附近原来是平坦抛光的表面上形成晶界沟（槽）的表面扩散；人为造成周期性（正弦）表面原子密度分布引起表面平坦化的表面扩散；非周期性表面原子密度分布引起表面痕迹衰变的表面扩散；与线性小面横向生长（即在一定的条件下原先是平坦的表面会出现不同于邻位表面取向的独立小面）有关的表面扩散；在高温下粒子靠吸附原子从高化学势到低化学势而实现聚结的表面扩散；在场电子发射显微镜中触针由尖变钝的表面扩散。

上述各种表面扩散原子的化学势 $\mu(x)$ 通常可用吉布斯-汤姆逊（Gibbs-Thomson）公式表示为

$$\mu(x)=\left[\gamma(\theta)+\frac{\partial^2\gamma(\theta)}{\partial\theta^2}\right]V_{\mathrm{m}}k(x) \tag{1.44}$$

式中，表面能 $\gamma(\theta)$ 与表面的结晶取向有关；V_{m} 为摩尔体积；$k(x)$ 为与表面形状有关的主曲率函数。且：

$$k(x)=-\frac{\mathrm{d}^2y(x)}{\mathrm{d}x^2}\left\{1+\left[\frac{\mathrm{d}y(x)}{\mathrm{d}x}\right]^2\right\}^{-3/2} \tag{1.45}$$

式中 $y(x)$——描写表面原子分布的函数。

如果表面扩散只在结晶取向的小范围内进行，$\gamma(\theta)$ 和 $\gamma''(\theta)$ 可用平均值 γ_0 和 γ_0'' 代替，那么扩散流通量 J 为

$$J=-\frac{(\gamma_0+\gamma_0'')n_0D_{\mathrm{s}}V_{\mathrm{m}}}{kT}\times\frac{\partial k(x)}{\partial x} \tag{1.46}$$

式中 n_0——单位面积的原子位置总数目；

D_{s}——表面扩散系数。

扩散流引起表面原子密度分布改变，$y(x)$ 的变化速率为

$$\frac{\mathrm{d}y(x)}{\mathrm{d}t}=-B\frac{\mathrm{d}^4y(x)}{\mathrm{d}x^4} \tag{1.47}$$

式中，$B=\frac{(\gamma_0+\gamma_0'')\ n_0V_{\mathrm{m}}D_{\mathrm{s}}}{kT}$。利用适当的边界条件，可以对式（1.47）求解。

参考文献

[1] 钱苗根,姚寿山,张少宗. 现代表面技术[M]. 北京:机械工业出版社,2001.

[2] 曾晓雁,吴懿平. 表面工程学[M]. 北京:机械工业出版社,2001.

[3] 姜银方,朱元右,戈晓岚. 现代表面工程技术[M]. 北京:化学工业出版社,2006.

[4] 任平宣弘,三尾淳. はじめての表面処理技術[M]. 東京:工業調査会,2001.

[5] Kawasaki T, Takai Y, Ikuta T, et al. Wave field restoration using three-dimensional Fourier filtering method [J]. Ultramicroscopy, 2001, 90: 47-50.

[6] 姚寿山,李戈扬,胡文彬. 表面科学与技术[M]. 北京:机械工业出版社,2005.

第2章

激光表面处理技术

2.1 激光的产生、特性及其与材料表面的相互作用

2.1.1 激光的产生

1916年，爱因斯坦发表了一篇综述量子论发展成就的论文——《关于辐射的量子理论》，其中提出了受激发射的概念，它为激光技术提供了理论基础。20世纪40年代末50年代初，人们在研究微波波谱学时注意到，利用物质体系特定能级间粒子数分布的反转和相应的受激辐射过程，可能对入射的微波电磁辐射信号进行相干放大。在此设想的启发下，美国和苏联两国科学家分别在1954年前后研制出一批微波激射器(MASER)。由此人们想到用相同原理推广到电磁波谱的光频波段，以产生强的相干光辐射。1958年，美国物理学家肖洛和汤斯在《物理评论》杂志上发表题为《红外与光学激射器》的论文，提出了研制激光器的可能性和有关条件的设想，苏联科学家普罗霍洛夫及巴索夫也在同时提出了类似的设想。于是，许多国家的科学家竞相研制激光器。1960年7月7日，当时在美国休斯飞机公司实验室工作的梅曼博士，在纽约Delmonico饭店宣布他于5月15日研制出了红宝石激光器，这是世界上第一台激光器。这台输出功率仅几瓦的器件立即在科学界引起了极为强烈的反响，并吸引了各国政府、军方和社会各界的广泛关注。激光的诞生意味着光学科学的一场革命，激光在很大范围内改变了可用的物理量，它的亮度比普通强光源还要高20个量级，其光波段可包括红外线、可见光、紫外线直至X射线波段。

2.1.1.1 原子的能级和跃迁

原子是由带正电的原子核和核外一定数目的运动电子所组成的。电子分布于离核最近的一些轨道时，原子的总能量最低，称原子处于基态。由于外界作用使电子重新分布于离核较远的外层轨道时，原子的总能量较高，称原子处于激发态。电子在核外的分布不是一成不变的，当原子受到外界能量作用时，电子的分布就会发生变化，原子的能量也随之变化。原子从一种能量状态变化到另一种能量状态的过程叫作跃迁。原子跃迁时的能量变化ΔE以光波的形式发射或吸收。

$$\Delta E = h\nu = h(c/\lambda) \tag{2.1}$$

式中 c——光速；

λ——波长；

ν——频率；

h——普朗克常数，$h=6.62\times10^{-34}\mathrm{J\cdot s}$。

原子的能级图表示原子所具有的各种能量状态和可能的跃迁变化，如图 2.1 所示[1]。

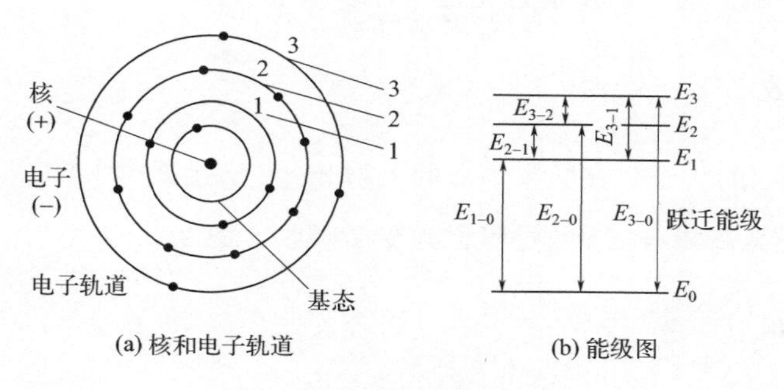

图 2.1　电子轨道与能级图

2.1.1.2　自发辐射

原子总是趋向于回复到能量最低的基态，基态是一种稳定状态。处于激发态的粒子能量高，是很不稳定的，它可以不依赖于任何外界因素而自动地从高能级跳回低能级，并辐射出频率为 ν 的光波，如式（2.2）所示。这一过程称为自发辐射，如图 2.2（a）所示。

$$\nu=(E_2-E_1)/h \tag{2.2}$$

式中　E_2——高能级能量；

E_1——低能级能量。

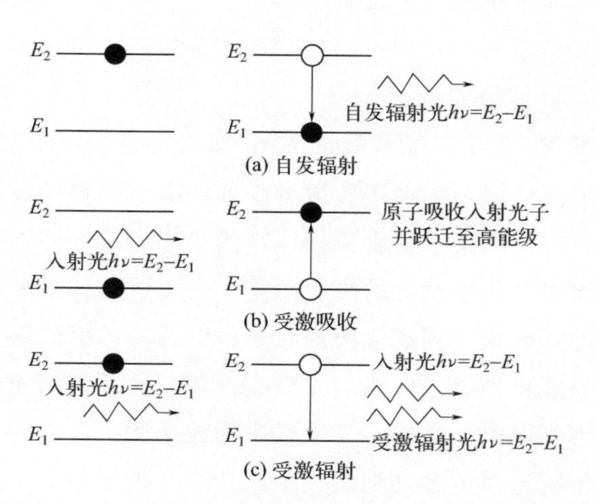

图 2.2　原子的自发辐射、受激吸收和受激辐射

自发辐射是普通光源的发光机理。它是由大量粒子组成的体系，其中各粒子的自发辐射是相互独立的，因而整个体系的自发辐射光的波长和相位是无规则分布的，其传播方向和偏振方向是随机的。自发辐射光是一种非相干光。

2.1.1.3 受激吸收

处于低能级 E_1 的粒子，在频率为 ν 的入射光［ν 满足式（2.2）］诱发下，吸收入射光的能量而跃迁至高能级 E_2 的过程称为受激吸收［图 2.2（b）］。

2.1.1.4 受激辐射

处于高能级 E_2 的粒子，受到频率为 ν 的入射光［ν 满足式（2.2）］的诱发，辐射出能量为 $h\nu$ 的光波而跃迁回低能级 E_1 的过程称为受激辐射［图 2.2（c）］。由受激辐射产生的光同入射光一模一样，即它们具有完全相同的频率、相位、传播方向和偏振状态，因此受激辐射具有光放大作用。

2.1.1.5 粒子数反转

在通常情况下，物质体系处于热力学平衡状态，受激吸收和受激辐射同时存在，其吸收和辐射的总概率取决于高、低能级上粒子数。而平衡态下任意两个高、低能级上的粒子数分布服从玻尔兹曼统计规律：

$$n_2/n_1=\mathrm{e}^{-(E_2-E_1)}/(kT) \tag{2.3}$$

式中 n_2、n_1——高、低能级上的粒子数；

T——平衡态时的绝对温度；

k——玻尔兹曼常数，$k=1.38\times10^{-23}\mathrm{J/℃}$；

E_2、E_1——高、低能级能量。

显然，高能级能量 E_2 大于低能级能量 E_1，即 $E_2-E_1>0$，则总有 $n_2<n_1$。因而在热平衡状态下，体系高能级上的粒子数恒少于低能级上的粒子数。

所以，在平衡状态时，对于入射到粒子体系的相应频率的外界光，体系受激吸收的概率恒大于受激辐射概率，体系对光的吸收总是大于发射，体系呈吸收状态，对光起衰减作用。吸收了外界光子而跃迁到高能级的粒子再以自发辐射的形式将能量消耗掉。因此，在通常情况下，只能见到原子体系的光吸收现象，而看不到光的受激辐射现象。

激光器利用气体辉光放电、光辐射等手段激励粒子体系，使其突破通常的热平衡状态，即将基态上的粒子有选择地激发到某一个或几个高能级上去，使这些高能级上的粒子数大大增多，从而超过低能级，达到 $n_2>n_1$，这种状态称为粒子数反转。此时，体系的受激辐射概率超过受激吸收概率，受激辐射占优势，对外界入射光的反应效果是总发射大于总吸收，体系具备放大作用，通过该体系的光将会得到放大，这时称体系已经被激活。因此，粒子数反转是实现激活和光放大的必要条件。由受激辐射增加的光的状态（频率、传播方向、偏振等）同入射光完全相同，这种放大称为相干放大，光强的放大率取决于粒子数的反转程度。

2.1.2 激光的特性

什么是激光呢？激光就是一种原子系统在受激辐射放大过程中产生的具有高亮度的相干光。在激光与材料的交互作用过程中，常用的激光光源有二氧化碳激光、准分子激光和钇铝石榴石激光（YAG激光）三大类。前两类为气体激光，后者为固体激光。

激光作为一种光，它具有普通光的一般特性，例如光的反射性、折射性、吸收性、衍射性、干涉性、偏振性、波粒二象性等。但是作为一种非稳态的相干光，激光具有高亮度、高方向性、高单色性和高相干性四大综合性能，这是普通光源所无法比拟的。激光的优异性能来源于受激辐射的本质特征及激光谐振腔的正反馈和选模作用。

2.1.2.1 高亮度

光源的亮度 B 定义为光源单位发光表面 S 沿给定方向上单位立体角 Ω 内发出的光功率 P 的大小，即

$$B=P/S\Omega \tag{2.4}$$

式中 B——亮度，$\mathrm{W/(cm^2 \cdot sr)}$；

P——输出激光功率（对于激光器来说）[2-3]；

S——激光束的界面积；

Ω——激光束的立体发散角。

太阳的发光亮度值约为 $2\times10^3\,\mathrm{W/(cm^2 \cdot sr)}$，激光器的发光截面和立体发散角都很小，而输出功率却很大，故其亮度要远远高于太阳的亮度。例如，气体激光器的亮度值为 $10^8\,\mathrm{W/(cm^2 \cdot sr)}$，而固体激光器的亮度则高达 $10^{11}\,\mathrm{W/(cm^2 \cdot sr)}$。激光束的亮度很高，经透镜聚焦后能在焦点附近产生几千乃至上万摄氏度的温度，因而能加工几乎所有的材料。

2.1.2.2 高方向性

激光的高方向性主要是由受激辐射机理和光学谐振腔对振荡光束方向的限制作用所决定的。在最好的情况下，输出光束的方向性可达到由光束截面直径 D 所决定的衍射极限，即

$$\theta = \theta_{衍} \approx 2.24\lambda / D \tag{2.5}$$

式中，θ 的单位为 mrad。

光束的立体发散角为

$$\Omega = \theta^2 \approx (2.44\lambda / D)^2 \tag{2.6}$$

一般工业用高功率激光器输出光束的发散角为 mrad 量级。

光束的方向性越好，即其发散角 θ 越小，意味着激光束可以传播到的距离越远或相当于在焦点上获得的焦斑尺寸越小，即功率密度越高。光束传播距离 L 后直径扩大为

$$D = L\theta \tag{2.7}$$

激光的高方向性使得激光能有效地传递较长的距离，能聚焦到极高的功率密度，这两点是激光加工的重要条件。基模高斯光束直径和发散角最小，其方向性最好，在激光切割、焊接中也最有效。

2.1.2.3 高单色性

单色性主要指光的频率的纯度，我们说一束光的单色性好就是指这束光的频率或波长趋于一致。单色性常用 $\Delta\nu/\nu = \Delta\lambda/\lambda$ 来表征，其中 ν 和 λ 是辐射波的中心频率和波长，$\Delta\nu$、$\Delta\lambda$ 是谱线的线宽。显然一束光中的光子之间的频率差或者波长差越小，则其单色性越好。原有单色性最好的光源是氪灯，其 $\Delta\lambda/\lambda$ 值为 10^{-6} 量级。

激光器发出的全部光辐射只集中在很小的频率范围内，其单色性很高。因为工作粒子反转和激光振荡只能发生在数目有限的高低能级之间，只有少数几个振荡频率能维持振荡，并且每个振荡频率的振荡宽度远比整个荧光谱线宽度窄得多。用选模技术可使激光器实现单频振荡，稳频激光器的输出单色性 $\Delta\nu/\nu$ 达到 $10^{-13} \sim 10^{-10}$ 量级，比氪灯的单色性要高几万到几千万倍。

由于激光的单色性极高，几乎完全消除了聚焦透镜的色散效应（即透射率随波长而变化），使得光束能精确地聚焦到焦点上，得到很高的功率密度。

2.1.2.4 高相干性

相干性主要描述光波各个部分的相位关系，空间相干性 $S_{相干}$ 描述垂直于光束传播方向的平面上各点之间的相位关系；时间相干性 $\Delta t_{相干}$ 描述沿光束传播方向上各点的相位关系。相干性完全由光波场本身的空间方向分布（发散角）特性和频谱分布特性（单色性）所决定。

$$S_{相干} = (\lambda / \theta)^2 \tag{2.8}$$

$$\Delta t_{相干}=1/\Delta\nu \tag{2.9}$$

$$L_{相干}=c\Delta t_{相干}=c/\Delta\nu \tag{2.10}$$

式中　$L_{相干}$——相干长度。

由于激光的发散角和谱线宽度均很小，故其相干面积和相干长度都很大，因而相干体积（$V_{相干}=S_{相干}\cdot L_{相干}$）也很大，即在 $V_{相干}$ 内，光波场中任意两点的振动都是完全关联的，都能产生干涉条纹。红宝石激光的相干长度为 8000mm，氦氖激光相干长度可达 1.5×10^{11}mm，而相干性最好的氪灯的相干长度仅为 800mm。高相干性对激光测量非常重要。

2.1.3　激光与材料表面的相互作用

激光与金属材料交互作用所引发的能量传递与转换，以及材料化学成分和物理特征的变化是认识激光热处理的基础。

2.1.3.1　相互作用的能量传递与转换

研究激光与材料相互作用过程中的能量传递与转换，是为了说明激光热处理时激光将光能传递给材料及其转为热能的机理。显然激光照射金属材料时，其能量转化仍遵守能量守恒法则[4]，即

$$E_0=E_{反射}+E_{吸收}+E_{透过} \tag{2.11}$$

式中　E_0——入射到材料表面的激光束能量；

$E_{反射}$——被材料表面反射的能量份额；

$E_{吸收}$——被材料表面吸收的能量份额；

$E_{透过}$——透过材料的能量份额。

金属材料是激光不能穿透的材料，其 $E_{透过}$ 为 0，所以激光照射金属材料时，其入射能量 E_0 最终分解为两部分：一部分被金属表面反射掉，而另一部分则被金属表面吸收。当金属表面吸收外来能量后，将形成晶格结点原子的激活，进而使光能转化成热能，并向表层内部进行热传导和热扩散，以完成表面加热过程。

金属对激光吸收的特征长度极短，且其表面状态与能量吸收率的关系相当敏感，因此通过材料表面处理来改善表面的能量吸收率也成为一个瞩目的方向。激光垂直照射金属时，金属表面的反射率 R 为[5]

$$R=\frac{(n-1)^2+K^2}{(n+1)^2+K^2} \tag{2.12}$$

式中　n，K——光折射率的实部和虚部。

金属表面吸收率 ω 为

$$\omega=\frac{4n}{(n+1)^2+K^2} \tag{2.13}$$

激光束的反射率非常高，可以达到 0.95，在一般条件下，光洁的金属表面对激光的直接吸收率很低，如何有效地提高金属材料表面对激光的吸收率是激光热处理中的一个重要问题。

设入射到金属表面的激光强度为 I_0，则可以求得激光入射到距表面为 x 处的激光强度 I 为[4]：

$$I=I_0 e^{-\alpha x} \tag{2.14}$$

式中　α——吸收系数，cm^{-1}。

式（2.14）说明两点：第一，随激光入射到材料内部深度的增加，激光强度将以几何级数减弱；第二，激光通过厚度为 $1/\alpha$ 的物质后，其强度减少到 1/e，也即材料吸收激光的能力取决于吸收系数 α。α 的大小除了取决于不同材料的特性之外，还与激光的波长、材料的温度和表面状态有关，一般存在以下规律[4-6]：

① 激光的波长越短，金属对其吸收率通常越高，多数金属对 10.6μm CO_2 激光的吸收率不足 10%，而对 1.06μm YAG 激光的吸收率为 CO_2 激光的 3～4 倍。

② 激光束垂直入射时，吸收与激光束的偏振无关；但是当激光束倾斜入射时，偏振对吸收的影响变得非常重要。

③ 不同功率密度的激光作用于材料时会引起材料物态的不同变化，从而影响材料对激光的吸收率。当功率密度较低时，只引起材料表层温度的升高，但仍维持固相不变。随温度的升高吸收率将缓慢提高。当功率密度在 $10^4\sim10^6 W/cm^2$ 时，材料表层将发生熔化。如果金属在熔化前其表面为理想的镜面，则伴随着熔化吸收率将会有明显的提高；但是对于实际金属零件表面或者固态金属以粉末形式存在时，熔化并不总是导致吸收率的提高，相反会导致吸收率的降低。

④ 吸收率与材料特性的关系一般表现为导电性越好的金属对红外激光的吸收率越低。

⑤ 实际金属表面的吸收率由两部分组成——金属的光学性质所决定的固有吸收率和表面光学性质所决定的附加吸收率，后者由表面粗糙度、各种缺陷、杂质、氧化层以及其他吸收物质层决定。通常材料表面粗糙度越大，对激光的吸收率越高。但是在实际生产中，激光热处理不可以通过增加粗糙度及降低表面质量来增强对激光的吸收，而是采用各种行之有效的涂料来提高其吸收率。

2.1.3.2　相互作用的三种作用类型

当激光直接作用在金属材料表面时，可以产生热作用、力作用和光作用[4]。

（1）热作用

前面已说明，当一束激光照射在金属材料表面而相互作用时，一部分光被金属表面反射，其余部分进入金属表层并被吸收。事实上，激光光子的能量向固体金属传输或迁移的过程就是固体金属对激光光子吸收和被加热的过程，由于激光光子的吸收而产生的热效应即激光的热作用。

光在材料表面的反射、透射和吸收本质上是光波的电磁场与材料相互作用的结果。金属中存在大量的自由电子，CO_2 和 YAG 等红外激光照射到金属材料表面时，由于光子能量低，通常只对金属中的自由电子发生作用，在从红外光到紫外光波长等光子能量范围内，主要是通过与金属中电子的碰撞和激发来实现能量转移。也就是说，金属吸收激光是通过自由电子这一中间体，然后电子通过碰撞将多余能量传递给晶格，转变为晶体点阵的振动，从而强化晶格的热振动，使金属表层温度迅速升高，并将此热量向材料表面下方传递。这就完成了光的吸收及转化为热，并向内部传输的过程。

电子和晶体点阵碰撞总能量的弛豫时间典型值为 10^{-13}s，所以可以认为材料吸收的光能向热能转化是在一瞬间完成的。由于金属中的自由电子数密度很高，金属对光的吸收系数很大，为 $10^5 \sim 10^6 \mathrm{cm}^{-1}$。从波长 0.25μm 的紫外光到波长 10.6μm 的红外光这个波段内的测量结果表明，光在各类金属中的穿透深度仅为 10nm 数量级，也就是说，透射光波在金属表面一个很薄的表层内被吸收[5]。因此金属吸收的激光能量使其表面被加热，然后通过热传导，热量由高温区向低温区传递。

（2）力作用

激光的力作用主要是讨论金属材料表面吸收光子，光能转换为热能，由于激光的作用时间极其短暂，热来不及向材料表面深处传输，而使吸收光子的表面区域的温度急剧增高以形成蒸气产生反冲压力波。

当作用在金属材料表面的激光功率密度超过一定阈值，且激光的作用时间低于某一临界值时，由于表面吸收光子层被瞬间（$10^{-10} \sim 10^{-7}$s）加热到其沸点以上，而激光的作用时间仅 $10^{-10} \sim 10^{-8}$s，则光能转化成的热能没有时间向其基体传递，于是该层产生爆炸气化。来自蒸气强烈喷出的反冲以及随后的激光把该蒸气加热成稠密的等离子体，可以产生反冲压力波。该压力波可以改变材料表层的显微亚结构，例如增大材料受辐射区内的位错密度。利用这种压力波可以在某些金属材料，特别是 Al 及其合金上实施冲击硬化。不过，激光的力作用的深度尺寸远小于激光的热作用的尺度。

（3）光作用

当激光与各种气体物质相互作用时，在一定条件下，可以生成各种金属及其化合物的特殊材料，例如薄膜材料、超微粒材料、纳米材料等。所谓激光的光作用是指某种气体吸收激光光子后，当激光光子的能量大于形成气体的原子键能时，光子可以直接切割化合键，从而使气体发生光反应形成新的特定物质。这种光反应主要包括光化学反应机制和光热化学反应机制两大类。

激光的光作用主要包括激光光子与均匀气相的光反应和激光光子与吸附于基体表面

上的一薄层反应气相的光反应。目前用激光的光作用制备的金属材料主要有 W、Au、Cd、Al、Fe、Cu 及其合金和化合物等，不过激光的光化学反应主要用来制备特殊的非金属材料和无机材料，如金刚石薄膜、类金刚石薄膜、Si、氢化非晶硅。

2.2 激光表面处理的原理、特点及基本概念

材料表面处理有许多种方法，应用激光对材料表面实施处理则是一门新技术。激光表面处理技术的研究始于 20 世纪 60 年代，但是直到 20 世纪 70 年代初研制出大功率激光器之后，激光表面处理技术才获得实际的应用，并在近十年内得到迅速的发展。激光表面处理技术，是在材料表面形成一定厚度的处理层，可以改善材料表面的力学性能、冶金性能、物理性能，从而提高零件、工件的耐磨、耐蚀、耐疲劳等一系列性能，以满足各种不同的使用要求。实践证明，激光表面处理已因其本身固有的优点而成为发展迅速、卓有前途的表面处理方法。

2.2.1 激光表面处理的原理及特点

激光是一种相位一致、波长一定、方向性极强的电磁波，激光束由一系列反射镜和透镜来控制，可以聚焦成直径很小的光（直径只有 0.1mm），从而可以获得极高的功率密度（10^4～10^9 W/cm^2）。激光与金属之间的互相作用按激光强度和辐射时间分为吸收光束、能量传递、金属组织的改变、激光作用的冷却等几个阶段。它对材料表面可产生加热、熔化和冲击作用。激光表面处理是采用大功率密度的激光束、以非接触性的方式加热材料表面，借助于材料表面本身传导冷却，来实现其表面改性的工艺方法。它在材料加工中具有的许多优点是其他表面处理技术所难以比拟的[7-8]：

① 能量传递方便，可以对被处理工件表面有选择地局部强化；

② 能量作用集中，加工时间短，热影响区小，激光处理后，工件变形小；

③ 可处理表面形状复杂的工件，而且容易建立自动化生产线；

④ 激光表面改性的效果比普通方法更显著，速度快、效率高、成本低。

激光表面处理是高能密度表面处理技术中的一种最主要的手段，它具有其他同类技术不能或不易实现的特点，其目的是通过改变表面层的成分和微观结构，从而改善表面性能。激光表面处理的主要特点是：

① 安全、清洁、无污染；

② 可快速、局部加热材料并实现局部急热、急冷，获得特殊的表层组织结构与性能；

③ 易于加工高熔点材料、耐热材料、高硬度材料等；

④ 可在大气、真空及各种气氛中进行加工；

⑤ 可使用大体上相同的激光设备，通过改变激光波长及其他参数进行不同的工艺处理；

⑥ 是一种非接触性加工方法，适合自动化生产且生产率高、工件变形小、可精确控制质量。

2.2.2 激光表面处理的基本概念

从工艺方面来看，激光表面处理主要有激光相变硬化、激光熔融及激光表面冲击三类，其中激光熔融具体又可分为激光表面熔凝、激光表面合金化和激光表面熔覆等。

2.2.2.1 激光表面相变硬化

激光表面相变硬化（激光淬火）是最先用于金属材料表面强化的激光处理技术。就钢铁材料而言，激光相变硬化是在固态下经受激光辐照，其表层被迅速加热到奥氏体温度以上，并在激光停止辐照后快速自淬火得到马氏体组织的一种工艺方法，所以又叫激光淬火。适用的材料有珠光体灰铸铁、铁素体灰铸铁、球墨铸铁、碳素钢、合金钢和马氏体不锈钢等。

一般情况下，为克服固相金属表面对 CO_2 激光的高反射率，在激光相变硬化处理前要在工件表面预置吸收层，对工件表面进行预处理，这就是通常说的“黑化处理”，常用的方法有碳素法、磷化法和油漆法等。

激光相变硬化是通过激光束由点到线、由线到面的扫描方式来实现，这种独特的热循环使得无论是升温时的奥氏体转变还是冷却时的马氏体转变都与传统的热处理过程明显不同。在此过程中，需要掌握好两个温度：一个是材料的熔点，处理表面的最高温度一定要低于其熔点；另一个是材料的奥氏体转变温度。

2.2.2.2 激光表面熔凝处理

激光表面熔凝处理，是利用能量密度很高的激光束在金属表面连续扫描，使之迅速形成一层非常薄的熔化层，并且利用基体的吸热作用使熔池中的金属液以 $10^6 \sim 10^8$K/s 的速度冷却、凝固，从而使金属表面产生特殊的微观组织结构的一种表面改性方法。在适当控制激光功率密度、扫描速率和冷却条件的情况下，材料表面经激光表面熔凝处理可以细化铸造组织，减少偏析，形成高度过饱和固熔体等亚稳定相乃至非晶态，因而可以提高表面的耐磨性、抗氧化性和抗腐蚀性能。

2.2.2.3 激光表面合金化

激光表面合金化是一种既改变表层的物理状态，又改变其化学成分的激光表面处理技术。它是用激光束将金属表面和外加合金元素一起熔化、混合后，迅速凝固在金属表面获得不同物理状态、组织结构和化学成分的新的合金层，从而提高表层的耐磨性、耐腐蚀性和高温抗氧化性等。激光表面合金化的主要优点是：激光能使难以拉近的和局部的区域合金化；在快速处理中能有效地利用能量；利用激光的深聚焦，在不规则的零件上可得到均匀的合金化深度；能准确地控制功率密度和加热深度，从而减小变形；就经济而言，可节约大量昂贵的合金元素，减少对稀有元素的使用。

2.2.2.4 激光表面熔覆

激光表面熔覆是使一种合金熔覆在基体材料表面的技术，与激光合金化不同的是要求基体对表面合金的稀释度为最小。通过选择将硬度高以及良好抗磨、抗热、抗腐蚀和抗疲劳性能的材料用作覆层材料。与传统的涂覆工艺相比，它具有很多优点：a. 合金层和基体可以形成冶金结合，极大地提高熔覆层与基体的结合强度；b. 由于加热速度很快，涂层元素不易被基体稀释；c. 由于热变形较小，因而引起的零件报废率也很低。激光熔覆对于面积较小的局部处理具有很大的优越性，对于磨损失效工件的修复也是一种独特的方法，有些用其他方法难以修复的工作，如聚乙烯造粒模具，采用激光熔覆的方法可以恢复其使用性能。激光表面熔覆可以从根本上改善工件的表面性能，很少受基体材料的限制，对于表面耐磨、耐蚀和抗疲劳性都很差的铝合金来说意义尤为重要。使用激光进行陶瓷涂覆，可提高涂层质量，延长使用寿命。

2.2.2.5 激光表面冲击

激光表面冲击是用功率密度很高（$10^8 \sim 10^{11}$ W/cm^2）的激光束，在极短的脉冲持续时间内（$10^{-9} \sim 10^{-3}$ s）照射金属表面使其很快气化，在表面原子溢出期间产生动量脉冲而形成冲击波；或者应力波作用于金属表面使其显微组织中的位错密度大大增加，形成类似于受到爆炸冲击或高能快速平面冲击后产生的亚结构，从而提高合金的强度、硬度和疲劳极限。

2.3 激光快速凝固的理论基础

2.3.1 快速凝固过程

快速凝固的概念和技术一般公认起源于美国加州理工学院的 Duwez 及其合作者。他们于 1960 年采用一种独特的熔体急冷技术，首次使液态合金在大于 10^7 ℃/s 的冷却速度下凝固。当时发现，在如此快的冷却速度（冷速）下，本来是属于共晶系的 Cu-Ag 合金中，出现了无限固溶的连续固溶体；在 Ag-Ge 合金系中，出现了新的亚稳相；而共晶成分的 Au-Si（$x_{Si}=25\%$）合金竟然凝固为非晶态结构，即金属玻璃。这些发现在全世界的物理冶金和材料科学工作者面前展开了一个新的研究领域——快速凝固[9-10]。

快速凝固指的是在比常温工艺过程快得多的冷却速度下（例如 10^4～10^9℃/s)，合金以极快的速度从液态转变为固态的过程，但几乎所有关于冷却速度的数据均为近似值，这是因为很少进行直接测量。常用的方法是测量凝固后的枝晶臂间距，然后估算冷却速度。因此又有人提出快速凝固应定义为：由液相到固相的冷却速度相当快，从而获得了传统铸件或铸锭冷却速度下所不能获得的成分、相结构或显微结构。快速凝固区别于其他凝固过程的最基本特点是快的冷却速度及明显的非平衡效应（界面特征、溶质分凝、传热传质条件、材料热物性等）。

从凝固过程的特征出发[9]，可以按固-液界面的形态，将凝固的模式分为平界面凝固、胞晶凝固或树枝晶凝固；也可以按固-液界面上成分的变化，将凝固的模式分为伴随有溶质原子在固相及液相间再分配的凝固及不伴随这种再分配过程的凝固。后一种凝固模式也可称为无溶质分凝的凝固或无偏析凝固。一种合金凝固模式的变化主要取决于一定的形核及传热条件下的界面推进速率，典型的快速凝固应属于在很快的界面推进速率下出现的平界面凝固或无偏析凝固。无偏析凝固必定是在界面上出现较大过冷和远远偏离平衡的条件下发生的；而在较高的界面推进速率下发生平界面凝固时，界面上有可能仍保持局域的平衡，但也有可能发生不同程度的偏离平衡，这两种情况下冷却速度及界面推进速率对凝固模式的影响非常重要。

2.3.2　界面形态

2.3.2.1　界面上保持局域平衡的凝固

通过研究可知，当固-液界面前沿液相中的温度梯度较高和固-液界面向前推进的速率（即晶体生长速率）较慢时有利于保持平界面，而当温度梯度的减小和生长速率的增大发展到一定程度时，平直的界面将因扰动而失去稳定，由平界面向胞状界面转变，进一步还会发生由胞状界面向树枝状界面的转变。这种情况的说明如图 2.3 所示，其中 AB 是平界面区和胞状界面区的分界线。根据界面形貌稳定性理论，使得界面由平界面向胞状界面转变的临界生长速率由式（2.15）确定：

$$\frac{G_{\mathrm{L}}}{v} \geqslant \frac{\Delta T_0}{D_{\mathrm{L}}} \tag{2.15}$$

式中　G_{L}——固-液界面处液相内的温度梯度；
v——凝固速率即生长速率；
ΔT_0——结晶温度间隔；
D_{L}——液相中的原子扩散系数。

因此当存在成分过冷，但生长的界面上仍保持局域平衡的情况时，加快冷却速度可以细化组织，有可能改善成分均匀性，并使析出物也变得细小，然而这种效果与真正快速凝固条件下所能达到的效果，还有很大差距。

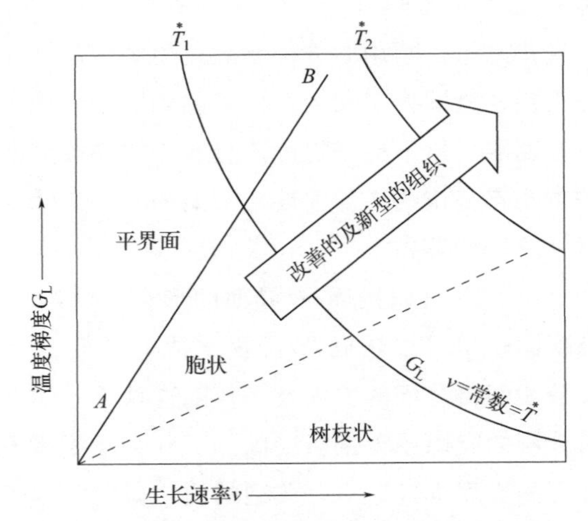

图 2.3 温度梯度及生长速率对界面形貌的影响

2.3.2.2 界面上的过冷及非平衡凝固

这里讨论的无溶质分凝或无偏析凝固，其过程中界面上不发生溶质原子的再分配，所有的溶质都“截留”在生长着的固相内，此时要求界面上出现较大的过冷，界面偏离平衡直至实际的溶质分配系数等于 1。为出现无偏析凝固所需要的凝固速率，应能克服由于在界面上发生溶质再分配而在前方液相中出现的浓度梯度，也就要求在开始结晶之前，使熔体过冷到相当低的温度，以至于在不考虑向衬底散热的情况下，也不会由于结晶开始使温度回升而发生溶质原子的远程扩散和再分配，这样才能保证完全的无偏析凝固。

根据开始结晶前所达到的过冷，可以分为超快速冷却、临界快速冷却及次快速冷却三种情况。在次快速冷却的情况下，凝固前期可按无偏析模式进行，后期温度回升到一定程度，就会发生溶质元素再分配和偏析。

2.3.3 凝固界面的长大

从以上分析可知，快速凝固的实质在于通过某种技术手段，使液态合金在很大的冷却速度下达到足够大的过冷度，使凝固过程尽可能按照无溶质分凝、无扩散、无偏析的模式进行。

这里非均匀形核在决定凝固开始前的过冷度及凝固模式方面也起着非常重要的作用，削弱或消除非均匀形核的潜在核心，就能使合金在较低的冷却速度下，仍然能够达到为进行无偏析凝固所必需的过冷度。

加快冷却速度和凝固速率会引起合金的组织及结构特征发生变化，如图 2.4 所示，图中所示的冷却速度范围是对于一般工业用合金而言的。从普通铸造生产中的冷却速度到冷却速度约为 10^2 K/s，结晶组织（包括显微偏析）不断细化，这主要是因为凝固过程中枝晶粗化的时间被缩短。但是，不管是常规的较粗的组织，还是细化的组织，它们在凝固时，其界面上基本保持着局域平衡的状态，组织的细化主要是由固相生长条件的变化所引起的，而不是由形核的过冷度造成的。进一步提高冷却速度之后，熔体的热过冷逐步加深，固-液界面越来越离开平衡状态，溶质元素的截留不断发展，最后就成为完全无扩散、无偏析的凝固。此时随着过冷度不断加深，合金的组织及结构也出现如下一些新变化。

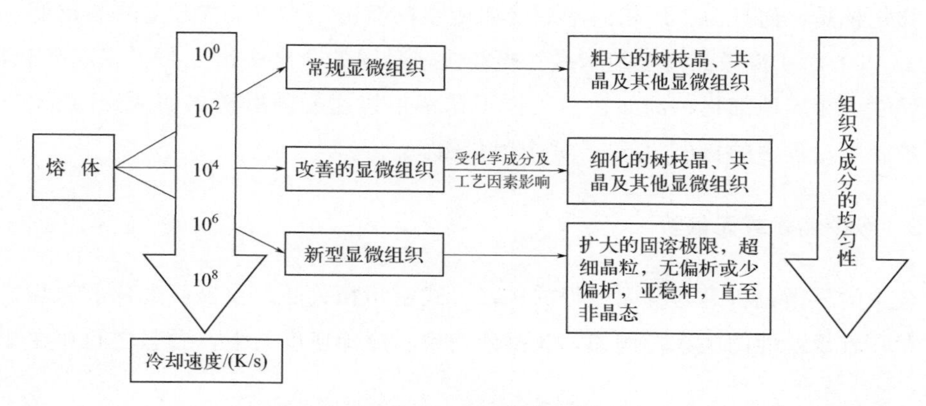

图 2.4 快速凝固引起的显微组织变化

2.3.3.1 扩大的固溶极限

研究发现，快速凝固可以使溶质元素的固溶量获得显著的扩大。扩大的幅度在不同的合金系中很不相同，这取决于不同的热力学和动力学条件。例如表 2.1 是铁基置换固溶体中通过快速凝固所获得的合金元素溶解度，显然它们均大大高于其平衡最大固溶度。

表 2.1 铁基置换固溶体中通过快速凝固所获得的合金元素溶解度

溶质元素	固溶体	快速凝固后固溶度/%	平衡最大固溶度/%	快速凝固方式
Cu	γ	15.0	7.2	气枪
Ga	α	50.0	18.0	气枪
Ti	α	16.0	9.8	锤-砧
Rh	γ	100.0	50.0	气枪
Mo	α	40.6	26.0	—
W	α	20.8	13.0	—

除了上述的过饱和固溶快速凝固可显著扩大溶质元素的固溶极限，共晶合金通过快速凝固甚至可以形成单向的固溶体组织。因此快速凝固过程既可以通过保持高度过饱和固溶以增强固溶强化作用，也可以使固溶元素随后析出，增强其沉淀强化作用。

2.3.3.2 超细的晶粒度

快速凝固合金具有比常规合金低几个数量级的晶粒尺寸，一般≤1.0μm，在 Ag-Cu 合金中甚至观察到细至 3nm 的晶粒。

因为结晶过程是一个不断形核和晶核不断长大的过程，而在很大的过冷度下，可能萌生出更多的晶核，达到很高的形核率，但是其生长的时间又极短。因此，大的过冷度不仅可细化枝晶，而且由于形核速率的增大使晶粒细化，致使某些合金的晶粒度可细化到 0.1μm 以下而获得微晶乃至纳米晶。当在快速凝固的合金中出现第二相或夹杂物时，其晶粒尺寸也相应地细化，例如在奥氏体不锈钢中快速凝固后析出的 MnS 杂质，其尺寸比常规凝固过程中的析出的低 2～3 个数量级。

2.3.3.3 极少偏析或无偏析

合金中的显微偏析是与凝固过程的进行方式密切相关的，在界面生长形态与显微偏析之间存在着规律性的联系。例如，在凝固速率、冷却速度与生长形态之间存在如下所示关系：

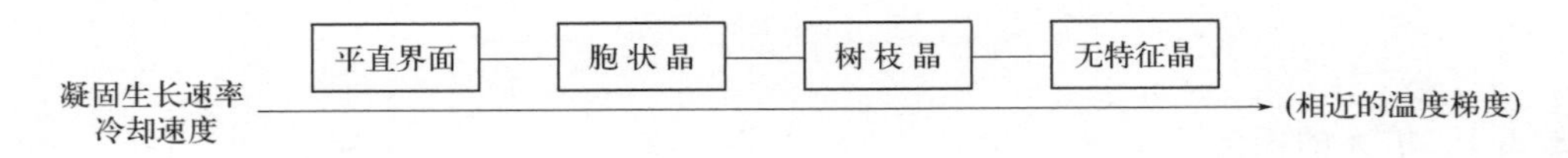

Flemings 运用枝晶尖端稳定半径的分析，对 Al-Cu 合金枝晶尖端的温度和成分进行计算后发现：当 G/v 值极低且生长速率很小时，枝晶尖端温度非常接近液相线温度；如果温度梯度增大且慢速生长时，枝晶尖端将一直降至平衡的固相线温度，此时的凝固前沿成为平界面，固相成分为原始成分，即达到稳态生长；如果生长速率加剧，枝晶端部的温度开始时上升，当生长速率足够大时，此处的温度会重新下降，到平衡的固相线温度，此时的固相成分又回到合金的原始成分，凝固前沿也重新成为平界面，表明合金进入了“绝对稳定界限”。如果凝固速率不仅达到了“绝对稳定”界限，而且超过了界面上溶质原子的扩散速率，即进入了完全“无偏析、无扩散凝固”时，可获得完全不存在任何偏析的合金，也就是“无特征晶”，这种现象已经获得证实[10]。

在快速凝固的合金中，如果冷速不够快，局部区域也会出现胞状晶或树枝晶组织，但是它们与常规合金组织相比已大大细化，枝晶臂间距可能只有 0.25μm，因此表现出来的显微偏析也很少。其中胞状晶常含有很多位错列，但只有极轻微的溶质元素偏析。

如果由于冷却速度不够快和形核前达到的过冷度不够大，使得凝固的中期或者后期温度回升到一定程度，那么在树枝晶的心部，溶质含量会高于外围，同时在晶界上也出现溶质偏聚。

但在某些合金中可能发生平面型凝固，从而获得完全均匀的显微结构。

无特征晶只有在冷速足够快的合金中才会出现，通常包含有很多位错与层错，但是不存在或基本上不存在溶质元素的偏析。

2.3.3.4 形成亚稳相

在快速凝固的合金中，平衡相的析出可能被抑制，导致非平衡亚稳相结构产生。这里除了出现亚稳的过饱和固溶体外，还会形成其他的亚稳相。一方面，这些亚稳相的晶体结构可能与平衡状态图上相邻的某一中间相的结构极为相似，因此可以看作是快速冷却和达到大的过冷度的条件下，中间相的亚稳浓度范围扩大的结果。另一方面，也可能形成某些在平衡状态图上完全不出现的亚稳相。对于一种快速凝固的合金来说，具体会出现哪一种亚稳组织，取决于不同相析出时所需要的热力学及动力学条件的竞争，自然也就取决于冷却速度和过冷度。

2.3.3.5 形成非晶态

液态合金经过快速凝固而形成非晶态合金是非平衡凝固的一种极限情况。在足够快的冷却速度下，液态合金可避免通常的结晶过程（形核和长大），在过冷至某一温度以下时，内部原子冻结在液态时所处位置附近，从而形成非晶结构。当冷却速度足够快时，选择合适的合金成分，以降低熔点和提高玻璃态的转变温度 T_g，结晶过程将被完全抑制，合金就可能失去长程有序结构而成为玻璃态（非晶态），获得非晶固体。

2.3.3.6 高的点缺陷密度

固态金属中的点缺陷密度随着温度的升高而增大，其关系符合[9]：

$$C=\exp[-Q_F/(RT)] \tag{2.16}$$

式中 C——点缺陷密度；

Q_F——摩尔缺陷形成能。

当金属熔化以后，在液态下上述关系式就失去了确切的含义。由于原子有序排列程度的突然降低，液态金属中的“缺陷密度”当然要比同温度下的固态金属高得多；而在快速凝固的过程中，缺陷密度则会较多保存在固态金属中。

2.3.4 激光凝固条件的匹配

从上述分析可知，从一般铸造工艺中的冷却速度到约为 10^6K/s 的快速冷却速度，凝固组织不断细化，这主要取决于在凝固过程中枝晶长大时间的缩短。然而，不管是粗大的铸态组织还是细化了的组织，它们的凝固界面均保持着局域平衡状态。组织细化主要是固相生长条件的变化引起的，形核的过冷度并不起主要作用。

因为激光具有极高的功率密度（$10^4\sim10^9\,\mathrm{W/cm^2}$），在激光表面熔凝及激光表面熔覆等表面热处理工艺中，高能密度激光在材料表层形成瞬间熔池，熔化层深度一般为mm量级以下；激光能束截面的直径小达μm数量级，而且激光照射到表面上任意一点的时间都很短，仅为$10^{-9}\sim10^{-3}$s。所以任一时刻工件的表面熔化区域都很小，传导到工件内部的热量也很少，熔化区域内外存在很大的温度梯度。一旦激光扫过之后，此熔化区就会迅速把热量传到工件内部而凝固。正是由于这些原因以及熔化区与未熔化区之间的界面热阻极小，所以可以获得很高的凝固速率。此时熔体的过冷度非常大，凝固界面远远偏离平衡状态，溶质元素的截流不断发生，从而实现了快速凝固，最后演化成完全无扩散、无偏析的快速凝固组织。随着上述激光处理的进行及熔体过冷的不断加大，材料表层组织结构也将发生一系列全新的变化。

激光表面处理过程熔化区与凝固区的形状及导热条件如图2.5所示[9]，激光束沿u_b所示的方向移动，并形成一个液相区。液相区的前部为熔化区，固相不断被熔化；而后部为凝固区，液相重新凝固。熔池的深度是由激光束的功率密度和扫描速率决定的。

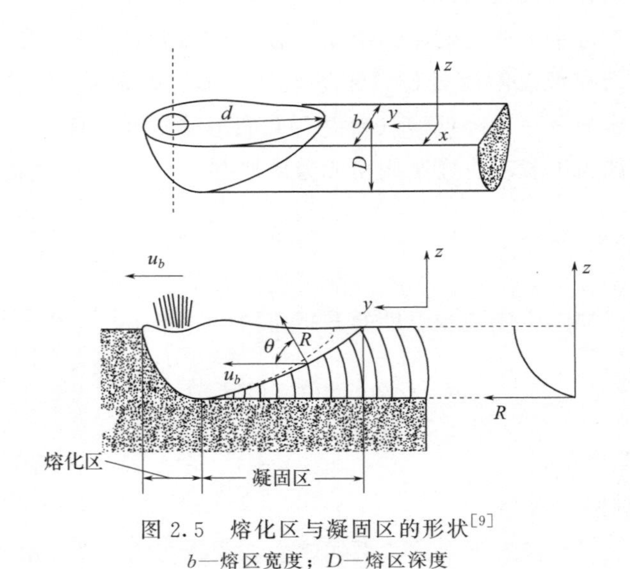

图2.5 熔化区与凝固区的形状[9]

b—熔区宽度；D—熔区深度

在凝固区内凝固速率R（即凝固界面在法线方向上的推进速率）与激光束扫描速率u_b之间的关系由下式决定：

$$R=u_b\cos\theta \tag{2.17}$$

式中，R 与 u_b 之间的夹角 θ 定义为凝固方向角。它沿凝固方向上的变化决定了熔池的形状和熔池内不同深度处的凝固速率和凝固方向。在熔池的底部 θ 趋于 90°，因而凝固速率 R 趋于 0；在凝固区中靠近熔池表面的位置 θ 最小，其凝固速率 R 最大。在熔池底部 R 很小而温度梯度很大，凝固以平面方式进行并可获得无偏析的凝固组织；而在熔化区的上部由于凝固速率的增快形成胞晶组织。

2.4　激光表面热处理技术

激光表面热处理是以激光作为热源的热处理技术，它研究金属材料及其制品在激光作用下组织和性能的变化规律，以及它在工业应用中所必须解决的工艺及装备。因此激光表面热处理是涉及光学、材料科学与工程、机械和电脑等多学科的高新技术，是传统热处理技术的发展与补充。采用激光表面热处理可以实现某些其他热处理方法难以实现的技术目标，所以国内外对激光表面热处理的研究、开发和应用都正处于上升阶段[8,11-13]。

2.4.1　激光表面热处理的工艺特点

激光表面热处理按照处理过程中所采用的工艺方式不同或者相同工艺方式中因参数的大小不同而获得不同的组织性能，可分为多种处理工艺（见图 2.6），除了我们在前边 2.2 部分介绍的激光相变硬化、激光表面熔凝、激光表面合金化、激光表面熔覆、激光表面冲击外，还有激光非晶化和微晶化、激光增强电沉积等，这些处理方法的工艺特点可以参看表 2.2。

表 2.2　激光表面处理各种方法的工艺特点

工艺方法	功率密度/(W/cm^2)	冷却速度/(℃/s)	作用区深度/mm
激光淬火	10^3～10^5	10^4～10^5	0.2～3.0
激光熔凝	约 10^5	10^5～10^7	—
激光合金化	10^4～10^6	10^4～10^6	0.01～2.00
激光熔覆	10^4～10^6	10^4～10^6	0.01～2.00
激光非晶化	10^7～10^8	10^7～10^{10}	0.001～0.100
激光冲击硬化	10^9～10^{12}	10^4～10^5	0.02～0.20
激光退火	2.3×10^4	移动速率 0.5m/min①	—

①激光退火以移动速率表示冷却速度。

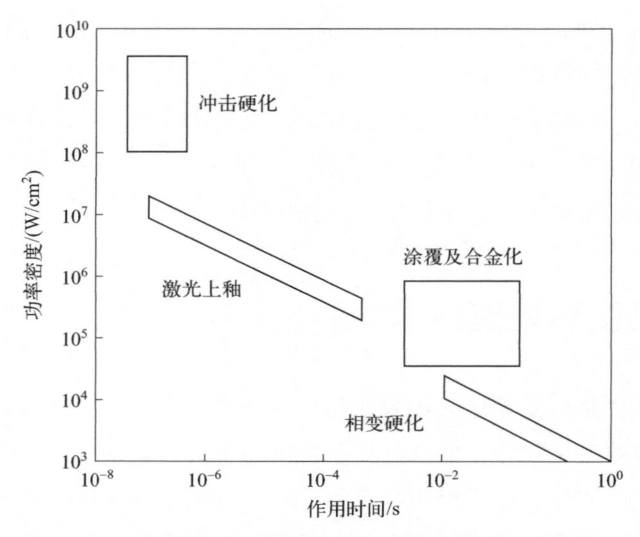

图 2.6　不同激光表面改性工艺的功率密度和作用时间

2.4.2　激光处理层的组织、性能及工程应用分析

2.4.2.1　激光淬火

应用激光将金属材料表面加热到相变点以上，随着材料自身冷却，奥氏体转变成马氏体，使材料表面硬化，同时硬化层内残留有相当大的压应力，从而增加了表面的疲劳强度。利用这一特点对零件表面实施激光淬火，则可以大大提高材料的耐磨性和抗疲劳性能。最新研究成果表明，如果在工件承受压力的情况下实施激光表面淬火，淬火后撤去外力则可以进一步增大残留的压应力，并可大幅度提高工件的抗压和抗疲劳强度。

由于激光表面淬火速率快，进入工件材料内部的热量少，由此带来热变形少（变形量为高频淬火的 1/10～1/3）。因此，可以减少后道工序（矫正或磨制）的工作量，降低工件的制造成本。此外该工艺为自冷却方式，无需淬火液，是一种清洁卫生的热处理方法；而且便于用同一激光加工系统实现复合加工。因此可直接将激光淬火工序安排在生产线上，以实现自动化生产。又由于该工艺为非接触式，因此可用于窄小的沟槽和底面的表面淬火。

激光淬火由于以上优点而得到较为广泛的应用。例如：发动机缸体表面淬火，可使缸体耐磨性提高 3 倍以上；热轧钢板剪切机刃口淬火，与未处理的刃口相比寿命延长了 1 倍左右；而且激光表面淬火还应用在机床导轨淬火、齿轮齿面淬火、发动机曲轴的曲颈和凸轮部位局部淬火以及各种工具刃口激光淬火。美国通用汽车公司自 1974 年首次将 CO_2 激光器用于激光淬火以来，先后建立了 17 条激光热处理生产线，每日可处理零件 3 万件。该公司对易磨损的汽车转向器齿轮的内表面用激光处理出五条耐磨带，克服了磨损问题，且基本无变形。德国 MAN B&W 公司对 40/54 和 L58/64 型船用柴油机气缸套内壁进行激光淬火，日本对 45 钢、铬钼钢、铸铁等材料的激光淬火，美国相干（Coherent）公司用 500W 激光器对铸铁机床导轨进行淬火均取得了较好的效果。我国也在积极进行激光淬火的研究和应用实践，天津渤海无线电厂采用美国 1.5kW 横流 CO_2 激光器对硅钢片模具进行表面淬火，大大提高了其耐磨性，使用寿命延长了 10 倍。青岛激光加工中心采用了 HJ-3kW 级横流 CO_2 激光器，对柴油机气缸进行表面淬火后取代了硼缸套，耐磨效果和配副性优良、经济效益显著。

2.4.2.2 激光表面熔凝

激光表面熔凝是采用近于聚焦的激光束照射，使材料表面层熔化，然后依靠自身冷却快速凝固。熔凝层中形成的铸态组织非常细密，能使材料性能得到改善，可以增强材料表层的耐磨性和耐蚀性。

激光表面熔凝技术基本上不受材料种类的限制，可获得较深（可达 2～3mm 甚至更深）的高性能熔覆层，易实现局部处理，对基体的组织、性能尺寸影响很小，而且工艺操作方便。

应用激光表面熔凝技术，在可锻铸铁的摩托车凸轮轴表面获得了熔层厚 0.2mm、硬化层厚 0.7mm、宽 3.4～3.6mm、表面硬度（维氏硬度）为 HV895 的耐磨性很高的熔凝层[13]。对耐磨铸铁活塞环进行处理后，其寿命延长 1 倍，且与气缸的匹配效果良好。对珠光体＋铁素体基的铸铁梳棉机梳板进行处理后，明显提高了其耐磨性和抗崩裂性，且保持了低的表面粗糙度。国外对 Al-8Fe［Al 含量（质量分数）为 1.0%］合金经过激光熔凝硬化处理后的熔区枝晶进行微观计算机模拟及测量，得出了枝晶细胞头部半径与凝固速率的关系式和凝固速率对枝晶分布的影响规律。利用晶体生长的最小过冷度判据，对单晶合金激光重熔区组织的生长速率进行分析，建立了枝晶尖端生长速率与激光束扫描速率和固液面前进速率的关系。根据分析，发现激光熔池中枝晶组织生长方向受基材晶粒取向和激光束扫描方向的强烈影响。

2.4.2.3 激光表面合金化

激光表面合金化与其他传统表面合金化的方法相比：熔覆层组织细小，结构致密，气孔率低；激光能量密度高，无需工件作为电极传导，粉末材料和基体材料的使用面更广；激光作用时间短，基体熔化量少，合金熔覆层稀释率较高，减少粉末材料的消耗量；热影响区小，对基体组织的性能影响小，工件变形小；不需要特殊的工作条件，无环境污染。

该项技术广泛应用于在磨损、腐蚀、高温氧化等工况条件下服役的工件表面强化，以及磨损件的修复[13-17]。

如果向熔融区提供活性气体，还可以在工件表面形成坚硬的陶瓷涂层。例如在 N_2 中用 CO_2 激光加热 Ti-6Al-4V，则可以形成 TiN 层，相互作用的时间越长，TiN 密度越高，深度越深。大量形成的硬质耐磨相 TiN，大大提高了表面硬度。TiN 相呈胞状及发达树枝状的特殊生长形态，被基体牢牢地镶嵌住，在摩擦磨损过程中不易脱落，故这种快速凝固“原位”耐磨复合材料具有优异的耐磨性能。利用扫描电子显微镜（SEM）和透射电子显微镜（TEM）对改性层的微观组织转变进行了研究，激光气相氮化改性层内的显微组织由α、γ、TiN和TiAlN组成，沿层深呈不均匀分布。

2.4.2.4 激光表面熔覆

激光表面熔覆输入热量少、工件变形小，而且整体铸造粗糙度有很大的改善，减少二次磨削工作量，纤维组织更致密和极少偏析，表面平整光滑。

激光表面熔覆从20世纪70年代提出到20世纪80年代获得广泛应用，其间展开了在低碳钢、不锈钢、铸铁、铝合金以及特殊合金上激光表面熔覆钴基、镍基、铁基、钛、碳化物、氧化物等的研究工作。迄今为止，研究工作主要集中在激光表面熔覆工艺参数、激光熔覆层的微观组织结构和相分析及其性能等方面。美国有两家飞机制造企业采用了这种方法，对喷气机涡轮叶片外缘熔覆了钴基合金涂层。近年来日本的汽车制造业亦开始采用这种技术，对汽车排气阀实施激光熔覆钨铬钴合金层，与传统的乙炔涂覆法相比，激光表面熔覆处理成本低，涂层寿命长。

目前激光表面熔覆技术进一步应用面临的主要问题是：

① 对激光表面熔覆过程裂纹的形成和行为缺乏深入的研究；

② 尚缺乏特别针对激光表面熔覆过程特性的熔覆材料；

③ 激光表面熔覆过程的检测和实施自动化控制。

其中，裂纹问题尤为严重。

2.4.2.5 激光冲击硬化

激光冲击硬化技术能提高大部分金属材料（尤其是铝合金）的强度、硬度并延长疲劳寿命。国外正在进行用激光冲击波来改善飞机结构中紧固件周围疲劳性能的应用研究。发现6.5mm板厚的裂纹扩展试件和紧固试件的高频疲劳寿命，在激光处理后比处理前延长100倍。研究表明，激光表面质量可用表面粗糙度与微凹沟这两项指标来表示，通过对表面粗糙度与微凹沟进行直观的观察与分析，就可以判别激光冲击硬化效果的好坏；同时可以通过优化激光参数、改善涂层与约束层、增加保护层及强化层来有效地控制激光冲击的强化效果。

2.5 激光表面熔凝技术

2.5.1 表面处理条件

激光表面熔凝处理的主要特点为：

① 表面熔化时一般不添加任何合金元素，熔凝层与基体之间是天然的冶金结合；

② 在激光表面熔凝过程中可以排除杂质和气体，同时急冷重结晶获得的组织有较大的硬度、较好的耐磨性和抗蚀性；

③ 其熔化层薄，热作用小，对表面粗糙度和工件尺寸影响不大，可以不再进行后续磨光而直接使用。

鉴于激光表面熔凝处理后的工件，通常不再进行后续磨光加工就直接使用，因此对处理后表面形貌质量一般都有所要求。处理时熔化区形成的高温度梯度，导致了在表层形成高的应力梯度和熔体中的环流运动，例如在铁的熔体中环流速度可达 150mm/s。熔体内部压力的变化需要相应的补偿，它通过熔池表面的弯曲来给予，从而影响表面形貌。为了控制工件的表面形貌和尺寸，应从以下两方面进行控制。

① 选用最佳的激光表面熔凝参数和工艺方法。实验表明，在所有激光表面熔凝参数中，对表面形貌的显微起伏（凹凸）影响最大的是激光功率密度，例如对连续激光表面熔凝处理，其功率密度宜采用 $5\times10^3\sim5\times10^4$ W/cm^2，同时为了有最好的表面形貌，扫描速率应最低，这样的激光参数将使熔池中的环流涡流分解成许多漩涡，使表面形成较小的弯曲。通过这样处理将使工件表面具有较好的综合特性，熔瘤高度低和不平度顶点半径大。

② 工件设计加工时，由预留加工余量来补偿激光表面熔凝使表面原始显微起伏的下降量。

显然，如果由于激光表面熔凝工艺不当，造成工件表面形貌损坏而必须进行后续磨光处理，则会因磨光加工的加工尺寸与熔化层深度相当从而失去激光表面熔凝处理的意义。因为它不仅增加了工件的制作成本，更重要的是失去了耐磨性能好的熔化层。

2.5.2　表面处理层

激光表面熔凝处理层的组织取决于基体金属的不同，Fe 基、Ti 基等可以发生固态相变的合金，其激光作用区的熔凝组织有表面熔化区、次层固态相变区、内层过渡区三层[3]。图 2.7 为拖拉机缸套用材亚共晶灰铸铁 HT200 的熔凝硬化带的金相组织，熔凝处理工艺为：激光功率 950W；扫描速率 14～25mm/s；获得硬化带总深度约为 0.4mm (其中熔化层深度约为 0.1mm，相应的显微硬度为 HV740～950)。而不可以发生固态相变的合金（Ni 基、奥氏体型不锈钢等）的熔凝组织则只有一层熔化区。

激光表面熔凝主要处理铸铁、工具钢和某些能形成非晶态的材料三种材料。前两种材料通过处理以提高硬度，后者具有优良的抗腐蚀性能。根据被处理的材料和工艺参数不同，激光表面熔凝处理后得到的熔化区组织一般为非晶组织、固溶度增大的固溶体、超细共晶组织或精细树枝晶组织。

迄今为止，对铸铁进行激光表面熔凝的研究和开发工作比较多，结果表明，对于不

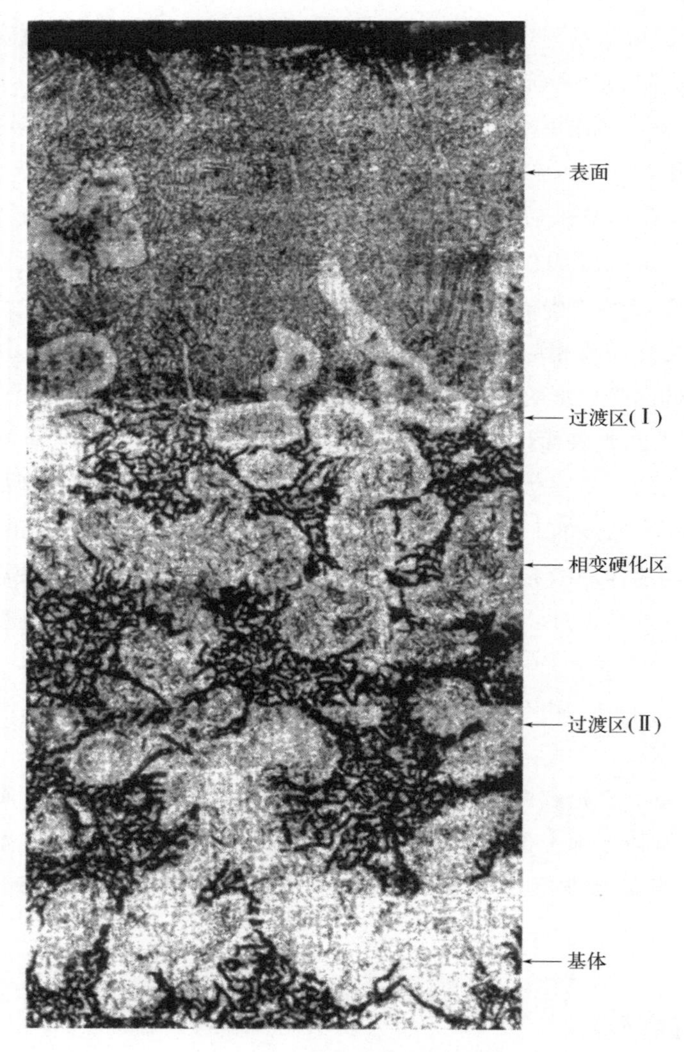

图 2.7 HT200 激光熔凝硬化带的金相组织（500×）

同的铸铁种类和激光表面熔凝工艺条件，得到的处理层组织及其相应的性质有很大的差异。

2.5.3 激光表面熔凝的工程应用分析

2.5.3.1 铸铁的激光表面熔凝处理

铸铁是激光表面熔凝最理想的材料[13]，处理后可使夹杂物溶解，熔化区获得细枝晶组织和微细的金属间化合物，从而提高硬度、耐磨和耐蚀性能。例如对 FC25 铸铁用 3kW 的 CO_2 激光辐照后，表面获得 0.7mm 的熔凝层，其硬度可达 HV1000，强化层深度可达 2mm，图 2.8 是它的断面硬度分布。

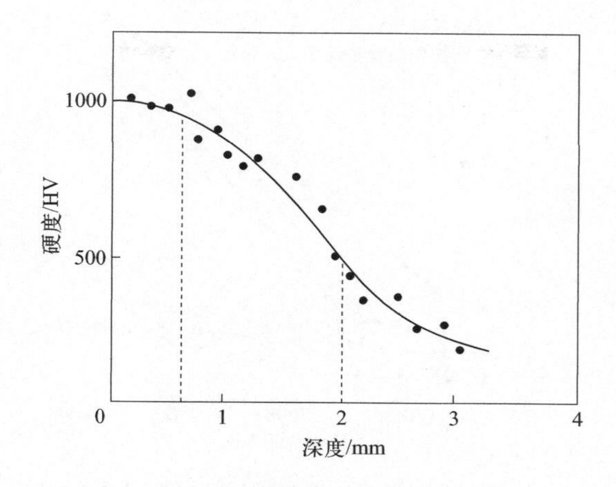

图 2.8　FC25 铸铁激光表面熔凝处理的硬度分布

（1）灰口铸铁

具有 HV250 硬度的珠光体基体和片状石墨铸铁，经激光表面熔凝处理后，组织为含有马氏体的细小的白口铸铁型凝固组织，硬度为 HV800～950，磨料磨损性能大为提升。

（2）球墨铸铁

具有 HV180 硬度的铁素体基体球墨铸铁，经激光表面熔凝处理后，组织主要为含有马氏体的细小的白口铸铁型凝固组织，硬度为 HV400～950，具有良好的耐磨性。

（3）白口铸铁

具有 HV670 硬度的白口铸铁，经激光表面熔凝处理后，组织细化生成马氏体相，硬度提高到 HV800 以上，且对抗磨料磨损性能有良好影响。

（4）硅铸铁

含有约 6.0%（质量分数）Si、约 2.5%（质量分数）C 的硬度为 HV250 的硅铸铁，经激光表面熔凝处理后，得到细小的凝固组织，其最高硬度可超过 HV1000，耐磨性能得到很大提升，如图 2.9 所示。

（5）工具钢激光表面熔凝处理

对工具钢进行激光表面熔凝处理，可使碳化物很快溶解并随后产生细小而弥散分布的碳化物，从而提高红硬性并延长刀具使用寿命，高速钢刀具激光表面熔凝与常规热处理后的硬度比较如图 2.10 所示。处理工艺为：刀具先经常规淬火与回火处理，再进行激光表面熔凝处理；激光功率 700W，光斑直径 0.4mm，熔凝层深度 500μm。组织为细针马氏体、残余奥氏体、铁素体及未熔碳化物。

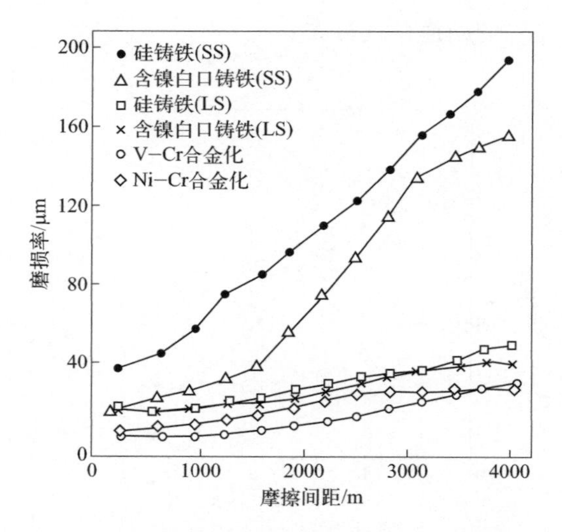

图 2.9　激光表面熔凝处理与原始材料的耐磨性对比

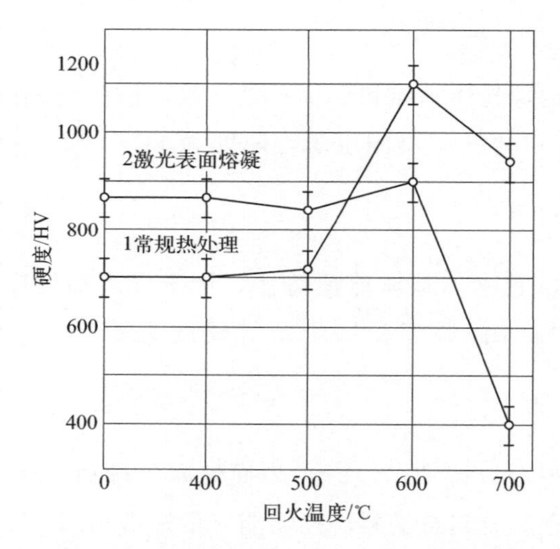

图 2.10　T1 钢熔覆区及常规热处理工件的硬度与回火温度的关系

2.5.3.2　Al-Si 合金激光表面熔凝处理

在汽车及相关工业中，Al-Si 合金广泛用作铸造合金，尤其是 Al-13Si 和 Al-8Si-3Cu 等合金，通过硅和初生铝相的共晶析出得以强化。此时的初生硅相是粗大的，通过激光表面熔凝处理可得到细小的共晶组织，且均匀分布，从而改善其性能。

图 2.11 为 Al-13Si 合金表面激光表面熔凝层的硬度分布曲线，图 2.12 和图 2.13 分别为铝硅合金激光表面熔凝处理前后在 10% H_2SO_4 与 10% HNO_3 中的极化曲线，对比说明激光表面熔凝处理可以改善铝硅合金的抗酸蚀性能；图 2.12、图 2.13 中 $1^{\#}$～$4^{\#}$ 代表 4 种不同的铝硅合金相对应的表面激光熔覆的样品 $1'$～$4'$。

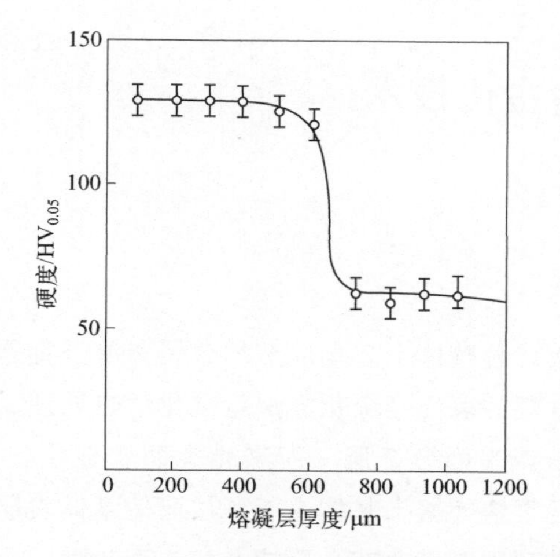

图 2.11 Al-13Si合金表面激光表面熔凝层的硬度分布曲线

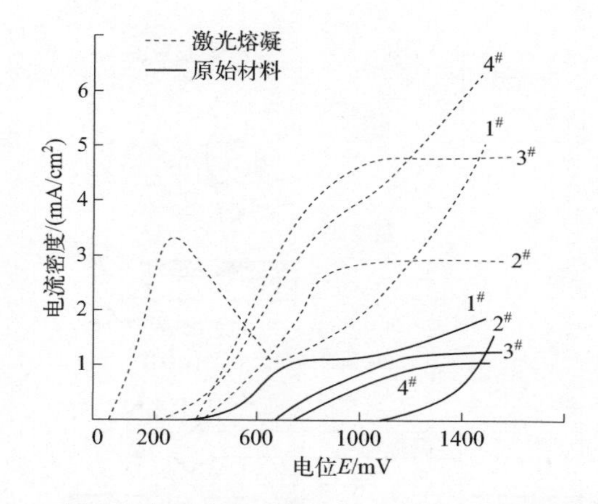

图 2.12 铝硅合金激光表面处理在10%H_2SO_4中极化曲线

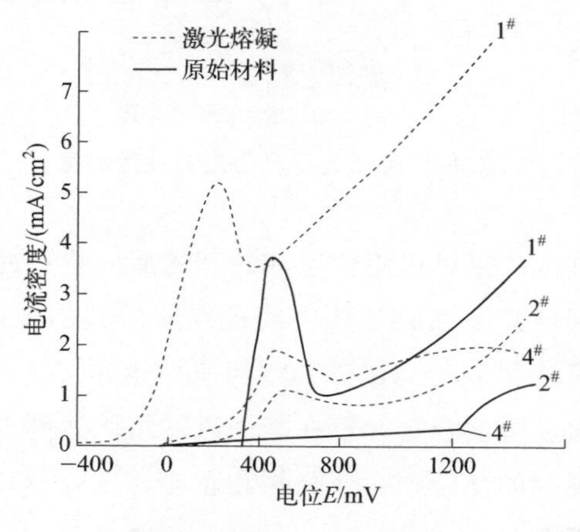

图 2.13 铝硅合金激光表面处理在10%HNO_3中极化曲线

2.6 激光表面合金化技术

2.6.1 原理

用表面合金化的方法代替整体合金化以节约金属资源一直是世界范围内材料工作者的重要研究内容之一。常规的表面合金化方法就是化学热处理。它利用高温下的扩散使合金元素渗入基体，以获得表面合金层。而激光表面合金化就是在高能束激光的作用下，将一种或多种合金元素快速熔入基体表面，从而使基体表层具有特定的合金成分的技术。换言之，它是一种利用激光改变金属或合金表面化学成分的技术。常见的激光表面合金化的过程如图 2.14 所示[2,18]。

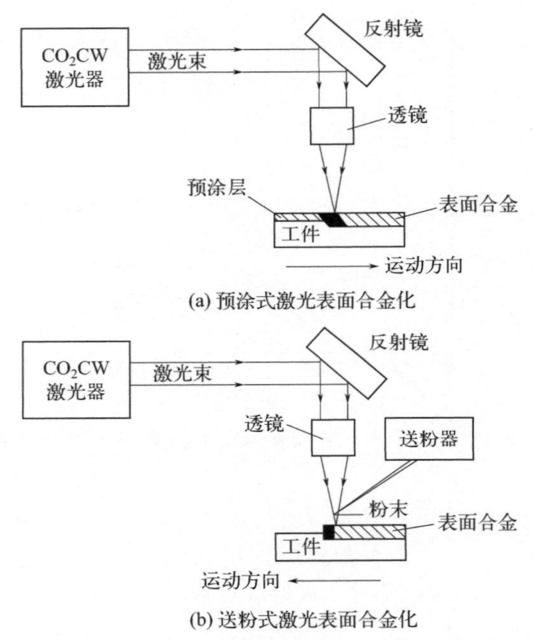

图 2.14 激光表面合金化的过程示意

激光表面合金化的许多效果可以用快速加热和随后的快速冷却加以解释。在激光加热过程中，其表面熔化层与其下面的基体之间存在着极大的温度梯度。在激光作用下，其加热速率和冷却速率可达到 $10^5 \sim 10^9$ ℃/s。快速加热和快速冷却可使许多特殊的化学特征和显微结构发生变化，可使合金元素在凝固后的组织达到很高的过饱和度，从而形成普通合金化方法不易得到的化合物、介稳相和新相，在合金元素消耗量很低的情况下获得具有特殊性能的表面合金。

利用该技术可使廉价的普通材料表面获得优异的耐磨、耐腐蚀、耐热等性能，以取代昂贵的整体合金来改善不锈钢、铝合金和钛合金等的性能；亦可制备传统冶金方法无法得到的某些特种材料，如超异合金、表面金属玻璃等。与普通电弧表面硬化和等离子喷涂相比，激光表面合金化有下列优越性[2]：

① 激光辐射能量高度集中，可通过空气进行远距离传播。

② 它是一种快速处理方法，可有效利用能量。

③ 它能准确地控制功率与加热速率，从而变形小；而电弧硬化与等离子喷涂采用的是不均匀加热和冷却，在急冷过程中伴随热冲击易造成变形和开裂，随后往往需要对产品进行校直和打磨加工。

④ 它能使难以接近的和局部的区域合金化，而且利用激光的深聚焦，在不规则的零件上可得到均匀的合金化深度。

基于上述特点，激光表面合金化在金属加工工业中逐渐获得各种应用。迄今适于激光表面合金化的基材有普通碳钢、合金钢、不锈钢、铸铁、钛合金、铝合金；合金化元素包括Cr、Ni、W、Ti、Mn、B、V、Co、Mo等。

2.6.2 工艺过程

激光表面合金化可分为脉冲激光合金化和连续激光合金化。若按被掺和的合金元素的物质形态来分类，激光表面合金化又可分为激光固态合金化、激光液态合金化和激光气态合金化。

激光表面合金化质量与激光功率密度、作用时间（由扫描速率决定）、基体材料性质（包括化学成分、几何尺寸、原始组织等）、引入材料（包括化学成分、粉末粒度、供给方式、供给量、热物理性质等）以及光束处理方式等诸因素有关。激光合金化采用的工艺有预置材料法、硬质粒子喷射法、气相合金化法三种。

（1）预置材料法

采用电沉积、气相沉积、离子注入、刷涂、火焰及等离子喷涂、黏结剂涂覆等方法将所要求的合金粉末事先涂覆在要合金化的材料表面，然后激光加热熔化，在表面形成新的合金层。这种方法在一些铁基表面进行合金化时普遍采用。黏结剂涂刷预涂覆的优点是经济、方便、不受合金元素的限制以及易于进行混合成分粉末的合金化；其缺点是涂刷层厚度不易控制。图2.15为预置材料法激光表面合金化技术示意图[7]。

（2）硬质粒子喷射法

在工作表面形成激光熔池的同时，从一喷嘴中将碳化物或氮化物等难熔硬质粒子，用惰性气体直接喷入激光熔池得到弥散硬化层，厚度一般为0.01～0.3cm，它取决于扫描速率、激光功率和光斑尺寸。典型操作条件是光斑直径2mm、激光功率6kW、扫描速率5cm/s。

近几年国内外正在积极研制各种类型的自动送粉装置，以不断完善这一方法。自动送粉的优点是易于实现自动化，可以得到良好的表面合金层质量，而且可提高粉末的利用率。

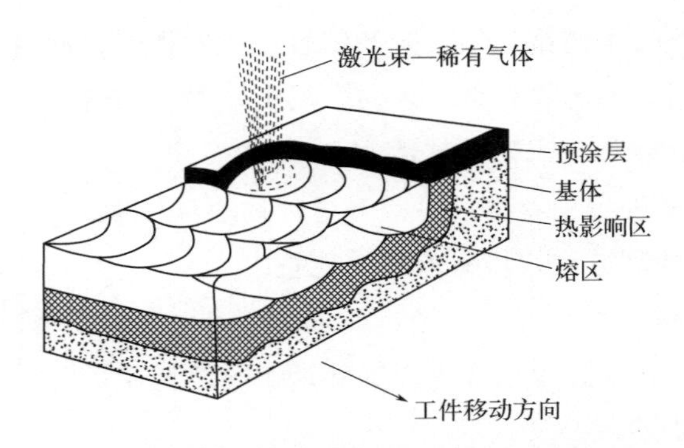

图 2.15　预置法激光表面合金化技术示意

(3) 激光气体合金化

在适当的气氛中（氮气、渗碳气氛等），采用激光加热熔化基材表面、通过气氛中的气体与基材的反应使材料表面的成分发生改变。激光气体合金化的厚度比那些经过长时间固态反应处理所获得的厚度要大得多。它主要用于 Al、Ti 及其合金等软基材合金化处理，分别可获得 TiN、TiC 或 Ti(C,N) 等表面化合物层，硬度高达 HV1000 以上。

在熔池的对流作用下，合金元素可以快速地渗入较深的部位。此时，表面粗糙度主要取决于样品原始粗糙度、成分、气流速度及喷嘴角度。这项工艺技术既能控制表面平整度，又能强化表面性能。如果其得到很好的完善，将对实际应用产生巨大的影响。

2.6.3　添加合金种类

激光表面合金化一般以合金粉末为引入材料。根据激光合金化的应用，对粉末有以下基本要求[7-8,19-21]：

① 具有所需要的使用性能，如耐磨、耐蚀、耐高温、抗氧化等特殊性能。

② 具有良好的固态流动性，粉末的流动性与粉粒的形状、粒度、表面状态及粉末的湿度等因素有关。

③ 粉末材料的热膨胀系数、导热性应尽可能与工件材料相接近，以减少合金层的残余应力。

④ 具有良好的湿润性，湿润性与表面张力有关，表面张力越小，润湿角越小，液态流动性越好。

常用于激光表面合金化的粉末材料如下。

① 自熔性合金粉末：目前国内生产的自熔性合金粉末可分为镍基、钴基和铁基三大类，还有 WC 型自熔性合金粉末，它是在上述三大类合金中加入一定量的高硬度 WC 制成的。

② 复合粉末：复合粉末是一种新型的表面强化工程材料，组成复合粉末的成分可以是金属与金属、金属与陶瓷、陶瓷与陶瓷、金属与塑料、金属与石墨等几乎所有的固

态工程材料，范围非常广泛。复合粉末主要有硬质耐磨复合粉末，如Co-WC、Ni-WC、Co-Cr_2C等；减摩润滑复合粉末，如Ni-Al、Co-Cr-Al-Y等；陶瓷型粉末，如Al_2O_3、ZrO_2、Y_2O_3、MgO、CaO等；金属陶瓷型复合粉末，如MgO、ZrO_2-Ni-Al、Y_2O_3-ZrO_2-Co-Cr-Al-Y等；耐腐蚀抗氧化复合粉末，如Ni-Al、Ni-Cr-Al、Ni-Cr-Al-Y等。

2.6.4 预合金层的制备方法

激光合金化粉末材料的供给方式大体分两类，即预置式和同步供给式。

2.6.4.1 预置式供料方法

对于粉末类合金材料，主要采用热喷涂或黏结等方法进行预置。

(1) 热喷涂法

热喷涂是指将喷涂粉末加热到可以相互黏结的状态，并以一定的速度射到基材表面，形成喷涂材料覆盖层的一类技术。例如，火焰喷涂、等离子喷涂和爆炸喷涂等，其中以火焰喷涂和等离子喷涂最为常用。

火焰喷涂的温度较低，主要适用于自熔性和自黏性合金粉末的喷涂。自熔性合金粉末在喷涂过程中被加热到可塑状态，并在表面形成极薄的氧化膜。这种氧化膜将起黏结作用，使撞击到基材表面的略有塑性的合金颗粒相互黏结起来，形成多孔的喷涂层。自黏性合金粉末在火焰喷涂的温度下可引发剧烈的金属间化合反应，放出大量的热，与基体形成结合性良好的涂层。

等离子喷涂的加热温度范围远大于火焰喷涂，从而大大拓宽了喷涂材料的种类，熔点较高的一类材料（如碳化物、陶瓷材料、非自熔性合金粉末等）可采用等离子喷涂。

热喷涂前，基材要进行表面预处理和适当的预热。预热温度要按喷涂材料、零件的尺寸及形状、导热系数和膨胀系数等因素综合考虑确定。通常在100～500℃，如Ni-Cr-B-Si合金的预热温度一般不超过300℃，而WC-Co合金的预热温度大约在500℃。

热喷涂时，对于平面件，喷枪应尽量与之保持垂直，先在整个平面上均匀地喷涂一层0.07～0.10mm厚的涂层，然后将喷涂方向转换90°，使两个相邻涂层的喷涂方向以直角交叉，如此反复直至达到要求的厚度。对于回转体类零件，可将其安装在车床上旋转喷涂，表面线速度以6～18m/min为宜，喷枪装在刀架上以一定的速度移动，以保证涂层厚度的均匀性。

为防止合金化层的气孔，还应严格控制涂层的氧化程度和水分，这可通过对喷涂粉末进行烘干和采用中性焰喷涂予以实现。

此外，采用热喷涂法预置粉末时，还要适当地考虑热喷涂对基材附加的热影响。热喷涂的优点是喷涂效率高，可获得大面积涂层，涂层材料基本不受污染，涂层厚度均匀且与基材结合牢固，激光处理时不剥落；其不足是粉末利用率较低，需专门的设备与技术，操作程序也较复杂。

（2）黏结预置法

黏结预置法就是针对热喷涂的不足而发展的，该法是将粉末与黏结剂调和成膏状，涂在基材表面。常用的黏结剂有清漆、硅酸盐胶、水玻璃、含氧的纤维素乙醚、醋酸纤维素、酒精松香溶液、烃类化合物溶液、脂肪油、超级水泥胶、环氧树脂、自凝塑胶、丙酮硼砂溶液、异丙基醇、透明胶、浆糊等。从使用效果看，硅酸盐胶和水玻璃黏结层在激光加热中易膨胀，往往导致黏结层剥落；含氧的纤维素乙醚在低温下可燃烧，不影响合金化层的组织和性能；以硝化纤维素为基的黏结剂如浆糊、透明胶、氧乙烷基纤维素等，其燃烧产物为气态物质，也可得到较好的使用效果。

粉末黏结预置法具有较好的经济性和方便性，但这类预置层导热性差，需消耗更多的激光能量熔化。黏结剂的气化和分解也易对合金层造成污染和气孔等缺陷。黏结层还易脱落，因此其合金层性能不如热喷涂层。

此外，粉末黏结法也难以获得大面积厚度均匀的涂层。由于这些原因，目前粉末的预置还是以热喷涂为主。

对于丝类材料，既可采用专门的热喷涂设备进行喷涂沉积，亦可采用化学黏结法预置；板类材料主要采用黏结的方法预置，也可将板材与基材预压在一起。

2.6.4.2 同步供料法

同步供料法包括同步送粉法、丝材同步送料法和板材同步供料法等[18]。

（1）同步送粉法

同步送粉法如图 2.16 所示，粉末由送粉器经送粉管直接进入工件表面激光辐照区。

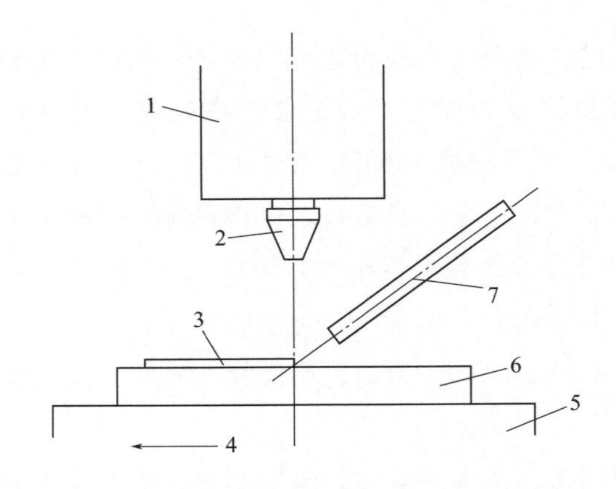

图 2.16　同步送粉法示意

1—聚焦镜；2—出光嘴；3—涂覆层；4—运动方向；5—工作台；6—试样；7—粉末输送管

粉末到达熔区前先经过光束，被加热到红热状态，落入熔区后随即熔化，随基材的移动和粉末的连续送入，形成激光熔化带。激光合金化对送粉的基本要求是要连续、均匀和可控地把粉末送入熔区，送粉范围要大，并能精密连续可调，还要有良好的重复性和可靠性。

同步送粉用的送粉器有许多类型，具有各自不同的工作方式和特点。其中一种常用的刮板式送粉器的工作原理如图 2.17 所示。由电机经蜗杆带动平面转盘转动，使贮粉漏斗中的粉末源源不断地流至平面转盘上。当载有粉末的转盘转至挡板处时，原与转盘同步运动的粉末因受阻而在挡板前堆积。当堆积量达到一定值时，便沿转盘边缘稳定持续地落入漏斗。在辅助气体和重力的双重作用下，经送粉管送入激光辐照区，调节辅助气体流量可控制粉末的流速及其落下位置。辅助气体通常采用氩气和氮气等保护气体。

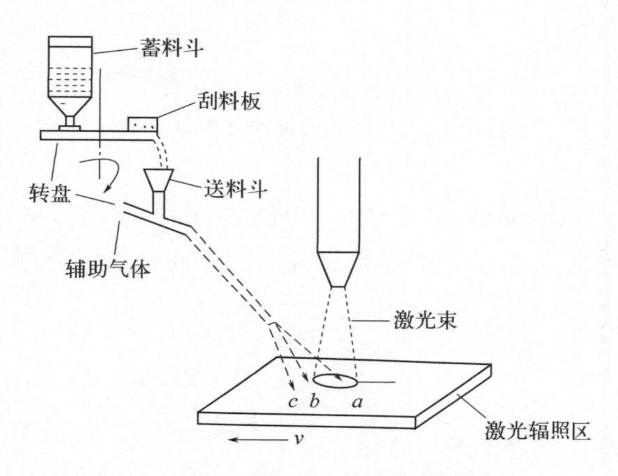

图 2.17　刮板式送粉器工作原理

粉末的送入方式如图 2.18 所示，可分两种：一种是正向送入法，即工件的运动方向与粉末流的运动方向的夹角小于 90°；另一种为逆向进入法，即工件的运动方向与粉末流的运动方向的夹角大于 90°。同步送粉法是目前最为先进的激光处理技术，它可大大提高表面质量，降低对基材的热影响，与预置法相比可使所需的激光能量降低一半以上，还易于实现自动控制。

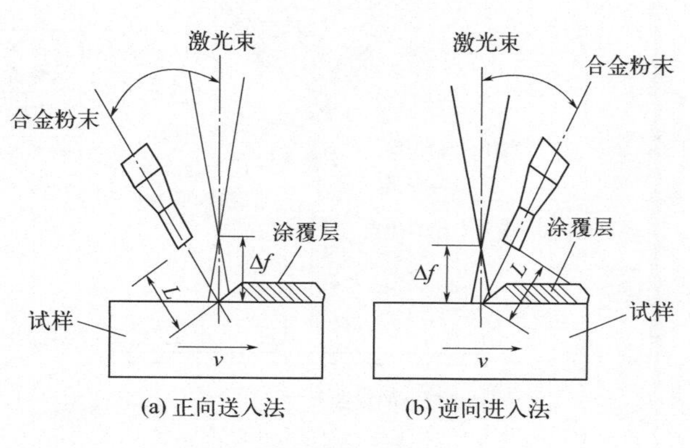

图 2.18　粉末的送入方式

（2）丝材同步送料法

丝材同步送料法主要有两种方法。一种如图 2.19 所示，称为线材侧面同步送料法。在软钢基材与铜板形成的间隙上一边送入不锈钢丝，一边用激光束辐照使其熔化，慢慢提升铜板可获得涂覆层。由于熔融的不锈钢不润湿铜板，因而表面层平滑。

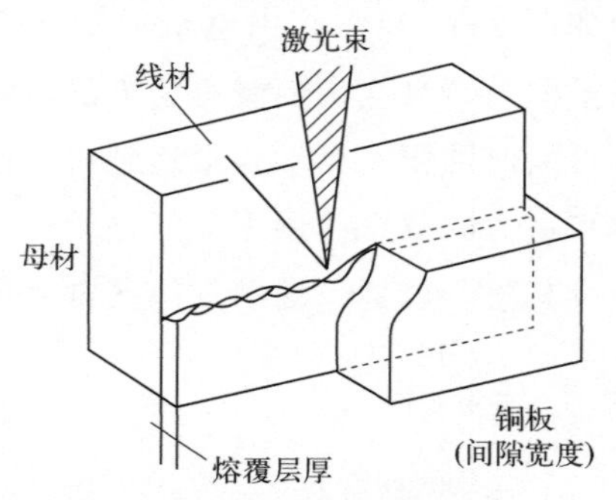

图 2.19　线材侧面同步送料法示意

另一种丝材同步送料法如图 2.20 所示，将丝材送至激光的焦点附近使其熔化，在高压气体的吹送下形成微细熔滴，喷涂到工件表面。此种方法类似于火焰喷涂。

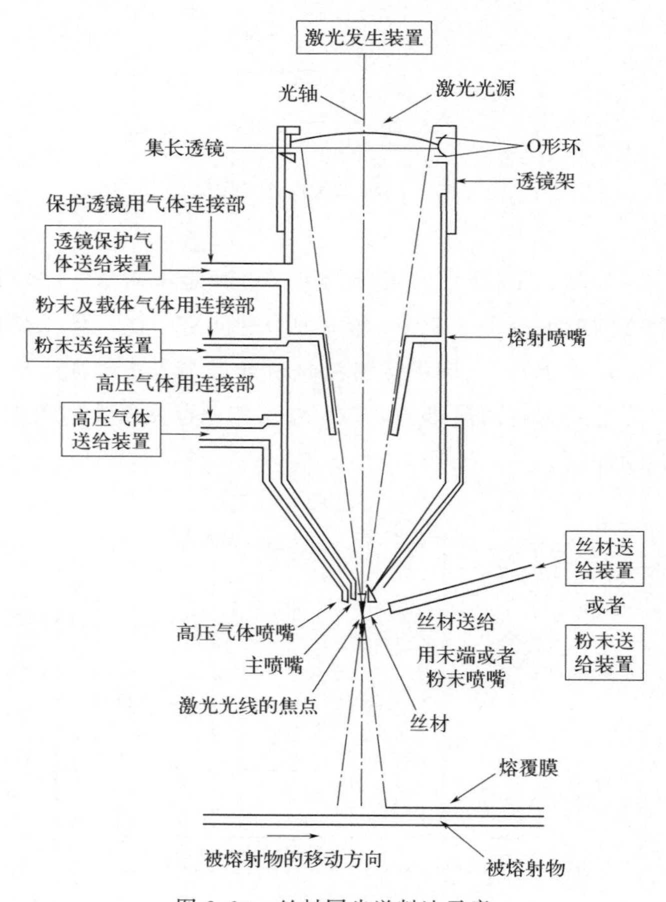

图 2.20　丝材同步送料法示意

（3）板材同步供料法

板材同步供料法如图 2.21 所示，在基材表面上以前倾的方法连续供给涂覆板材，而激光束则以较小的倾角照射，使板材与基材熔合。此种供料法可防止黏合剂对涂层的污染和减少因金属表面对激光的反射所造成的能量损失。

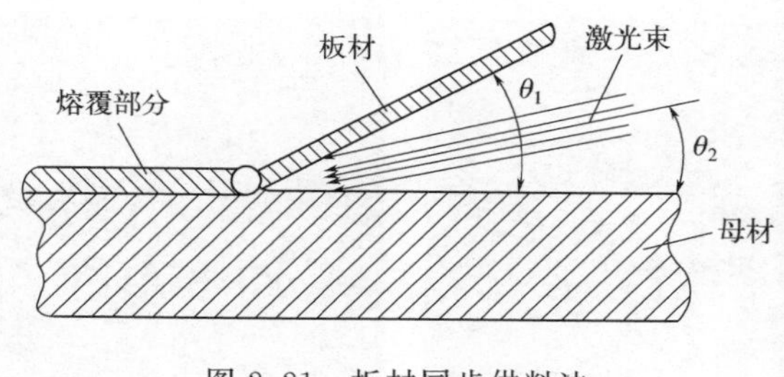

图 2.21　板材同步供料法

2.6.5　合金层的特性

2.6.5.1　微观组织特征

激光表面合金层的组织特征之一就是微观组织的不均匀性，它包括 3 个方面：a. 合金化熔池内的不均匀性，在其横截面内会出现组织梯度；b. 合金化熔池内的宏观组织不均匀性；c. 大面积合金化搭接区的组织不均匀性。对于组织梯度来说，常见的复合组织特征有 3 种[19-24]：平面晶→胞状晶→胞状树枝晶→树枝晶；胞状晶→胞状树枝晶→树枝晶；胞状树枝晶→树枝晶。

激光合金化组织的主要特征是合金化区域具有细密的组织结构，成分近乎均匀。在工具钢表面激光合金化 W、WC、TiC 等的结果表明，其组织结构与传统方法处理得到的组织结构区别很大。它有特别细的胞状枝晶凝固结构，在胞晶的晶界中有超微细成分复杂的析出物，图 2.22 为其组织形貌[2]，呈现出三个不同的结构区域，即基体区、热影响区和合金层区。基体区［图 2.22（a）］由于受热影响较小，大部分仍然是粒状珠光体，还有少量片状珠光体存在；热影响区［图 2.22（b）］是孪晶马氏体和上贝氏体组织，这是由于激光照射使基体表层温度升高到奥氏体温度，随后在冷却过程中，部分奥氏体转变成孪晶马氏体，还有部分残余奥氏体转变成上贝氏体；热影响区与合金层的交界处［图 2.22（c）］为一白亮层，这是一个良好的冶金结合层；合金层［图 2.22（d）］是由于激光快速加热和快速冷却而形成的快速凝固组织。

2.6.5.2　硬度

上述合金化处理后试样的硬度分布曲线如图 2.23 所示[2]，硬度值由表及里逐渐降低，且呈现出三个台阶形状，表明了试样由表及里可分为合金层区、热影响区和基体区[25-27]。其中合金层的硬度值达到 HV1100 以上，这是由于该区内含有多种硬质化合物；进入热影响区后，硬度值大约为 HV500，这是由于该区的马氏体和上贝氏体组织使其得到了强化；最里面是基体区，硬度值大约为 HV340。

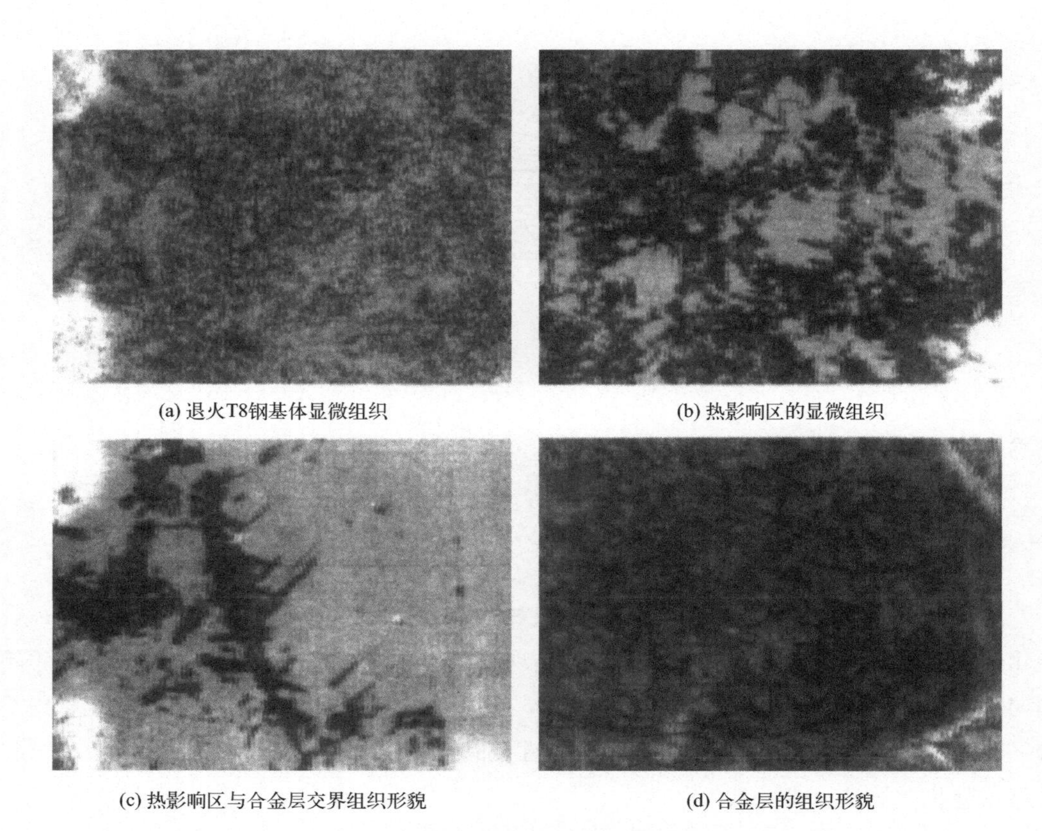

图 2.22　球化退火 T8 钢激光合金化处理后试样的组织形貌

2.6.5.3　耐磨性

激光表面合金化技术是提高被处理零件的局部或表面耐磨性，改善其摩擦性能的重要途径之一。在不同材质、工艺参数以及合金元素的情况下进行激光表面合金化处理均可获得比较理想的效果。例如，对中碳钢激光表面合金化镍基粉末后采用销盘摩擦磨损对比试验，测试结果如图 2.24[28] 所示，合金层的耐磨性与基材相比提高 3～5 倍。

2.6.5.4　耐蚀性

激光表面合金化也是改善材料表面抗腐蚀、抗高温氧化性能的有效途径之一[29-33]。表 2.3 列出了激光表面合金化对一些金属材料耐蚀性的影响。

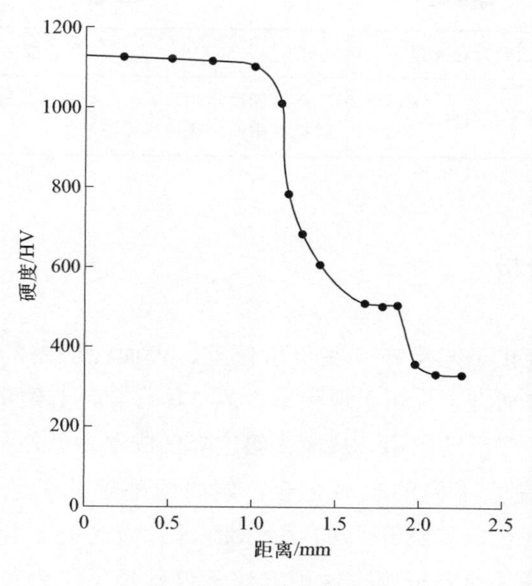

图 2.23　硬度分布曲线

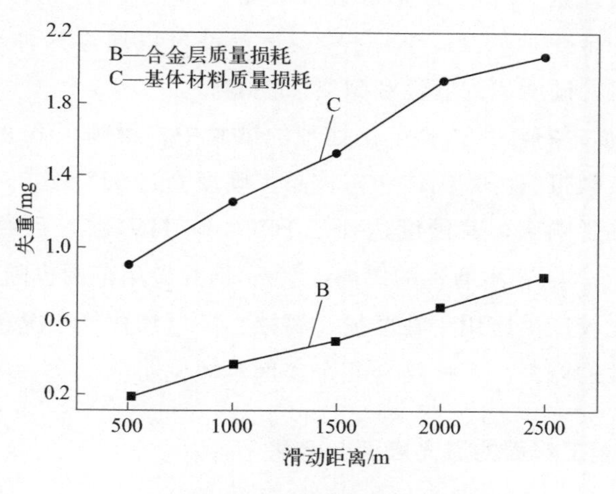

图 2.24　耐磨性试验曲线

表 2.3　激光表面合金化对一些金属材料耐蚀性的影响

基材	激光表面合金化元素	耐蚀效果
20 钢	激光 Cr、C 合金化	获得耐酸蚀马氏体型不锈钢表面
45 钢	激光 Cr 合金化	在 15%HNO_3 水溶液中浸泡 195min，表面仍保持金属光泽
60 钢	Cr、C、Mn、Al 合金化	Cr、C 合金化耐酸碱腐蚀性提高
炮钢	镀 Cr 后激光处理	提高抗高温剥落和耐酸蚀能力
高磷铸铁	Ni 合金化	氧化失重减少 3/4

续表

基材	激光表面合金化元素	耐蚀效果
Ti合金	沉积Pb后激光表面合金化	形成深度达几百nm、含Pb（质量分数）4%的合金层，在沸腾硝酸中腐蚀速度明显降低

2.6.6 工程应用分析

利用激光表面合金化工艺可在一些价格便宜、表面性能差的基体材料表面制出耐磨、耐蚀、耐高温的表面合金，用于取代昂贵的整体合金，节约贵重金属材料和战略材料，使廉价合金获得更广泛的应用，从而大幅度降低成本。另外，它还可用来制造在性能上与传统冶金方法完全不同的表面合金，例如国外用此工艺研制超导合金MoN、MoC、V_3Si，制造表面金属玻璃FeCrCB、NiNB等。激光表面合金化技术比较适用于零件的重要部位，如模具的刀刃等。这种方法不仅延长了工件的寿命、增加了疲劳强度，而且简化了工艺，节约了合金元素。目前在工业应用中已经开始使用这种表面处理技术。例如，在氮气气氛中熔化Ti形成硬度和熔点都很高的TiN，从而提高表面的硬度和耐磨性。许多合金元素如Ti、Nb、V、Cr等都可以通过这种方法渗入材料表层，从而大幅度改善材料的硬度、耐磨性和耐腐蚀性能。

在对40Cr钢表面进行激光碳合金化处理的试验中，得到了0.25～0.35mm厚的表面白口铸铁层，其显微组织为莱氏体和树枝晶，硬度高达HV1200，以及孪晶马氏体过渡到隐针马氏体的热影响区，其硬度达到了HV710～HV780，耐磨性能比常规淬火处理的样品提高约50%。随着耐磨性的提高，40Cr钢的应用范围也随之显著扩大。

该项技术已经比较广泛应用于在磨损、腐蚀、高温氧化等工况条件下服役的工件表面强化，以及磨损件的修复。下面结合几个实例具体说明。

2.6.6.1 冶金用轧辊工作面的激光表面合金化

冶金钢铁企业用轧辊工作条件恶劣，受高温、磨损、冲击等恶劣工况影响，而且冷却不均匀，主要失效形式是磨损、热疲劳开裂等，工件表面磨损造成型材尺寸超差，几次换辊车削后报废，连续使用时间较短。使用的材料一般有合金铸钢和铸铁，经过激光表面合金化处理，一次过钢量可提高0.5～2.0倍，处理效果主要与轧辊材料、激光处理工艺和使用条件有关。铸钢辊比铸铁辊效果好，这样就可延长使用寿命，节约换辊时间，提高生产效率，深受各大钢铁企业欢迎。

如对K14架圆钢轧辊孔型进行激光表面合金化处理，基材为NiCr无限冷硬球墨铸铁，激光功率为3～4kW，扫描速率为0.4～1.2m/min，采用钴基耐高温合金进行激光表面合金化，提高耐高温磨损性能，过钢量从4000t提高到8100t。主要原因在于抗高温磨损合金元素的渗入，形成1～2mm厚的合金层；该合金层晶粒极其细小，一般仅为基体的 1/10。

2.6.6.2　中低碳合金钢的 Cr-Mo 激光表面合金化

Cr-Mo 的加入法：180～250 目 Cr 粉与 Mo 粉按 24∶1 混合均匀，等离子喷涂，层厚约 200μm。基材化学成分（质量分数,%）为 0.38C、0.38Mn、0.25Si、1.08Cr、2.96N、0.36Mo、0.025S、0.0089P。

激光工艺参数如下：CW-CO_2 横流激光器，输出功率 2kW，光斑直径 1.75mm，功率密度 $6.25\times10^4 W/cm^2$，扫描速率 5～45mm/s，扫描方式为多道搭接。

如表 2.4 所列，合金化区的显微组织结构因 Cr、Mo 含量不同而发生变化，激光表面合金化不仅显著减少了中间相和碳化物的析出量，同时也大大提高了 C、Cr、Mo 元素在基体中的固溶度。

表 2.4　不同扫描速率下所获得的多道搭接合金化区的成分

项目	1	2	3	4	5
扫描速率/(mm/s)	5	10	15	25	45
搭接间距/mm	1.1	0.9	0.9	0.7	0.6
合金中 Cr（质量分数)/%	10.66	18.49	34.00	38.34	48.80
合金中 Mo（质量分数)/%	3.22	6.45	9.06	11.60	20.00

2.6.6.3　20 钢的 C-N 激光表面合金化

C-N 的加入方法（以质量分数计)：C∶$CO(NH_2)_2$=1∶2，粒度<300 目，用有机溶液调和成粉浆涂覆于基材表面，层厚 0.2mm。

激光工艺参数：CW-CO_2 激光器，输出功率 1.35kW，光斑直径 3mm，扫描速率 7mm/s。

合金层相关的组织性能见图 2.25～图 2.28。

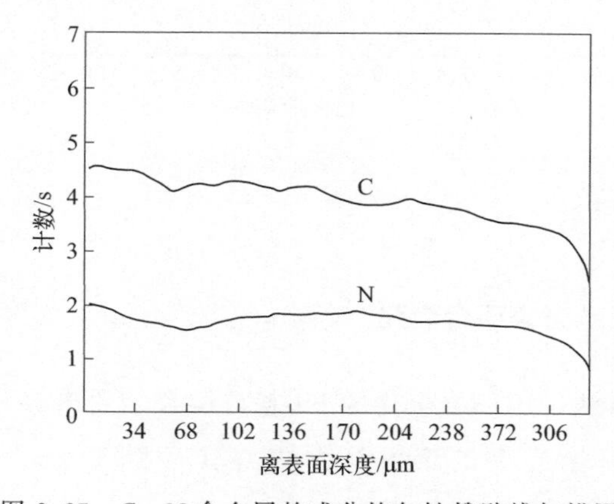

图 2.25　C、N 合金层的成分均匀性俄歇线扫描图

由图 2.25 和图 2.26 可看出，C 和 N 元素在合金层内基本分布均匀，其相组成为 Fe-C、Fe_4N、Fe_3N、Fe_3C、Fe_2C、Fe_3N-Fe_2N、γ-Fe、Fe_2N 等，形成了多种类型的硬质化合物相。合金区硬度高达 $HV_{0.2}$1100 以上（见图 2.27），这是由于合金层中形成了大量氮化物相。合金区内硬度分布均匀，但随扫描速率变化。当扫描速率为 7mm/s 时，合金层的硬度最高。热影响区发生了马氏体相变，故其硬度低于合金层而高于基体。耐磨试验条件为：DMJ-1 型磨损试验机，加载 1000g，以失重评定耐磨性。由图 2.28 可知，合金层的耐磨性可比基材提高约 20 倍。

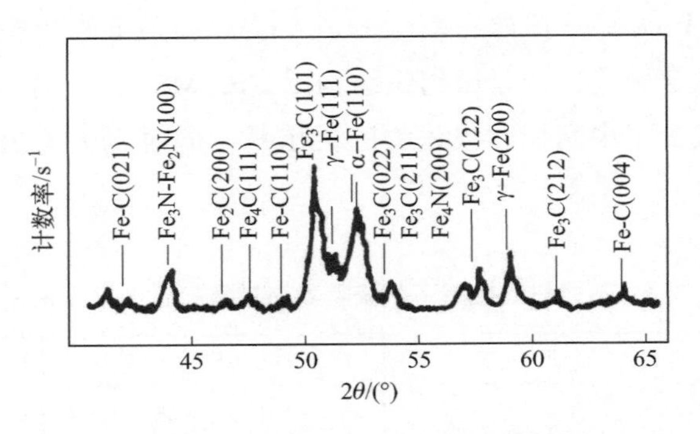

图 2.26 C、N 合金层 X 射线衍射图谱

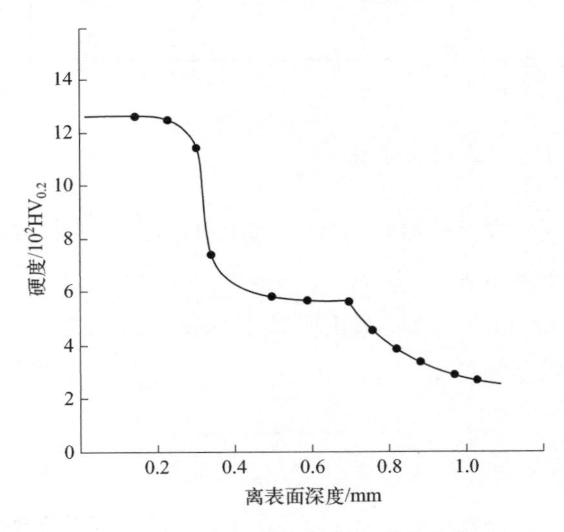

图 2.27 C、N 合金层硬度分布曲线

2.6.6.4 45 钢的 Ni 基激光表面合金化

Ni 基合金的加入方法：用以合金化的 Ni 基自熔合金粉末成分如表 2.5 所列，可采用火焰喷涂、等离子喷涂或手工涂覆等方法将其预置于基材表面，涂层以 0.10～0.15mm 厚为宜。激光表面合金化工艺参数见表 2.6。

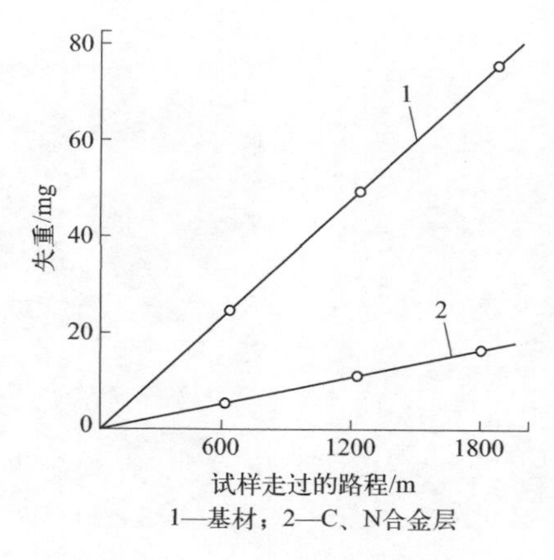

图 2.28　C、N 合金层的磨损曲线

表 2.5　镍基自熔合金粉末化学成分（质量分数）　单位：%

Ni 基粉末	Cr	C	Mn	Fe	Si	Co	Ni
Ni 基（a）	15	0.1	—	7.0	4.0	—	余量
Ni 基（b）	16	0.4	—	<14.0	3.5	10	余量

表 2.6　激光表面合金化工艺参数

激光器类型	输出功率	聚焦方式	保护气体	功率密度	扫描速率
CW-CO_2 横流激光器 5kW	3.8kW	透镜（f=80mm）聚焦	同轴 N_2	$6\times10^4 W/cm^2$	8～25mm/s

合金化区组织如图 2.29 所示。激光熔化合金化区为枝晶网（胞）状组织结构，而且越靠近热影响区越具有明显的网状特征，这是由于液固界面处凝固速度最慢，随着液固界面的推移，凝固速度逐渐加快的缘故。

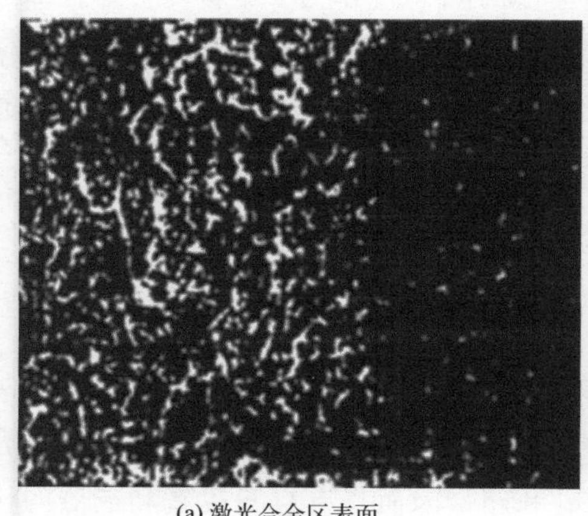

(a) 激光合金区表面
(1500×)

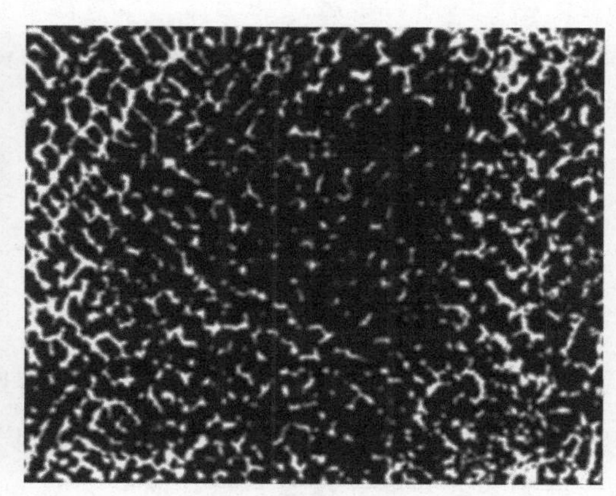

(b) 激光熔化合金前
(靠近界面，1500×)

图 2.29

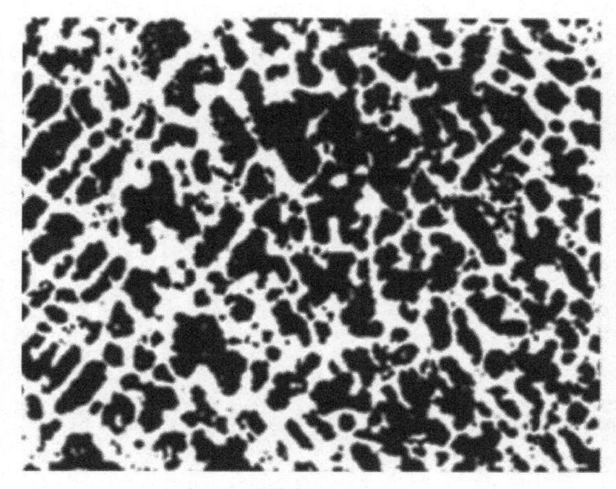

(c) 激光熔化合金区
(靠近热影响区，1000×)

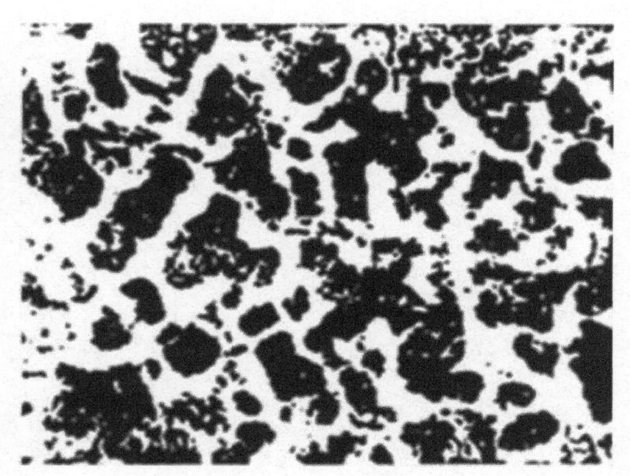

(d) 激光熔化合金高倍显微镜照片
(靠近热影响区，3000×)

图 2.29　45 钢激光表面合金化区横截面显微组织（表面喷涂 Ni 基合金粉末）

2.7　激光表面熔覆技术

激光表面熔覆技术是在激光束作用下，将合金粉末或陶瓷粉末与基体表面迅速加热并熔化，光束移开后自激冷却的一种表面强化方法。同其他表面强化技术相比，它具有：a. 冷却速度快（高达 10^6K/s），组织具有快速凝固的典型特征；b. 热输入和畸变较小，涂层稀释率低（一般＜5％），与基体呈冶金结合；c. 粉末选择几乎没有任何限制，特别是在低熔点金属表面熔覆高熔点合金；d. 能进行选区熔覆，材料消耗少，具有卓越的性价比；e. 光束瞄准可以使难以接近的区域熔覆；f. 工艺过程易实现自动化。

由于激光表面熔覆过程与激光表面合金化类似，只是前者为了获得成分与熔覆材料尽可能相近的高合金层，在选择工艺参数时必须把减小稀释度作为一个重要目标，即尽可能地限制基材熔化，使基材呈微熔状态，既保证尽可能低的稀释度，又保证获得熔覆层与基材之间的良好冶金结合。所以本节内容与前述的 2.6.3 部分有很多内容是相通的，熔覆层的预制备技术也可参见 2.6.4 部分所介绍的几种方法。

2.7.1　激光表面熔覆材料

激光表面熔覆的合金材料主要包括自熔性合金材料、碳化物弥散强化复合材料、陶瓷材料等，这类材料通常以粉末的形式使用[8,18,34]。其中自熔性合金粉末可分为铁基合金、镍基合金和钴基合金，其主要特点是含有硅和硼，因而具有自我脱氧和造渣的性能，即自溶剂。激光表面熔覆铁基合金适于要求局部耐磨且容易变形的零件，铁基合金涂层的基材采用铸铁和低碳钢[35]；熔覆镍基合金适于要求局部耐磨、耐热腐蚀零件，所需的激光功率密度比熔覆铁基合金的略高[36-39]；钴基合金涂层适于要求耐磨、耐蚀和抗热疲劳的零件[40]；氧化物陶瓷粉末具有优良的抗高温氧化和隔热、耐磨、耐蚀等性能，且热稳定性好、化学稳定性高，适用于要求耐磨、耐蚀、耐高温和抗氧化的零件[41]；复合粉末由芯核粉末和包覆粉末构成，按结构可分为包覆型和非完全包覆型两种；按功能又可以分为硬质耐磨复合粉末（如Co-WC、Ni-WC等）、减磨润滑复合粉末、耐高温复合粉末、耐腐蚀抗氧化复合粉末等[42]。

下面具体介绍几种复合粉末。

（1）铁基合金

铁基合金作为激光表面熔覆材料使用始于20世纪70年代，主要使用的铁基合金列于表2.7。

表2.7 激光表面熔覆主要使用的铁基合金

合金	作者
316不锈钢/En3钢	Clarke和Steen（1979年）
316L不锈钢/低碳钢	Weerasinghe（1987年）
Ni2Cr、Ni2CrMnCo/347不锈钢、CoMo钢	Ono（1987年）
Fe2Cr2C2W/AISI1018钢	Komvopoulus（1990年）
不锈钢/低碳钢	Anjos（1997年）
Fe2-12%Mn21-12%C钢/012%C钢	Gachon（1997年）
Fe2Cr2Mn2C	Singh和Mazumder（1987年）
UNS S31254超级奥氏体不锈钢/低碳钢	Li. R. Ferreira（1997年）
UNS S44700超级铁素体不锈钢/低碳钢	Li. R. Ferreira（1997年）
410不锈钢/不锈钢	G. J . Bruck（1998年）
420不锈钢/4340钢	John Haake（2000年）

注：熔覆铁基合金/基体。

（2）镍基合金粉末

镍基合金的合金化原理是运用Mo、W、Cr、Fe、Co等元素进行奥氏体固溶强化；运用Al、Ti、Nb、Ta等获得金属间化合物γ'相沉淀强化；添加B、Zr、Co等元素实现晶界强化。激光表面熔覆镍基合金粉末的合金元素也是基于以上几个方面来选择的，但考虑到激光表面熔覆工艺的特点，合金元素的添加量有所差别。此外，研究表明，添加稀土元素对镍基高温合金稳定性有利，对合金高温抗氧化性、耐腐蚀等也均有重要作用。添加一定量的碳化物可显著提高涂层耐磨性[43]。

（3）钴基合金粉末

激光表面熔覆钴基合金主要用于铜和铁基合金基体上，关于钴基合金的成分设计，品种较少，所用元素主要有Cr、W、Fe、Ni和C，此外添加B、Si以形成自熔合金[40]。

表 2.8 列出熔覆钴基合金的几个应用实例。

表 2.8 熔覆钴基合金应用实例（质量分数） 单位：%

基材	Co	Cr	W	Fe	Ni	C	B	Si
34CrNi3Mo	余量	20.0	8.0	—	13.0	0.8	1.2	1.7
Q235 钢	57.67	32.0	6.0	—	—	1.4	1.2	2.0
Y4 模具钢	58.67	20.22	9.64	7.58	—	1.40	—	1.43
GH33 钢	余量	32.0	6.0	≤5.0	—	1.4	1.2	1.4

（4）熔覆增强颗粒

增强颗粒在激光表面熔覆中将发生分解、析出及长大等过程，这些对熔覆层的微观组织形态有很大影响，从而影响材料的最佳性能。熔覆层选用的增强颗粒，按其性质可分为金属键类、共价键类和离子键类 3 种类型。它们的性能比较见表 2.9。

表 2.9 激光表面熔覆 3 种类型增强颗粒性能比较

类型	脆性	熔点	稳定性（$-\Delta G$）	热膨胀系数	润湿性	化学反应活性	分层倾向
C	I	M	I	I	M	M	M 由
M	C	C	M	M	I	C	I 高到
I	M	I	C	C	C	I	C 低 ↓

注：M—金属键类、C—共价键类、I—离子键类。

熔覆所用基材广泛，有碳钢、合金钢、铸铁、铝合金、铜合金[44]、镍基高温合金等，但对于不同的工况条件、不同的基体材料和使用要求，选择激光表面熔覆合金粉末应根据下列基本原则，以通过合理匹配来获得最佳熔覆层。

① 合金粉末应满足所需要的使用性能，如耐磨、耐蚀、耐高温和抗氧化等。

② 合金粉末应具有良好的固态流动性，粉末的流动性与粉末的形状、粒度分布、表面状态及粉末的湿度等因素有关。例如，球形粉末流动性最好，对于同步送粉工艺，粉末粒度最好在 40～200μm。

③ 粉末材料的热膨胀系数、导热性等应尽可能与基体材料接近，以尽量避免熔覆层中残余热应力的增加。

④ 合金粉末的熔点不宜太高，粉末熔点越低，越容易控制熔覆层的稀释率从而提高熔覆层质量。

2.7.2 激光表面熔覆工艺参数选择和优化

2.7.2.1 激光表面熔覆工艺参数及选择

影响激光表面熔覆工艺的参数可以分成激光系统、基体材料、处理条件和熔覆材料四类。其具体影响因素可归纳如下。

① 激光系统：光束模式、振荡方式、波长、输出特性、功率的稳定性、模式稳定性、发散度等。

② 基体材料：化学成分、几何尺寸、几何形状、表面状态、原始组织等。

③ 处理条件：束斑形状、扫描速率、束斑直径、各种气体、气流及流向、运动合成方式等。

④ 熔覆材料：化学成分、粉末粒度、供给方式、供给量（流量及预涂层厚度）、热物理性质等。

在激光表面熔覆过程中，为了获得成分与熔覆材料相近的高合金层，必须尽量避免基材熔化所引起的稀释，即尽可能减小稀释度（一般认为控制稀释度在10%以下，最好在5%左右，才能保证得到高性能的表面熔覆层）。所以在选择工艺参数时，必须最大限度地限制基材熔化，在基材表面形成高质量的熔覆合金层。但是激光表面熔覆是一个复杂的物理、化学和冶金过程，也是一种对裂纹特别敏感的工艺过程，其裂纹现象和行为受激光表面熔覆影响，并且其中还有多种因素相互影响，因此，工艺参数的合理选择和优化是保证熔覆层质量的重要环节。

以同步送粉的激光表面熔覆过程为例[18]，要保证熔覆层质量，首先应该保证激光光斑内的光功率密度分布均匀，且使粉末流的形状和尺寸与光板的形状和尺寸相匹配。在激光热处理实践中，常常会遇到激光光斑内的光功率密度分布不均匀的问题，这种现象会导致熔池内的对流模型特征发生变化，其典型情况如图 2.30 所示[3]：图 2.30（a）中光束能束呈矩形分布，合金熔池内熔体均匀对流；图 2.30（b）中光束能束呈梯形分布，合金熔池内熔体受热均匀程度降低；图 2.30（c）中光束能束呈双耳形分布，合金熔池内熔体对流特征更为复杂，热量均匀程度进一步降低。可见激光光束能量分布的均匀与否将直接影响激光辐射过程中熔体的对流特征，从而影响熔覆层的内在质量。

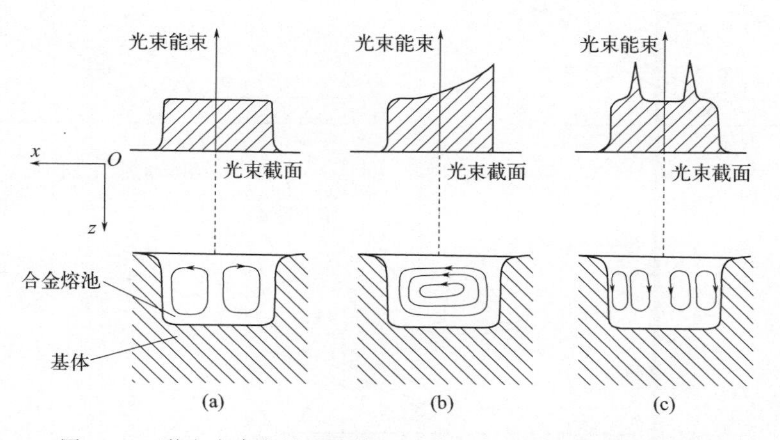

图 2.30 激光光束能量分布特征对合金熔体的对流特征的影响

图 2.31 是相同的激光束能量分布特征下产生的不同道次的激光熔覆层的外观形态，显然不均匀的光束能量分布也会产生不均匀的、粗糙的熔覆表面，尤其是在多道搭接处理时将加剧相邻熔覆层间的搭接三角区的出现和尺寸不均。目前激光表面热处理多采用矩形或圆形光斑，一般来说，激光光斑为圆形应采用圆形喷嘴。矩形光斑应采用矩形喷嘴。同时激光光斑应正好包含粉末束流，这样既可以保证合金粉末的充分熔化和有效利用，又可以避免因激光光斑过大造成基材不必要的融化，而导致稀释率增加。

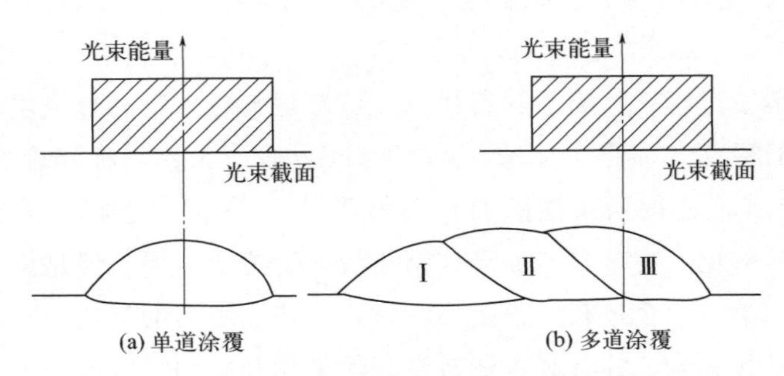

图 2.31　激光能量分布均匀或不均匀时的熔覆层外观形貌

其次，必须严格控制粉末流、基材与激光束三者之间的相对位置。直接将粉末送入激光熔化区多采用气体作为载体，常用的送粉器类型如图 2.32 所示。其粉末的送入可以有两种方式——正向送入法和逆向进入法，如图 2.18 所示。一般说来，逆向进入法的粉末利用率高于正向送入法（在相同激光处理条件下，利用率大约提高 50%），这主

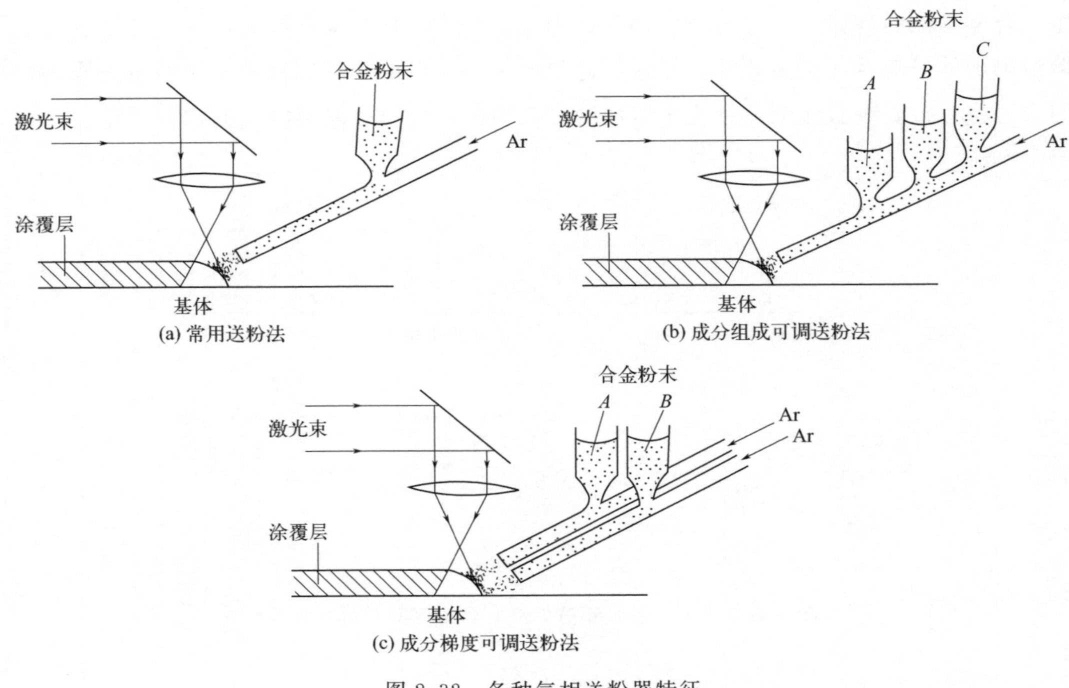

图 2.32　各种气相送粉器特征

要是由于逆向送粉使熔池边缘变形，导致液态金属沿表面铺开，增大了熔池表面积，因此在相同的激光处理条件下，其粉末的利用率大为提高。关于在各种激光工艺参数下送粉方式对粉末利用率的影响规律，可参见表 2.10。

表 2.10　不同的激光工艺参数下送粉方式对粉末利用率的影响

<table>
<tr><th rowspan="4">扫描速率/(mm/s)</th><th colspan="8">粉末利用率 K（G_a=0.845g/s，L=15mm，α=45°）</th></tr>
<tr><th colspan="4">P=2000W</th><th colspan="4">P=2500W</th></tr>
<tr><th>正向</th><th>逆向</th><th>正向</th><th>逆向</th><th>正向</th><th>逆向</th><th>正向</th><th>逆向</th></tr>
<tr><th colspan="2">离焦量 Δf=30mm</th><th colspan="2">Δf=45mm</th><th colspan="2">Δf=30mm</th><th colspan="2">Δf=45mm</th></tr>
<tr><td>50</td><td>19.0</td><td>26.5</td><td>13.7</td><td>29.0</td><td>17.5</td><td>27.5</td><td>8.2</td><td>28.8</td></tr>
<tr><td>100</td><td>15.0</td><td>30.5</td><td>11.8</td><td>39.5</td><td>21.0</td><td>37.0</td><td>8.7</td><td>26.0</td></tr>
<tr><td>150</td><td>14.5</td><td>20.5</td><td>14.1</td><td>25.0</td><td>17.5</td><td>30.0</td><td>7.9</td><td>28.4</td></tr>
<tr><td>200</td><td>16.0</td><td>30.5</td><td>4.2</td><td>25.5</td><td>17.0</td><td>29.5</td><td>6.9</td><td>26.0</td></tr>
<tr><td>250</td><td>8.0</td><td>26.5</td><td>11.9</td><td>14.2</td><td>12.1</td><td>19.3</td><td>6.9</td><td>30.6</td></tr>
<tr><td>300</td><td>1.7</td><td>17.6</td><td>—</td><td>11.5</td><td>6.8</td><td>4.4</td><td>5.1</td><td>17.2</td></tr>
</table>

在气相送粉中，喷嘴到熔池（即激光束与基材的交汇处）的距离 L 是一个非常重要的工艺参数（见图 2.33）[8]。

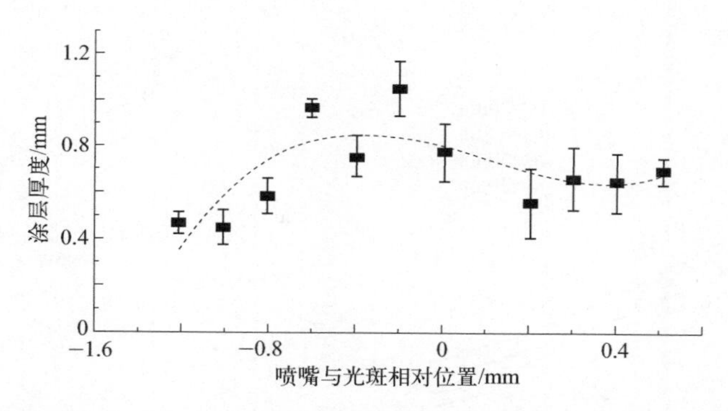

图 2.33　粉末喷嘴和光斑相对位置与熔覆层厚度的关系（喷嘴与竖直方向夹角为 30°）

因粉末离开喷嘴时呈发散状，则喷嘴离熔池越近，粉末越容易送入熔池，且熔池受到稀有气体保护的效果越好，所以激光表面熔覆过程中一般控制喷嘴和光斑相对距离 L=10mm 左右。粉末离开喷嘴的角度对于保证粉末流平衡流动有时也起重要的作用，已有实验表明：喷嘴与基材的夹角大约为 45°比较合适，对于镍铬钴硬质合金粉末，此角度以 40°为宜；对于较重的钴基粉末，则需一个较陡的 60°导流口才能保持粉末流的稳定流动。同步送粉对粉末的粒度亦有一定的要求，一般认为粉末的粒度在 40～160μm 之间具有最好的流动性。颗粒过细，粉末易结团；过粗则易堵塞送料喷嘴。

最后就是要正确选择激光功率、扫描速率、光斑直径和送粉量。在对 21-4N 不锈钢表面熔覆 Ni60+WC+少量稀土 CeO_2 合金层时，为了研究并优化出合适的工艺参数，分别对激光功率、扫描速率、光斑直径、涂层厚度等参数进行变化（选用 HGL-84 型横流电激励 CO_2 激光器，采用圆形光斑单道扫描，吹氩气保护），并测得不同参数处理后熔覆层深度、宽度数据，得到的结果如图 2.34～图 2.38 所示[4]。

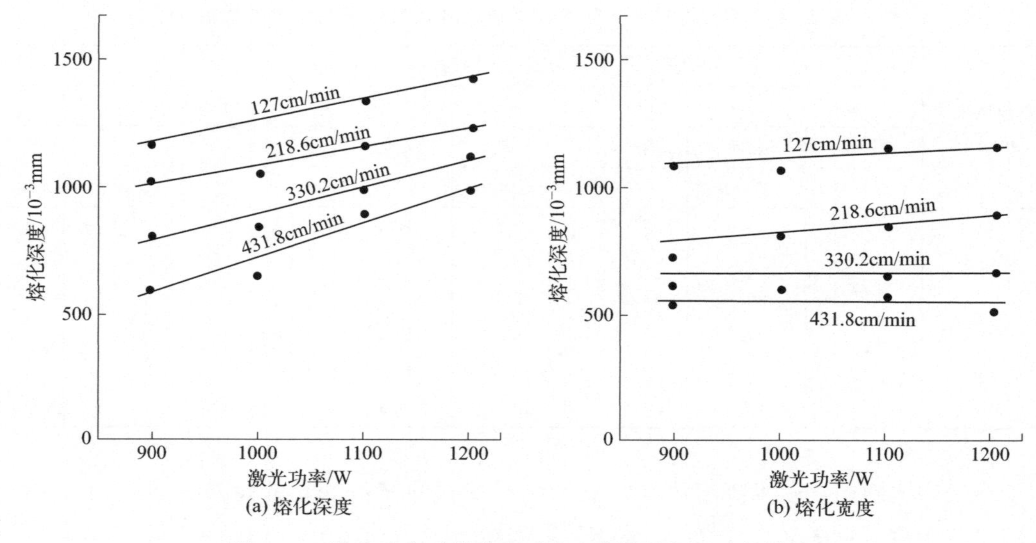

图 2.34　激光功率对激光表面合金化的几何尺寸的影响

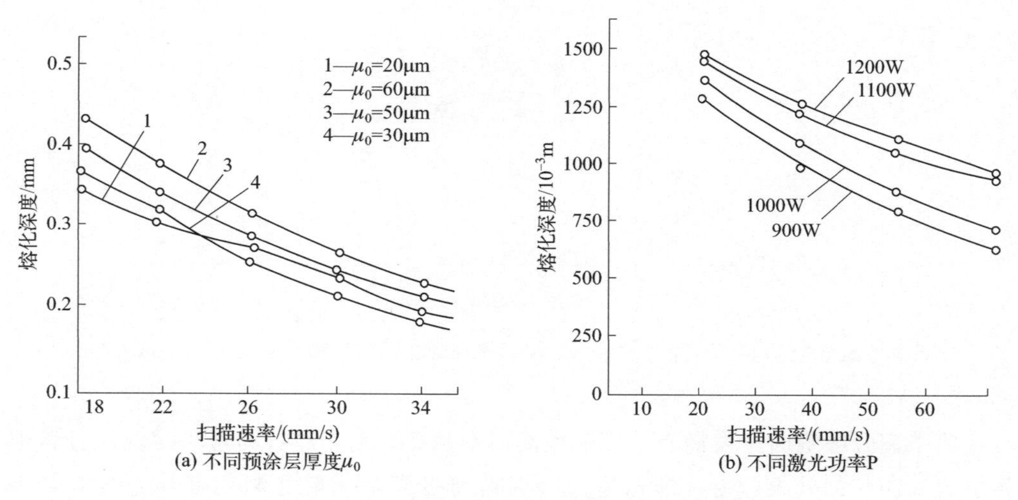

图 2.35　扫描速率对激光合金化深度的影响

可见在各种激光扫描速率下，熔覆层的深度随激光功率的增加而线性增加，而宽度几乎不受影响。一般认为其原因是激光光斑中心的功率密度较高，且其热的传导方向基本平行于入射方向；在不同的预涂层厚度和激光功率下，熔覆层深度和宽度都会随着扫描速率的增加而减小；当预涂层厚度和功率密度（激光功率/光斑面积）一定时，熔覆层的深度随激光比能量［即单位面积内注入的能量，激光功率/(扫描速率×光斑直径)］

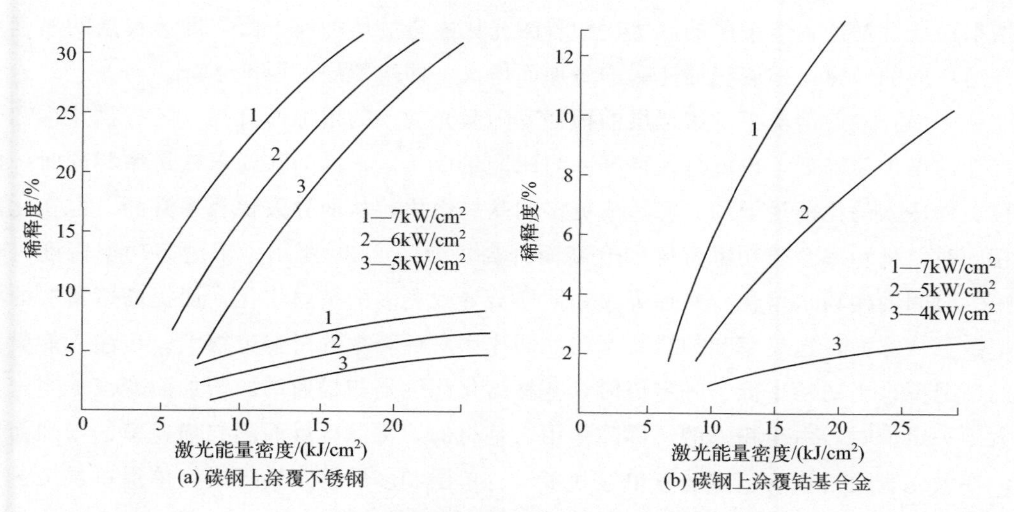

图 2.36 激光涂覆的能量密度对稀释度的影响规律

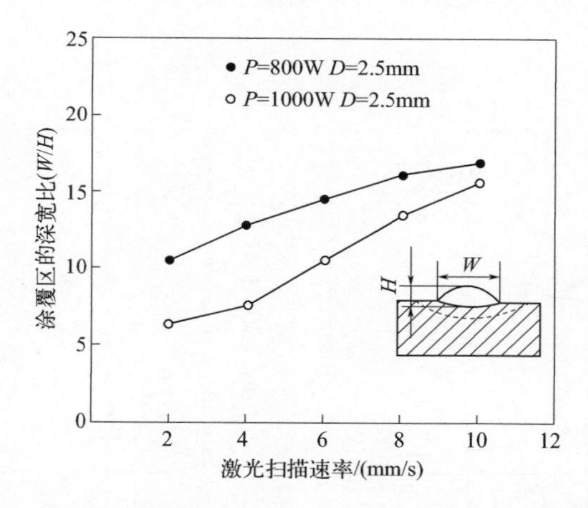

图 2.37 涂覆区的几何尺寸（W/H）与激光扫描速率的关系

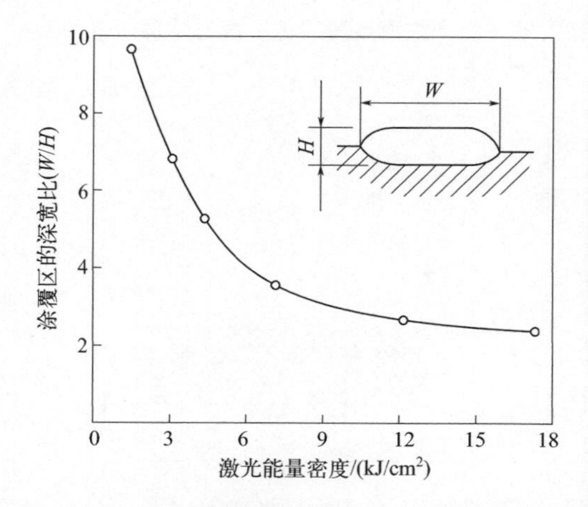

图 2.38 涂覆区的几何尺寸（W/H）与激光能量密度的关系

的增加而线性增加；熔覆层的深宽比随着激光比能量的增加而下降，即熔覆层的厚度增加；熔覆层的深宽比随着扫描速率的增加而增大，即熔覆层的厚度下降。

一方面，一般情况下，熔覆层的稀释率随激光功率的增加而升高，随扫描速率和光斑尺寸的增加而降低，也就是说稀释率与比能量成正比。因为在粉末输送率相同时，向熔覆工件注入的比能量增加，将造成更多的基材熔化，从而导致稀释率升高。但在比能量相同时，稀释率会随功率密度的升高而升高，如图 2.39 所示。因为高功率密度可在较短的时间内使粉末熔化，热损失小，同样会导致更多的基材熔化，而提高熔覆层的稀释率。另一方面，送粉率和扫描速率的共同作用对稀释率的影响也很大。在注入能量不变的情况下，当送粉率低于一定值时，基材熔化深度随扫描速率的增加而变浅；当送粉率大于一定值时，由于粉末的热屏障作用，基材的熔化深度反而随扫描速率的增加而增加。在激光表面熔覆工艺中还有单道和多道、单层和多层等多种形式。单道单层工艺是最基本的工艺，多道和多层熔覆过程则会出现对前一过程的回火软化、出现裂纹等问题；但是通过多道搭接和多层叠加，可以实现熔覆层宽度和厚度的增加（图 2.40～图 2.43）。

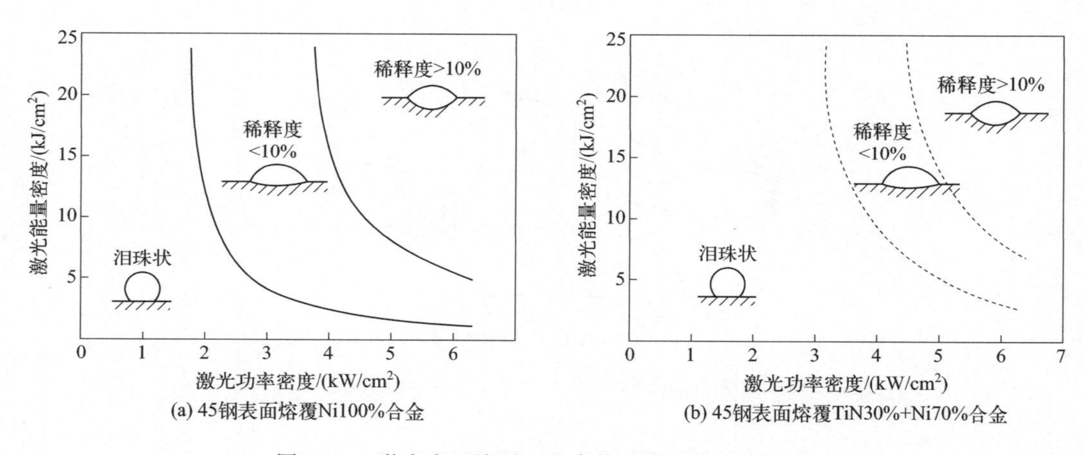

图 2.39　激光表面熔覆工艺参数对熔覆质量的影响

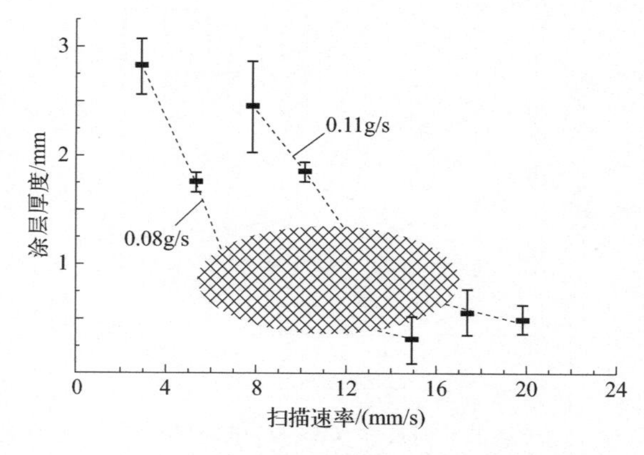

图 2.40　不同焦点位置熔覆层厚度和扫描速率的关系

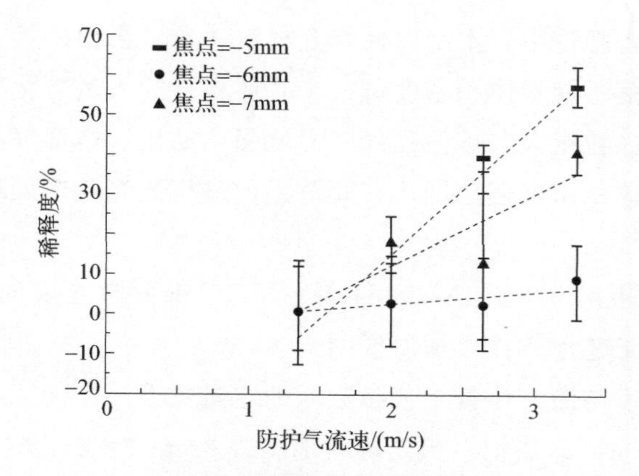

图 2.41 保护气流速对熔覆层稀释度的影响

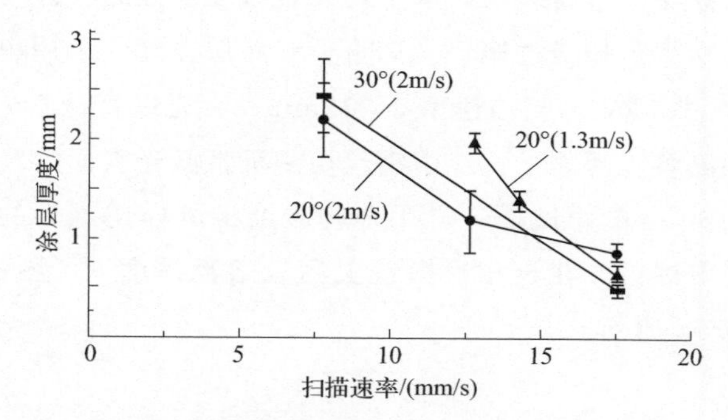

图 2.42 不同粉末送给率熔覆层厚度和扫描速率关系（v=1215mm/s）

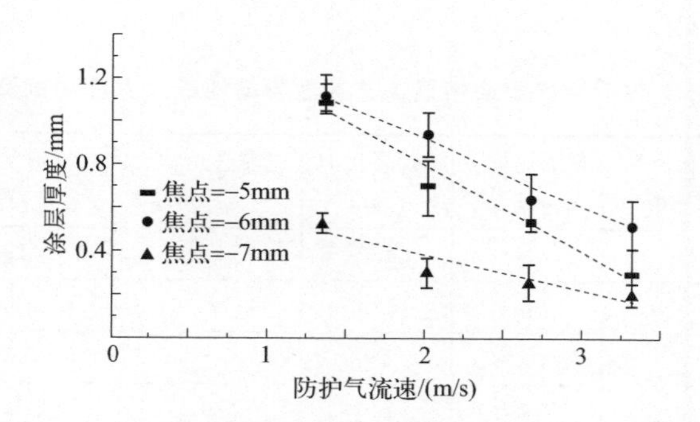

图 2.43 不同送粉方向和保护气流速的熔覆层厚度和扫描速率关系

2.7.2.2 激光表面熔覆工艺参数优化

对材料体系（基体材料和合金粉末）确定后，在激光表面熔覆过程中引入能量体积密度［单位熔覆层体积中的能量输入，即 $P/(vd^2)$，其中 p 为激光输出功率、v 为扫描速率、d 为光斑直径或宽度］来综合表征激光工艺参数对熔覆层质量的影响规律是很有用的。如能量体积密度过小，不足以使合金材料熔化，会出现熔覆层与基体之间结合不好，熔覆层极易剥落；能量体积密度过大，基体材料的大量熔化使得熔覆层合金稀释度增大，硬度降低，晶粒粗大，熔池吸气能力增强，易出现内部气孔和皮下气孔等。因此，存在一最佳能量体积密度值范围，在此范围内进行激光熔覆处理可以获得合格的冶金质量。

下面以21-4N耐热钢（5Cr21Mn9Ni4N）排气门锥面激光表面熔覆Ni-WC合金层为例对激光表面熔覆工艺参数优化加以说明。

（1）基体熔池深度与激光熔覆工艺参数间的定量关系

基材选用正火21-4N耐热钢，预处理后加工成8mm×8mm×50mm长条，经喷砂、清洗以备涂覆。合金粉末为Ni60+20%WC，将配好的合金粉末研磨均匀，用适量黏结剂和酒精调成糊状预涂覆在基材表面，烘干，以备激光表面熔覆。为了研究各工艺参数间的关系，分别改变功率、扫描速率、光斑直径和涂层厚度，采用单道扫描，工艺参数范围如下：功率1.7～2.5kW，扫描速率5～13mm/s，光斑直径3～6mm。

基体熔池深度的测量步骤如下：a.用钼丝切割机将激光表面熔覆后的试样沿横截面切成8mm×8mm×10mm的小试样；b.用金相砂纸将试样切割后的横截面抛光；c.抛光后用$FeCl_3$腐蚀剂浸蚀；d.在金相显微镜上测量熔池深度h，测量示意如图2.44所示。测试结果如表2.11所列。

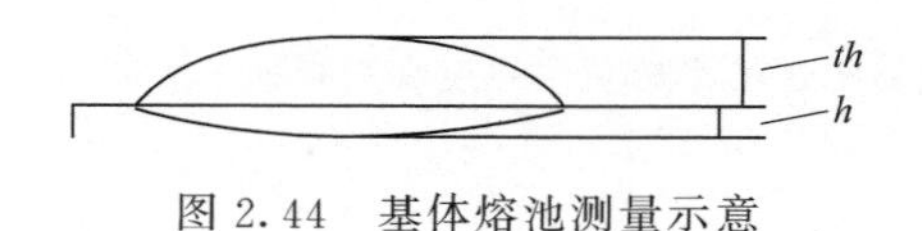

图2.44 基体熔池测量示意

表2.11 激光表面熔覆工艺参数与熔池最大深度测试值

编号	功率 P/kW	直径 d/mm	扫描速率 v /(mm/s)	涂层厚度 th /mm	基体熔深 h/μm	能量体积密度/(J/mm³)	稀释率 f_d/%
1	1.7	6	3	1.0	68	15.70	6.36
2	1.7	6	5	1.0	29	9.40	2.82
3	1.7	6	7	1.0	8	6.75	0.80
4	1.7	6	9	1.0	0	5.24	0.00
5	1.7	4	5	1.0	56	21.25	5.30
6	1.7	4	7	1.0	32	15.18	3.00
7	1.7	4	9	1.0	14	11.80	1.38
8	1.7	4	12	1.0	6	8.85	0.60
9	1.7	2	7	1.0	325	60.70	24.50
10	1.7	2	10	1.0	253	42.50	20.19
11	1.7	2	12	1.0	206	35.40	20.07
12	1.7	6	7	0.7	12	6.74	1.69

续表

编号	功率 P/kW	直径 d/mm	扫描速率 v /(mm/s)	涂层厚度 th /mm	基体熔深 h/μm	能量体积密度/(J/mm^3)	稀释率 f_d/%
13	1.7	6	7	1.2	3	6.74	0.25
14	1.7	6	7	1.5	1	6.74	0.07
15	1.9	6	7	0.7	16	7.54	2.23
16	1.9	6	7	1.2	10	7.54	0.83
17	1.9	6	7	1.5	4	7.54	0.26
18	2.1	6	7	0.7	21	8.33	2.91
19	2.1	6	7	1.2	13	8.33	1.07
20	2.1	6	7	1.5	7	8.33	0.46
21	2.3	6	7	0.7	41	9.13	5.53
22	2.3	6	7	1.2	24	9.13	1.96
23	2.3	6	7	1.5	15	9.13	0.99
24	2.1	6	5	1.2	25	11.67	2.04
25	2.1	6	9	1.2	6	6.48	0.49
26	2.1	6	11	1.2	3	5.3	0.25
27	2.3	6	5	1.2	49	12.78	3.92
28	2.3	6	9	1.2	13	7.09	1.07
29	2.3	6	11	1.2	6	5.81	0.50
30	2.5	6	7	1.2	60	9.92	4.76
31	2.5	6	9	1.2	24	7.71	1.96
32	2.5	6	11	1.2	14	6.31	1.15
33	1.7	6	5	0.7	287	9.44	29.08
34	2.0	3	5	0.7	375	44.40	34.88
35	2.3	3	7	0.7	435	36.50	38.32
36	1.7	3	7	0.7	208	26.98	22.90
37	2.0	3	7	0.7	260	31.70	27.08
38	2.3	3	7	0.7	320	36.50	31.37
39	1.7	3	9	0.7	140	20.98	16.67
40	2.0	3	9	0.7	224	25.69	24.24
41	2.3	3	9	0.7	236	28.40	25.21
42	1.7	3	3	1.2	264	62.96	18.03
43	1.7	3	5	1.2	160	37.78	11.76
44	2.0	3	5	1.2	240	44.44	16.67
45	2.3	3	5	1.2	291	51.11	19.52

用多元逐次回归方法归纳出激光功率、扫描速率、涂层厚度、光斑直径与基体熔池深度的关系为：

$$\lg h=\frac{10^{0.086Pd-0.084th-0.336d+2.25}-v}{10^{0.206P-0.123d+1.065}} \tag{2.18}$$

式中 P——激光功率，kW；

v——扫描速率，mm/s；

d——光斑直径，mm；

th——涂层厚度，mm；

h——基体熔池深度，μm。

经检验，此公式的计算值与实测值的最大相对误差约10%，因而能够较准确地反映各参数之间的关系。

试验条件下，根据上述定量关系式作图得到图2.45。可以看出，在激光功率 $P=1.7$kW 和涂层厚度 $th=1.0$mm 时以及在扫描速率 $v\leqslant 8$mm/s 和光斑直径 $d\leqslant 5$mm 时均可得到良好的冶金结合熔覆层-基体界面（基体熔深 $h>2.5$μm）［图2.45（a）］；同样，在激光光斑直径 $d=6$mm 和涂层厚度 $th=1.2$mm 时以及在扫描速率 $v\leqslant 8.5$mm/s 和激光功率 $P\geqslant 1.9$kW 时均可得到良好的冶金结合熔覆层-基体界面（基体熔深 $h>2.5$μm）［图2.45（b）］。因此，可以利用上述关系式方便地确定出合理的激光工艺参数范围。

在进行工艺参数选择时，应首先根据对熔覆层厚度的要求确定涂层厚度（th），根据对熔覆层宽度的要求确定光斑直径（d），根据工作时的受载情况确定基体熔池深度（h）。这是由于基体熔池深度对熔覆层的成分影响显著，从而影响熔覆层稀释度和与基体的结合力。激光扫描速率的选择要适中，在激光功率和光斑直径一定的情况下，扫描速率过快，熔覆层中有气孔，熔覆层与基体难以达到冶金结合；过慢则出现组织粗大，稀释度高。确定公式中的四个参数后便可以确定另外的参数。实际中多半是先确定功率、光斑直径、涂层厚度和熔池深度后根据式（2.18）确定扫描速率。

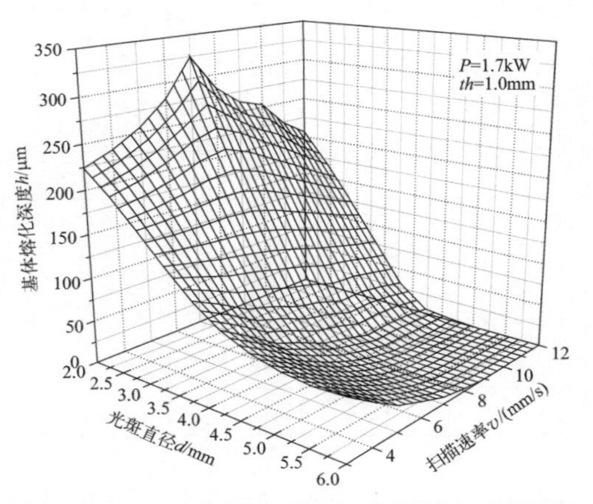

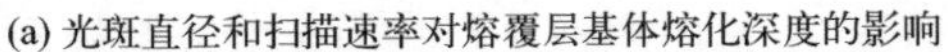
(a) 光斑直径和扫描速率对熔覆层基体熔化深度的影响

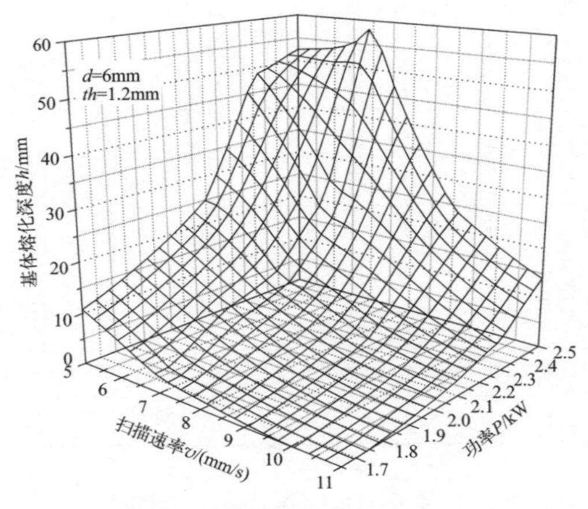

(b) 激光功率和扫描速率对熔覆层基体熔化深度的影响

图2.45 激光表面熔覆工艺参数对基体熔池深度的影响

在获得良好的熔覆层-基体冶金结合界面的同时，在选择激光表面熔覆工艺参数时要保证基体不能熔化过多，以免基体元素冲淡稀释熔覆合金层，定义熔覆层稀释率 f_d =基体熔化深度 h/(涂层厚度 th +基体熔化深度 h)，即 $f_d = h/(th+h)$。稀释率的计算结果也列于表 2.11，将不同涂层厚度时的熔覆层稀释率关于能量体积密度作图，发现两者具有很好的线性关系（见图 2.46），回归结果列于表 2.12。

表 2.12 激光能量体积密度与熔覆层稀释率的回归关系式

涂层厚度 th/mm	$f_d = a + b[P/(d^2 \cdot v)]$	相关系数 R	标准方差 SD
0.7	$f_d = -4.2080 + 1.0021\ [P/(d^2 \cdot v)]$	0.97967	2.7990
1.0	$f_d = -2.8870 + 0.5017\ [P/(d^2 \cdot v)]$	0.96660	2.4778
1.2	$f_d = -1.2643 + 0.3574\ [P/(d^2 \cdot v)]$	0.97880	1.4300

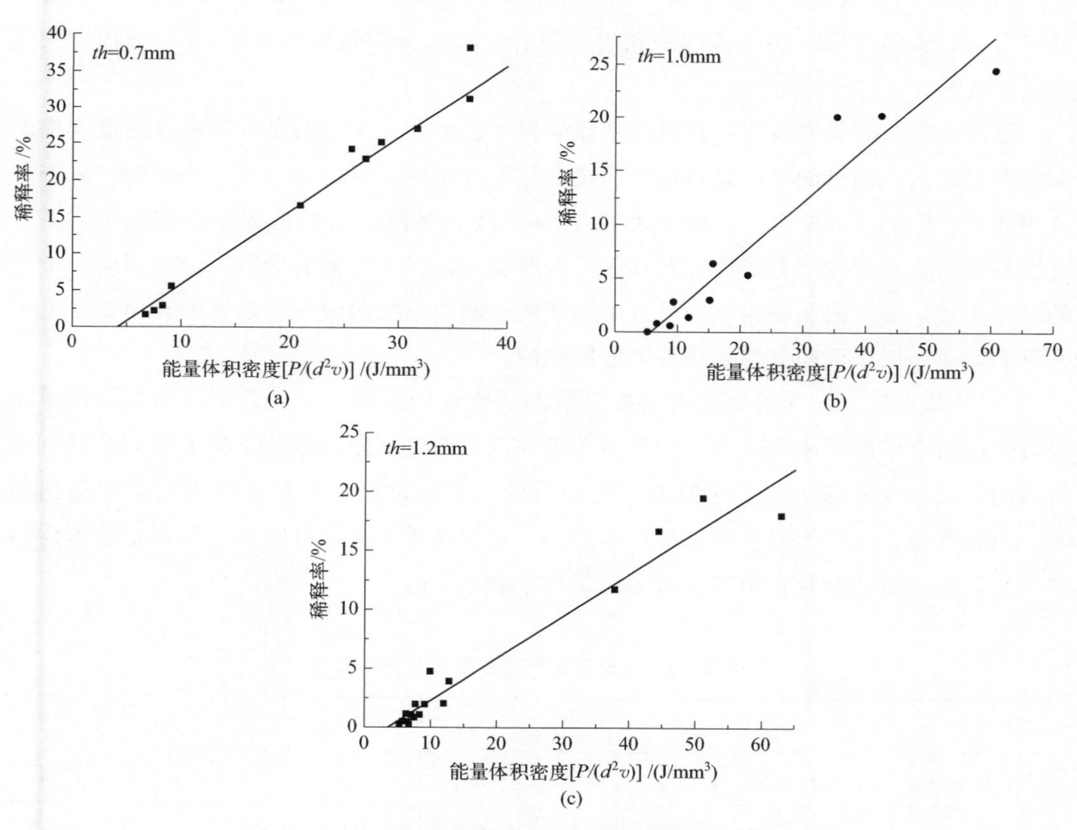

图 2.46 激光能量体积密度对熔覆层稀释率的影响

从图 2.46 可以看出，随着涂层厚度从 0.7mm 增加至 1.2mm，稀释率 $f_d = 5\%$ 的能量体积密度从 9.12J/mm^3 增加至 17.53J/mm^3。一般情况下，熔覆层的稀释率 f_d 应不大于 5%。据此，可以根据上述简单关系确定合理的激光功率参数。例如，在涂层厚

度 $th=1.2$mm，激光功率 $P=2.0$kW，光斑直径 $d=5$mm，取稀释率 $f_d=5\%$，对应的能量体积密度为 17.53J/mm^3，就可以得到扫描速率 $v=4.6$mm/s，与最终优化的激光表面熔覆工艺参数范围相吻合。

（2）激光表面熔覆工艺对汽车排气门表面熔覆层宏观质量的影响

汽车发动机排气门是发动机上的重要零件之一，其质量直接影响发动机的效率。排气门工作条件十分恶劣，长期处于600～800℃的高温下，并承受1400次/min的冲击和含硫酸铅等燃气的冲刷，使其密封锥面因腐蚀、磨损产生麻坑剥落失效。我国有数家气门专营厂，多数采用等离子喷涂熔焊或硬质合金镶嵌法生产，现在有的厂家用低真空高频熔焊生产气门，但存在加热时间长、气门易变形和氧化、质量不稳定、能耗大、效率低等问题。因此，本项目研究用激光熔覆技术生产气门，但要保持激光熔覆层的宏观和微观质量，则激光表面熔覆工艺参数是否合适是问题的关键所在。

汽车排气门所用材料为21-4N耐热钢，正火态；所用合金粉末为Ni21系列合金粉。

1）排气门的涂覆工艺　采用了黏结剂预涂覆方式。排气门的预涂覆工艺流程为：排气门密封锥面开槽→去油清洗→预置熔覆合金粉末→烘箱烘干（200℃）→用专用模具压制成型。

通过多次试验研究表明，在气门的预涂覆工艺中，最主要的是气门密封锥面沟槽的深度和黏结剂。沟槽的宽度是根据气门在实际工作中所需要的工作面来确定的。根据所选用的排气门的设计要求，槽的宽度约4mm。因为气门沟槽的位置是在锥面上，不好直接测量，它的深浅将直接体现在预涂层的厚度上。对于沟槽的形状，也做了两种形状的试验比较，即平槽和圆弧槽两种。试验证明：槽的形状对激光熔覆层的表面质量基本无影响，而涂层厚度和黏结剂是有明显影响的。

2）涂层厚度对激光熔覆层表面质量及内部质量的影响　试验表明，预置涂层厚度是否合适将直接影响激光熔覆层的表面质量和内部质量。涂层过薄，将不能满足排气门所需的覆层厚度要求，达不到激光熔覆的目的。涂层过厚，一是需要加大激光输出功率，浪费能源；二是容易导致覆层产生缺陷，如熔覆层与基体可能结合不好，熔覆层内有气孔、熔渣及夹杂物，等等。试验结果列于表2.13。

表2.13　涂层厚度与熔覆层质量的关系

功率/kW	1.8			1.9			2.0		
涂层厚度/mm	3	2	1	3	2	1	3	2	1
熔覆层表面质量	有气孔不连续	平整光滑连续	平整光滑连续	有气孔不连续	平整光滑连续	平整光滑连续	气孔少了，基本连续	平整光滑连续	平整光滑连续
熔覆层内部质量	气孔较深	无气孔	无气孔	气孔较深	无气孔	无气孔	次表层有气孔	无气孔	无气孔

注：扫描速率 $v=5$mm/s，光斑直径 $d=5$mm，合金粉为Ni21系合金。

从表2.13中可以看出：对同一厚度的涂层，功率的变化使熔覆层的质量变化平缓；而在相同处理条件下，涂层厚度的变化对熔覆层的表面质量及内部质量有较明显的影响。在功率为1.8～2.0kW范围内，涂层厚度为1～2mm时都可得到良好的熔覆层。涂层厚度为3mm时，如激光功率继续增大，可以改善熔覆层质量，但在实际工作中，设备的激光输出功率变化范围有限。另外，根据气门的工作条件，涂层厚度并不是越厚越好。实际应用中应考虑到气门激光表面熔覆处理后，还要进行后期磨削加工。因此，排气门的激光熔覆涂层厚度以2mm为宜，这样既能满足气门的工作条件又能获得良好的激光表面熔覆工艺稳定性。

3）黏结剂对激光表面熔覆层表面质量的影响　在气门的预涂覆工艺中，黏结剂对激光熔覆层的质量有重要影响。对黏结剂的性能要求是黏结性能好，有一定的高温强度和稳定性，在激光加热过程中无飞溅和剥落现象。另外，所选用的黏结剂必须容易挥发，无残留，不损害熔覆层的性能。钢铁材料激光表面熔覆工艺经验表明，可选用无机与有机两类黏结剂。

在排气门的激光表面熔覆工艺中，所选用的黏结剂为有机黏结剂。因为这类黏结剂在激光辐射作用时，其燃烧产物为气态物质，容易保证覆层质量。在激光表面熔覆工艺中，选用3种有机黏结剂进行对比试验，其结果列于表2.14。试验表明，3＃黏结剂与粉末的调配比例为2%时可得到最佳的熔覆层表面质量。

表2.14　黏结剂与熔覆层表面质量的关系

黏结剂种类		熔覆层表面质量
1#		熔覆层表面气孔、熔渣较多，有脱落、飞溅现象，表面不平整光滑
2#		熔覆层表面也有气孔、熔渣，有些飞溅，表面也是不平整光滑
3#	5%	与1#、2#相比，气孔明显减少，基本无飞溅，表面平整度较好
	3%	气孔比5%又相对减少，基本无飞溅，表面平整光滑
	2%	基本无气孔，无飞溅，表面平整光滑

注：激光处理工艺参数为，扫描速率 $v=5$mm/s，激光功率 $P=2.0$kW，光斑直径 $d=5$mm。

（3）排气门的激光表面熔覆工艺研究

根据排气门的工作条件，激光表面熔覆部位在排气门的密封锥面上。首先在排气门的密封锥面上开槽，经排气门的预涂覆工艺后，进行激光表面熔覆处理。自行设计了一台排气门的激光表面熔覆处理装置，如图2.47所示。为使光束能够与所熔覆的面垂直，排气门装在一个旋转轴线与光束轴线成45°角的旋转卡盘上。激光光闸的开、关及卡盘的转速通过光电传感器与控制仪器自动完成。扫描速率无级调节，排气门的顶杆上端有固定保持架，以便保证工件在旋转时不致于滑落。在气门的激光表面熔覆处理中，以圆周连续加热方式进行激光表面熔覆。激光器型号为HGL-84横流电激励 CO_2 激光器，额定输出功率为5kW，光束扫描形式为圆形光斑，并有与光束同轴的保护气路。在排气门激光表面熔覆过程中，可调参数并不很多。排气门由生产厂家提供，材料一定，合金成分是根据排气门工作条件和前期进行的激光表面熔覆工艺及性能试验基础上优选出来的，即 Ni21 系合金。根据排气门工作条件，密封锥面上开槽尺寸定下来后，则光斑直径也固定下来了。所以，在这些条件都确定的情况下排气门激光表面熔覆工艺中可变的因素只有输出功率和扫描速率。

图 2.47　汽车排气门激光表面熔覆处理装置

1）激光输出功率对排气门激光熔覆层质量的影响　根据排气门密封锥面开槽宽度及预置涂层厚度情况，在整个试验过程中，保持光斑直径不变（即 $d=5$mm），扫描速率固定为 5mm/s，改变激光输出功率，试验结果如表 2.15 所列。当激光输出功率低于 1.8kW 时，不能得到较理想的熔覆层。主要表现为熔覆层合金不连续，呈断续现象，表面不平整。造成熔覆层不连续的原因是基体温度偏低，熔池单位面积的能量体积密度不够，使得基体表面局部未熔化，合金熔化层与基体之间润湿性较差，结合不良。反之，当激光功率高于 2.1kW 时也不能得到较理想的熔覆层。主要表现在工件过烧、熔覆合金层表面折皱、有气孔等。造成这些表面缺陷的原因是单位面积的能量体积密度增大后，熔池搅拌加剧，基体元素和涂层元素互扩散严重。当激光功率在 1.8～2.1kW 时均可得到较理想的激光表面熔覆层。

表 2.15　激光功率的变化对覆层质量的影响

功率 P/kW	扫描速率 v/(mm/s)	光斑直径 d/mm	熔覆层表面质量
1.7	5	5	主要是熔覆层不连续，呈现断续现象，表面不平整
1.8	5	5	熔覆层连续、平整光滑、无气孔等
1.9	5	5	熔覆层连续、平整光滑、无气孔等
2.0	5	5	熔覆层连续、平整光滑、无气孔等

续表

功率 P/kW	扫描速率 v/(mm/s)	光斑直径 d/mm	熔覆层表面质量
2.1	5	5	熔覆层连续、平整光滑、无气孔等
2.2	5	5	试件过烧、有气孔、表面折皱
2.3	5	5	试件过烧、有气孔、表面折皱

2）扫描速率对排气门激光熔覆层质量的影响　在激光功率、光斑直径及预置涂层厚度一定情况下，扫描速率对激光表面熔覆层质量的影响如表 2.15 所列。试验结果表明，当扫描速率较快时，熔覆层出现的缺陷主要是熔覆层不连续，出现断续的泪珠状，有空洞。其原因是涂覆粉末可作为激光能量的吸收体，同时又是相邻基体的绝热体。它可吸收 80%以上的光能，因此其基体的熔化量是有限的。在扫描速率较快时，其结合强度不佳，涂层与基体的润湿性很差，所以熔覆层与基体不能形成良好的冶金结合，甚至会出现涂层粉末成球状聚合并滚出基体表面。当扫描速率较慢时，熔覆层出现的问题主要是：有气孔，晶粒粗大，鱼鳞纹明显，工件有些过热甚至过烧，激光处理后期不连续。其原因是激光作用下的熔池表面处于过热状态，以至在熔化中形成气泡。另外，由于扫描速率慢，在排气门激光表面熔覆后期基体温度很高，容易使未进行激光表面熔覆部分的合金粉末氧化，因此易出现后期处理不连续现象。熔池单位面积能量密度增加，熔覆层严重稀释使硬度降低，晶粒粗大。

3）影响排气门激光熔覆层质量的其他因素　通过大量的试验研究发现，除了前述激光表面熔覆处理参数对熔覆层表面质量有影响外，其他因素的影响也是不可忽视的。

① 保护气体的影响。辅助保护气体的压力大小也会影响激光熔覆层的表面质量。试验发现，保护气体压力过大，会使熔覆层表面粗糙度增大，表面不平整光滑，产生折皱（即严重的鱼鳞条纹）。保护气体压力过小：一是达不到保护熔覆层表面不被氧化的目的，会导致外界气氛中的氧参与了激光与合金粉末的交互使用，使熔覆层产生缺陷；二是污染镜头。光束和保护气同轴，既起到保护熔池的作用，也起到保护镜头的作用。因在激光表面熔覆处理过程中，难免有飞溅现象，保护气可以防止熔渣飞溅到聚焦透镜上，所以保护气体压力大小也是不可忽视的。

② 工装卡具的影响。在激光表面熔覆处理过程中，既要使光束始终保持垂直于所需熔覆的界面，又要保持光斑不能偏离所要熔覆的范围。

③ 环境因素的影响。因激光表面熔覆处理是在大气下进行的，所以大气的潮湿度对激光熔覆层的质量也有影响。如湿度大，覆层就易产生气孔等。在潮湿的夏季进行激光表面熔覆前，应对合金粉进行充分烘干。

总之，根据汽车排气门工作条件及失效形式和激光表面熔覆处理对性能及熔覆层表面质量的影响，通过试验筛选，优化出汽车排气门最佳熔覆合金为 Ni21 系自熔合金。同时发现熔覆层稀释率与能量体积密度之间存在良好的线性关系。在排气门预涂覆工艺中，当功率、光斑直径和扫描速率一定时，涂层厚度为 1～2mm，合金粉末与黏结剂的调配比例为 2%时，可得到较理想的激光熔覆层表面质量。激光功率 1.8～2.1kW、光斑直径 5mm、扫描速率 5～6mm/s 是汽车排气门的最佳工艺参数组合。整个熔覆层连续、平整、光滑，基本无气孔，处理稳定，可连续加工，用于生产。试验研究表明，基体材料、形状及尺寸大小、熔覆合金成分和预置涂层厚度一定情况下，激光输出功率、光斑直径、扫描速率和搭接区尺寸应合理选择才能保证熔覆层的质量。

2.7.3 激光熔覆层冶金质量及影响因素

良好的熔覆层应有良好的冶金结合，即最低的稀释率和变形程度，因而要求：

① 熔覆层与基体材料的熔点相近，以保证两者间的稀释率最低；

② 避免脆性相的形成，确保界面结合强度；

③ 材料具有一定塑性来补偿热应变，防止形成裂纹。

在激光表面熔覆技术中，不同的粉末基体激光表面熔覆以后的组织与性能有很大差异。除基体与粉末显著影响熔覆层的质量以外，工艺参数有着显著的影响。如保护气体的种类和流量（影响熔覆层的形貌、深度及界面稀释率）、粉末的流量及送粉的位置、激光器的功率、粉末喷嘴的直径大小、扫描速率以及离焦量、预热温度等，图 2.40～图 2.43 对它们分别给出了定量解释[8]。

激光熔覆的一个重要特征就是熔覆层和基材之间实现了冶金结合，即两种材料通过原子或分子间接合和交互扩散形成的结合。图 2.48 为在 45 钢基材上激光熔覆纯 Ni60 粉末时得到的熔覆层显微组织形貌，明显分为三个部分，从左至右依次是热影响区、结合区和熔化区，其中结合区是一平行于基材的白亮层”。在图 2.48 中可以看出它与熔化区是一体的[8]，胞晶和随后的枝晶是从白亮层上长出来的，其宽度大约是 2μm，正是它使熔覆层和基材完成了冶金结合。激光表面熔覆的结合区宽度通常为 2～8μm，过薄会影响结合强度，过厚则会冲淡熔覆层合金成分（增加稀释度），降低其性能。

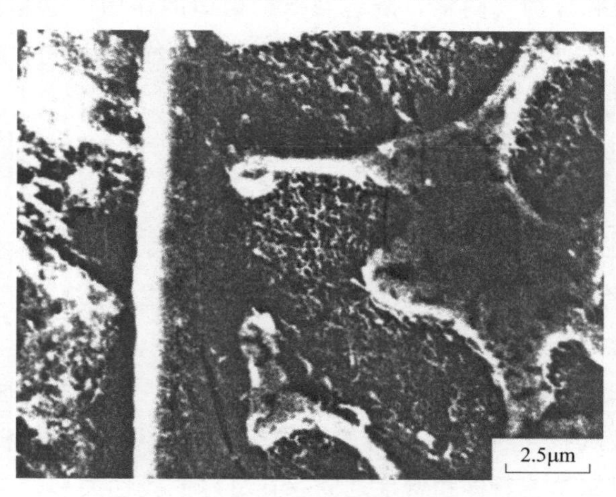

图 2.48　Ni60 激光熔覆层“白亮区”高倍形貌

2.7.3.1 开裂与防止措施

由于激光熔覆层与其基材之间存在物理特性的差异，加上快速加热和快速冷却作用，使得激光作用层内存在极大的内应力，所以热应力及其引起的开裂倾向是影响激光熔覆层冶金质量的主要缺陷，特别是熔覆层与基材交界处的开裂，常导致表面层的剥落，这是目前该技术工业化应用的主要障碍之一[45-46]。目前采取的抑制熔覆开裂的方法主要有以下几种。

(1) 调整应力状态，尽可能降低拉应力

1) 预热和熔覆后续处理　对熔覆的基材和合金粉末进行一定温度预热，可降低激光处理中的热应力，有利于抑制熔覆裂纹的产生。预热的实质是降低温度梯度，所以在满足使用性能要求的前提下，适当降低熔覆材料的熔点对抑制熔覆层开裂是有利的。激光表面熔覆后进行后续处理的目的是降低或消除其残余应力，这可以避免熔覆层在使用过程中因外界因素的诱导而产生裂纹。

2) 降低熔覆层的热膨胀系数　法国 C. Chabrol 等用功率为 4～5kW 的 CO_2 激光将 Stellite F 粉末熔覆在马氏体钢基体上，其残余应力分布见图 2.49。涂层表面纵向和横向都是拉应力，在基体一侧与涂层相邻区为压应力，向下出现高拉应力峰[14]。

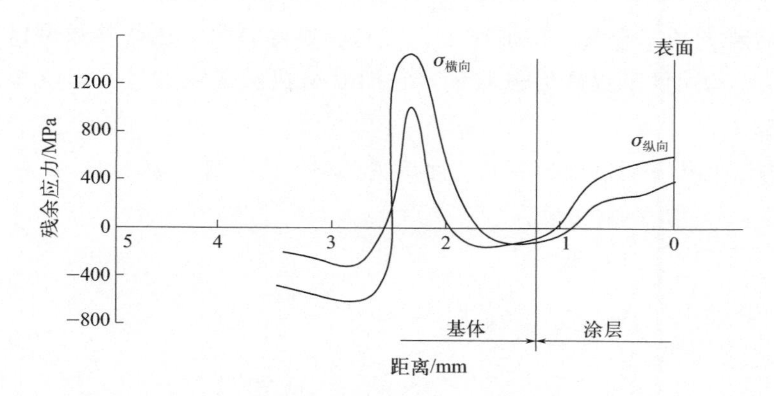

图 2.49　马氏体钢上激光熔覆 Stellite F 粉末后的残余应力

激光熔覆层中产生拉应力的重要原因之一是熔覆合金与基材热膨胀系数的差异。传统观点认为要解决这个问题，涂层与基材二者的热膨胀系数应尽可能接近，考虑到它们在激光表面熔覆过程中的加热和冷却过程不同步，熔覆层的热膨胀系数在一定范围内越小，它对开裂就越不敏感[45]。

(2) 添加合金元素，提高熔覆层抗开裂能力

1) 增加韧性相　对激光熔覆层通过添加某种或几种合金元素，在满足其使用性能的基础上增加其韧性相，提高熔覆层韧性，是一种有效抑制热裂纹产生的方法。研究表明：在 Ni-Cr-B-S 中分别加入少量的 FeV、FeTi、FeSi 合金，可使熔覆层中的 γ 韧性相

明显增加，同时其开裂敏感性显著下降；Ni 基合金中加入 Ni、Co 等除了能使熔覆层中的 γ 韧性相增加外，还可使熔覆层组织由共晶组织向非共晶组织变化，而树枝状非共晶组织可以降低其开裂敏感性。

2）改变组织形态　激光熔覆热裂纹与焊接热裂纹有许多相似之处，由于 NiCr 不锈钢的焊接可以通过调节 Ni、Cr 含量，使焊缝组织中产生 δ 相，在焊缝组织中存在 γ+δ 两相有利于减少裂纹的产生。借鉴该方法，在激光表面熔覆时选用常用的 WF311 铁基自熔合金为基本熔覆材料，再添加不同含量的 Cr 金属，改变熔覆层组织结构（增加 δ 相），提高其抗裂能力。

（3）优化工艺方法和参数，尽可能减少熔覆层开裂

针对不同的熔覆材料体系和使用要求，可以采用不同的改进方法，特别在熔覆较厚的陶瓷涂层时，由于熔覆层材料与基材之间性能上存在的差异很大，更易引起熔覆层的空洞或变形开裂。一般采用下面几种方法可不同程度地减少裂纹产生：

① 选择粉末尺寸、形状及使用混合包覆粉末。减小粉末颗粒尺寸，使用球状颗粒或混合、包覆粉末都可在一定程度上改进抗裂性能。

② 熔覆材料采用渐变成分或复合成分。例如采用硬质相渐变涂覆和激光重熔法是将梯度功能材料的原理用于激光表面熔覆，采用双层预涂法是将复合材料的思路用于激光表面熔覆，都在减少裂纹、保证质量方面取得了不错的效果。

③ 选择合理的功率密度、扫描速率、粉末流速等参数。这些参数可以通过控制气化、熔化量及冷却速度来提高熔覆质量，它们对熔覆层裂纹数目的影响规律可参看图 2.50～图 2.52[4]。

通过考虑以上几方面措施的激光表面熔覆典型工艺条件见表 2.16[10]。

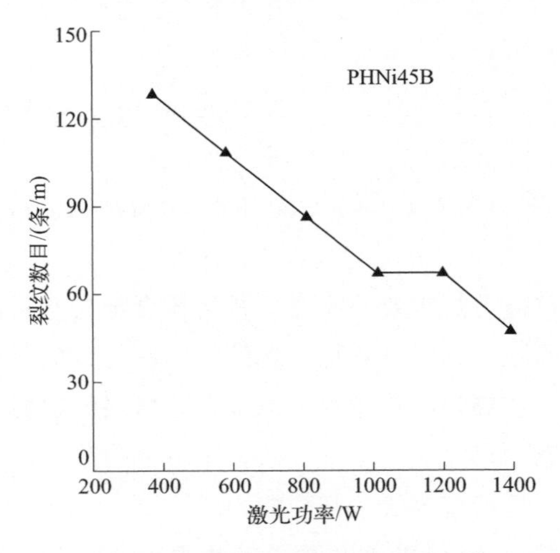

图 2.50　激光功率与熔覆层的裂纹数目

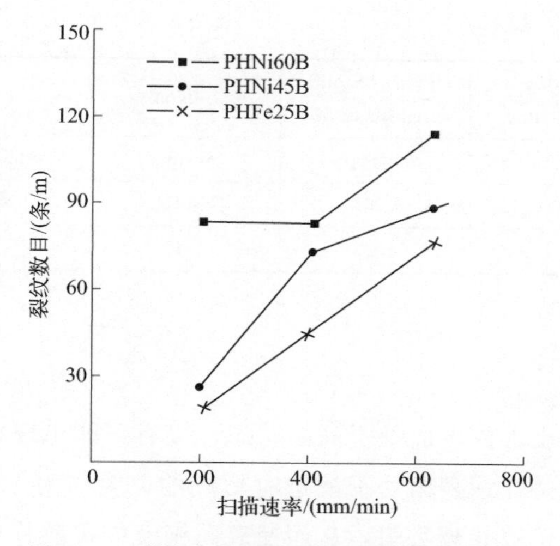

图 2.51　激光扫描速率与熔覆层的裂纹数目

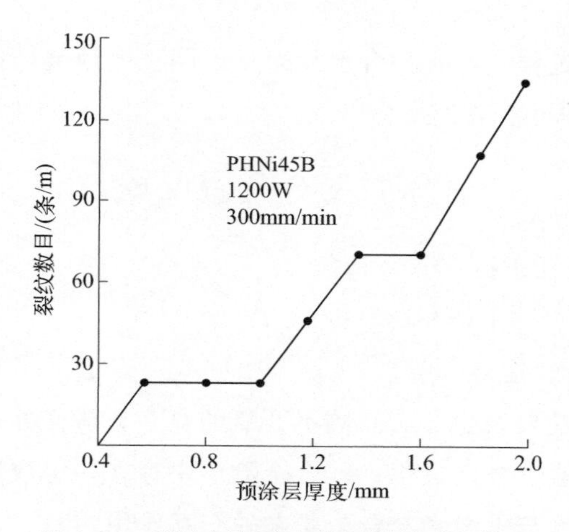

图 2.52　预涂层厚度与涂覆层的裂纹数目

表 2.16　激光表面熔覆典型工艺条件

工艺条件	Tribaloy T-800 Alloy	Hayness Stellite Alloy No. 1	Sillcon	Tungsten Carbide And Iron	Alumine
基材	ASTM A387	ASSI 4815	AA 390 铝合金	ASSI 1018	2219 铝合金
熔覆材料形式	粉末（等离子喷等级）	ϕ3.0mm 铸棒	44.0μm 粉末	0.5mm WC 颗粒和 44.0μm 铁粉末	0.3μm 粉末
预热温度/℃	20	250	20	20	20
粉末使用方法	黏结	—	黏结	松散粉末	松散粉末
粉末深度/mm	6.00	—	1.00	1.00	0.75
粉末宽度/mm	25	—	5	19	25
振荡/稳态光束	稳态	稳态	稳态	稳态	振荡（690Hz）
激光功率/W	12500	3500	4300	12500	12500

续表

工艺条件	Tribaloy T-800 Alloy	Hayness Stellite Alloy No. 1	Sillcon	Tungsten Carbide And Iron	Alumine
光束尺寸	14mm×14mm	ϕ6.4mm	ϕ5mm	12mm×12mm	6.4mm×19mm
保护气体	氦	氢和氩	氦和氩	氯	氧
加工速率/(mm/s)	1.27	4.23	8.47	5.50	8.47

2.7.3.2 氧化与烧损

在激光作用下，由于工件表面处于高温状态，极有可能出现氧化现象。深入研究表明，所有钢的氧化膜都是在钢表面处于液态时形成的，膜厚为 10～30μm，其氧化机制是气流中的氧向钢表面扩散并被吸附，从而使氧向钢液内扩散并与钢中的合金元素发生反应。氧化膜的成分取决于钢的具体化学成分，一般主要为 Fe 和 O，所形成的氧化物是复杂成分的固溶体或化合物。

另外，在激光处理过程中，各种合金元素将不同程度地被烧损。实际上这是一种高温下的合金元素氧化，即：

$$x[\mathrm{Me}]+y[\mathrm{O}]\longrightarrow \mathrm{Me}_x\mathrm{O}_y \tag{2.19}$$

式中 Me——某种合金元素；

O——氧元素；

$\mathrm{Me}_x\mathrm{O}_y$——一种金属氧化物。

这里的高温氧化反应要发生，必然离不开氧的存在，激光处理过程中氧的来源主要有 3 种途径：a. 合金元素本身已氧化；b. 合金涂层中存在一定数量的空隙，它们中含有氧；c. 外界气氛中的氧参与了激光与合金粉末的交互作用。

经过研究，对于激光处理来说前两种途径不是主要问题，且容易控制，第 3 种最严重（因为激光处理的最大特点之一就是不必在真空条件下进行，所以即使采用保护气氛，也可能由于方法不当而引起烧损现象）。

2.7.3.3 表面粗糙度

经激光处理后的工件，其表面常有凹凸不平的现象，即折皱，这样就必然导致其表面粗糙度增大。引起的原因主要是激光作用下的合金熔池表面存在大的径向表面张力梯度，它具有双重效应，一方面引起高温下合金元素的快速混合，同时也导致了凝固表面的凹凸不平。

解决表面凹凸不平的方法之一是改进激光光斑模式，即控制光斑截面的能量分布规律，使熔池内的中间区域的温度梯度下降（可以参见 2.7.2 部分的分析），从而使该区域液体的温度大致趋于一致，这样就可以避免上述的双重效应。要克服这个问题，一般建议采用高功率密度（10^7 W/cm^2）和短的相互作用时间（0.1～2.0ms）的工艺法则。要降低表面粗糙度，还可以通过低功率密度＋快扫描速率的激光二次重熔后续处理、将同步送料法的送料管轴线中心移向熔池前端、适当增大激光束斑直径等方法。

2.7.3.4 气孔

激光熔覆层中的气孔是由于激光熔化过程中有气体存在，且在随后的快速凝固过程中来不及逸出表面而引起的，一般多是由于熔体中的碳与氧反应或者金属氧化物被碳还原所形成的反应气孔，但是也存在固体物质的挥发和湿气蒸发等非反应性气孔。气孔容易成为裂纹产生和扩展的聚集地，控制气孔主要从两个方面考虑：一是要采取措施限制气体来源，例如粉末在使用前要烘干去湿、激光表面熔覆过程中采用稀有气体保护熔池；二是调整工艺参数，减缓熔池冷却结晶速率以利于气体的逸出[2,45]。

2.7.4 激光熔覆层组织

在 10^3～10^8 W/cm^2 功率密度下进行激光表面熔覆时，可以在 0.1～1.0s 内完成熔覆过程，如此高的加热和冷却速度使得熔覆层组织具有很多特点。一般地，激光熔覆层的组织结构分为熔化区、结合区和热影响区 3 个区域。它们只是在不同的合金成分及工艺条件下的实际形态有一定差别，这里可以从 2.7.2 部分中各工艺参数对稀释率、熔覆层深度等因素的分析中得知。

由于冷却速度快而使合金层中得到细密的树枝状和胞状组织，覆层中的相组成不仅取决于合金成分，也取决于熔覆工艺，特别是冷却速度。当覆层较厚、冷速缓慢时，可获得多元共晶及初晶相较多的平衡相；当覆层较薄、冷速很快时会出现许多亚稳相。

图 2.53 分别为 45 钢基材上熔覆 Ni60、Ni60＋20％Cr_2O_3、Ni60＋20％WC 熔覆层的组织形貌[47]。

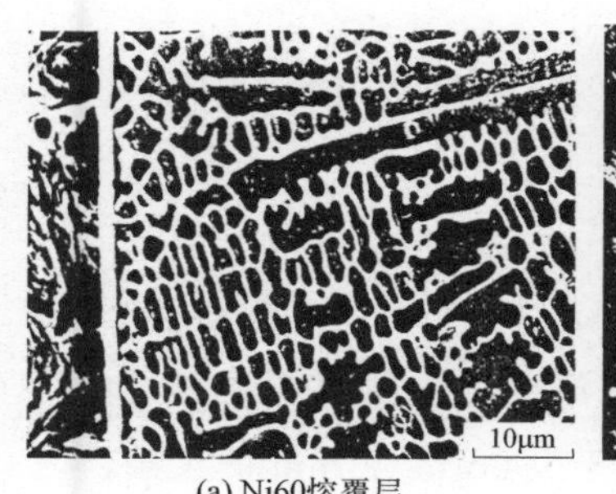

(a) Ni60熔覆层

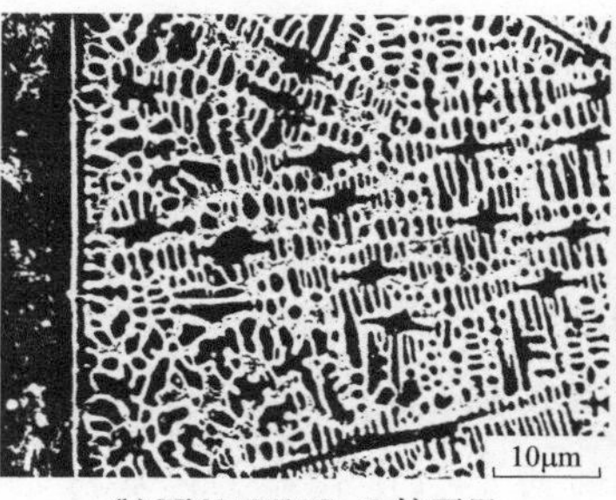

(b) Ni60+20%Cr_2O_3熔覆层

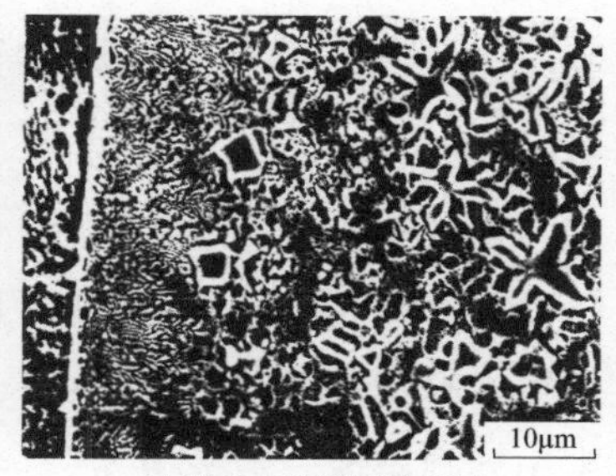

(c) Ni60+20%WC熔覆层

图 2.53 45 钢基材上激光熔覆层的组织形貌

热影响区为细小的板条马氏体组织；结合区为熔池底部的过饱和 γ-（Fe，Ni）固溶体在液固界面以平界面方式凝固形成的白亮层；熔化区由大量的初生相及多元共晶组织组成，从靠近结合区到表面依次呈现出胞状晶、胞状树枝晶、树枝晶组织。相比而言，加入 Cr_2O_3 后由于强碳化物形成元素 Cr 使得熔覆层组织更加细化；而加入 WC 后，高熔点的 WC 颗粒不仅使组织进一步细化，同时还使得其中存在不规则形状的未熔 WC。

图 2.54 为 21-4N 钢基材上熔覆 Ni60＋20％WC、Ni60＋20％ WC＋0.5％CeO_2 熔覆层的组织形貌[12]。图中，热影响区为等轴状的奥氏体晶粒；结合区为熔化区和基材之间的以平界面方式凝固形成的薄带；与 45 钢基材相比，本试验的熔化区组织明显细化，共晶组织及其共晶化合物增多，枝晶区缩小，其中出现大小不一的规则或不规则的块状 WC。同时可以看出，CeO_2 的加入使熔覆层的组织细化，即相邻枝晶间距和相邻胞状枝晶中心距显著缩短，枝晶间共晶组织也随之细化。

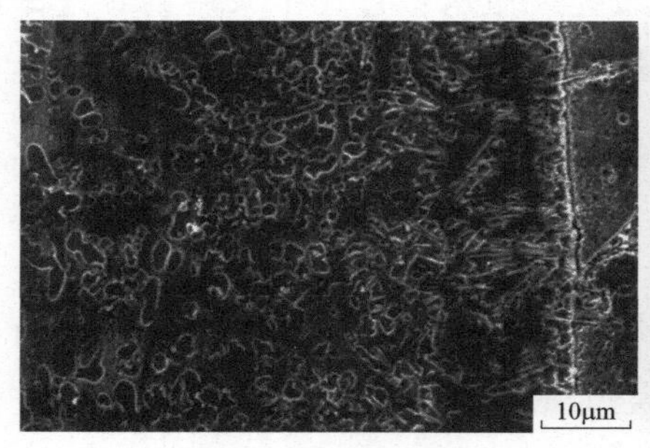

(a) Ni60+20%WC熔覆层

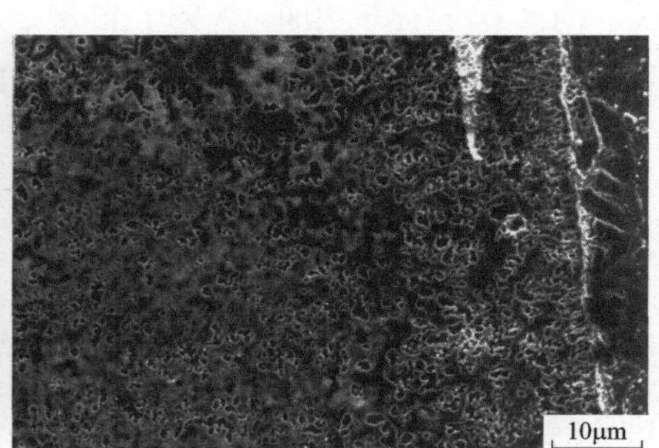

(b) Ni60+20% WC+0.5%CeO_2熔覆层

图 2.54　21-4N 钢基材上激光熔覆层胞状组织形貌

2.7.5　激光熔覆层性能

激光表面熔覆的目的是使一种或几种合金熔覆在基材表面，而熔覆材料多具有高硬度及良好的抗磨、抗热、抗蚀、抗疲劳性能，所以通过该法可以大大提高零件的耐磨、耐热、耐腐蚀及耐疲劳等各种所需的性能，简要介绍如下[22,25-33,36-37,47-49]。

2.7.5.1　常温性能

本试验的试样准备有两个系列。

1）系列一　基材选用常用的 45 钢，其预先热处理工艺为 870～880℃ 正火处理；熔覆材料选用耐磨、耐蚀以及韧性较好的自熔性合金粉末 Ni60，粒度为 300 目，在粉末中分别添加一定量的 WC 颗粒或 Cr_2O_3 颗粒。将基材加工成 8mm×8mm 的长条，表面粗糙度 R_a＝0.8，然后浸泡、清洗除油，以备涂覆。预涂覆采用火焰喷涂方式，熔覆涂层厚度约为 0.4mm。激光熔覆设备采用 HGL-84 型横流电激励 CO_2 激光器，分别用矩形、圆形光斑，并分别进行单道、双道扫描，吹氮气保护熔池，工艺参数分别为：单道圆形光斑扫描时光斑直径 ϕ8mm，激光功率 1.60kW，扫描速率 5mm/s，离焦量

265mm；单道矩形光斑扫描时光斑尺寸 8mm×1mm，激光功率 2.00kW，扫描速率 6mm/s，离焦量 250mm；双道圆形光斑扫描时光斑直径 ϕ5mm，激光功率 1.95kW，扫描速率 3～5mm/s，离焦量 238mm。

2）系列二：基材针对汽车排气门材质选用 21-4N 不锈钢，其预处理为正火；熔覆材料仍选用自熔性合金粉末 Ni60、Ni21、Ni25，粒度为 300 目，在粉末中分别添加一定量的 WC 颗粒，或同时再加入少量的稀土氧化物（CeO_2），构成混合粉末。将基材加工成 8mm×8mm×60mm 的长条，表面粗糙度为 $R_a=0.8$，然后浸泡、清洗除油，以备涂覆。预涂覆采用黏结预置法，熔覆涂层厚度约为 0.8mm 或 1.0mm。激光熔覆设备采用 HGL-84 型横流电激励 CO_2 激光器，用圆形光斑进行单道扫描，吹氮气保护熔池，工艺参数为光斑直径 ϕ6.5～7.0mm，激光功率 2.2kW，扫描速率 6.5mm/s，离焦量 250mm。

对比材料：对于腐蚀磨损试验，对比材料选用耐磨性和强度都较好的 2Cr13 马氏体不锈钢，其热处理工艺为热锻后 1030℃油淬、650℃回火，硬度为 HRC35 左右；静腐蚀试验选用耐蚀性更好的 1Cr18Ni9Ti 奥氏体不锈钢做对比材料；磨粒磨损试验用 W6Mo5Cr4V2 高速钢做对比材料；干摩擦磨损试验选用耐磨性较好的轴承钢 GCr15 做对比材料，其热处理工艺为 840℃油淬、180℃回火，硬度为 HRC60～62。

本试验的磨粒磨损在 ML-10 型磨损试验机上进行；干摩擦磨损试验在 MM-200 型块-环接触摩擦磨损试验机上进行；动磨损、动腐蚀和腐蚀磨损都在自制的 WX-1 型腐蚀磨损试验机（见图 2.55）上进行[29]。

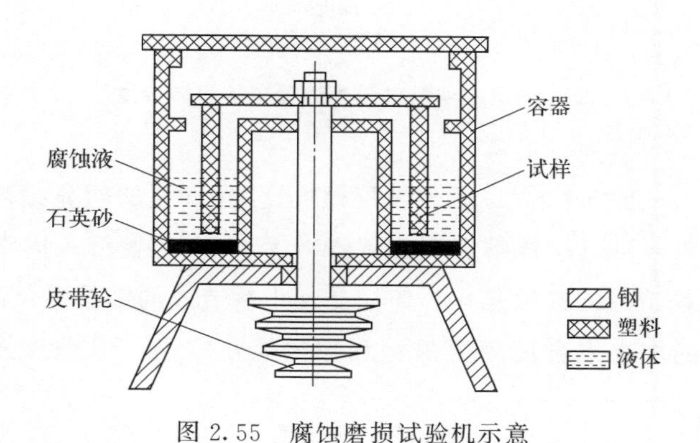

图 2.55　腐蚀磨损试验机示意

（1）硬度

图 2.56 为 45 钢基材上熔覆纯 Ni60、Ni60+20%Cr_2O_3、Ni60+20%WC 熔覆层的显微硬度测定结果：显然分布曲线为典型的三阶梯式，这与其显微组织是相对应的；表层具有最高的硬度值，可以认为是大量合金元素 Cr、Si 溶于 γ-Ni 枝晶而引起的固溶强化，大量 CrB、Cr_2B 及 M_3C 型共晶化合物引起的第二相弥散强化，激光快速熔凝使熔覆层化学成分均匀、组织细化而引起的细晶强化联合作用的结果；最低的是基材的硬度

值，这是 45 钢的正常硬度值；中间台阶为热影响区硬度值，此处由于高温自淬形成了细小的板条马氏体组织，其硬度值也高于正常基材[50]。

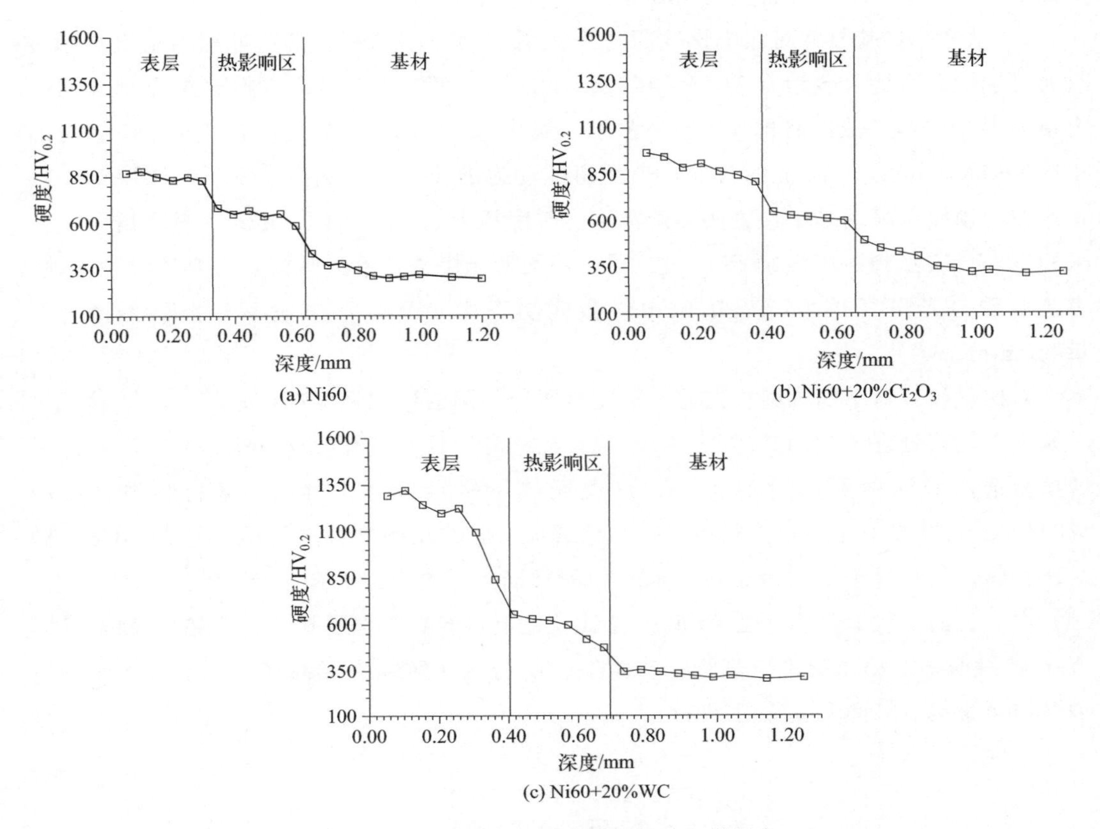

图 2.56 三种粉末激光熔覆层的显微硬度

同时，可以看出，加入 Cr_2O_3 的熔覆层硬度比纯 Ni60 的明显提高，加入 WC 的熔覆层硬度最高，其原因可以这样解释：加入 WC 后，W 元素溶入固溶体中造成的固溶强化、未熔 WC 颗粒造成的弥散强化、使枝晶细小后造成的细晶强化都会引起熔覆层硬度的提高；Cr_2O_3 的加入也会使固溶强化和弥散强化增强，但是其强化作用没有加入 WC 的大。

图 2.57（a）为 45 钢基材上熔覆 Ni60＋10％WC、Ni60＋20％WC、Ni60＋30％WC 熔覆层的显微硬度分布曲线，熔覆层中 WC 含量越高，其最高硬度值越大，这主要是碳化物弥散强化和组织细晶强化所引起的。一般来说，凡能起到各种强化作用的合金元素，都有利于熔覆层显微硬度的提高。图 2.57（b）为 45 钢基材上熔覆纯 Ni60 和 Ni60＋20％WC 熔覆层的显微硬度随扫描速率变化的关系曲线，可见其中均有一峰值存在，这是因为当其他工艺参数一定时，随着扫描速率的变化，激光加热和冷却速度也随之改变，所得到的熔覆层组织也会有较大差异。例如当扫描速率较慢时，一方面稀释度增大使合金元素的固溶强化作用减弱，另一方面由于加热和冷却速度减慢，又导致组织

粗大使细晶强化作用减弱，结果就表现为硬度值降低；如果扫描速率较快，容易造成熔覆层的熔化不充分，许多弥散强化相来不及析出，从而使硬度值降低。扫描速率为4mm/s时各种强化作用的综合效果最好，得到的硬度值也最高。

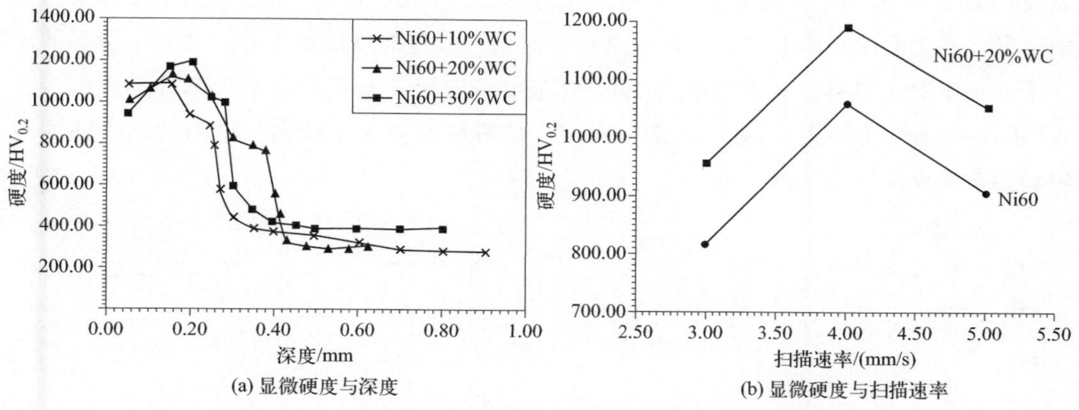

(a) 显微硬度与深度　　(b) 显微硬度与扫描速率

图2.57　三种粉末激光熔覆层的显微硬度与深度及双道扫描两种粉末熔覆层显微硬度与扫描速率之间的关系

（2）耐磨性

1）磨粒磨损　图2.58（a）为45钢基材上熔覆Ni60＋WC合金时WC含量对熔覆层磨粒磨损性能影响的变化曲线，显然其磨损失质量在20%WC处出现最小值，这与熔覆层此时具有较高的硬度值和不大的弹性模量密切相关。虽然当熔覆层中加入较多的WC时（如30%），其硬度值获得进一步提高，但是此时其中大量的未熔WC颗粒作为硬基体上的硬质点，有损于耐磨性，所以反而使抗磨粒磨损性能大大降低。另一方面，此时熔覆层的弹性模量较大，遇到硬质粒子时，表面不能产生适量的弹性变形也会使磨损量增大。图2.58（b）为45钢基材上双道搭接熔覆纯Ni60和Ni60＋20%WC熔覆层时其磨粒磨损性能随扫描速率变化的关系曲线。可以看出，两种成分熔覆层的磨粒磨损性能均在扫描速率为4mm/s时最佳，这同样是由于熔覆层此时达到了最高硬度。

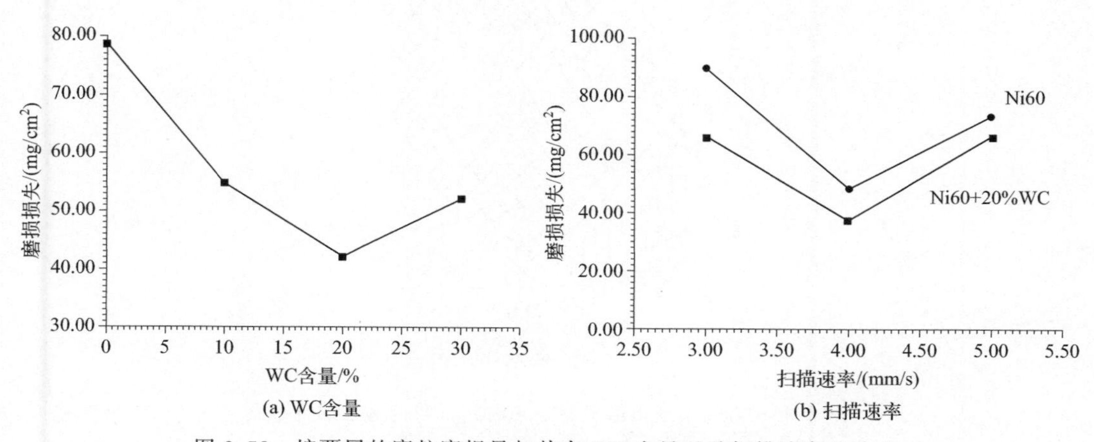

(a) WC含量　　(b) 扫描速率

图2.58　熔覆层的磨粒磨损量与其中WC含量以及扫描速率的关系

在固定的磨粒磨损试验条件下，所有成分和处理工艺条件下的激光熔覆层抗磨粒磨损性能均优于 W6Mo5Cr4V2 高速钢。

2）干摩擦磨损　图 2.59 是不同成分的熔覆层干摩擦磨损性能随时间和载荷的变化曲线，图 2.60 模拟了时间和载荷同时变化时 Ni21＋WC＋CeO_2 熔覆层的干摩擦磨损性能情况。不难看出，所有试样的磨损量均随时间、载荷的增加而上升；激光熔覆层的磨损量远小于对比材料；其中 Ni21＋WC＋CeO_2 熔覆层的磨损量或磨损率最小，Ni60＋WC＋CeO_2 熔覆层次之，Ni25＋WC＋CeO_2 熔覆层磨损量比较大。这与它们之间的组织状态及硬度有着密切的关系。

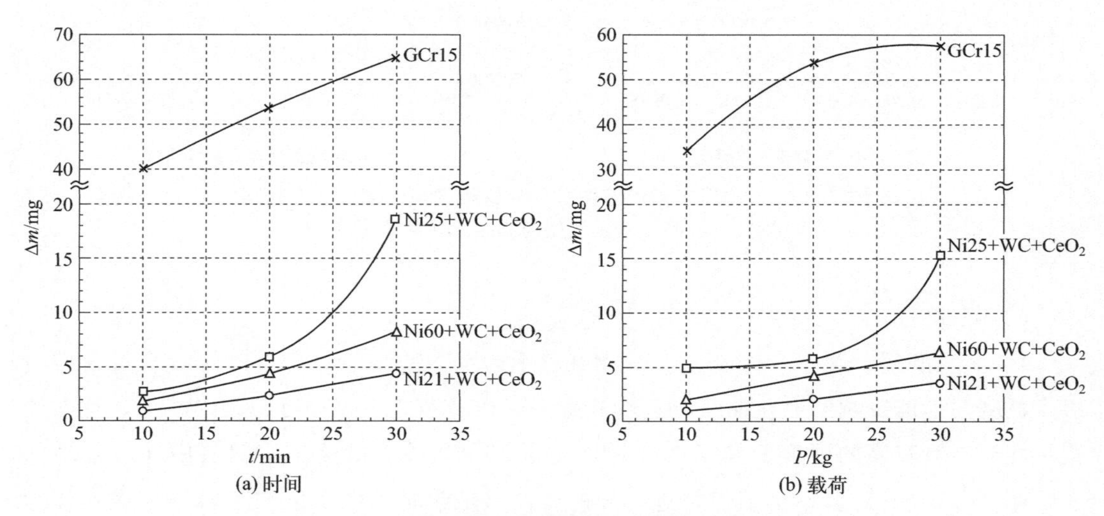

图 2.59　时间及载荷对熔覆层干摩擦磨损性能的影响

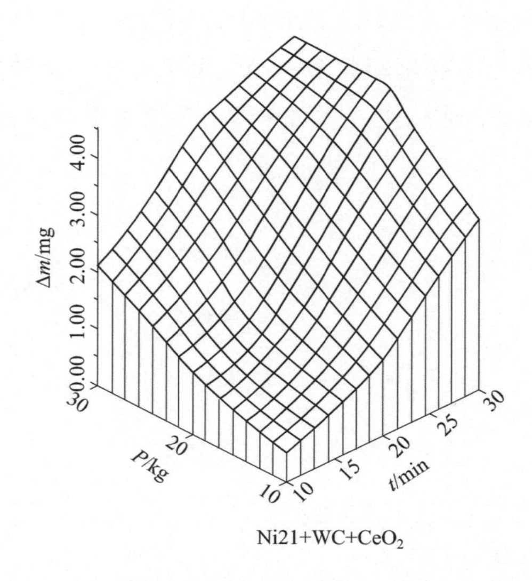

图 2.60　常温干摩擦磨损性能与时间、载荷关系的三维图

3）动磨损　动磨损是磨料对试样表面的法向冲击和切向磨削的综合作用结果[51]，从图 2.61 可以看出，当冲击角 $\alpha=45°$时，各种试样的动磨损速率均随冲击速度的增加而增大，其中激光熔覆层的动磨损速率明显低于 2Cr13 不锈钢，加入稀土后的熔覆层同不加稀土的 Ni60＋20％WC 熔覆层相比，动磨损性能有所降低。

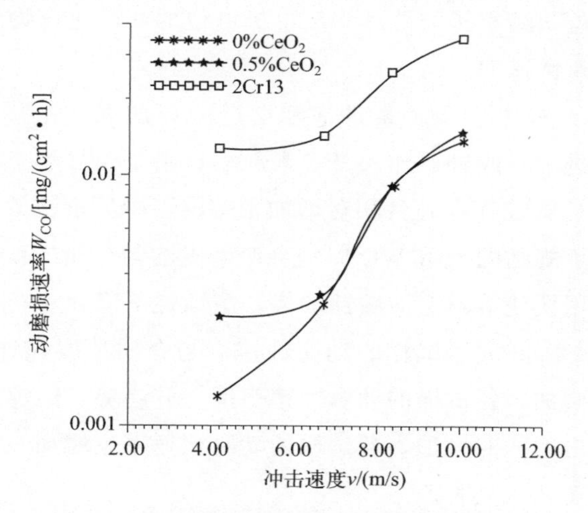

图 2.61　冲击速度与动磨损速率之间的关系

（3）耐蚀性

1）静腐蚀　图 2.62 为 45 钢基材上熔覆纯 Ni60、Ni60＋Cr_2O_3、Ni60＋WC 熔覆层及对比材料 1Cr18Ni9Ti 分别在 10％硫酸和 10％盐酸水溶液中全浸泡静腐蚀速度直方图，可见所有成分的激光熔覆层耐蚀性均优于对比材料，其中 Ni60 熔覆层耐蚀性比 1Cr18Ni9Ti 马氏体不锈钢提高 60～90 倍；加入 Cr_2O_3 之后耐蚀性进一步加强；加入 WC 后耐蚀性有所下降。

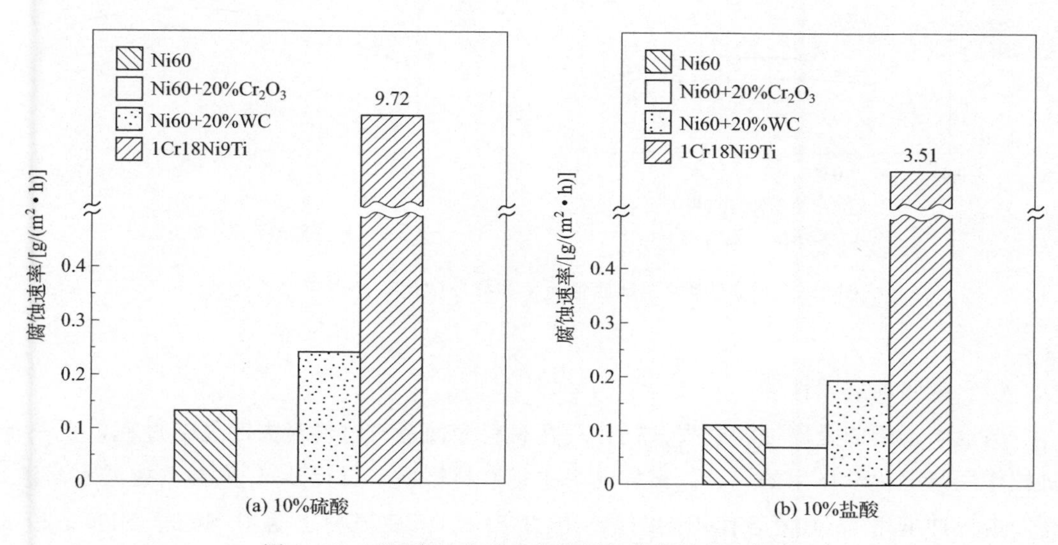

图 2.62　不同腐蚀介质中各试样的静腐蚀试验结果

激光熔覆层优良的耐蚀性主要是由于其中含有较多的 Ni、Cr、Si 等稳定性好、易钝化、抗氧化的耐蚀合金元素；同时熔覆层特殊的显微组织也对提高耐蚀性极为有利：组织细密，快速冷却形成的定向凝固组织使表面晶粒取向相似，减小因晶粒取向不同而造成的原电池反应加速腐蚀倾向；另一方面 γ-Ni 中合金元素固溶度的增加提高了固溶体枝晶组织的电极电位，缩小了与枝晶间高电极电位的共晶化合物之间的差值，可以减缓两者之间的电化学腐蚀速率。

加入 Cr_2O_3 后，γ-Ni 中合金元素过饱和度进一步加大，尤其是 Cr 元素含量的提高，使熔覆层耐蚀性进一步改善；加入 WC 颗粒后，由于 WC 熔点高，在激光表面熔覆过程中有部分未熔 WC 颗粒存在，就相对增加了熔覆层中原电池的数目，使电化学腐蚀加快；同时这些形状不规则的未熔 WC 周围会产生不均匀分布的残余应力，容易形成应力腐蚀，二者综合作用便使熔覆层的腐蚀加快，耐蚀性下降。

2）动腐蚀　如图 2.63 表示试样的动腐蚀速率与介质浓度和冲击速度的关系曲线。随着腐蚀介质浓度的增加，各试样的动腐蚀速率呈上升趋势，但镍基熔覆层的动腐蚀速率增长较缓；随着冲击速度的增加，各试样的动腐蚀速率也增加，且变化很快，冲击速度对动腐蚀速率的影响较为显著。

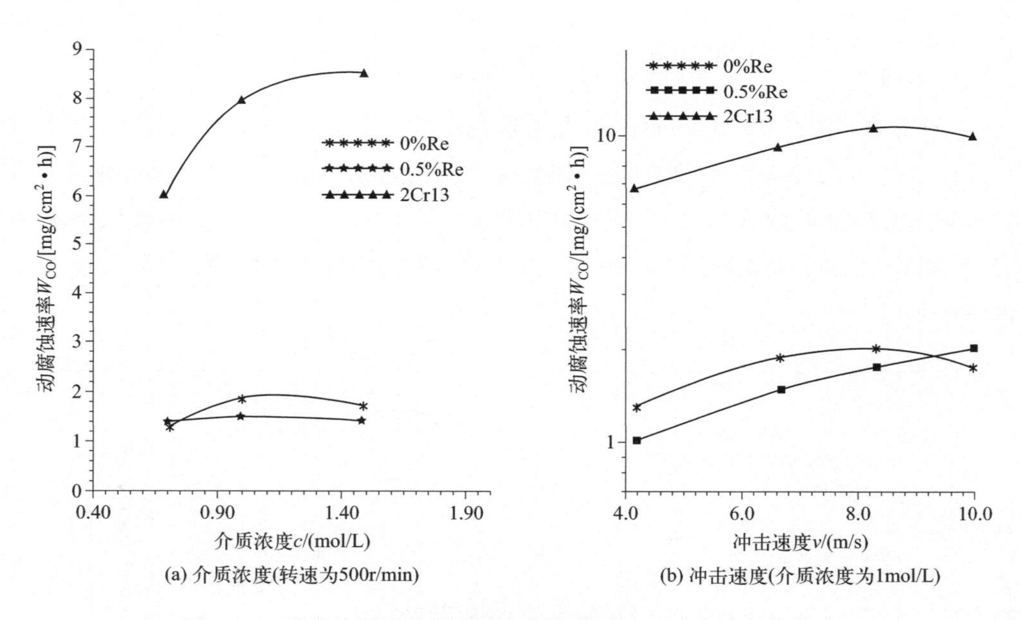

(a) 介质浓度(转速为500r/min)　(b) 冲击速度(介质浓度为1mol/L)

图 2.63　激光熔覆层动腐蚀速率与介质浓度、冲击速度的关系

（4）耐腐蚀磨损性能

腐蚀磨损指的是腐蚀和磨损共同作用在材料表面造成材料流失的复杂过程，是一种机械作用与电化学作用的综合。试样的失重是磨料磨损（石英砂）、腐蚀（硫酸水溶液）和冲击（冲击角 45°）复合作用的结果。图 2.64 为 45 钢基材上熔覆 Ni60、Ni60＋20％

Cr_2O_3、Ni60＋20％WC 熔覆层及对比材料 2Cr13 四种试样的腐蚀磨损速率与冲击速度、腐蚀介质浓度之间的关系曲线。

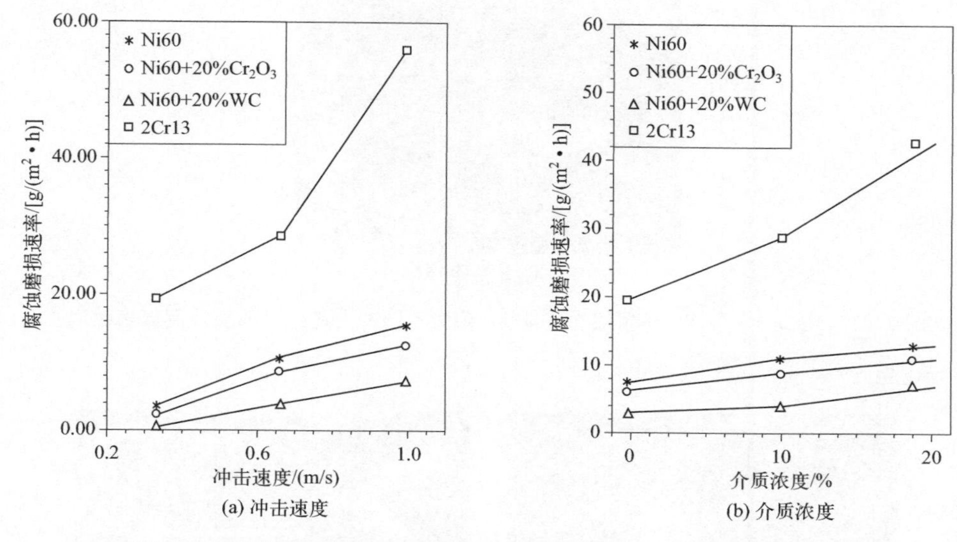

图 2.64 激光熔覆层腐蚀磨损速率与冲击速度及介质浓度的关系

显然三种熔覆层的耐腐蚀磨损性能均优于 2Cr13 不锈钢，提高 5～10 倍，其中 Ni60＋20％WC 熔覆层具有最低的腐蚀磨损速率。随着冲击速度或硫酸浓度的提高，各种试样的腐蚀磨损速率都有所增加，但增加幅度不同，激光熔覆层的变化较为“平坦”，而 2Cr13 不锈钢则相对“陡峭”一些。这里由于激光熔覆层耐蚀性很好，腐蚀仅在冲击坑和沟槽附近的塑变应力集中区或者界面微裂纹处才明显，所以腐蚀的作用不均匀（见图 2.65、图 2.66）。

图 2.67～图 2.69 分别是熔覆层的腐蚀磨损速率-冲击速度-介质浓度之间、腐蚀磨损速率-WC 含量-介质浓度之间、腐蚀磨损速率-扫描速率-冲击速度之间的三维变化图。

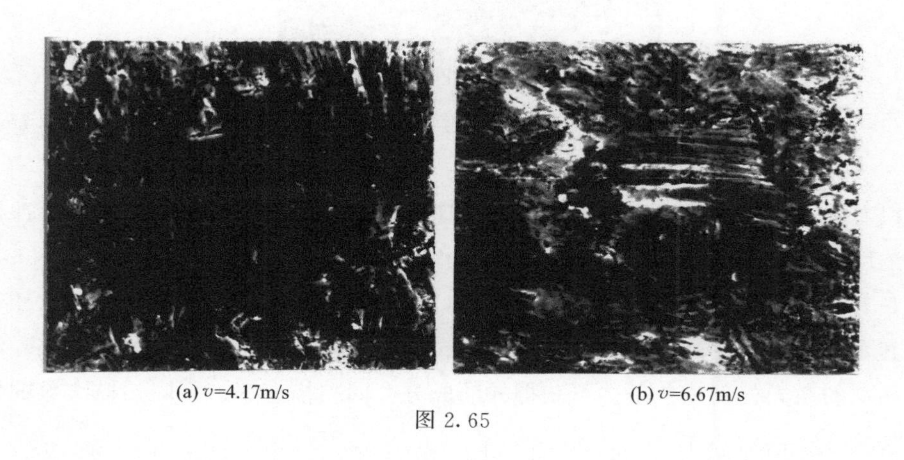

(a) v=4.17m/s　　(b) v=6.67m/s

图 2.65

(c) v=8.33m/s

图 2.65 Ni60+20%WC 熔覆层在 2mol/L 硫酸不同冲击速度下的腐蚀磨损表面形貌

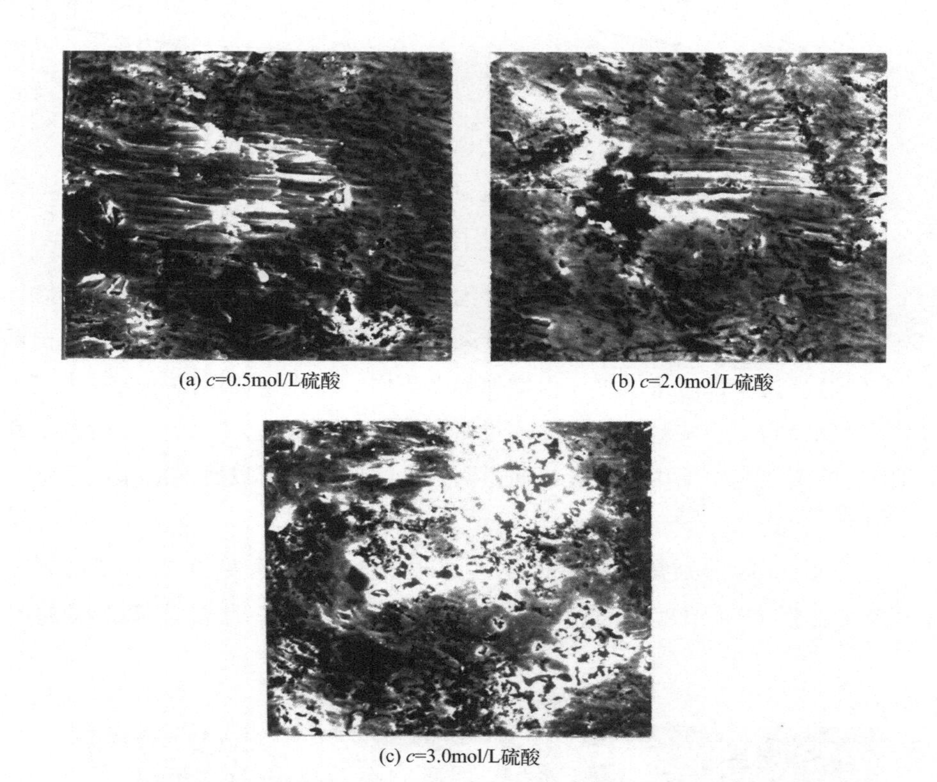

(a) c=0.5mol/L硫酸

(b) c=2.0mol/L硫酸

(c) c=3.0mol/L硫酸

图 2.66 Ni60+20%WC 熔覆层在不同硫酸浓度下的腐蚀磨损表面形貌（冲击速度=6.7m/s）

可以看出，在固定腐蚀介质浓度或冲击速度时，熔覆层的腐蚀磨损速率随冲击速度或介质浓度的升高而增加；在激光工艺参数相同的情况下，对于单道扫描的 Ni60+WC 熔覆层，其耐腐蚀磨损性能以 Ni60+20%WC 为最好；对于双道扫描的 Ni60+WC 熔覆层，其耐腐蚀磨损性能均在扫描速率为 4mm/s 时呈现最佳状态。同时由试验结果可知，在相似的激光处理工艺条件下获得的同成分、同扫描速率、不同扫描次数的熔覆层

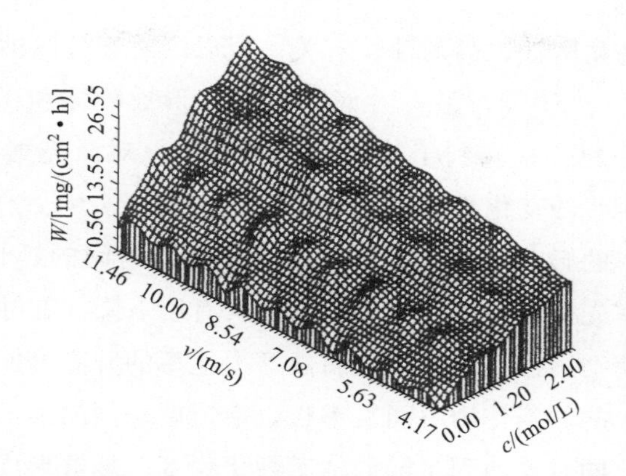

图 2.67　Ni60＋20％WC 熔覆层的腐蚀磨损速率与冲击速度、硫酸介质浓度的关系

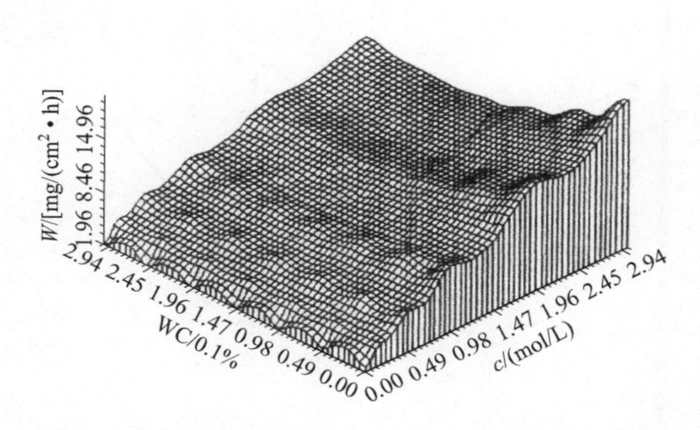

图 2.68　熔覆层腐蚀磨损速率与 WC 含量、硫酸介质浓度的关系

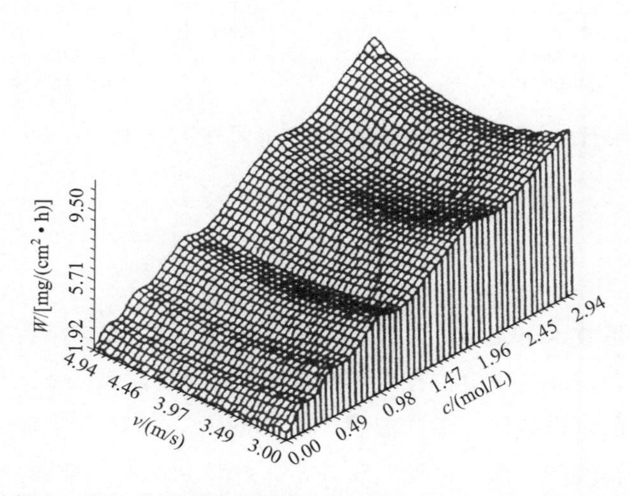

图 2.69　两种粉末双道扫描熔覆层的腐蚀磨损速率与扫描速率、冲击速度（c）的关系

相比，单道扫描熔覆层的腐蚀磨损速率明显低于双道扫描。

由以上试验结果可知，激光表面熔覆镍基合金层具有良好的耐腐蚀磨损性能，这主要与其具有高硬度、高耐磨性、高耐蚀性有关。所以，对于抗腐蚀磨损材料，一方面应含有耐蚀元素如 Ni、Cr、Si 等，另一方面还应有能形成硬质相的 C、W、Cr 等元素；其次材料良好的塑韧性配合也有利于其抗腐蚀磨损性。对激光熔覆层的动腐蚀、动磨损、腐蚀磨损速率随时间的变化规律进行研究发现（图 2.70），作用时间对于动腐蚀、动磨损、腐蚀磨损速率的影响规律都是相似的，即随着时间的延长，熔覆层的动腐蚀、动磨损、腐蚀磨损速率先升高，到达一定值之后又有所下降。在冲击速度和介质浓度不变的情况下，作用初期动腐蚀、动磨损、腐蚀磨损速率的升高可能是试样表面存在加工痕迹、粗糙不平而引起的。当作用时间足够长，熔覆层表面的加工痕迹经过腐蚀、磨损过程而变得较为光滑，同时也达到足够的加工硬化程度，能够形成新腐蚀磨损缺陷的部位减少。材料的流失仅在原有的缺陷部位进行时，动腐蚀、动磨损、腐蚀磨损速率就会降低。

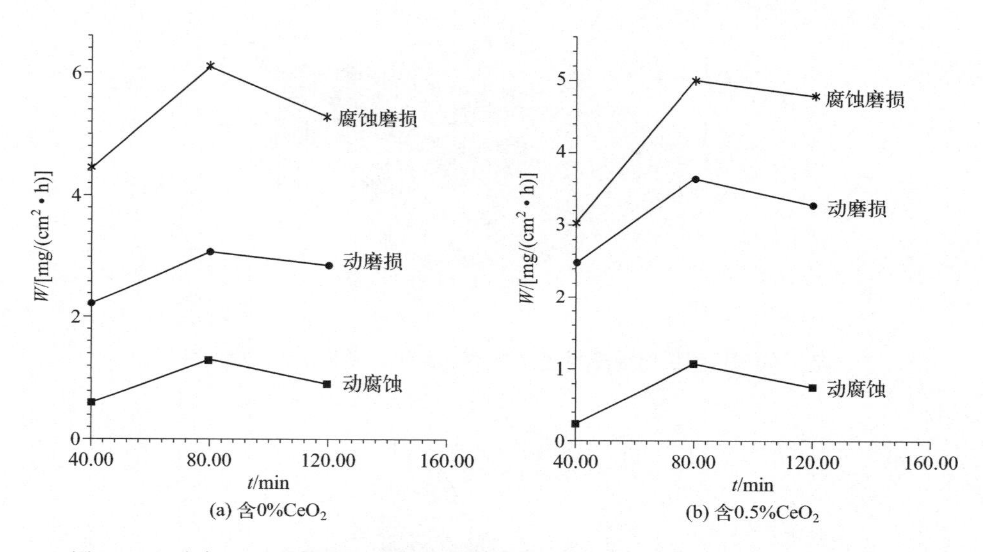

图 2.70 动腐蚀、动磨损与腐蚀磨损速率随时间的变化规律（转速为 500r/min）

2.7.5.2 高温性能

在激光表面熔覆技术研究中，人们对其常温下的性能、组织结构等方面进行了大量的研究工作，但实际工业应用中，有许多零部件却处于较高温度下工作。为此我们针对汽车发动机排气门的工作条件（工作温度 600～800℃，传热条件差；承受气缸内气体的高压以及传动件惯性的作用，落座时受冲击；冷却和润滑条件差），通过在排气门的密封表面进行激光表面熔覆处理的方法来解决其密封不良问题并延长使用寿命。我们对激光熔覆层的高温性能（高温硬度、高温磨损、热腐蚀、高温腐蚀磨损、高温冲击磨损）进行了比较全面的研究[26,33,43,48-49]。下面简要做介绍。

本系列试验的基材选用耐热铸铁（气门座材质），其热处理工艺为 970℃淬火后再经680℃回火，硬度为HRC42～45；熔覆材料选用自熔性合金粉末Ni60、Ni21、Ni25，粒度为300目，在粉末中分别添加一定量（如20%）的WC颗粒，同时再加入少量稀土粉末（如0.5%的CeO_2），预处理为正火。将基材加工成内径ϕ60mm、外径ϕ80mm、高10mm的圆环，然后喷砂、清洗。熔覆涂层厚度为0.8～1.0mm，激光表面熔覆设备采用HGL-84型横流电激励CO_2激光器，用圆形光斑单道扫描，吹氮气保护熔池，光斑直径ϕ6～7mm，激光功率2.0～2.2kW，扫描速率6.0～6.5mm/s。

（1）高温硬度

研究硬度与温度的关系具有非常重要的意义，这是因为许多工件的实际工作都是在摩擦生热造成的高温条件下进行的。金属材料的硬度（H）通常随温度的升高而降低，根据Schaab的推算，它们之间有这样的关系式：

$$H=\frac{1}{A\mathrm{e}^{-\frac{E_1}{RT}}+B\mathrm{e}^{-\frac{E_2}{RT}}} \tag{2.20}$$

式中 A，B——系数，且$10^{-2}\leqslant A\leqslant 1$，$1\leqslant B\leqslant 10^8$；

R——气体常数；

T——绝对温度；

E_1，E_2——位错运动的活性能，以及包含位错形成的附加能量。在低温时，由E_1（≤4kJ/mol）来确定温度对硬度的影响；而在高温时，则由E_2（40kJ/mol）来确定[12-13]。

高温硬度试验采用日本AKASHI高温硬度计（AVK-HF），图2.71为不同成分熔覆层的硬度随温度变化情况，图2.72为Ni21+WC+CeO_2熔覆层经过不同温度（室温、500℃、750℃及800℃）处理后硬度沿深度的分布对比。可以发现，几种成分的熔覆层硬度均随温度升高而下降，基本遵循了Schaab的推算规律，其中Ni21+WC+CeO_2熔覆层的硬度下降趋势较平缓，这必然与不同成分熔覆层在较高温度下发生相应的组织变化有着密切的关系[14]。

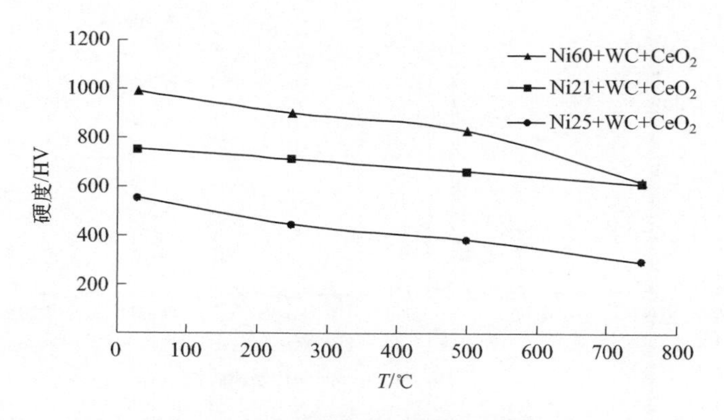

图2.71 不同成分熔覆层的高温硬度

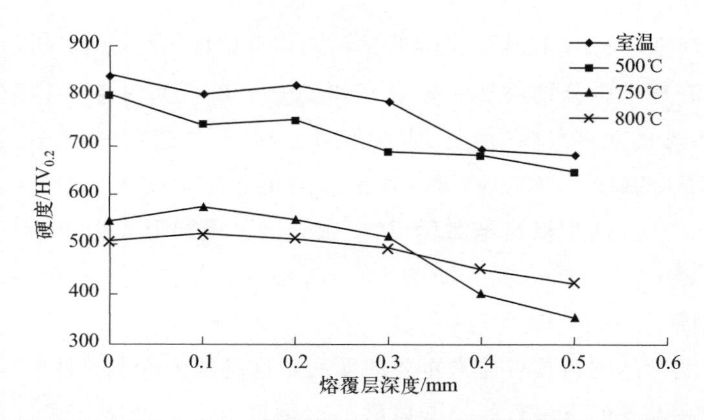

图 2.72　Ni21+WC+CeO_2 熔覆层经不同温度处理后硬度沿深度的分布对比

经 XRD 分析（图 2.73）可知：在室温下和经 750℃、60min 热处理后的 Ni21+WC+CeO_2 熔覆层中都是主要存在八种相，即立方晶系的 γ-（Ni，Fe）相、$M_{23}C_6$ 相、

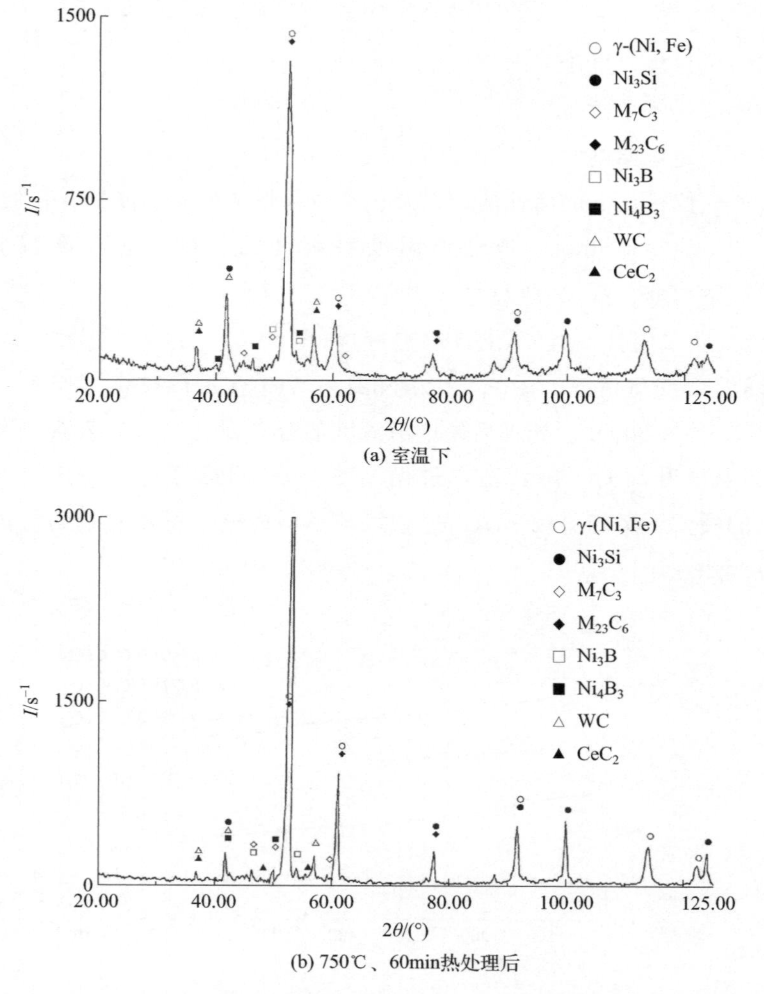

图 2.73　Ni21+WC+CeO_2 熔覆层在室温下和经 750℃、60min 热处理后的 X 射线衍射图谱

Ni_3Si 相，正交晶系的 M_7C_3 相、Ni_3B 相、Ni_4B_3 相，六方晶系的 WC 相和正方晶系的 CeC_2 相。但是经不同处理的熔覆层中一些相的含量发生了变化。具体地说，热处理后：a. M_7C_3 相减少，$M_{23}C_6$ 相增多；b. Ni_3Si、Ni_3B 和 Ni_4B_3 等化合物相增多。所以随着温度的升高，固溶体过饱和度下降和析出相硬质点部分粗化（见图 2.74）会使熔覆层硬度下降。

图 2.74 Ni21＋WC＋CeO_2 熔覆层经 500℃、750℃及 800℃处理后熔化区的组织形貌（400×）

但由于 Ni21 合金中 C、Cr 含量较高，它们一部分溶入 γ-(Ni,Fe) 基体，另一部分形成含较多 Cr 的碳化物和其他形式的 Cr 的化合物。一方面，在较高温度下，其中较多的 M_7C_3 相转变为较稳定细小的 $M_{23}C_6$ 相，并多以颗粒状、块状分布在晶内、晶界或共晶组织中[6]，其弥散强化作用仍然较大。另一方面，过饱和固溶体 γ-(Ni,Fe) 在较高温度下的析出相质点也可使弥散强化作用增强，其综合作用的结果使 Ni21＋20%WC＋0.5%CeO_2 熔覆层的硬度随温度升高而较缓慢地下降。

（2）高温磨损

高温干摩擦磨损试验采用 MG-200 型高速高温磨损试验机，试样为环-环对磨，材质均为耐热铸铁，只是上环工作面上熔覆有不同成分的合金粉末，具体试验条件如下：温度为 50℃、250℃、450℃、650℃；载荷砝码 30 kg；转速 1500r/min；加载时间 3～3.5min（对磨 5000 转左右）。

图 2.75 为不同成分熔覆层的高温干摩擦磨损性能对比直方图，从中可以看出：在 650℃×3.5min×30kg 试验条件下，Ni21＋WC＋CeO_2 熔覆层的磨损量最小，耐磨性最好；Ni25＋WC＋CeO_2 熔覆层的磨损量稍大；而 Ni60＋WC＋CeO_2 熔覆层的磨损量最大，耐磨性最差。这个结果和熔覆层在高温下的硬度大小、组织致密均匀程度、强韧性配合好坏、熔点高低都有着密不可分的联系。Ni21＋WC＋CeO_2 熔覆层组织致密均匀，晶粒细小，析出相硬质点较多，硬度较高且随温度的升高下降趋势平缓，所以其高温耐磨性最好。Ni60＋WC＋CeO_2 熔覆层熔点较低，在高温干摩擦磨损情况下易出现较为严重的黏着磨损甚至热磨损现象，因而其耐磨性较差。Ni25＋WC＋CeO_2 熔覆层的硬度虽然比 Ni60＋WC＋CeO_2 熔覆层的低，但其基体塑韧性相对较好，在干摩擦磨损过程中易发生塑性变形，增大摩擦副的接触面积从而使接触压力有所降低；另外，

Ni25 合金熔点较高，产生黏着磨损的倾向没有 Ni60 熔覆层严重，因此其磨损量小一些。

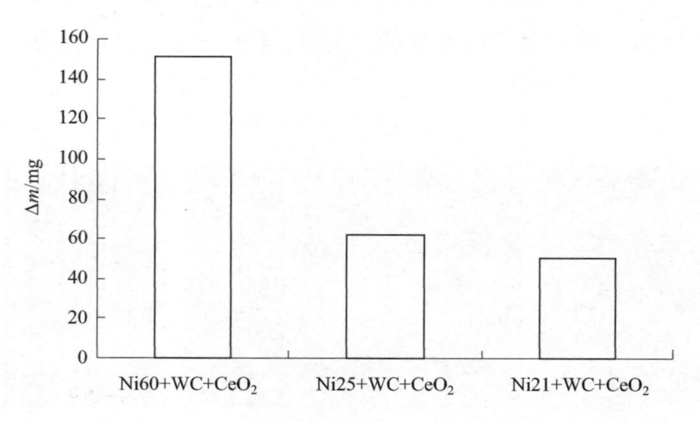

图 2.75　不同成分熔覆层的高温干摩擦磨损性能对比

（3）熔覆层的高温干摩擦磨损形貌和机理

图 2.76 为不同成分熔覆层的干摩擦磨损量随温度变化的关系曲线。

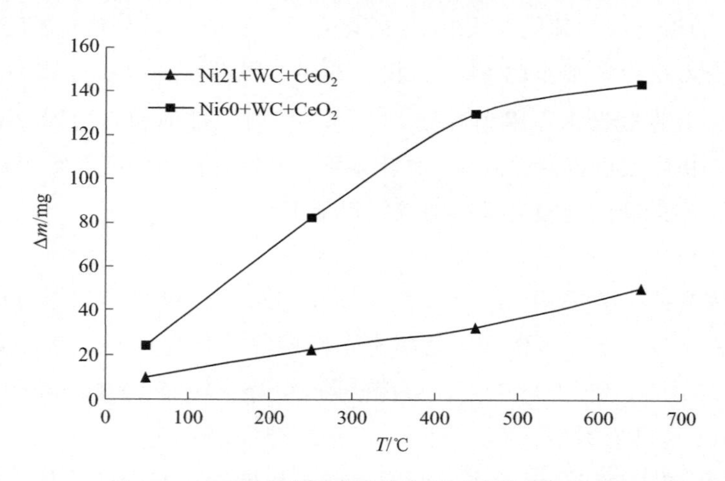

图 2.76　不同成分熔覆层的变温干摩擦磨损性能

由图 2.76 可知，熔覆层的磨损量随温度升高而增大，即耐磨性随温度升高而下降，并且 Ni21＋WC＋CeO_2 熔覆层的耐磨性下降幅度比 Ni60＋WC＋CeO_2 熔覆层的小。激光熔覆层的耐磨性随温度升高而下降的原因主要是熔覆层的组织发生了相应的变化并使其硬度降低。同时在高温干摩擦磨损过程中，随着温度的升高，磨损机制也逐渐由以磨粒磨损为主转变为以黏着磨损为主（见图 2.77 的高温磨损表面形貌），并伴随氧化磨损，从而使磨损量变大。另外，由于 Ni21＋WC＋CeO_2 熔覆层随温度升高硬度下降趋势较平缓，再加上 Ni21 合金的熔点高，使得该熔覆层相对不易发生较严重的黏着磨损现象，因而其磨损量随温度升高而增大的幅度较小。

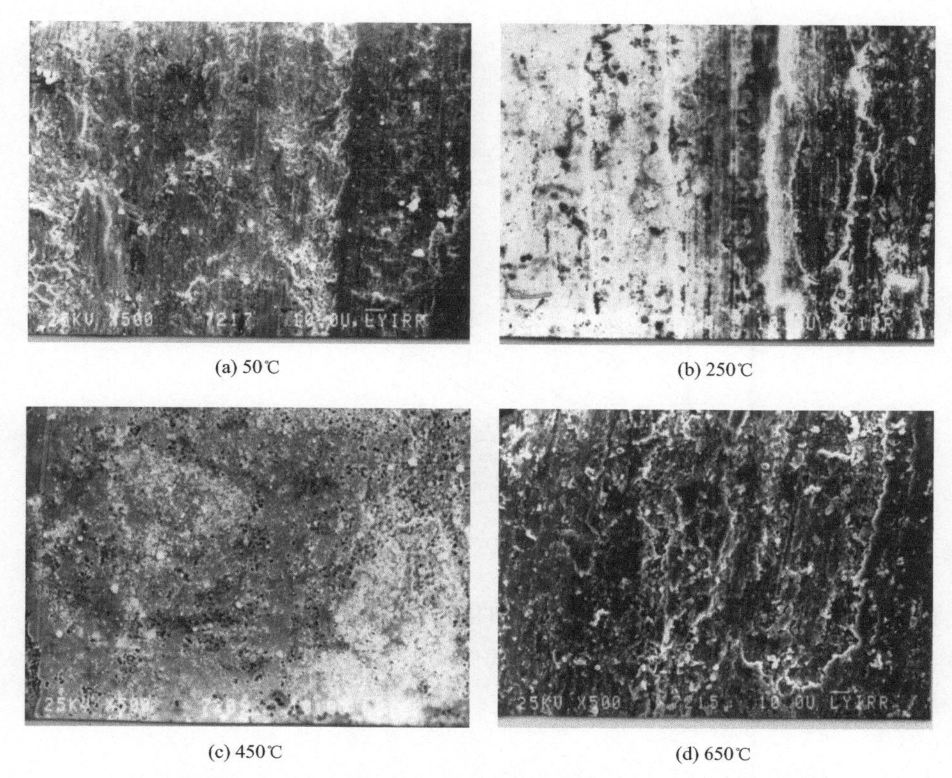

(a) 50℃　(b) 250℃

(c) 450℃　(d) 650℃

图 2.77　Ni21＋WC＋CeO_2 熔覆层的高温干摩擦磨损形貌

（4）热腐蚀

将不同成分的激光熔覆层从试样上切割下来，并机械减薄至 0.2～0.3mm 以保证获得纯熔覆层，将它们与同样大小的对比材料 1Cr18Ni9Ti 不锈钢试样一起进行热腐蚀试验。试验温度：室温、50℃、70℃、90℃。腐蚀介质：20%硫酸溶液（体积分数）。腐蚀时间：1h。图 2.78 为试验结果。显然，所有熔覆层的耐热蚀性能都远好于对比材料；激光熔覆层的耐热蚀性能均随温度升高而降低；加入 WC 后熔覆层耐热蚀性能降低；加入少量 CeO_2 后耐热蚀性能提高。

在该试验条件下的腐蚀主要是电化学腐蚀，一般包括 3 个过程：a. 阳极的金属离子溶入电解液中；b. 电子流向阴极；c. 电解液电解出的 H^+ 在阴极上得到电子后以 H_2 形态逸出。这 3 个过程要同时进行，缺一不可。当腐蚀介质温度升高时，一方面电解质活化，电解速度加快，H^+ 数目增多，使得逸出 H_2 的速度也加快；另一方面，阳极表面活化即正离子溶入电解液的速度加快，它们结合起来使整个电化学腐蚀过程加快，从而使熔覆层的耐热蚀性能下降。

加入 WC 颗粒后使熔覆层腐蚀加快的原因已在常温腐蚀性能中分析，这里不再赘述。

加入少量 CeO_2 后，CeO_2 可以降低 WC 熔点，使上述的未熔 WC 颗粒引起的电化

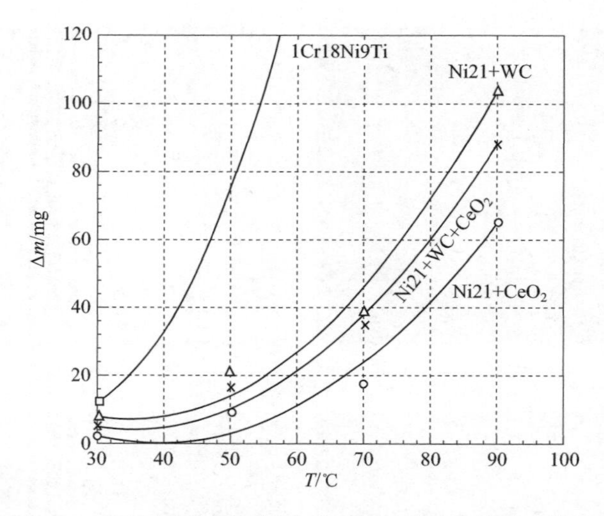

图 2.78　不同成分熔覆层及对比材料的热腐蚀试验结果

学腐蚀和应力腐蚀减弱；同时 CeO_2 可以细化晶粒，减少腐蚀；加之稀土元素有净化晶界、降低界面能的作用，可以降低发生晶间腐蚀的倾向。三种因素结合起来，就使得熔覆层耐热蚀性能明显提高。

2.7.6　工程应用分析

激光表面熔覆技术经过半个世纪的发展，已完全从实验室进入实际工业应用中。其在汽车工业中应用广泛，如缸套、曲轴、活塞环、换向器、齿轮等零部件的热处理。同时其在航天工业、石油行业和机械动力行业应用也比较广泛[13-17]。

2.7.6.1　提高关键部件表面的耐磨性和耐腐蚀性

航空发动机钛合金和镍基合金摩擦副、涡轮转子部件、叶片部件，汽车发动机气门、排气阀、阀门座表面及铝合金气缸盖，液压柱塞泵的配油盘等关键部件都可以利用激光表面熔覆技术获得优质的涂层，提高表面的耐磨性能和耐腐蚀性能。通过激光表面熔覆技术可以改善工模具钢的表面硬度、耐磨性、红硬性、高温硬度、抗热疲劳的性能，从而不同程度上提高了工模具钢的使用寿命。激光表面熔覆高温耐磨涂层在轧钢机导向板上，其寿命与普通碳钢导向板相比延长 4 倍以上。西安内燃机配件厂 1998 年底建成的 24 条激光热处理生产线，生产能力达到年产 120 万只激光缸套；青岛中发激光技术有限公司已开发生产了 5 种型号的激光强化机；重庆大学在完成了奥氏体不锈钢表面同步实现合成与涂覆工艺制备生物陶瓷基础上，在比强度高、耐蚀性好、医疗用途更广泛的钛合金表面成功地实现激光一步合成和涂覆含羟基磷灰石［$Ca_5(PO_4)_3(OH)$］的生物陶瓷涂层。这些都是我国激光表面熔覆技术经过多年的探索发展，在提高材料表面的耐磨性和耐腐蚀性方面取得的可喜成绩，有些研究成果已达到了国际领先水平。激光表面熔覆技术已在工业上取得了广泛的应用。

热喷涂层的厚度经激光熔化后将产生收缩，其收缩率因热喷涂的工艺差异而有所不同。对于火焰喷涂层，收缩率可按20%计算。

采用火焰热喷涂方式对45钢表面预置厚约0.4mm的Ni60合金粉末层时，工艺参数为：将基材预先经870～880℃正火处理，加工后表面粗糙度 R_a=0.8，在丙酮中浸泡、清洗除油，喷涂前预热温度200～300℃；用QH21h型氧-乙炔火焰喷涂枪；氧气流量1.2m^3/h，压力0.4MPa；乙炔流量0.8～1.0m^3/h，压力0.06MPa；喷涂距离120～150mm；火焰是中性偏碳化火焰。经激光处理后合金层的组织形貌如图2.79所示，明显分为热影响区、结合区和熔化区[8]。

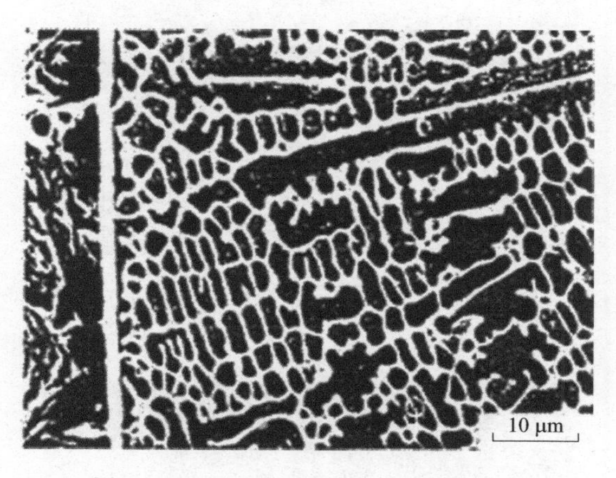

图2.79　Ni60激光熔覆层的组织形貌

采用黏结预置方式对21-4N不锈钢表面预置厚1.0～1.1mm的Ni60+20%WC合金粉末层时，工艺过程为：将预先经正火热处理的基材加工成表面粗糙度为 R_a=0.8，然后经喷砂、清洗、丙酮浸泡、除油后，以备涂覆；将配好的合金粉末研磨后，与一定量的松香酒精混合后再充分研磨均匀，将其均匀涂在基材表面并烘干，采用合适的工艺参数进行激光加热后得到的表面层具有良好的组织和性能，如图2.80所示[9]。

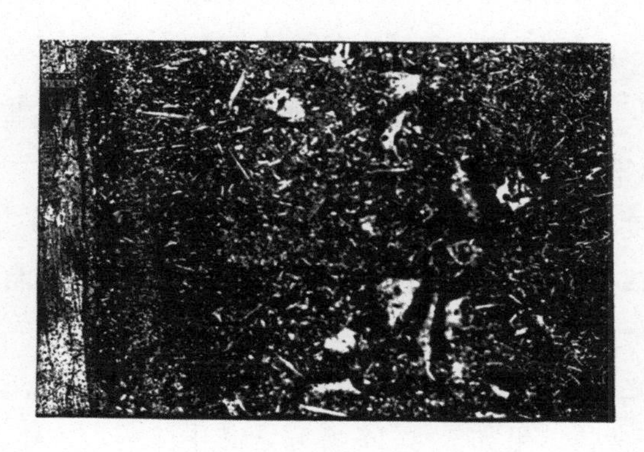

图2.80　Ni60+20%WC熔覆层组织形貌（×150）

2.7.6.2 修复关键零部件

例如，激光表面熔覆 Ni 合金可修复汽轮机叶片工作刃、轧辊表面，也可用于热挤压和热冲压凸刃口的强化和修复，在工业生产中具有重要的经济意义。特别是研制出适用于批量生产的激光熔覆排气门工装卡具和自动控制装置（见图 2.81)。采用该装置对汽车发动机排气门盘锥面进行表面强化，成品率达到 98.5%，激光熔覆后的排气门如图 2.82 所示。

图 2.81 激光熔覆排气门自动控制装置和工装卡具

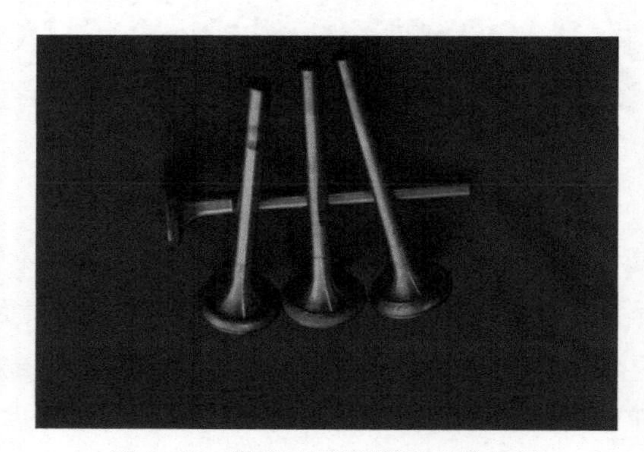

图 2.82 激光表面熔覆后的排气门

主要技术性能指标为：

① 耐磨性比 GCr15 钢提高 3～10 倍，耐蚀性比 1Cr18Ni9Ti 提高 6 倍，抗腐蚀磨损性能比 2Cr13 提高约 4 倍。

② 熔覆层室温硬度≥HV800，高温（700℃）硬度≥HV600。

③ 经激光表面熔覆 Ni21 合金的排气门的高温抗冲击磨损性能比 21-4N 排气门提高 1 倍左右。

④ 排气门与阀座之间的耐磨性以排气门端面的下沉量衡量，下沉量越大，耐磨性越差，1000h 热挤强化考核结果如表 2.17 所列，其中 1 号、3 号、5 号气缸装的是 21-

4N 排气门，2 号、4 号、6 号气缸装的是激光表面熔覆的排气门。由表 2.17 看出，经过激光表面熔覆的排气门，平均下沉量为 0.1493mm，而 21-4N 排气门的平均下沉量为 0.2467mm，是激光熔覆排气门的 1.65 倍。

表 2.17　排气门下沉量测试结果

气缸号	下沉量/mm	气缸号	下沉量/mm	气缸号	下沉量/mm
1	0.245	3	0.253	5	0.242
2	0.146	4	0.152	6	0.150

通过 1000h 热机强化试验，激光表面熔覆的排气门下沉量是 21-4N 排气门的 65%。经 56400～75600km 装车道路试验，未发现点、麻坑及影响其性能的其他缺陷，激光熔覆气门的耐磨性及抗气蚀性好，发动机具有良好的动力性能，所有拆检的激光熔覆合金排气门重新装车后仍可继续使用。

⑤ 该技术还可用于模具表面的强化和磨损模具的修复。采用合金粉末如 Ni60＋WC＋CeO_2 对轴承套圈热冲模进行激光表面熔覆，模具寿命延长 1.25 倍。该项技术在提高零件表面抗腐蚀、抗磨损方面具有广阔的应用前景。

2.7.7　发展与展望

近年来，激光表面熔覆技术已有很大的进展，某些方面已进入实际工业应用阶段，但是由于该技术发展时间较短，还存在许多困难，尚需做大量细致的工作。

2.7.7.1　激光表面熔覆技术存在的主要问题

激光表面熔覆技术之所以还没有在工业生产中获得大范围的应用，主要是因为目前还存在以下问题而受到限制。

① 激光熔覆层的裂纹问题。熔覆层的裂纹是激光表面熔覆技术研究中最棘手的问题，解决此问题的途径有 2 条：a. 从合金成分的设计及辅助工艺条件的改善出发，避免裂纹的产生；b. 分清楚工件的使用工况，考虑是否允许带裂纹运行而不影响工件的使用寿命。

② 工件变形问题。激光表面熔覆技术在处理薄壁复杂形状零部件时，工件变形问题异常突出，这与激光束的高能量密度和局部非均匀加热特征密切相关，因而激光表面熔覆技术不适合用于薄壁复杂形状零部件的表面处理。

③ 激光熔覆层的材料体系问题。涂层材料与基体材料的结合质量除与激光加工工艺及熔覆厚度有关外，主要取决于熔金与基体材料的性质。如熔覆合金与基体材料的熔点差异过大，无法形成良好的冶金结合。若熔覆层合金熔点过高，覆层熔化面积小，表面粗糙度高，且基体表层过烧，严重影响覆层；反之，覆层过烧，覆层与基体间产生孔

洞和夹杂。因而，应力求采用相对基体材料具有良好润湿性及适当熔点（一般略低于基体材料）的表面合金，以获得理想的冶金结合。

④ 激光表面熔覆过程的检测与实时自动控制。激光表面熔覆是一个多变量相互作用的过程，熔覆过程控制中，多个参量常常是在一定范围内波动而相互影响，没有绝对的定量界限，处于模糊的状态。采用 CCD 摄像系统观察熔池大小；采用模糊控制的方法，调节激光表面熔覆参数如激光功率、光斑直径、扫描速率、送粉速率等以求达到控制熔池深度的目的，进而控制熔覆过程的稀释率；采用神经网络技术，可对激光表面熔覆过程中熔池形状、热分布、熔覆层外观尺寸及缺陷等进行光学检测和自动跟踪。

2.7.7.2 急需开展的研究工作

① 从热力学和外延生长的角度出发，系统研究激光表面熔覆快速凝固行为，包括各种亚稳相的形成规律、组织特征及溶质在凝固过程中的分配规律，借以进一步完善快速凝固理论；

② 建立更接近实际熔池中的能量、动量和质量传输模型，通过数值分析来得到熔池中的定量信息，以期进一步理解该技术的相变规律；

③ 研究激光表面熔覆对材料力学、耐蚀、高温蠕变及耐摩擦磨损性能的影响；

④ 结合大功率激光器的开发和激光光学系统的设计，解决大面积熔覆的工艺问题，并进一步提高熔覆层的表面质量。

2.7.7.3 发展方向

激光表面熔覆技术在过去几十年间虽发展很快，但基材与覆层间的结合力仍存在提高空间，其今后的发展方向大致有以下几个方面：

① 合理设计涂层材料、优化工艺，开发新型的激光表面熔覆技术。如通过梯度熔覆、涂层与基体间涂覆结合层、涂层前后进行合适的热处理等以解决工艺应用中常见的涂层裂纹现象，将是把激光表面熔覆技术推向真正工业化应用至关重要的一步。

② 研究激光表面熔覆对熔覆基体的材料力学行为的影响。激光表面熔覆过程中，在激光作用层内存在着大的热应力和开裂倾向，常导致表面改性层的剥落，能否对激光表面熔覆过程中的应力产生过程有一个正确的认识和理解，决定了今后消除激光熔覆层裂纹、开裂等危害的程度以及激光表面熔覆技术的拓宽程度。

③ 解决与大功率激光器配套的系列装置及添加元素的熔覆方式和工艺稳定性问题。传统的激光表面熔覆多道搭接工艺烦琐、成本较高、成型性较差，尤其在大面积激光表面熔覆时问题更为突出。而宽带熔覆技术可以解决上述问题，此技术的发展需要解决与之配套的系列装置（如反射镜、透镜及其他辅助设施等）及添加元素的熔覆方式（如预覆、送粉器等）和工艺稳定性问题，才能拓宽激光表面熔覆技术的应用领域，以达到工业应用的目的。

参考文献

[1] 张九渊. 表面工程与失效分析[M]. 杭州：浙江大学出版社，2005.

[2] 张永康. 激光加工技术[M]. 北京：化学工业出版社，2004.

[3] de Oliveira U, Ocelík V, de Hosson J Th M. Analysis of coaxial laser cladding processing conditions [J]. Surface and Coatings Technology, 2005, 197(2/3): 127-136.

[4] 刘江龙，邹至荣，苏宝嫆. 高能束热处理[M]. 北京：机械工业出版社，1997.

[5] 徐滨士，刘世参. 表面工程新技术[M]. 北京：国防工业出版社，2002.

[6] 李国英. 材料及其制品表面加工新技术[M]. 长沙：中南大学出版社，2003.

[7] 张光钧，李军，李文戈. 激光表面改性的发展趋势[J]. 金属热处理，2006，31(11)：1-7.

[8] 张魁武. 国外激光熔覆材料、工艺和组织性能的研究[J]. 金属热处理，2002，27(6)：1-8.

[9] 胡汉起. 金属凝固原理[M]. 北京：机械工业出版社，1991.

[10] 陈光，傅恒志. 非平衡凝固新型金属材料[M]. 北京：科学出版社，2004.

[11] 马元庆. 激光熔敷合金层组织结构及腐蚀磨损特性研究[D]. 洛阳：洛阳工学院，1994.

[12] 赵涛. 稀土对激光熔敷合金层组织和性能的影响及腐蚀磨损特性的研究[D]. 洛阳：洛阳工学院，1997.

[13] 张庆茂，刘文今. 激光强化铸铁活塞环的磨损性能[J]. 中国有色金属学报，2006，16(3)：447-452.

[14] 刘其斌，李绍杰. 航空发动机叶片铸造缺陷激光熔覆修复的研究[J]. 金属热处理，2006，31(3)：52-55.

[15] 黄开港. 激光熔覆技术在修复高转速空压机转子中的应用[J]. 有色设备，2006(4)：13-15.

[16] 迟彩芬. 激光表面处理技术在汽车工业中的应用[J]. 辽宁工程技术大学学报，2006，25：231-233.

[17] 彭玉娟，罗燕，张伟强，等. 激光熔覆Ni60在抽油泵柱塞上的应用[J]. 热加工工艺，2005(10)：46-47.

[18] 胡项，陈振华，朱蓓蒂，等. 同步送粉激光熔覆的粉末分布密度[J]. 中国有色金属学报，1997，7(2)：136-139.

[19] Yang X Y, Peng X, Chen J, et al. Effect of a small increase in the Ni content on the properties of a laser surface clad Fe-based alloy [J]. Applied Surface Science, 2007, 253(9): 4420-4426.

[20] 吴磊，田保红，王顺兴，等. 激光熔覆镍基WC层的耐蚀性能研究[J]. 热加工工艺，1997(2)：8-10.

[21] 杨启志，王俊英. WC添加量对镍基复合涂层结构和耐蚀性的影响[J]. 江苏大学学报，2003，24(2)：58-61.

[22] 徐桂珍. 激光熔覆合金层组织结构及性能研究[D]. 洛阳：洛阳工学院，1995.

[23] 马运哲，董世运，徐滨士，等. CeO_2对激光熔覆Ni基合金涂层组织与性能的影响[J]. 中国表面工程，2006，19(1)：7-11.

[24] Wu P, Zhou C Z, Tang X N. Microstructural characterization and wear behavior of laser cladded nickel-based and tungsten carbide composite coatings[J]. Surface and Coatings Technology, 2003, 166(1): 84-88.

[25] 郑世安，王顺兴，董企铭，等. 激光熔敷合金层的组织特性和凝固过程[J]. 钢铁研究学报，1996，8(4)：33-36.

[26] 刘素芹. 激光熔敷合金层的高温性能和组织结构[D]. 洛阳：洛阳工学院，1998.

[27] 刘素芹，殷南，陈伟，等. 后续热处理对激光熔覆合金层组织及硬度的影响[J]. 金属热处理，2003，28(9)：28-31.

[28] 郑世安，王顺兴，赵涛，等. 激光熔敷镍基合金涂层的腐蚀磨损性能研究[J]. 中国表面工程，2000，12(2)：23-27.

[29] 郑世安，王顺兴，董企铭，等. 激光熔敷Ni60/WC合金层的腐蚀磨损特性[J]. 钢铁研究学报，1997，9(3)：37-41.

[30] 王顺兴，郑世安，赵涛，等. CeO_2对激光熔敷合金层组织和腐蚀磨损性能的影响[J]. 钢铁研究学报，2000，12(3)：47-50.

[31] 赵涛，蔡珣，王顺兴，等. CeO_2对镍基金属陶瓷复合层组织和耐腐蚀性能的影响[J]. 金属热处理，2001，26(2)：1-3.

[32] 赵涛，蔡珣，郑世安，等. 镍基激光熔覆层腐蚀磨损交互作用[J]. 上海交通大学学报，2000，34(12)：1626-1630.

[33] Liu Y, Liu S Q, Wang S X. Microstructure and abrasion wear behavior of Ni-based laser cladding alloy layer at high temperature [J]. Journal of Central South University of Technology, 2005, 12(4): 403-405.

[34] 张维平，刘硕，马玉涛. 激光熔覆颗粒增强金属基复合材料涂层强化机制[J]. 材料热处理学报，2005，26(1)：70-73.

[35] 赵高敏，王昆林，李传刚. 稀土对 Fe 基合金激光熔覆层抗磨性能的影响[J]. 摩擦学学报，2004，24(4)：318-321.

[36] 田保红，吴磊，郑世安，等. CeO_2 对 NiCrBSi 激光熔敷层组织和性能的影响[J]. 金属热处理学报，1997，18(2)：57-61.

[37] 刘素芹，郑世安，王顺兴，等. 镍基自熔合金激光熔敷层的组织和干摩擦磨损特性[J]. 洛阳工学院学报，1998，19(1)：6-11.

[38] 梁二军，梁会琴，晁明举，等. 三种形态 WC 对 Ni60 激光熔覆层的不同影响[J]. 激光杂志，2006，27(2)：66-68.

[39] Xu G J, Kutsuna M, Liu Z J, et al. Characteristics of Ni-based coating layer formed by laser and plasma cladding processes [J]. Materials Science and Engineering: A, 2006, 417(1/2):63-72.

[40] 斯松华，徐锟，袁晓敏，等. 激光熔覆 Cr_3C_2/Co 基合金复合涂层组织与摩擦磨损性能研究[J]. 2006，26(2)：125-129.

[41] Schwaab G M, Tsipuris J, Tsipuris M, et al. Theorie der mechanischen Festigkeit [J]. Z Phys Chem, 1958, S14: 65-75.

[42] 吴莹，牛焱. 激光熔覆添加碳化钨的镍基合金层的组织和硬度研究[J]. 材料保护，2005，38(2)：61-63.

[43] 刘素芹，刘忠选，陈卫，等. 激光熔敷 Ni+ WC+ RE 合金层的高温性能研究[J]. 热加工工艺，2003(4)：6-8.

[44] Dehm G, Medres B, Shepeleva L, et al. Microstructure and tribological properties of Ni-based claddings on Cu substrates[J]. Wear, 1999, 225-229(1): 18-26.

[45] 李强，付涛，杨坤，等. 激光熔覆镍基碳化钨金属陶瓷气孔问题研究[J]. 激光杂志，2006，27(3):61-62.

[46] 胡木林，谢长生，黄开金. 多道搭接激光熔覆层残余应力测试方法研究[J]. 激光技术，2006，30(3)：262-264.

[47] Liu S Q, Huang J L, Wang S X, et al. Effects of heat treatment on microstructure and hardness of laser clad NiWCRE alloy layer [J]. Transactions of Materials and Heat Treatment, 2004, 25(5): 1017-1020.

[48] 刘勇，刘素芹，李春华，等. 激光熔敷合金层组织与高温性能的研究[J]. 金属热处理，2002，27(10)：21-23.

[49] 郑世安，王顺兴，董企铭，等. 激光熔敷 Ni 基合金层的高温干摩擦磨损性能研究[J]. 中国表面工程，1999，11(1)：25-30.

[50] 哈比希 K H. 材料的磨损与硬度[M]. 严立，译. 北京：机械工业出版社，1987.

[51] 彭如恕，王林，樊湘芳. 激光熔覆涂层的界面组织和冲击载荷作用下的性能[J]. 材料冶金学报，2005，4(1):47-50.

第3章

化学镀技术

3.1 概论

3.1.1 化学镀概念

在水溶液中，金属离子发生沉积一般是按还原方式进行的［式(3.1)］。

$$M^{n+}+ne^{-}\longrightarrow M \tag{3.1}$$

式中，n 为价电子数。金属的沉积过程是还原反应，按金属离子获得还原所需电子的方法不同，分为电沉积和无外电源沉积两大类。

化学镀是指在没有外电流通过的情况下，利用化学方法使溶液中的金属离子还原为金属并沉积在基体表面，形成镀层的一种表面加工方法，也称为不通电镀（electroless plating）。美国材料与试验协会（ASTM）已推荐使用自催化镀（autocatalytic plating）代替化学镀或不通电镀，即在金属或合金的催化作用下，用受控制的化学还原反应进行金属的沉积。习惯上，仍称自催化镀为化学镀。这类湿法沉积过程又可分为三类。

（1）置换法

将还原性较强的金属（基材、待镀的工件）放入另一种氧化性较强的金属盐溶液中，还原性强的金属是还原剂，它给出的电子被溶液中的金属离子接收后，在基体金属表面沉积出溶液中所含的那种金属离子的金属涂层。最常见的例子是钢铁制品放进硫酸铜溶液中沉积出薄薄的一层铜，这种工艺又称为浸镀（immersion plating），应用不多。

（2）还原法

在溶液中添加还原剂，由它被氧化后提供的电子还原沉积出金属镀层。由于施镀过程中沉积层仍具有自催化能力，因此只有在具有催化能力的活性表面上沉积出金属涂层，才能使该工艺可以连续不断地沉积形成一定厚度且有实用价值的金属涂层。

（3）接触镀

该法是将待镀金属工件与另一种辅助金属接触后浸入沉积金属盐的溶液中，辅助金属的电位应低于沉积出的金属。金属工件与辅助金属浸入溶液后构成原电池：后者活性强是阳极，发生活化溶解放出电子；金属工件作为阴极就会沉积出溶液中金属离子还原出的金属层。接触镀（contact process）缺乏实际应用意义，但若要在非催化基材上引发化学镀过程时，可以采用此方法。

以上三类过程中，还原法就是真正意义上的“化学镀”工艺。

3.1.2　化学镀发展简史

化学镀的发展历史实际上主要是化学镀镍的发展史[1]。1844 年，A. Wurtz 首先注意到了次磷酸盐的还原机理。1916 年，Roux 使用次磷酸盐的化学镀镍取得第一个美国专利[2]。但以上这些工作并未引起人们的足够重视。

直到 1944 年，美国国家标准局的 A. Brenner 和 G. Riddell 发现并在 1946 年和 1947 年发表了相关研究报告，才被认作真正奠定了化学镀的基础。他们在研究报告中指出：从次磷酸钠的溶液中进行电镀镍时，阴极电流效率大于 100%；后来又把次磷酸钠加入电镀镍溶液还原通电，由于化学还原反应提供了所需要的电子，亦能沉积出镍。在此基础上，他们又和其他研究者共同开发出了以次磷酸钠作为还原剂的许多化学镀液，到 1950 年使化学镀镍工艺开始用于工业生产。

20 世纪 60 年代又研究开发了多种其他还原剂，用于工业生产的主要是硼氢化物和氨基硼烷。这两类化合物虽然价格较贵，但比次磷酸钠拥有更多的优点：改善了镀液的稳定性，使之更易控制；操作温度更低（不仅节省能源，而且由于减少变形提高了热塑性塑料件化学镀质量）；更重要的是改善了镀层的物理和化学性质。与此同时，这些新开发出的还原剂还原能力大为增强，例如 1g 硼氢化物还原能力相当于 11g 次磷酸钠的还原能力，二甲氨基硼烷还原能力是次磷酸钠的 8 倍，故可以大大减少还原剂的用量。

在研究还原剂的同时，还试验了各种络合剂和添加剂，以提高沉积速率，改善镀液的稳定性和镀层性能，目前已有较多实用的络合剂和添加剂。

从化学镀的品种来看，自 1944 年开发化学镀以来，目前已有化学镀钴、铜、银、金、钯、铂，以及化学镀多种合金层和复合镀层。

在化学镀理论的发展过程中，混合电位理论以及通过稳定电位和电位-时间曲线测定等手段，有助于络合剂、还原剂和添加剂的选择，判断最大沉积速率和金属能否出现“催化活性”等。

在操作设备方面，出现了不少自动化操作系统，即自动分析、自动补充药液、自动调整 pH 值、自动控温、自动过滤、自动连续再生和废水处理，以及防止镀液自发分解的阳极保护装置等。

3.1.3　化学镀特点

（1）镀层厚度均匀

无论零件形状如何复杂，化学镀液的分散能力都能接近 100%，无明显边缘效应，所以能使具有锐角、锐边的零件以及平板件上的各点厚度基本一致。此外，在深孔、盲孔件、腔体件的内表面，也能获得与外表面同样的厚度。因而，对有尺寸精度要求的零件进行化学镀效果较好。

(2) 镀层外观质量高

大部分化学镀层晶粒细、致密、无孔、呈半光亮或光亮的外观，因而比电镀层更耐腐蚀，可作离子扩散的阻挡层。

(3) 设备和操作简单

相比电镀而言，化学镀不需直流电源、极棒等设备与附件，操作时只需把零件浸入镀液内或把镀液喷到零件上即可，同时不需要复杂的挂具。

(4) 基体材料来源广泛

非导体（塑料、玻璃、陶瓷、石膏甚至木材）经过特殊的镀前处理后，即可直接进行化学镀；也可在获得很薄的镀层后，作为打底镀转入电镀工序。

除上述特点外，某些化学镀层还具有独特的化学、力学或磁性能等。

3.1.4 化学镀用途

由于化学镀的特性，其在工业中很快获得了广泛应用，特别是电子工业的迅速发展，更为化学镀开拓了广阔的市场。

化学镀镍是化学镀中应用最广泛的方法，关于它的研究和发展要比其他金属更丰富一些，如表 3.1 所列[2]。

表 3.1 满足不同性能要求的化学镀 Ni 体系[2]

性能要求	适宜的化学镀 Ni 体系	备注
耐磨耐蚀	(1) Ni-P、酸性溶液 (2) 多元合金：Ni-Sn-P、Ni-Sn-B、Ni-W-P、Ni-W-B、Ni-W-Sn-P、Ni-W-Sn-B、Ni-Cu-P	具体使用时应做经济性分析（B还原系统价格较其他高5倍）
高硬度	(1) Ni-P，酸性溶液 (2) Ni-B（B≥3%）；Ni-P、酸性溶液（要求较高含P量）	(1) 镀层需进行后续热处理 (2) 不能进行热处理
润滑、可焊	Ni-B（B<1%）	—
磁性（记忆装置）	Ni-Co-P、Ni-Co-B、Co-P、Ni-Co-Fe-P、Ni-B（B≤0.3%）	电阻率 5.8～6.0μΩ/cm^3
非磁性电导（电阻）	Ni-P	含P量高
二极管压焊	Ni-B（B=1%～3%）	—
代金镀层	(1) Ni-B（B=0.1%～0.3%） (B=0.5%～1.0%) (2) P或B的多元合金（P和B的含量均应低于0.5%）	(1) 用于焊接 (2) 用于接触件

化学镀镍已在电子、计算机、机械、交通运输、能源、化学化工、航空航天、汽车、矿冶、食品机械、印刷、模具、纺织、医疗器械等各个工业部门获得广泛的应用。其主要应用具体表现在以下诸多方面：在电子工业中可应用于磁带（在聚酯薄膜上化学镀 Ni-Co)、磁鼓、半导体接触件（真空镀 Al→薄化学镀 Ni 层→烧结→化学镀 Ni→化学镀 Au）的制造；同时化学镀镍层可用做电磁屏蔽、扁平组件组装（在 Al 的氧化物上涂覆 Mo→活化→化学镀 Ni→烧结→化学镀 Ni→化学镀 Au），玻璃与金属封接（利用化学镀 Ni 的润滑性），接线柱、框架引线的焊接层，波导、电气腔体的镀层，Al、Be、Mg 件电镀前的底层以及在 Cu（或 Zn）上镀 Au 前先镀一薄层（约 3μm）化学镀镍层可防止 Cu 扩散到面上的金属层等。

此外，它可用于贮放各种腐蚀铜板的溶液的槽车内部；在火箭与导弹喷气发动机、石油精炼、石油产品容器、核燃料与热交换器等方面也可广泛应用；用于泵、压缩机或类似的机械零件，可以延长使用寿命；铝上镀镍以提高焊接性能；在铜焊不锈钢、减少转动部分的磨耗、防止不锈钢与钛合金的应力腐蚀、不同铬合金轴承钢与铝合金的接合上，都可使用化学镀镍层来加以改善。

化学镀铜的重要性仅次于化学镀镍，在电子工业中用途最广。用化学镀铜使活化的非导体表面导电后，制造通孔的双面或多层印刷线路板，可使环氧和酚醛塑料波导、腔体或其他塑料件金属化后电镀。此外，化学镀铜件可用做雷达反射器、同轴电缆射频屏蔽、天线罩、底板屏蔽和热辐射用零件等。但化学镀铜层由于不耐腐蚀、外观较差，故不适用于装饰面层，而只能做底层。

化学镀钴的镀液较多，但实际应用并不多，往往是为了改进导磁镀层而用到，多使用钴合金化学镀。

化学镀银是较老的工艺，曾广泛用于制镜（目前已被真空镀铝所取代），其他的用途也较少。严格分析其工艺过程，过去的化学镀银液不能算作真正的化学镀银液，原因在于银对很多还原剂来说不是催化剂，所以很多镀银液不是自动催化的。为此，在催化表面上镀银后，再要沉积银就只能提高还原电位，以致镀液很快分解，所以镀银液只能用一次，也不能得到原镀层。

化学镀金层由于耐蚀、耐磨、导电性好，而被用于电子工业的印刷线路板插脚、集成线路的框架引线、继电器的防腐导电面和接点等场合。此外，其还用于首饰等装饰品上。

化学镀钯主要用于电触头、针及装饰件等零件，钯镀层具有纯度高、延性好、结合力强的特点。

化学镀锡或铅合金主要是提高可焊性。

化学镀铬主要是针对电镀铬液的分散能力差、深镀能力差等缺陷而进行的，但目前其研究成果仍未大规模应用于工业化生产方面。

3.2 化学镀成膜理论

3.2.1 化学镀镍热力学与动力学

3.2.1.1 化学镀镍热力学

化学镀镍是用还原剂把溶液中的镍离子还原沉积在具有催化活性的表面上。其反应式为：

$$NiC_m^{2+} + R \longrightarrow Ni + mC + O \quad (3.2)$$

式中 C——络合剂；

m——络合剂配位数；

R、O——还原剂的还原态和氧化态。

式（3.2）可分解为

阳极反应： $$NiC_m^{2+} + 2e^- \longrightarrow Ni + mC \quad (3.3)$$

阴极反应： $$R \longrightarrow O + 2e^- \quad (3.4)$$

该氧化还原反应能否自发进行的热力学判据是反应的自由能变化ΔF_{298}。

现以次磷酸盐做还原剂时化学镀镍自由能变化的计算为例，来说明反应进行的可能性：

还原剂的反应 $$H_2PO_2^- + H_2O \longrightarrow HPO_3^{2-} + 3H^+ + 2e^- \quad (3.5)$$

氧化剂的反应 $$\Delta F_{298} = -23070 cal/mol$$

$$Ni^{2+} + 2e^- \longrightarrow Ni \quad (3.6)$$

总反应 $$\Delta F_{298} = 10612 cal/mol$$

$$Ni^{2+} + H_2PO_2^- + H_2O \longrightarrow HPO_3^{2-} + Ni + 3H^+ \quad (3.7)$$

该反应自由能的变化$\Delta F_{298} = 10612 - 23070 = -12458 cal/mol$（1cal=4.1868J）。反应自由能变化$\Delta F_{298}$为负值且远小于零，所以，在标准状态下使用次磷酸盐还原Ni^{2+}是完全可行的。

以上计算虽然是从标准状态下得到的，但仍然具有判断反应能否进行的价值。体系的反应自由能变化ΔF是状态函数，凡是影响体系状态的各个因素都会影响反应过程的

ΔF 值。

对于电化学反应有$\Delta F=-nFE$，n 为反应中电子转移数目，F 为法拉第常数（$F=96500C/mol$），E 为电池电动势。因此，对于可逆电池反应来说，可逆电势 E 是可以用做该电化学反应能否自发进行的判据。

化学镀镍反应能否自发进行还与溶液的 pH 值密切相关，因而也可以用 pH-E 图来做判据。图 3.1 分别是 Ni-H_2O 系和 P-H_2O 系的 pH-E 图，通过对其分析可说明化学镀镍的可能性。

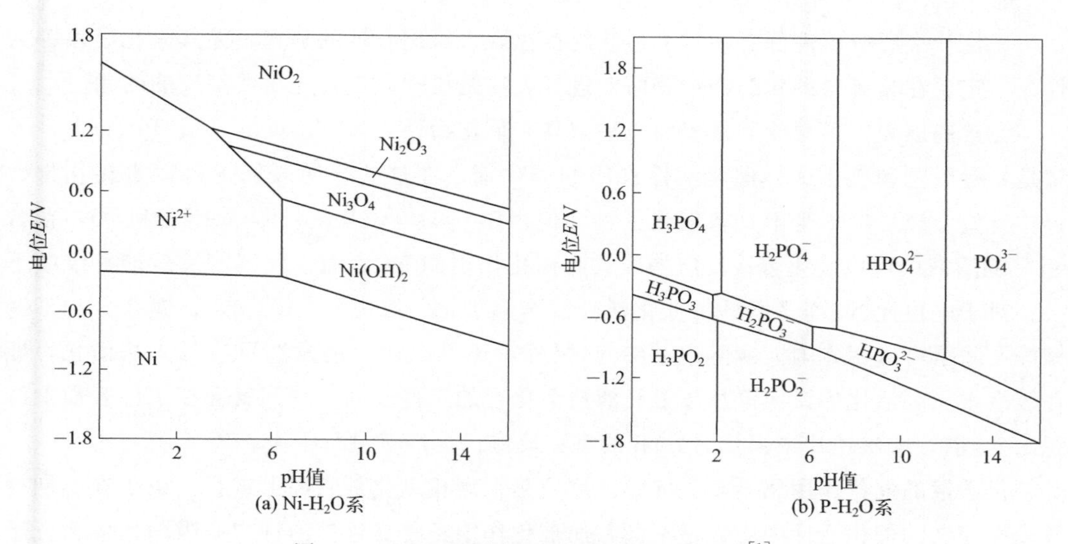

图 3.1　Ni-H_2O 系和 P-H_2O 系的 pH-E 图[1]

从图 3.1（a）可看出 Ni、Ni^{2+} 和 Ni_nO_m（氧化物或氢氧化物）三个稳定区的条件：电位低时，在整个 pH 值范围内 Ni 都是稳定的；当电位增加（＞－0.25V）时 Ni 被氧化，在酸性介质（pH＜6）中以 Ni^{2+} 形式存在，随 pH 值增加，则以 Ni 的氢氧化物或氧化物存在。

在图 3.1（b）中则存在酸、碱两个稳定区：pH＜6 的 $H_2PO_2^-$～$H_2PO_3^-$ 的酸稳定区与 pH＞6 的 $H_2PO_2^-$～HPO_3^{2-} 碱性稳定区。可见在酸、碱介质中用次磷酸盐均可还原沉积出镍，但在碱性介质中次磷酸盐氧化的电位更低，其还原能力远比在酸性介质中强。因而，在碱性介质中化学镀镍时为保证镀液稳定且不析出沉淀，需用络合能力强的络合剂。

温度改变时，pH-E 图在保持相同趋势前提下也会做出相应变化。

3.2.1.2　化学镀镍动力学

在验证化学镀镍从热力学观点出发是可行的基础上，国内外学者对其动力学过程进行了不断探索，提出了各种机理和假说，以期解释化学镀过程中出现的诸多现象，希望借此推动化学镀镍技术的发展和应用。

化学镀镍过程主要存在以下共同现象：

① 沉积 Ni 的同时伴随着 H_2 析出；

② 镀层中除 Ni 外，还含有与还原剂有关的 P、B、N 等元素；

③ 还原反应只发生在某些具有催化活性的表面上，并会在已经沉积的镍层上继续沉积；

④ 产生的副产物 H^+ 会使镀液 pH 值降低；

⑤ 还原剂的利用率＜100%。

无论什么反应机理都必须对上述共同存在现象给出合理的解释，尤其是化学镀镍为什么一定要在具有自催化的特定表面上进行，这是机理研究首先需要解决的问题。

元素周期表中第Ⅷ族元素表面几乎都具有催化活性，如 Ni、Co、Fe、Pd、Rh 等元素是具有脱氢和氢化这种催化活性作用的催化剂，在这些金属表面上可以直接化学镀镍；有些金属虽然本身不具备催化活性，但由于它的电位比 Ni 低，如 Zn 和 Al，在含 Ni^{2+} 的溶液中可以发生置换反应构成具有催化作用的 Ni 表面，使沉淀反应能够继续下去；对于电位比 Ni 高又不具备催化活性的金属表面，如 Cu、Ag、Au、铜合金和不锈钢等，除了可以用先闪镀薄薄的一层 Ni 层外，还可以用“诱发”反应的方法活化，即在镀液中用一活化的铁或镍片接触已清洁活化过的工件表面，瞬间就会在工件表面上沉积出 Ni 层，取出铁片或镍片后，Ni 的沉积反应仍会继续进行下去。

化学镀的催化作用属于多相催化，反应是在固相催化剂表面上进行。由于在不同材质表面存在的催化活性中心数量不同，而催化作用正是靠这些活性中心吸附反应物分子提高反应激活能而加速反应进行速度的，所以不同材质表面就具有不同的催化能力。因而在同一条件下施镀时，其最初的沉积速率也不同，但在覆盖上镍层后靠它的催化活性表面进行反应，沉积速率就会逐渐趋于一致。

3.2.2 化学镀 Ni-P 机理

化学镀 Ni 机理主要在 20 世纪 60 年代提出，此后多年众多学者从不同角度来解释沉积 Ni-P 合金中出现的一些问题[3-7]。

在工件表面上进行化学镀 Ni，以 $H_2PO_2^-$ 做还原剂在酸性介质中总反应式为

$$Ni^{2+} + 4H_2PO_2^- + H_2O \longrightarrow 3HPO_3^{2-} + Ni + P + 4H^+ + \frac{3}{2}H_2\uparrow \tag{3.8}$$

式（3.8）包括下面几个基本步骤：

① 反应物（Ni^{2+}、$H_2PO_2^-$）向表面扩散；

② 反应物在催化表面上吸附；

③ 在催化表面上发生化学反应；

④ 产物（H^+、H_2、HPO_3^{2-} 等）从表面层脱附；

⑤ 产物扩散离开表面。

按化学动力学基本原理，上述进行速度最慢的步骤是整个沉积反应的控制步骤。

目前，化学镀 Ni-P 合金有四种机理，即原子氢理论、氢化物传输理论、电化学理论和羟基-镍离子配位理论。现简单介绍如下。

3.2.2.1　原子氢理论

该理论由 G. Guitzeit 在前人工作的基础上提出。由于 Ni 的沉积需要在具有催化活性表面上进行，所以还原剂 $H_2PO_2^-$ 必须在催化及加热条件下水解释放出原子 H、或是由 $H_2PO_2^-$ 催化脱氢产生原子 H，即

$$H_2PO_2^- + H_2O \xrightarrow[\text{加热}]{\text{催化}} HPO_3^{2-} + 2H_{ad} + H^+ \tag{3.9}$$

$$H_2PO_2^- \xrightarrow{\text{催化}} PO_2^- + 2H_{ad} \tag{3.10}$$

Ni^{2+} 的还原就是由活性金属表面上吸附的 H 原子（活泼的初生态原子 H）释放出电子而实现的，Ni^{2+} 吸收电子后立即还原成金属 Ni 沉积在工件表面：

$$Ni^{2+} + 2H_{ad} \longrightarrow Ni + 2H^+ \tag{3.11}$$

原子氢理论又进一步对 P 的沉积和 H_2 的析出做出了解释：次磷酸根被原子 H 还原出 P，或自身发生氧化还原反应沉积出 P，即

$$H_2PO_2^- + H \longrightarrow H_2O + OH^- + P \tag{3.12}$$

$$3H_2PO_2^- \xrightarrow[\text{加热}]{\text{催化}} H_2PO_3^- + H_2O + 2OH^- + 2P \tag{3.13}$$

H_2 的析出既可以是 $H_2PO_2^-$ 水解产生，也可以由初生态氢原子合成：

$$H_2PO_2^- + H_2O \xrightarrow[\text{加热}]{\text{催化}} H_2PO_3^- + H_2\uparrow \tag{3.14}$$

$$2H_{ad} \longrightarrow H_2\uparrow \tag{3.15}$$

上述所有化学反应在 Ni 沉积的过程中均同时发生，单个反应速率则取决于镀液组成、使用周期、镀液温度及其 pH 值等条件。

式（3.12）～式（3.15）解释了化学镀 Ni 时得到 Ni-P 合金的现象：由于式（3.12）、式（3.13）的反应速率远低于式（3.14）的，所以合金层中 P 含量（质量分数）在 1%～15%之间变动，同时伴随着大量 H_2 的析出。提高镀液酸度、降低 pH 值，可增大式（3.12）、式（3.13）的反应速率、减小式（3.11）的反应速率，使得镀层中

P 含量上升。

用以上反应式也可以对 Ni-P 合金镀层的层状组织做出初步解释：式（3.12）、式（3.13）产生的 OH^- 将使镀层/镀液界面上 pH 值增加，pH 值上升有利于提高式（3.9）、式（3.11）的反应速率，产生的 H^+ 又使 pH 值下降，式（3.12）、式（3.13）的反应速率又会上升。pH 值如此循环波动导致镀层中 P 含量发生周期性变化，出现 P 含量不同的 Ni-P 镀层中的层状组织，即这种层状组织是由 pH 值周期性波动造成的。

原子氢理论认为真正的还原物质是被吸附的原子态活性氢，而非还原剂 $H_2PO_2^-$ 同 Ni^{2+} 直接作用，但 $H_2PO_2^-$ 是活性氢的来源。$H_2PO_2^-$ 不仅释放出活性氢原子，它还分解形成 HPO_3^{2-}、H_2 及析出 P，因而还原剂 $NaH_2PO_2 \cdot H_2O$ 的利用率一般只有 30%～40%。

原子氢理论之所以普遍被人们所接受，是因为它不仅较好地解释了 Ni-P 的沉积过程，同时还体现出反应过程的氧化还原特性。

3.2.2.2 氢化物传输理论

该理论认为次磷酸根的行为与硼氢根离子类似，$H_2PO_2^-$ 分解时并不释放原子态氢，而是放出还原能力更强的氢化物离子（氢的负离子），即 $H_2PO_2^-$ 只是 H^- 的供体，Ni^{2+} 被 H^- 还原。酸性介质中 $H_2PO_2^-$ 在催化剂表面上与水反应

$$H_2PO_2^- + H_2O \xrightarrow{\text{催化}} HPO_3^{2-} + 2H^+ + H^- \tag{3.16}$$

在碱性介质中

$$H_2PO_2^- + 2OH^- \xrightarrow{\text{催化}} HPO_3^{2-} + H_2O + H^- \tag{3.17}$$

Ni^{2+} 被 H^- 还原

$$Ni^{2+} + 2H^- \longrightarrow (Ni^{2+} + 2H + 2e^-) \longrightarrow Ni + H_2\uparrow \tag{3.18}$$

H^- 同时可以和 H_2O 或 H^+ 反应

酸性

$$H^+ + H^- \longrightarrow H_2\uparrow \tag{3.19}$$

碱性

$$H_2O + H^- \longrightarrow H_2 + OH^- \tag{3.20}$$

对 P 的共析反应为

$$2H_2PO_2^- + 6H^- + 4H_2O \longrightarrow 2P + 5H_2\uparrow + 8OH^- \tag{3.21}$$

3.2.2.3 电化学机理

该理论认为，Ni^{2+} 被 $H_2PO_2^-$ 还原沉积出 Ni 的过程是由阳极反应次磷酸根还原剂

的氧化和阴极反应 Ni^{2+} 被还原为 Ni 两个独立部分所组成，并由它们的电极电位来判断反应过程。

阳极反应 $$H_2PO_2^- + H_2O \longrightarrow H_2PO_3^- + 2H^+ + 2e^- \quad E_a^0 = -0.50V \tag{3.22}$$

阴极反应 $$Ni^{2+} + 2e^- \longrightarrow Ni \quad E_c^0 = -0.25V \tag{3.23}$$

$$2H^+ + 2e^- \longrightarrow H_2 \uparrow \quad E_c^0 = 0V \tag{3.24}$$

$$H_2PO_2^- + 2H^+ + e^- \longrightarrow P + 2H_2O \quad E_a^0 = -0.25V \tag{3.25}$$

电化学机理能较好地解释了 Ni 沉积的同时就有 P 共析并同时析出 H_2、Ni^{2+} 浓度对反应速率有影响等问题。

电化学机理将化学镀 Ni-P 过程看作是一个原电池反应，也就是说在混合电位控制下发生的电化学反应。在催化活性表面上同时出现几个互相竞争的氧化还原反应，形成了一个多电极体系，并将其耦合出的非平衡电位称为混合电位。该电位值可由 Evans 极化图得到，如图 3.2 所示：分别测出阴极和阳极过程的 i-E 曲线，两条曲线交点对应的电位（与 SCE 电极的电位比）就是混合电位 E_m，对应的电流 i_d 可表示沉积速率。

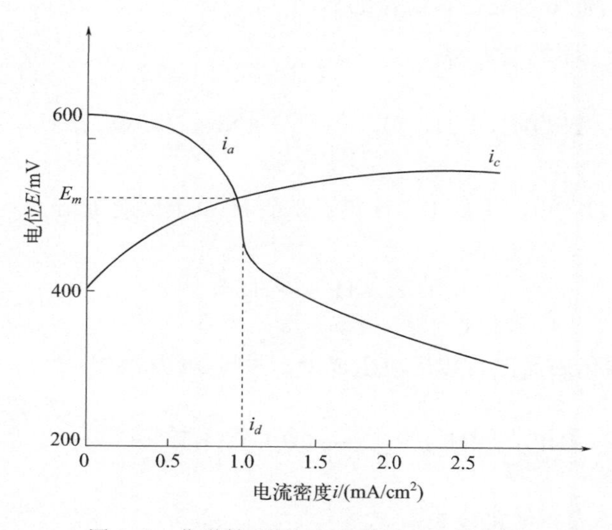

图 3.2 化学镀 Ni-P 合金的 Evans 极化图

在式（3.22）～式（3.25）所表示的电化学反应中，

$i_{氧化}$ = $H_2PO_2^-$ 的氧化电流

i_{Ni} = Ni 的沉积速率

i_H = 析出 H_2 的速率

i_P = P 共沉积速率

在混合电位 E_m 下沉积速率

$$i_{沉积}=i_{氧化}=i_{Ni}+i_H+i_P$$

应用法拉第定律即可算出沉积速率：

$$沉积速率[mg/(cm^2 \cdot h)]=1.09\times i_{沉积}(mA/cm^2)$$

3.2.2.4 羟基-镍离子配位理论

本理论认为，$H_2PO_2^-$ 真正起到了还原剂的作用，其根本在于 Ni^{2+} 水解后形成了 $NiOH_{ad}^+$。

水在催化剂表面上离解

$$H_2O \xrightarrow{催化} H^+ + OH^- \tag{3.26}$$

OH^- 与溶剂化的 Ni^{2+} 配位，配位的 Ni^{2+} 与 $H_2PO_2^-$ 反应生成的 $NiOH_{ad}^+$ 吸附在催化活性表面，再进一步还原为 Ni：

$$NiOH_{ad}^+ + H_2PO_2^- + e^- \longrightarrow Ni + H_2PO_3^- + H \tag{3.27}$$

H 原子来源于 $H_2PO_2^-$ 中的 P—H 键，2 个 H 原子反应析出 H_2：

$$H + H \longrightarrow H_2\uparrow \tag{3.28}$$

同时在 Ni 的催化表面上直接反应生成 P，并与 Ni 共沉积：

$$Ni_{pat} + 2H_2PO_2^- \longrightarrow 2P + NiOH_{ad}^+ + 3OH^- \tag{3.29}$$

式中，下标 pat 表示催化镍表面。

有关实验发现，能被 $H_2PO_2^-$ 还原的 Cu、Ag、Pd 等金属发生沉积时，镀层中并不含 P，这说明金属本身的化学性质对共沉积过程起着决定性作用。

3.2.3 化学镀 Ni-B 机理

用含硼还原剂得到的镀层是 Ni-B 合金，其中 Ni 含量在 90.0%～99.9%之间，同时某些金属稳定剂也会参与共沉积[8-10]。

按使用的还原剂不同，可将化学镀 Ni-B 机理分为以下两类。

3.2.3.1 硼氢根离子（BH_4^-）

硼氢根还原剂包括所有的水溶性硼氢化物，其中 $NaBH_4$ 因其容易制得较常用。BH_4^- 还原性很强，其标准电位约−1.24V，在碱性介质中 BH_4^- 可分解放出8个电子：

$$BH_4^- + 8OH^- \longrightarrow B(OH)_4^- + 4H_2O + 8e^- \tag{3.30}$$

因而在理论上，1个 BH_4^- 可还原4个 Ni^{2+}：

$$4Ni^{2+} + BH_4^- + 8OH^- \longrightarrow 4Ni + B(OH)_4^- + 4H_2O \tag{3.31}$$

而实际上，1mol BH_4^- 仅能还原出1mol Ni。Gorbunora提出的 BH_4^- 还原剂氧化机理就很好地解释了这个问题，其机理包括以下3个步骤。

① Ni的还原： $$2Ni^{2+} + BH_4^- + 4H_2O \longrightarrow 2Ni + B(OH)_4^- + 4H^+ + 4H \tag{3.32}$$

② B的还原： $$BH_4^- + H^+ \longrightarrow BH_3 + H_2 \longrightarrow B + 5/2H_2\uparrow \tag{3.33}$$

③ BH_4^- 在中性或酸性介质中迅速水解：

$$BH_4^- + 4H_2O \longrightarrow B(OH)_4^- + 4H^+ + 4H + 4e^- \longrightarrow B(OH)_4^- + 4H_2\uparrow \tag{3.34}$$

Mallory提出修改后的机理为：

$$2Ni^{2+} + BH_4^- + 4H_2O \longrightarrow 2Ni + B(OH)_4^- + 4H^+ + 2H_2\uparrow \tag{3.35}$$

$$BH_4^- + H^+ \longrightarrow BH_3 + H_2 \longrightarrow B + 5/2H_2\uparrow \tag{3.36}$$

总反应式

$$2Ni^{2+} + 2BH_4^- + 4H_2O \longrightarrow 2Ni + B + B(OH)_4^- + 3H^+ + 9/2H_2 \tag{3.37}$$

即施镀过程中pH值的增加源于 BH_4^- 的水解，同时 BH_4^- 与 Ni^{2+} 消耗的物质的量比与实验相符，为1∶1。

3.2.3.2 氨基硼烷

在 BH_3 分子中，B的八隅体不完整，由于电子短缺，还剩有一个低位轨道未被键合，因此 BH_3 既可以是酸又可以是碱。

常用的二甲氨基硼烷（DMAB）[$(CH_3)_2NHBH_3$] 中有3个活性H与B原子相连，理论上每个DMAB分子可以还原3个 Ni^{2+}，反应式为：

$$3Ni^{2+}+(CH_3)_2NHBH_3+3H_2O \longrightarrow 3Ni+(CH_3)_2NH_2^++H_3BO_3+5H^+ \quad (3.38)$$

或

$$2(CH_3)_2NHBH_3+4Ni^{2+}+3H_2O \longrightarrow Ni_2B+2Ni+2(CH_3)_2NH_2^++H_3BO_3+6H^++1/2H_2\uparrow \quad (3.39)$$

除上述反应外，DMAB也发生水解反应：

酸性 $$(CH_3)_2NHBH_3+3H_2O+H^+ \longrightarrow (CH_3)_2NH_2^++H_3BO_3+3H_2\uparrow \quad (3.40)$$

碱性 $$(CH_3)_2NHBH_3+2OH^- \xrightarrow{H_2O} (CH_3)_2NH_2^++BO_2^-+2H_2\uparrow+2e^- \quad (3.41)$$

氨基硼烷还原 Ni^{2+} 的机理尚未被实验完全证实。显然，还原剂在金属催化表面上的吸附、分子中 N—B 键断裂的前提是不容忽视的。如把 B 还原、氨基硼烷水解合并则得下式反应：

$$3Ni^{2+}+3(CH_3)_2NHBH_3+6H_2O \longrightarrow 3Ni+B+3(CH_3)_2NH_2^++2B(OH)_3+9/2H_2\uparrow+3H^+ \quad (3.42)$$

3.2.4 肼做还原剂化学镀镍

用强还原剂肼（联氨）做还原剂化学镀镍，可以得到高纯镍（Ni≥99%，质量分数），但镀层发黑且应力大，耐蚀性也差。其反应式为：

$$2Ni^{2+}+N_2H_4+4OH^- \longrightarrow N_2+2Ni+4H_2O \quad (3.43)$$

上式中未说明析出 H_2，所以肼的利用率看起来达到100%，实际上反应过程为：

$$Ni^{2+}+2OH^- \longrightarrow Ni(OH)_2 \quad (3.44)$$

$$Ni(OH)_2+N_2H_4 \longrightarrow Ni(OH)_{ad}+N_2H_3OH+H \quad (3.45)$$

$$Ni(OH)_{ad}+N_2H_3OH \longrightarrow Ni+N_2H_2(OH)_2+H \quad (3.46)$$

$$2H \longrightarrow H_2\uparrow \quad (3.47)$$

总反应式为

$$Ni^{2+}+N_2H_4+2OH^- \longrightarrow N_2+Ni+2H_2O+H_2\uparrow \quad (3.48)$$

该反应式仍未解释施镀过程中pH值降低的现象。反应形成的 $Ni(OH)_2$ 中的 OH^- 是外界带入的碱，则式（3.48）变化为

$$Ni^{2+} + N_2H_4 \longrightarrow N_2 + Ni + 2H^+ + H_2\uparrow \quad (3.49)$$

式（3.49）很好地说明了用肼做还原剂化学镀镍的全过程。肼在酸、碱介质中具有不同氧化机理，$H_2PO_2^-$ 和 DMAB 等还原剂也可能存在同样情形，即：

在承认水解机理基础上，酸性介质中首先发生水在催化表面离解，$H_2O \xrightarrow{催化} H^+ + OH^-$，$OH^-$ 取代 $H_2PO_2^-$ 中 P—H 键中的 H，产生 1 个 H 原子和 1 个电子，OH^- 的消耗造成镀液 pH 值下降；

碱介质中 OH^- 则来源于外界，它也取代 P—H 键中的 H 使镀液 pH 值降低，但这种酸度变化不是 H^+ 产物积累的结果，而是 OH^- 的消耗造成的。

3.2.5　化学镀机理的进展

近年有学者在不同还原剂-金属离子体系、四种化学镀 Ni-P 合金理论基础上，提出一种适合各种还原体系的化学沉积统一反应模式。该模式忽略各还原剂的个性，将沉积过程分为一系列阳极和阴极反应，第一个阳极反应就是还原剂 RH 的化学脱氢：

阳极脱氢

$$RH \xrightarrow{M} R_{ad} + H_{ad} \quad (3.50)$$

氧化

$$R_{ad} + OH^- \longrightarrow ROH + e^- \quad (3.51)$$

式中　RH——还原剂；

M——金属表面。

在次磷酸盐中：RH 为 $H_2PO_2^-$；R 为 HPO_{2ad}^-；ROH 为 $H_2PO_3^-$。

再合成

$$H_{ad} + H_{ad} \longrightarrow H_2\uparrow \quad (3.52)$$

氧化

$$H_{ad} + OH^- \longrightarrow H_2O + e^-（碱性） \quad (3.53)$$

$$H_{ad} \longrightarrow H^+ + e^-（酸性） \quad (3.54)$$

阴极金属沉积

$$M^{n+} + ne^- \longrightarrow M \quad (3.55)$$

析氢

$$2H_2O + 2e^- \longrightarrow H_2\uparrow + 2OH^-（碱性） \quad (3.56)$$

$$2H^+ + 2e^- \longrightarrow H_2\uparrow（酸性） \quad (3.57)$$

以上反应认为化学沉积第一步是还原剂脱氢，这与原子 H 及氢化物理论是一致的。脱氢步骤则取决于化学镀过程的催化本性，金属表面是否能引发该体系中还原剂脱氢，即说明该金属表面对这种镀液体系能否具有催化活性，是否可以打开 R—H 键。阴极过程则纯粹是金属离子的还原，无中间产物的影响，其与电化学反应机理一致，是在混合电位下发生的。吸附的 H_{ad} 可能发生 3 个反应，产物是 H^+、H_2O 还是 H_2 则由金属沉积体系、溶液的pH值等条件决定。例如，以式（3.50）～式（3.52）为主的阳极总反应为：

$$2RH+2OH^- \longrightarrow 2ROH+H_2\uparrow+2e^- \tag{3.58}$$

而以式（3.50）、式（3.51）、式（3.53）和式（3.54）为主的总反应式为：

$$RH+2OH^- \longrightarrow ROH+H_2O+2e^-（碱性） \tag{3.59}$$

$$RH+OH^- \longrightarrow ROH+H^++2e^-（酸性） \tag{3.60}$$

如按式（3.32）进行反应，还原1mol Ni^{2+}需要2mol还原剂（Ni^{2+}还原需要2个电子），如用次磷酸盐做还原剂，$H_2PO_2^-$的利用率必然≤50%。至于Ni-P中P的来源并不需要中间产物，可直接还原出P：

$$H_2PO_2^-+e^- \longrightarrow P+2OH^- \tag{3.61}$$

在Ni、P沉积的同时，H_2的析出作为副反应也在进行，该反应会影响沉积速率及P含量。

经过多年的研究和发展，化学镀机理的研究已取得了长足进展，但尚不能完全解释所出现的问题，研究工作尚有待于进一步深入进行。

3.3 化学镀镍

3.3.1 化学镀镍溶液及其影响因素

3.3.1.1 组成

化学镀镍溶液种类繁多，分类方法众多：按pH值可分为酸浴（pH=4～6）和碱浴（pH>8）两类，其中次磷酸盐做还原剂得到Ni-P合金镀层，硼氢化物及硼烷衍生物做还原剂可得到Ni-B合金镀层；按温度分为高温浴（85～92℃）、低温浴（60～72℃）及室温浴，其中低温浴是为了在塑料基材上施镀开发出来的；按Ni-P合金镀层中P含量又可以分为高磷镀液（所得镀层具有非晶结构使其耐蚀性能优良、因其非磁性而广泛应用于计算机工业）、中磷镀液（因镀液沉积速率快、稳定性好、寿命长而得到最普遍应用）和低磷镀液（镀层硬度高、耐磨、耐碱腐蚀）。

化学镀镍溶液由主盐（镍盐）、还原剂、络合剂、缓冲剂、稳定剂、加速剂、表面活化剂及光亮剂组成，下面分别予以介绍。

（1）主盐

化学镀镍溶液中的主盐就是镍盐，如硫酸镍（$NiSO_4$）、氯化镍（$NiCl_2\cdot 6H_2O$）、

醋酸镍 [$Ni(CH_3COO)_2$] 及次磷酸镍 [$Ni(H_2PO_2)_2$] 等，由它们提供化学镀反应过程中所需的 Ni^{2+}。早期以氯化镍做主盐，由于 Cl^- 的存在不仅会降低镀层的耐蚀性，同时产生拉应力，所以目前已不再使用。醋酸镍及次磷酸镍做主盐时镀层质量好、又不在镀浴中积存大量 SO_4^{2-}，因而效果均好于硫酸镍，但由于其价格昂贵、货源不足，所以目前使用的主盐主要是硫酸镍。由于硫酸镍做主盐时，在施镀过程中用量大、需要不断补充，所含的杂质元素会在镀液中积累浓缩，造成镀液沉积速率（镀速）下降、寿命缩短、镀层性能降低等，所以要注意控制镀液中有害杂质元素锌及重金属元素含量。

(2) 还原剂

化学镀镍所用的还原剂有次磷酸钠、硼氢化钠、氨基硼烷及肼几种，它们在结构上的共同特征是含有两个或多个活性氢，还原 Ni^{2+} 就是靠还原剂的催化脱氢进行的。其中，使用次磷酸钠可得到 Ni-P 合金镀层，使用硼化物可得到 Ni-B 合金镀层，用肼则可得到纯镍镀层。因价格低、镀液易控制而用得最多的还原剂是次磷酸钠，而且所得 Ni-P 合金镀层质量优良。次磷酸钠（$NaH_2PO_2 \cdot H_2O$）易溶于水，其水溶液 pH 值为 6。

表 3.2 是常用化学镀镍还原剂的性质。

表 3.2 化学镀镍常用的还原剂及其性质

还原剂	分子量	外观	物质的量/mol	自由电子数	镀液 pH 值	还原电位（碱性）(SHE) /V
次磷酸钠	106	白色吸潮结晶	53	2	4～6，7～12	−1.4
硼氢化钠	38	白色晶体	4.75	8	12～14	−1.2
二甲氨基硼烷	59	一般为溶解在异丙醇中的黄色液体	9.8	6	6～10	−1.2
二乙氨基硼烷	87		14.5	6		−1.1
肼	32	白色结晶	8.0	4	8～11	−1.2

(3) 络合剂

化学镀镍溶液中除了主盐和还原剂以外，络合剂是另一种重要组成部分。镀液性能的好坏、寿命长短等主要取决于络合剂的选用及其搭配关系[11]。

在化学镀镍溶液中，络合剂主要有以下作用。

① 防止镀液析出沉淀，增加镀液稳定性并延长其使用寿命：由于镍的氢氧化物溶解度较小，在酸性溶液中即可析出浅绿色絮状含水氢氧化镍沉淀。硫酸镍溶于水后形成六水合镍离子——$Ni(H_2O)_6^{2+}$，它有水解倾向，水解后呈酸性且析出氢氧化物沉淀。如果有部分络合剂分子（离子）存在于 $Ni(H_2O)_6^{2+}$ 中，则可以明显提高其抗水解能力，甚至有可能在碱性环境中以 Ni^{2+} 形式存在（指不以沉淀形式存在）。镀液使用后期报废原因主要是 HPO_3^{2-} 聚集的结果，当 pH＝4.6、温度为 95℃时，$NiHPO_3 \cdot 7H_2O$ 的溶解度为 6.5～15g/L，加络合剂乙二醇酸后提高到 180g/L。由此可见，络合剂能够大幅度提高亚磷酸镍的沉淀点，使施镀过程在高含量亚磷酸根条件下也可进行，延长了

镀液的使用寿命。配位能力强的络合剂本身就是稳定剂，在镀层性能要求高时，所用镀液中无稳定剂而只用络合剂。

② 提高沉积速率：不加任何络合剂，沉积速率一般只有 5μm/h，无实用价值；加入适量络合剂后，镀速明显提高（乳酸 27.5μm/h、乙二酸醇 20μm/h、琥珀酸 17.5μm/h、水杨酸 12.5μm/h、柠檬酸 7.5μm/h）。原因在于这些络合剂均为有机添加剂，它们吸附在工件表面后，提高了活性，为次磷酸根释放活性氢原子提供了更多的激活能，从而增加了沉积反应速率。

③ 扩大了镀液工作的 pH 值的范围。

④ 改善镀层质量：镀液中加络合剂后镀出的工件光洁致密。

Ni^{2+} 的络合剂虽然很多，在化学镀镍溶液中则要求所用络合剂：具有较大溶解度；在溶液中存在的 pH 值的范围要与化学镀工艺要求一致；存在一定的反应活性；价格要低。目前，常用的络合剂主要是一些脂肪族羧酸及其取代衍生物，如丁二酸、柠檬酸、乳酸、苹果酸及甘氨酸等（或用它们的盐类）。在碱性镀液中则用焦磷酸盐、柠檬酸盐及铵盐。

（4）稳定剂

化学镀镍溶液是一个热力学不稳定体系，由于种种原因，如局部过热、pH 值过高或某些杂质影响不可避免会在镀液中出现一些活性微粒——催化核心，使镀液发生激烈的自催化反应产生大量 Ni-P 黑色粉末，导致镀液短期内发生分解，逸出大量气泡，造成镀液提前失效。稳定剂的作用就在于抑制镀液的自发分解，使施镀过程在控制下有序进行。稳定剂实际上是一种毒化剂，即反催化剂，只需加入痕量就可以抑制镀液自发分解。稳定剂不能使用过量，若过量轻则减缓镀速，重则不再起镀。稳定剂掩蔽了催化活性中心，阻止了成核反应，但并不影响工件表面正常的化学镀过程[12]。

稳定剂主要分为以下四类。

① 第ⅥA 族元素 S、Se、Te 的化合物：一些硫的无机物或有机物，如硫代硫酸盐、硫氰酸盐、硫脲及其衍生物。

② 某些含氧化合物：如 AsO_2^-、IO_3^-、BrO_3^-、NO_2^-、MoO_4^{2-} 及 H_2O_2。

③ 重金属离子：如 Pb^{2+}、Sb^{3+} 及 Cd^{2+}、Zn^{2+}、Bi^{2+}、Tl^+ 等。

④ 水溶性有机物：含双极性的有机阴离子、至少含 6 个或 8 个碳原子且有能在某一定位置吸附形成亲水膜功能团（如—COOH、—OH 或—SH 等基团）构成的有机物，如不饱和脂肪酸马来酸、亚甲基丁二酸等。第一、二类稳定剂使用浓度为 $(0.1\sim2.0)\times10^{-6}$ mol/L、第三类为 $10^{-5}\sim10^{-3}$ mol/L、第四类为 $10^{-3}\sim10^{-1}$ mol/L。有些稳定剂还兼有光亮剂的作用，如 Cd^{2+} 与 Ni-P 镀层共沉积后可使镀层光亮平整。

下面以硫脲为例来解释说明稳定剂的作用机理。硫脲是常用的稳定剂之一，属第一类稳定剂，它能在电极表面上强烈吸附。图 3.3 是不同硫脲浓度下的阴极和阳极极化曲线。

阴极极化曲线随硫脲浓度变化不明显，原因可能是阴极过程包括硫脲择优或者完全

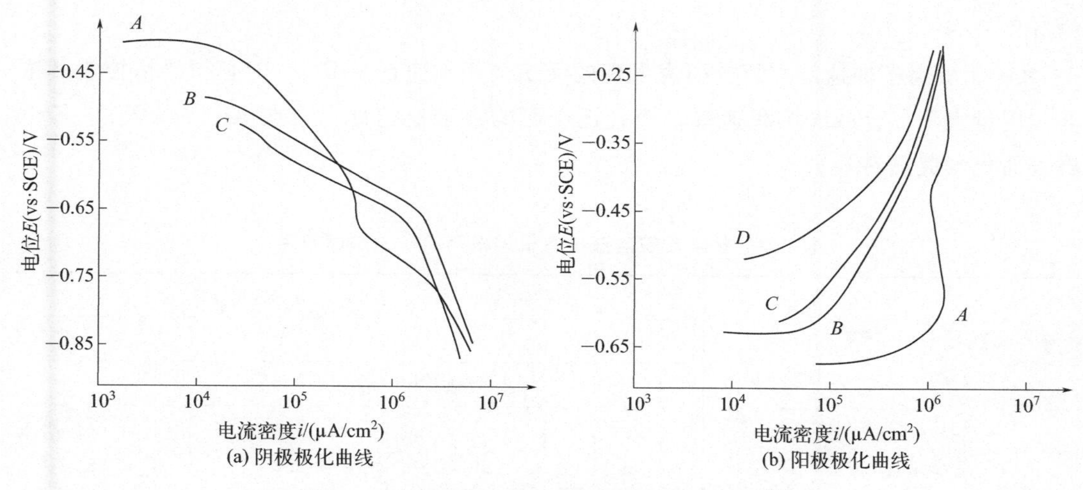

图 3.3　硫脲浓度（g/L）对极化曲线的影响[1]

A—0；B—1×10^{-6}；C—2×10^{-6}；D—10×10^{-6}

抑制析 H_2 反应，也可能是发生了 Ni^{2+} 或 $H_2PO_2^-$ 的还原反应，这可从镀液加入硫脲后镀层中含磷量下降现象中得到解释。阳极极化曲线随硫脲浓度增加而左移，相同电位下电流密度降低，有明显的极限电流。

研究发现，硫脲加快化学镀中 Ni 沉积速率的原因在于它吸附到金属表面后有强烈的加速电子交换倾向，改变阴阳极过电位，起电化学催化作用。

在考虑使用稳定剂时，一定要认识到化学镀镍溶液中加入这些有机添加剂，在施镀过程中都可能产生化学反应，确定所得反应产物必须对镀液和镀层无负面影响后方可使用。同时，配制化学镀液时，稳定剂的选择及其搭配关系、最佳使用量及补加量等都需全面试验来确定，并且施镀条件发生变化时还需做适当调整。

（5）加速剂

为了加快化学镀的沉积速率，在化学镀溶液中还经常加入一些提高镀速的化学药品，即加速剂。加速剂的作用机理被认为是还原剂 $H_2PO_2^-$ 中氧原子可以被一种外来的酸根取代形成配位化合物，或者说加速剂阴离子的催化作用是反应形成了杂多酸所致。在空间位阻作用下减弱 H—P 键能，有利于次磷酸根离子脱氢，即增加了 $H_2PO_2^-$ 的活性。

化学镀镍中许多络合剂兼有加速剂的作用，常用的加速剂有以下几种。

① 未被取代的短链饱和脂肪族二羧酸根阴离子：如丙二酸、丁二酸、戊二酸及己二酸，其中丁二酸在性能和价格上均为人们所接受。表 3.3 和表 3.4 分别是不同加速剂及丁二酸浓度对化学镀镍的加速作用情况。

② 短链饱和氨基酸：这是优良的加速剂，其中最典型的是氨基乙酸，它兼有缓冲、络合和加速三种作用。

③ 短链饱和脂肪酸：包括从醋酸到戊酸系列，其中最有效的加速剂是丙酸。其效

果不及丁二酸及氨基酸明显，但价格要便宜得多。表 3.5 为几种短链饱和脂肪酸添加时的沉积速率。

④ 无机离子加速剂：目前研究发现的无机离子加速剂是 F^-，但必须严格控制其浓度，用量大不仅会减缓沉积速率，而且还会影响镀液稳定性。它在 Al、Mg 及 Ti 等金属表面化学镀镍有效。

表 3.3 化学镀镍溶液中有机酸根阴离子的加速作用

添加剂及浓度/(mol/L)	pH 值			
	6.4	5.5	5.0	4.5
	镀速/[10^{-4}g/(cm^2·min)]			
羟基乙酸，0.092	2.5	1.9	2.1	2.7
柠檬酸钠，0.034	—	1.8	1.8	1.8
丁二酸钠，0.060	—	5.6	5.1	4.6

表 3.4 不同浓度丁二酸根阴离子的加速作用

丁二酸钠浓度/(mol/L)	起始 pH 值	镀速/[10^{-4}g/(cm^2·min)]
0	5.03	0.06
0.03	5.01	2.53
0.06	5.00	4.02
0.06	5.51	4.86
0.09	5.03	5.16

表 3.5 几种短链饱和脂肪酸添加剂的加速作用

添加剂及浓度/(mol/L)	起始 pH 值	镀速/[10^{-4}g/(cm^2·min)]
无	4.73	3.53
醋酸，0.03	4.70	3.98
丙酸，0.03	4.70	4.41
丁酸，0.03	4.70	4.00
戊酸，0.03	4.70	3.88

(6) 缓冲剂

化学镀镍过程中由于有 H^+ 产生，溶液 pH 值随施镀的进行而逐渐降低。为了稳定镀速及保证镀层质量，化学镀镍体系必须具备缓冲能力，即在施镀过程中 pH 值不能变化过大，而要稳定在一定范围内。某些弱酸（或碱）与其盐组成的混合物就能抵消外来少许酸或碱以及稀释对溶液 pH 值变化的影响，使之在一个较小范围内波动，这类物质称为缓冲剂。缓冲剂性能好坏可用 pH 值与酸浓度变化图来表示，如图 3.4 所示。显然，酸浓度在一定范围内波动而 pH 值却基本不变的体系缓冲性能最好。

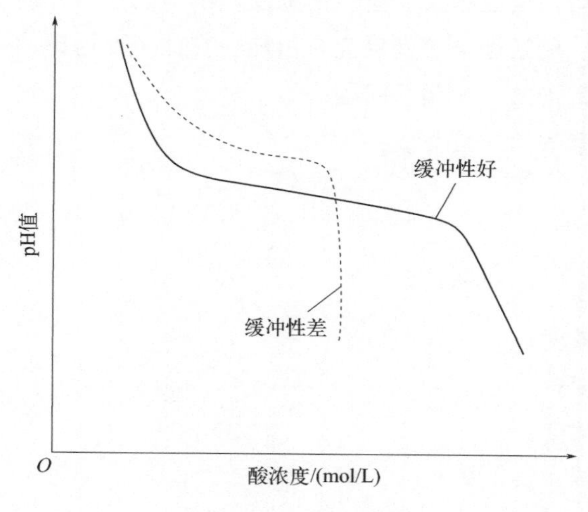

图 3.4 缓冲性能评价

即使镀液中含有缓冲剂，在施镀过程中也必须不断加碱以提高镀液 pH 值到正常值。镀液使用后期 pH 值变化较小，此时 HPO_3^{2-} 的聚集也起到了一定的缓冲作用。

（7）其他组分

与电镀镍一样，在化学镀镍溶液中也加入少许的表面活性剂[13]，它有助于气体（H_2）的逸出从而降低镀层的孔隙率。同时，由于使用的表面活性剂兼有发泡作用，施镀过程中在逸出大量气体搅拌情况下，镀液表面形成一层白色泡沫，它不仅可以保温、降低镀液的蒸发损失、减少酸味，还可使许多悬浮的脏物夹在泡沫中而易于清除，以保持镀液和镀件的清洁。表面活性剂在加入很少量时就能大幅度地降低溶剂（一般指水）的表面张力（或指液/液界面张力），从而改变体系状态。化学镀镍中常用的表面活性剂是阴离子型表面活性剂，如磺酸盐——十二烷基苯磺酸钠或硫酸酯盐——十二烷基硫酸钠。

化学镀镍层是一种功能性涂层，一般不做装饰用，故不要求表面光亮。但也有将电镀镍用的光亮剂如苯基二磺酸钠用于酸性化学镀镍溶液中并起到一定效果。

某些金属离子的稳定剂也兼有光亮剂的作用，如 Cd^{2+}、Tl^{+} 甚至 Cu^{2+}，原因是其与 Ni-P 形成了合金。加痕量 Cu^{2+} 因改变镀层结构而呈现镜面光亮的外观。但要获得光亮镀层，最好还是采用预先抛光基材或预镀光亮铜或镍。

还有一些微量物质可以降低镀层应力，例如用二甲氨基硼烷做还原剂得到的 Ni-B 镀层（含 B 0.2%～5.0%）具有较高的拉应力，加入二价硫化物（如硫脲、硫代二乙酸醇）则可以改善镀层的应力状态，同时也会降低镀层中 B 的含量。

3.3.1.2 化学镀镍过程影响因素分析

化学镀镍的动力学过程不仅仅是决定其沉积速率，而且还直接影响到镀层性能及质量。从热力学角度分析，反应物及反应产物浓度、添加剂（络合剂、缓冲剂等）、温度、pH 值等都会影响 Ni^{2+} 的还原电位及反应自由能。在此主要讨论动力学影响因素，即沉积速率及因它变化所带来的一些相关问题。

沉积速率影响因素表达式可写成：

$$d=f(T,\mathrm{pH},C_{\mathrm{Ni^{2+}}},C_{\mathrm{Red}},C_{\mathrm{ORed}},S/V,K,a,s,n_1,n_2,\cdots) \tag{3.62}$$

式中 T——操作温度；

pH——溶液酸碱度；

$C_{\mathrm{Ni^{2+}}}$——主盐浓度；

C_{Red}——还原剂浓度；

C_{ORed}——还原剂氧化后产物浓度，如 $[HPO_3^{2-}]$；

K——络合剂种类及浓度；

a——加速剂种类及浓度；

s——稳定剂种类及浓度；

S/V——工件待镀部分面积与镀液体积比，即装载比；

n_1、n_2——其他因素，如搅拌、循环周期、镀液污染等。

下面分别讨论这些影响因素。

（1）主盐及还原剂

如果镀液中 Ni^{2+} 浓度增大，则反应物浓度增加，氧化还原电位正移，反应自由能变化向负方向移动，从动力学上看沉积速率应该加快。图 3.5 是主盐 $NiCl_2$ 浓率变化与沉积速率关系曲线。从中可以看出，由于络合剂的作用，主盐浓度对沉积速率并无明显影响。所以，一般化学镀镍溶液中镍盐浓度维持在 20～40g/L，或者说含 Ni 4～8g/L。

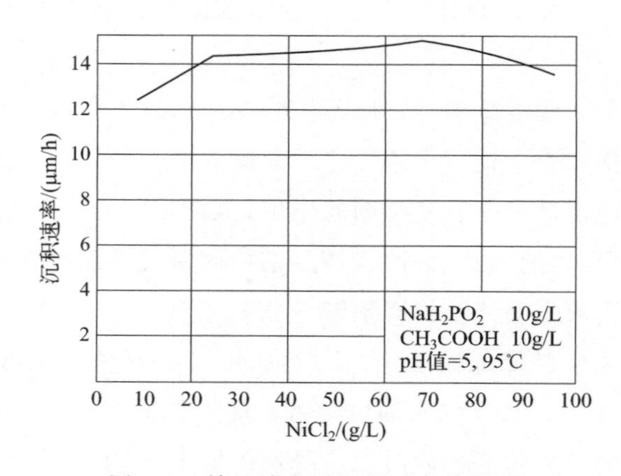

图 3.5 镍盐浓度对沉积速率的影响

此时若没有适当的络合剂和稳定剂配合，镀液容易浑浊甚至发生分解。高浓度主盐镀液施镀后所得镀层颜色发暗且色泽不均匀。

图3.6是主盐、还原剂浓度对沉积速率影响曲线（镀液中加有F^-）。由图3.6可见次磷酸盐浓度对沉积速率的影响明显大于镍盐，同时表3.6的试验数据[1]说明，依靠增加镍盐浓度来提高沉积速率是不可行的，因为主盐浓度大，还原剂浓度也必须增加，只有在络合剂比例适当条件下，次磷酸盐浓度对沉积速率才有明显影响。一般镀液中次磷酸钠浓度维持在20～40g/L。

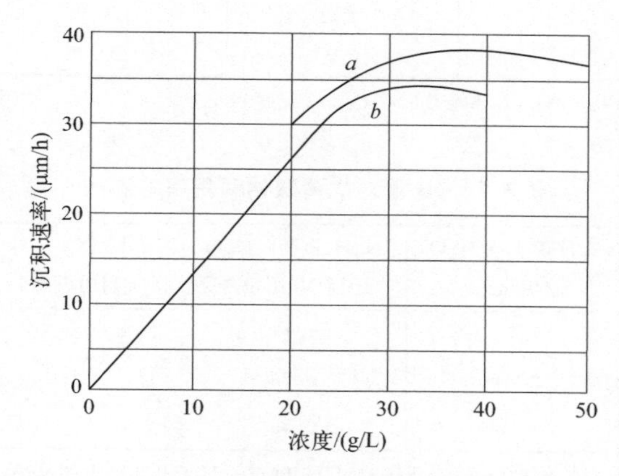

图3.6　主盐和还原剂浓度与沉积速率的关系
a—主盐浓度；*b*—次磷酸盐浓度

图3.7是镀液中主盐及还原剂浓度对镀层中磷含量的影响。图3.7中，当Ni^{2+}浓度较低时，镀层中磷含量随Ni^{2+}浓度增加而下降；当镍盐浓度维持在正常浓度用量范围内，则对镀层中磷含量基本无影响；镀层中磷含量随镀液中次磷酸盐浓度增加而呈直线上升趋势。但次磷酸盐也存在利用效率方面的问题，表3.7为pH值对其利用率的影响。

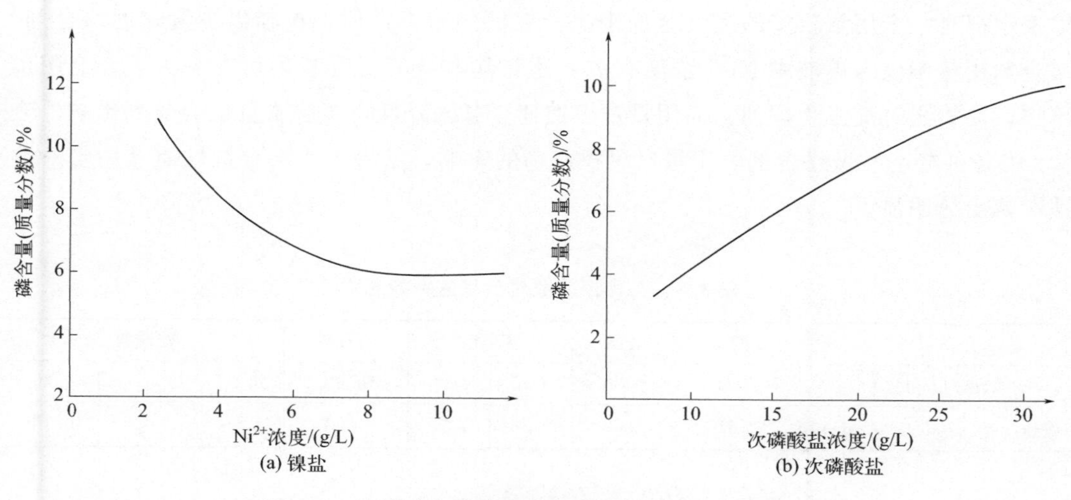

图3.7　镍盐及次磷酸盐浓度对镀层中磷含量的影响

表 3.6　次磷酸盐浓度对沉积速率的影响

次磷酸盐浓度/(g/L)	10g/L $NaAC \cdot 3H_2O$		20g/L $NaAC \cdot 3H_2O$	
	镀速/(μm/h)	外观	镀速/(μm/h)	外观
10	16.7	光亮	8.8	暗、不均匀
20	16.6	光亮	20.7	光亮
30	14.3	光亮	24.5	光亮
40	15.5	光亮	24.0	光亮
50	15.0	光亮	23.4	光亮

注：镀液其他条件为 $NiCl_2 \cdot 6H_2O$，25g/L；pH=5；温度 90℃。

表 3.7　pH 值对次磷酸钠利用率的影响

pH 值	还原 Ni 量/g	$NaH_2PO_2 \cdot H_2O$ 总用量/g	$NaH_2PO_2 \cdot H_2O$ 还原 Ni 用量/g	$NaH_2PO_2 \cdot H_2O$ 利用率/%	还原 1g Ni 消耗 $NaH_2PO_2 \cdot H_2O$ 量/g
5.8～4.5	0.636	2.73	1.15	42.5	4.27
5.0～4.4	0.430	2.04	0.78	38.0	4.75
4.2～3.9	0.330	1.80	0.59	33.0	5.47

注：镀液其他条件为 $NiSO_4 \cdot 6H_2O$，30g/L；$NaH_2PO_2 \cdot H_2O$，20g/L；$NaAC \cdot 3H_2O$，20g/L；施镀时间 1h。

在条件允许的情况下以高 pH 值环境工作有利，不仅可以提高沉积速率，还有利于提高次磷酸盐的利用率。连续施镀过程中随时补加消耗的药品、调整 pH 值，以保持次磷酸盐的利用率。

（2）络合剂

化学镀镍溶液配制的核心问题是络合剂的选用（种类及数量）及其搭配关系，使之既稳定又能保持一定的镀速和较长的循环周期，同时还能获得性能好的镀层。通常每种镀液中都有一个用量较多的主络合剂来决定镀液的基本性质，再辅以少量辅助络合剂。络合剂用量不仅与镀液中 Ni^{2+} 浓度有关，还与其本身的配位基数目有关。络合剂用量不够容易析出沉淀发生浑浊，而用量过多镀速会急剧降低，镀层质量也会受到影响。表 3.8 为各种羟基酸做络合剂时用量对沉积速率的影响，结果表明络合剂性质及用量对镀速影响十分明显。

表 3.8　几种羟基酸对沉积速率的影响

项目	乙醇酸	乳酸	苹果酸		酒石酸	柠檬酸		
浓度/(mol/L)	0.30	0.30	0.15	0.30	0.30	0.10	0.20	0.30
镀速/[10^{-4}g/(cm^2 · min)]	2.51	3.53	2.35	1.79	1.53	1.55	0.63	0.16

（3）稳定剂

稳定剂的浓度是化学镀镍中一个十分敏感的参数，其用量多少与它自身的性能、

Ni^{2+}浓度、沉积条件、装载比及搅拌等条件有关，只有适量添加才能使镀液既稳定又能保持一定的沉积速率[12]。稳定剂本身虽然是一种具有催化活性的毒化物质，工件表面的催化活性可被极低浓度的稳定剂所改变，但在一定浓度范围内其往往会提高沉积速率。稳定剂的最佳浓度可用混合电位或沉积速率与浓度关系曲线来确定，如图3.8所示。

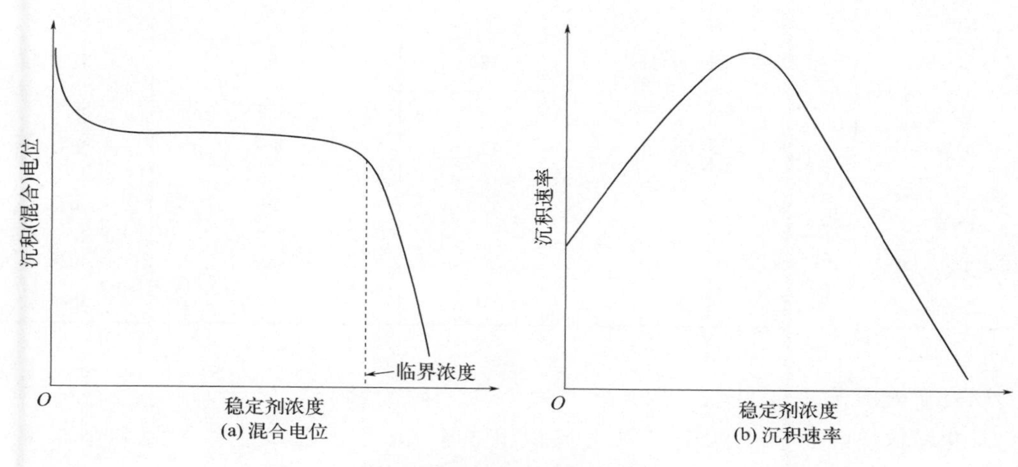

图3.8 稳定剂浓度与混合电位、沉积速率关系

在图3.8（a）中，当稳定剂浓度很低时混合电位即发生突变，随后浓度增加电位趋于平稳，但浓度增加到较高时电位又会发生突变，此时化学镀反应停止，不再有H_2气泡逸出。因此，稳定剂用量应选取电位平台区。

图3.8（b）是沉积速率与稳定剂浓度关系曲线，可看出一定浓度的稳定剂明显的加速作用。显然，使沉积速率急剧下降的浓度区间不可选取。

表3.9是乳酸浴中不同稳定剂用量、镀速及Pd盐法稳定时间（加入Pd盐后镀液出现混浊时间，以此判定稳定剂搭配及用量是否适当）等试验结果。

表3.9 乳酸中加入不同稳定剂试验结果（pH=4.7，温度90℃）

稳定剂	加入量/(mg/L)	镀速/(μm/h)	Pd盐法稳定时间/s	耐蚀性（浸入浓HNO_3溶液1min）	镀层外观
无	—	12	15	好	无光泽
KI	10	12	70	好	无光泽
KIO_3	10	12	72	好	无光泽
	15	12	90	好	无光泽
	20	12	180	好	无光泽
KNO_3	25	12	25	好	无光泽
	50	12	50	好	无光泽

续表

稳定剂	加入量/(mg/L)	镀速/(μm/h)	Pd盐法稳定时间/s	耐蚀性（浸入浓HNO_3溶液1min）	镀层外观
MoO_3	3	13	120	好	无光泽
Pb^{2+}	1	13	19	好	光亮
Cd^{2+}	1	11	20	好	光亮
Hg^{2+}	1	12	50	好	光亮
Se^{4+}	1	13	120	发暗	光亮
Tl^{+}	1	13	120	发暗	光亮
硫脲	3	15	120	黑	光亮
2-巯基苯并噻唑（MBT）	3	15	120	黑	光亮
亚甲基丁二酸	500	12	100	暗	光亮
富马酸	1000	12	200	暗	光亮

（4）亚磷酸根离子

从化学镀镍的总反应式中可看出沉积出1个Ni原子要产生3个亚磷酸根离子（HPO_3^{2-}），即沉积出1g Ni要产生11g $Na_2HPO_3 \cdot 5H_2O$。随着施镀过程的进行而不断添加还原剂，HPO_3^{2-}浓度越来越大，达到一定量后超过$NiHPO_3$溶解度，就会形成$NiHPO_3$沉淀。络合剂的主要作用就是要抑制$NiHPO_3$的沉淀析出。

图3.9为乳酸用量和pH值与亚磷酸盐容忍量关系。图3.9（a）为乳酸浓度与亚磷酸盐容忍量关系曲线。由图可以看出，随着乳酸用量增加，亚磷酸盐容忍量呈直线上升，即镀液中不致出现沉淀，还可继续使用。图3.9（b）是两种浓度的乳酸镀液的pH值与亚磷酸盐容忍量的关系。由图3.9（b）可见，在络合剂足够的前提下以较低pH值运行化学镀镍更为有效。

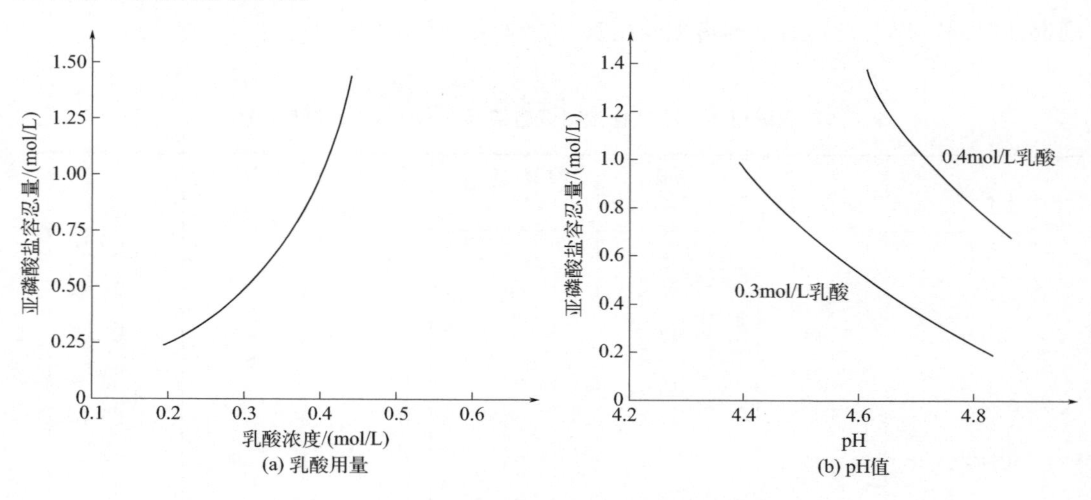

图3.9　乳酸用量和pH值与亚磷酸盐容忍量关系

(5) pH 值

从化学镀镍总反应式可知，沉积 1mol Ni 要产生 4mol H^+，使镀液中 $[H^+]$ 增加，即 pH 值下降。pH 值的这种变化首先表现在催化样品的表面，用玻璃电极测得乳酸、柠檬酸、丁二酸、焦磷酸盐及乙二酸等镀液 pH 值下降了约 3 个单位，所以必须随时加碱调整 pH 值使之在正常工艺范围内。pH 值对镀层、工艺及镀液的影响很大，是工艺参数中必须严格控制的重要因素。

pH 值对沉积速率和镀层中磷含量的影响，见图 3.10。

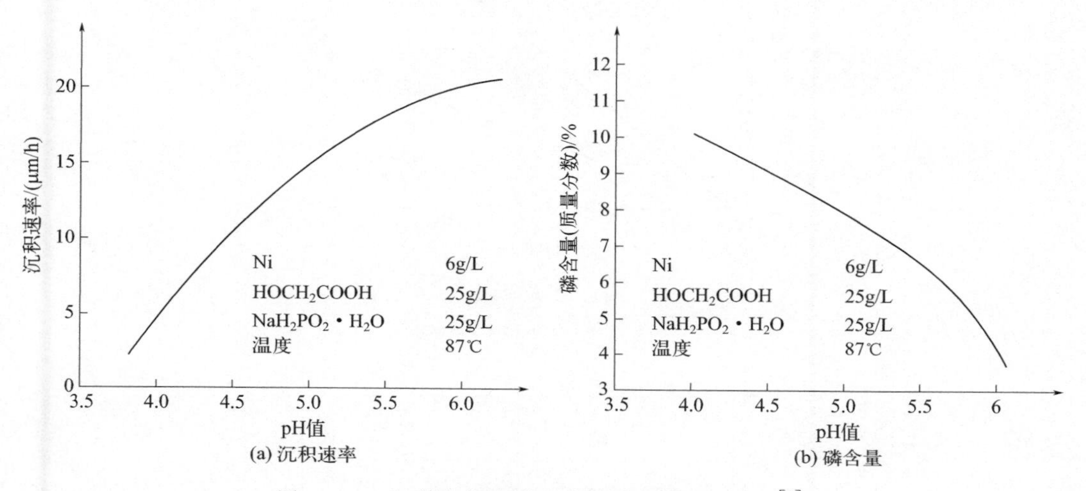

图 3.10 pH 值与沉积速率及镀层中磷含量关系[1]

因为 pH 值的增加可使 Ni^{2+} 的还原速度加快，因而在酸性镀液中随 pH 值增加，沉积速率几乎呈直线增加；与沉积速率的变化相反，pH 值增加镀层中磷含量降低。

pH 值变化还会影响镀层中应力分布：a. pH 值高的镀液得到的镀层含磷低，表现为拉应力；b. pH 值低的镀液得到的镀层含磷高，表现为压应力。一般酸性镀液的 pH 值以 4.5～5.2 为宜。

综上所述，pH 值影响可归纳为：pH 值高则镀速快、镀层含磷低、镀层结合力降低、拉应力加大、易析出 $NiHPO_3$ 沉淀、镀液易分解、但 NaH_2PO_2 利用率高；pH 值低则镀速慢、镀层含磷高、结合力好、应力向压应力方向移动、镀液不易浑浊、稳定性好但 NaH_2PO_2 利用率低。

(6) 温度

由于镀液温度升高离子扩散加快、反应活性加强，所以温度是对化学镀镍速度影响最大的因素。化学镀镍的催化反应一般只能在加热条件下方可进行[14]。

图 3.11 是几种温度下沉积层厚度与时间关系曲线，可见在 60℃左右沉积速率很慢，只有在 80℃以上沉积反应才能正常进行。图 3.12 是沉积速率与温度关系曲线，试验条件是 30g/L $NiCl_2 \cdot 6H_2O$、10g/L $NaH_2PO_2 \cdot H_2O$、10g/L 羟基乙酸、pH＝5。

可见只有温度≥80℃才能获得约10μm/h的可以实际利用的沉积速率。镀速在80℃以上几乎呈直线增加，90～100℃范围内增加更快，但高温下镀速过快容易导致镀液分解，不宜采用。

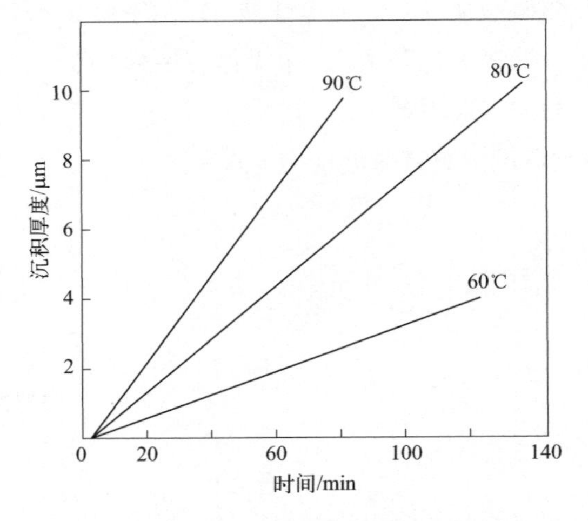

图 3.11　镀层厚度与镀液温度关系

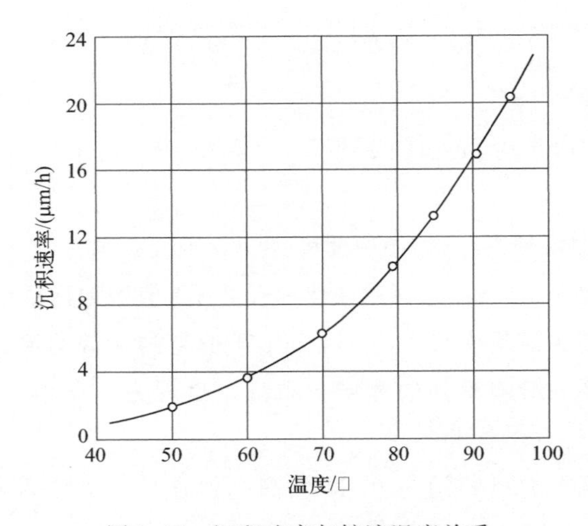

图 3.12　沉积速率与镀液温度关系

值得注意的是镀液温度高时，镀速快、镀层中含磷量下降，因而也会影响镀层性能，同时镀层的应力和孔隙率也会增加，降低其耐蚀性能。因此，化学镀镍过程中温度控制均匀十分重要，一般要求在±2℃范围内，并要避免局部过热，以免影响镀层成分变化而形成层状组织，严重时甚至会出现层间剥落现象。

（7）其他因素

① 搅拌及工件放置。为了使工件各个部位都能均匀地沉积上Ni-P合金，将工件吊挂在镀槽中时必须注意位置，除了施镀面彼此不能紧贴外，还不能出现因气体无法排放

造成在聚集部位漏镀的现象。

同时，为了保证镀液温度均匀、消除工件表面与镀槽整体溶液间的浓度差异、排除工件表面气泡等，在化学镀过程中还应进行适当的搅拌。搅拌加快了反应产物离开工件表面的速率，同时使工件表面不断与新鲜镀液相接触，有利于提高沉积速率，镀层表面不易出现气孔以及发花等缺陷而保证了质量，搅拌方式及强度还会影响镀层中含磷量。但过度搅拌易造成工件尖角部位漏镀等缺陷，也是不可取的。

② 装载比。装载比是指工件施镀面积与使用镀液体积之比，其单位为 dm^2/L。与大装载比的镀液相比较，小装载比的镀液中反应物浓度及 pH 值变化较小，能在较长时间内维持较高的沉积速率。一般镀液的装载比为 $0.5 \sim 1.5dm^2/L$。

③ 镀液的老化及阳离子影响。随着镀液使用循环周期的增加，镀液中需不断补加络合剂和各种添加剂，使镀液中不仅有 HPO_3^{2-} 聚集，还存在 Na^+、NH_4^+、K^+ 及 SO_4^{2-} 的聚集，还有沉淀反应过程中出现的一些副反应产物，尤其是有机添加剂的副产物，这些无疑是镀液老化的重要原因。

有研究无机阳离子的氯化物和硫酸盐对化学镀沉积速率影响时指出：当原子量大于 Ni、Cu 的元素存在时均会降低 Ni 的沉积速率，原子量为 100～120（如 Cd、Sn）的元素存在时，沉积速率下降为零。

3.3.1.3 化学镀镍常用溶液

用次磷酸钠做还原剂的化学镀镍溶液，因其具有溶液稳定、镀浴温度高、沉积速率快、易于控制、镀层质量好等优点而得到广泛应用。表 3.10 为一些酸性次磷酸盐化学镀镍溶液的配方及工艺参数[15]。

表 3.10 酸性次磷酸盐浴化学镀镍配方及工艺参数

组成和工艺	1	2	3	4	5	6	7	8
硫酸镍($NiSO_4 \cdot 7H_2O$)/(g/L)	20～30	20	25～35	20～34	21	28	21	25
次磷酸钠($NaH_2PO_2 \cdot H_2O$)/(g/L)	20～24	27	10～30	20～35	23	30	24	30
醋酸钠($NaCH_3COO \cdot 3H_2O$)/(g/L)	—	—	7	—	—	—	—	20
柠檬酸($C_6H_8O_7 \cdot H_2O$)/(g/L)	—	—	—	—	—	15	—	—
柠檬酸钠($Na_3C_6H_5O_7 \cdot 2H_2O$)/(g/L)	—	—	10	—	—	—	—	30
乳酸 85%($C_3H_6O_3$)/(g/L)	25～34	—	—	—	42.5	27	28	—
苹果酸($C_4H_6O_5$)/(g/L)	—	—	—	18～35	0～2	—	—	—
丁二酸($C_4H_6O_4$)/(g/L)	—	16	—	16	—	—	—	—
丙酸($C_3H_6O_2$)/(g/L)	2.0～2.5	—	—	—	—	—	—	—
醋酸(CH_3COOH)/(g/L)	—	—	—	—	0.5	—	—	—
羟基乙酸钠($CH_2OHCOONa$)/(g/L)	—	—	3	—	—	—	—	—

续表

组成和工艺	1	2	3	4	5	6	7	8
氟化钠(NaF)/(g/L)	—	—	—	—	0.5	—	—	—
稳定剂/(mg/L)	Pb 1～4	—	—	Pb 1～3	Pb0～1	硫脲 0～1.5	硫脲 1	硫脲+Pb
pH 值	4.4～4.8	4.5～5.5	5.6～5.8	4.5～6.0	—	4.8	—	5.0
温度/℃	90～95	94～98	85	85～95	—	87	—	90
沉积速率/(μm/h)	～25	25	6	—	—	—	—	—

为了保证某些不适合在较高温度下施镀的材料，如塑料、半导体材料等能够顺利进行化学镀镍，开发了中、低温碱性次磷酸盐浴镀。这类化学镀沉积速率不快、镀层不光亮、孔隙率较高。由于镀液 pH 值高，为了避免沉淀析出，必须用大量络合能力强的络合剂，如柠檬酸、焦磷酸盐及三乙醇胺等，见表 3.11。

表 3.11 碱性次磷酸盐浴化学镀镍配方及工艺参数

组成和工艺	1	2	3	4	5	6	7	8
硫酸镍 ($NiSO_4 \cdot 7H_2O$)/(g/L)	30	33	32	25	20	—	—	—
氯化镍 ($NiCl_6 \cdot 6H_2O$)/(g/L)	—	—	—	—	—	24	30	45
次磷酸钠 ($NaH_2PO_2 \cdot H_2O$)/(g/L)	30	17	15	25	20	20	10	20
柠檬酸钠 ($Na_3C_6H_5O_7 \cdot 2H_2O$)/(g/L)	—	84	84	—	20	—	100	45
柠檬酸铵 [$(NH_4)_2HC_6H_5O_7$] /(g/L)	—	—	—	—	—	38	—	—
焦磷酸铵 ($Na_4P_2O_7 \cdot 10H_2O$)/(g/L)	60	—	—	50	—	—	—	—
三乙醇胺 [$N(CH_2CH_2OH)_3$] /mL	100	—	—	—	—	—	—	—
硼砂 ($Na_2B_4O_7$)/g	—	—	—	—	—	40g (H_3BO_3)	—	—
氢氧化铵 (NH_4OH)/(g/L)	—	—	60	—	—	—	—	—
氯化铵 (NH_4Cl)/(g/L)	—	60	50	—	—	—	50	50
稳定剂/(mg/L)	—	—	—	—	—	—	—	—
pH 值	10	9.5	9.3	10～11	8.5～9.5	8～9	8～9	8～8.5
温度/℃	30～35	88	89	65～76	40～45	90	90	80～85
沉积速率/(μm/h)	10	—	—	15	—	10～13	6	10

用硼氢化钠做还原剂的化学镀 Ni-B 合金镀均为碱浴镀，采用易溶于水、在碱性介质中稳定的 $NaBH_4$，其配方见表 3.12。

表 3.12　硼氢化钠做还原剂的化学镀 Ni-B 合金配方工艺参数

组成和工艺	数值
$NiCl_2$/(g/L)	30
$NaBH_4$/(g/L)	1
乙二胺/(g/L)	15
酒石酸钾钠/(g/L)	40
NaOH/(g/L)	40
$K_2S_2O_5$/(g/L)	2
温度/℃	60
沉积速率/(μm/h)	4

化学镀镍溶液必须用蒸馏水或去离子水配制，具体操作过程如下：

① 按配制镀液的体积称量出计算量的各种药品；

② 用热水不断搅拌下加入镍盐；

③ 用热水溶解络合剂和各种添加剂后，在搅拌条件下与主盐混合；

④ 将另配制的还原剂溶液同样在搅拌条件下与主盐及络合剂和各种添加剂混合；

⑤ 用 1∶1 NH_4OH 或稀碱溶液调整 pH 值，并稀释至规定体积；

⑥ 加入稳定剂，必要时需过滤。

3.3.2　化学镀镍工艺

同其他湿法表面处理一样，化学镀镍包括镀前处理、施镀操作、镀后处理等步骤。化学镀镍层因具有优越的耐蚀性而得到广泛应用，这种镀层是依靠完全的、连续的覆盖来防止基体腐蚀的，因而化学镀镍层必须是完整的。只有正确实施各工艺过程，如仔细的镀前处理、认真的施镀操作及完备的镀后处理等，才能获得质量合格的镀层。

3.3.2.1　化学镀镍前处理

（1）化学镀镍与基体材料

根据化学镀镍过程的催化活性，基体材料可分为以下三类。

① 本征催化活性材料属于第一类：元素周期表中第Ⅷ族氢析出反应低超电势的金属，如铂、钛、锇、铑、钌及镍，这些金属可以直接化学镀镍；

② 无催化活性的材料属于第二类：大多数材料属于此类，自身表面不具备催化活性，必须通过在其表面沉积的第一类本征催化活性的金属，使这种材料表面具有催化活性之后才能引发化学沉积；

③ 第三类是催化毒性材料：包括铅、镉、铋、锡、钼、汞、砷、硫等，基体合金

成分中含有这些元素超过某比例时，若浸入镀液，不仅基体表面上不可能镀上镍，这些材料离子还会溶解并进入镀液阻滞化学镀镍反应，甚至造成停镀。因而这些材料必须预先在其表面上沉积第一类本征催化活性金属，如浸胶体钯等方法，才能进行化学镀。

除了基体材料的化学成分和性质对化学镀镍有显著影响之外，基体材料的表面形貌也十分重要：只有在少缺陷和表面粗糙度较低的基体材料表面上才能获得高质量的化学镀镍层。

根据国际标准 ISO 4527、国家标准 GB/T 13913—2008 的规定，基体金属材料的镀前处理应遵循如下事项：

① 检查表面状态；

② 镀前消除应力；

③ 为了产生压应力需进行喷丸处理；

④ 为增加结合强度、防止镀液污染等需进行预镀处理（电镀 2～5μm 的铜或镍底层）。

（2）碳钢和低合金钢的镀前处理

碳钢和低合金钢是应用最为普遍的基体材料，因而可供选择的镀前处理方法也较多[9]。常用镀前处理溶液组成及工艺条件见表 3.13。

表 3.13　碳钢和低合金钢常用镀前处理溶液组成及工艺条件

镀前处理溶液	化学组成		工艺条件
碱性脱脂溶液	Na_2CO_3 $Na_3PO_4 \cdot H_2O$ NaOH 非离子型表面活性剂	35～45g/L 15～30g/L 7.5～15g/L 7.5g/L	电流密度：阳极 30～55A/dm^2 温度：60～90℃ 时间：15～30s 对于高镍钢不宜采用阳极电解清洗，否则会钝化
去污液	NaOH NaCN 乙二胺四乙酸四钠盐 （EDTA 四钠盐）	120g/L 120g/L 120g/L	电流密度：5.5A/dm^2 阳极或周期反向 7～10s 温度：室温 时间：30～60s
镍基不锈钢表面活化液	H_2SO_4（94%～96%）60%（体积分数）		阴极：铅板 电流密度：10～16A/dm^2 温度：室温 时间：30s
闪镀镍溶液	$NiCl_2 \cdot 6H_2O$ HCl（30%～33%）	240g/L 320mL/L	阳极：镍板 电流密度：3.5～7.5A/dm^2 时间：2～4min
	氨基磺酸镍 硼酸 盐酸 氨基磺酸 pH 值	320g/L 30g/L 12mL/L 20g/L ＜1.5	阳极：镍板 阳极/阴极面积比：1∶1 电流密度：1～10A/dm^2 温度：室温 时间：1～5min

续表

镀前处理溶液	化学组成		工艺条件
闪镀镍溶液	醋酸镍 硼酸 羟基乙酸（70%） 糖精 醋酸钠 pH值	65g/L 45g/L 65mL/L 1.5g/L 50g/L 6.0	阳极：镍板 电流密度：2.7A/dm^2 温度：室温 时间：5min

其处理流程可表述为：化学除油（含清洁剂的碱性脱脂浴，70～80℃，10～20min）→热水清洗（70～80℃，2min）→冷水清洗（两次逆流漂洗或喷淋，室温，2min）→电解清洗（含清洁剂的碱性脱脂浴，70～80℃）→热水清洗（70～80℃，2min）→冷水清洗（两次逆流漂洗或喷淋，室温，2min）→浸酸活化（室温，1min）→冷水清洗（两次逆流漂洗或喷淋，室温，1min）→去离子水洗或预热浸洗（70～80℃，3min）→化学镀镍→冷水清洗（两次逆流漂洗或喷淋，室温，2min）→干燥。

（3）铸铁件的镀前处理

铸铁有许多种类，常见铸铁为混铸铁，其含碳量为2%～4%，主要以石墨相形式存在。由于铸铁件表面疏松多孔，特别是在铸造质量不高的情况下其表面缺陷尤为突出，因此铸铁化学镀镍比较困难、废品率较高。其主要表现在镀层结合强度差、镀层孔隙率高、镀件易返锈，因此其镀前处理显得更为重要。

铸铁的典型镀前处理流程为：化学除油（含清洁剂的碱性脱脂浴，70～80℃，10～20min）→热水清洗（70～80℃，2min）→冷水清洗（两次逆流漂洗或喷淋，室温，2min）→电解清洗（含清洁剂的碱性脱脂浴，70～80℃，工件阳极，电流密度3～5A/dm^2，2min）→热水清洗（70～80℃，2min）→冷水清洗（两次逆流漂洗或喷淋，室温，2min）→浸酸活化（稀硫酸，体积分数为10%，室温，15～30s）→冷水清洗（两次逆流漂洗或喷淋，室温，1～2min）→去离子水洗或预热浸洗（70～80℃，3min）→化学镀镍→冷水清洗（两次逆流漂洗或喷淋，室温，2min）→干燥。

（4）不锈钢、高合金钢的镀前处理

由于不锈钢和高镍、铬含量合金钢的表面上有一层钝化膜，若直接施镀所得镀层结合强度很差。为消除钝化膜、改善镀层结合强度，应在浓酸中进行阳极处理。镀前处理工艺为：化学除油（碱性脱脂浴，60～90℃，15～30s）→热水清洗（70～80℃，2min）→冷水清洗（两次逆流漂洗或喷淋，室温，2min）→电解清洗（碱性脱脂浴，70～80℃，工件阴极，电流密度3～5A/dm^2，2min）→预镀镍活化（闪镀浴）→冷水清洗（两次逆流漂洗或喷淋，室温，1min）→去离子水洗或预热浸洗（70～80℃，2min）→化学镀镍→冷水清洗（两次逆流漂洗或喷淋，室温，2min）→干燥。

（5）铜及铜合金的镀前处理

由于在以次磷酸钠为还原剂的化学镀浴中铜属于非催化性金属，因此铜及铜合金工件与钢铁件镀前处理的主要区别在于增加了活化工序[16-17]。铜件化学镀前的活化方法有：a. 用已经活化的具有催化活性的金属，如铁丝，接触进入镀浴槽中的工件，此法简单有效，适用于纯铜和黄铜工件；b. 铜工件带电进入镀浴槽，阳极为镍板，阴极为铜工件，槽电压 1～2V，时间 30～60s；c. 铜工件预镀氯化钯溶液（Pd：0.01～0.10g/L）催化活化，此法适用于形状复杂的工件；d. 预镀镍活化。

铜及铜合金典型的镀前处理工序为：化学除油（碱性脱脂浴，70～80℃，10～20min）→热水清洗（70～80℃，2min）→冷水清洗（两次逆流漂洗或喷淋，室温，2min）→电解清洗（碱性化学脱脂浴，50～60℃，工件阴极，电流密度 5A/dm^2，2min）→预镀镍活化（闪镀浴）→冷水清洗（两次逆流漂洗或喷淋，室温，2min）→去离子水洗或预热浸洗→化学镀镍→冷水清洗（两次逆流漂洗或喷淋，室温，2min）→干燥。

（6）铝及铝合金的镀前处理

铝及铝合金是一种以其密度低、导热导电性能较好、比强度高等优点而得到广泛应用的材料；但铝及铝合金本身也存在易腐蚀、不耐磨、接触电阻大、焊接难等缺点，因此包括化学镀镍在内的表面改性技术，在进一步扩大铝及铝合金应用方面起着越来越重要的作用[18-19]。铝及铝合金镀前处理溶液化学组成和工艺条件如表 3.14 所列。

表 3.14　铝及铝合金镀前处理溶液化学组成和工艺条件

镀前处理	化学组成/(g/L)		工艺条件
碱性脱脂浴	无水碳酸钠 无水磷酸三钠	25 25	温度：60～80℃ 时间：1～3min
酸洗浴（退锌浴）	硝酸	50%（体积分数）	温度：室温 时间：30～90s
浸锌浴	氢氧化钠 氧化锌 酒石酸钾钠 三氯化铁 硝酸钠	50 5 50 2 1	温度：15～27℃ 时间：30～60s
闪镀镍浴	硫酸镍 硫酸铵 氯化镍 柠檬酸 葡萄糖酸钙	142 34 30 140 30	阳极：镍板 电流密度：9.5～13A/dm^2 时间：30～45s，然后降低 电流密度至 4～4.5A/dm^2，保持 3～5min 温度：57～66℃

典型的铝及铝合金镀前处理工序为：化学除油（弱或无腐蚀性的脱脂浴）→冷水清洗（两次逆流漂洗或喷淋，室温，2min）→酸洗→冷水清洗（两次逆流漂洗或喷淋，室温，2min）→浸锌→冷水清洗→退锌→冷水清洗→第二次浸锌→冷水清洗→预镀镍活化→冷水清洗→去离子水洗或预热浸洗（70～80℃，1min）→化学镀镍→冷水清洗→干燥。

（7）镁及镁合金的镀前处理

镁和镁合金也是一种高比强度材料，在一般酸碱介质中极易腐蚀，必须采取特殊的镀前处理方法[20-22]。镁及镁合金镀前处理溶液化学组成和工艺条件如表 3.15 所列。

表 3.15 镁及镁合金镀前处理溶液化学组成和工艺条件

镀前处理	化学组成		工艺条件
酸洗浴（1）	铬酐 硝酸铁 氟化钾	180g/L 40g/L 3.5g/L	温度：16～28℃ 时间：15～180s
酸洗浴（2） （适用于精密件）	铬酐	180g/L	温度：16～93℃ 时间：2～10min
活化浴	磷酸（25%） 氟化氢铵	200g/L 90g/L	温度：16～28℃ 时间：15～120s
浸锌浴	硫酸锌 焦磷酸钠 碳酸钠 氟化锂 pH 值	30g/L 120g/L 5g/L 3g/L 10.2～10.4	温度：79～85℃ 时间：5～10min
预镀铜浴	氰化亚铜 氰化钠 酒石酸钾钠 游离氰化钠 pH 值	41g/L 52.5g/L 45g/L 7.5g/L 9.6～10.4	温度：54～60℃ 阳极：电解铜板 电流密度：初始 5～10A/dm^2，然后降低 1～2.5A/dm^2 时间：5～10min
预镀镍浴	碱式碳酸镍 氢氟酸（40%） 柠檬酸 氟化氢铵 氨水（25%） 次磷酸钠 pH 值	10g/L 6mL/L 5.2g/L 10g/L 39mL/L 20g/L 4.5～6.8	温度：77～82℃ 时间：10～15min

典型的镁和镁合金镀前处理工序为：化学除油→冷水清洗→酸洗浴→冷水清洗→活化浴→冷水清洗→浸锌浴→冷水清洗→闪镀铜→冷水清洗→去离子水洗或预热浸洗→预镀镍→冷水清洗→去离子水洗或预热浸洗→化学镀镍→冷水清洗→干燥。

（8）钛及钛合金的镀前处理

金属钛的密度与铝相近，其强度和耐蚀性十分优异，通过化学镀镍表面改性可提高其耐磨性和钎焊性。其相关镀前处理溶液和工艺条件列入表 3.16 中。典型钛及钛合金的镀前处理工艺为：脱脂清洗→冷水清洗→侵蚀或电解侵蚀→冷水清洗→预镀镍活化→冷水清洗→去离子水洗或预热浸洗→化学镀镍→冷水清洗→干燥。

表 3.16 钛及钛合金镀前处理溶液化学组成和工艺条件

镀前处理	化学组成		工艺条件
酸洗浴	氢氟酸（60%） 硝酸（68%）	25%（体积分数） 75%（体积分数）	温度：室温 时间：至冒红烟
浸蚀浴（1）	重铬酸钾 氢氟酸（60%）	250g/L 48mL/L	温度：82～100℃ 时间：20min
浸蚀浴（2） （适用于 3Al-5Cr 钛合金）	重铬酸钾 氢氟酸（60%）	390g/L 25mL/L	温度：82～100℃ 时间：20min
电解浸蚀浴 （适用于 4Al-4Mn 钛合金）	氢氟酸（71%） 乙二醇	19%（体积分数） 81%（体积分数）	阴极：碳棒或镍板 温度：55～60℃ 电流密度：5.4A/dm^2 时间：至气泡停止后再持续 15～30min

3.3.2.2 化学镀镍层的镀后处理

为了达到多种目的和要求，工件镀后还可能进行许多种后续处理，主要包括：a. 烘烤除氢——提高镀层的结合强度，防止氢脆；b. 热处理——改变镀层组织结构和物理性质，提高镀层硬度和耐磨性[23]；c. 打磨抛光——提高镀层表面光亮度、降低粗糙度；d. 铬酸盐钝化——提高镀层耐蚀性；e. 活化和表面预备——为了涂覆其他金属或非金属涂层，提高镀层耐蚀性、耐磨性或进行其他表面功能化处理。镀后处理是化学镀工艺的最后环节，为保证实现最终技术目标起到重要作用。下面分别予以介绍。

（1）消除氢脆的镀后热处理

如果进行热处理是为了提高镀层硬度，则不必进行消除氢脆的热处理；若钢铁基体的抗拉强度≥1400MPa，则应尽早进行镀后热处理。该热处理应在机械加工前进行，可按表 3.17 的具体规范进行消除氢脆处理。

表 3.17 镀后消除氢脆的热处理工艺

钢的最大抗拉强度（R_m）/MPa	温度/℃	时间/h	镀后至热处理允许延迟时间/h
＜1050	无要求	—	—
1050～1450	190～220	8	8
1450～1800	190～220	18	4
＞1800	190～220	24	0

（2）提高结合强度的热处理

为了提高基体金属上的自催化镍-磷镀层的结合强度，对于厚度不超过 50μm 的工件，可按表 3.18 推荐的规范进行热处理，对合金基体无影响。

表 3.18　提高结合强度的热处理工艺

基体材料	温度/℃	时间/h
铍和铍合金	155±5	1.0～1.5
	140±5	4.0
时效-硬化处理的铝和铝合金	130±10	1.0～1.5
未进行时效-硬化处理的铝和铝合金	160±10	1.0～1.5
镁和镁合金	190±10	2.0～2.5
铜和铜合金	190±10	1.0～1.5
镍和镍合金	230±10	1.0～1.5
钛和钛合金	280±10	10.0
钼和钼合金	210±10	1.0～1.5
碳钢和合金钢	200±10	2.0～2.5

（3）提高镀层硬度的热处理

为提高化学镀镍层的硬度以满足技术要求，镀后热处理需综合考虑热处理温度、时间以及镀层合金成分的影响。确定提高镀层硬度的热处理工艺制度时，还需要考虑化学镀层化学成分、在热处理过程中避免快速升温和快速冷却以及尽量缩短热处理时间等。表 3.19 为不同含磷量的镀层经不同热处理后硬度变化情况，可为热处理工艺的选择提供参考。

表 3.19　不同热处理工艺对不同含磷量镀层硬度影响（HV_{100}）

含磷量/%	温度/℃	镀态	热处理后/h				
			0.25	0.5	1	2	20
2.8	400	692	821	—	812	773	—
	600	692	488	423	288	290	211
4.5	400	732	811	911	923	951	977
	425	732	—	—	973	—	793
	500	732	—	—	726	—	608
	600	732	539	550	602	—	—
6.8	400	611	782	852	915	957	967
	425	611	—	—	1010	—	877
	500	611	—	—	926	—	838
	600	611	715	717	788	652	575
7.1	400	602	—	921	—	—	916
	425	602	—	—	958	—	765
	500	602	—	—	843	—	721

续表

含磷量/%	温度/℃	镀态	热处理后/h				
			0.25	0.5	1	2	20
8.7	400	584	863	890	893	913	—
9.6	400	547	—	1001	—	—	—
12.1	400	509	845	827	890	766	—
12.5	400	536	959	961	953	961	960
	425	536	—	—	944	—	960
	500	536	—	—	903	—	901
	600	536	859	846	865	837	731

（4）提高镀层性能的热处理

除烘烤除氢等热处理方式提高化学镀镍层性能之外，还有下列一些方法用于提高镀层的耐蚀性、耐磨性和其他表面功能：a. 镀后铬酸盐钝化处理——提高镀层耐蚀性；b. 镀覆阳极性镀层——提高镀件的抗腐蚀性能；c. 表面功能化后处理——获得高性能磁性等性能。

3.3.2.3 化学镀镍层的退除

一旦出现不合格的镀层，必须进行退镀和重镀工序。由于化学镀镍层，尤其是高磷化学镀镍层具有较好的耐化学药品性能，因此退镀工作是相当困难的，一般要在热处理之前进行[1,24]。

化学镀镍层的退镀可采取机械切削、电解和非电解退镀 3 种方法：a. 镀层特别厚时，可采用车削或磨削等机械加工方法除去镀层且比较省工省时；b. 电解退镀速度比较快；c. 非电解即化学退镀法操作比较简单，是首选方法。在选择化学退镀工艺时，应综合考虑退镀效率、退镀成本、环境保护以及对基体金属的腐蚀性等因素。

（1）钢铁件上镀镍层的退除

通常钢铁件上化学镀镍层的退除，在室温下使用浓硝酸（密度 1.42g/cm^3）或其稀溶液进行，硝酸退镀液组成见表 3.20。

表 3.21 是加热的碱性介质退镀液组成，其特点是对钢铁基体腐蚀性小、含氰化物退镀速度快，而且退镀后工件表面较干净，但是操作时必须注意安全。

表 3.20 硝酸退镀液

化学成分	退镀液 1	退镀液 2	退镀液 3
硝酸（HNO_3）（密度 1.42g/cm^3）/%	70	41.5	>10.5
醋酸（CH_3COOH）（98%）/%	30	—	—

续表

化学成分	退镀液1	退镀液2	退镀液3
氢氟酸（HF）/%	—	24.5	—
过氧化氢（H_2O_2）/%	—	—	<4.5
温度/℃	室温	20～60	<35

注：退镀液1、2化学成分以体积分数计，退镀液3化学成分以质量分数计。

表3.21 精密件上化学镀镍层的碱性介质退镀液

化学组成	退镀液1	退镀液2
硝基芳香族化合物①/(g/L)	60	60
氰化钠（NaCN）/(g/L)	120～180	—
氢氧化钠（NaOH）/(g/L)	25～30	60
乙二胺［$C_2H_4(NH_2)_2$］/(g/L)	—	120
温度/℃	60～80	75～80

① 硝基氯苯、硝基苯甲酸、硝基苯磺酸、硝基苯胺、硝基苯酚等化合物。

（2）不锈钢上镀镍层的退除

不锈钢和镍基合金上不合格的化学镀镍层的退除，基本上均采用硝酸退镀液工艺。

（3）铜及铜合金上镀镍层的退除

铜及铜合金基体上有缺陷化学镀镍层的电解退除方法，选取在体积分数为5%的盐酸稀溶液中进行，工件为阳极，槽电压6V，室温下进行。为防止基体腐蚀，退镀液中应添加缓蚀剂。其退镀液组成见表3.22。

表3.22 铜及铜合金上电解退镀液组成（体积分数）

化学成分	退镀液1	退镀液2
硝酸(HNO_3)(密度1.42g/cm^3)/%	33	
硫酸(H_2SO_4)(密度1.84g/cm^3)/%	66	3～4
硫酸铁[$Fe_2(SO_4)_3 \cdot 9H_2O$]/(g/L)	5～10	
间硝基苯磺酸钠/(g/L)		120
硫氰酸钠(NaCNS)/(g/L)		0.6
温度	室温	
装载量/(dm^2/L)	1	

（4）铝及铝合金上镀镍层的退除

铝及铝合金基体上化学镀镍层最常用的退除方法主要是采用体积分数为50%的硝酸的退镀浴。

电解退除方法有时也采用，其退镀液组成见表3.23。

表 3.23 铝及铝合金上电解退镀液组成及工艺

化学成分	组成及工艺
硫酸（H_2SO_4）（密度 1.84g/cm^3）/(g/L)	1070～1200
甘油（$C_3H_8O_3$）/(g/L)	8～10
温度	室温
阳极电流密度/(A/dm^2)	5～10
槽电压/V	12

3.4 化学镀镍层结构和性能

化学镀镍因其通过磷或硼构成了 Ni-P 或 Ni-B 合金镀层而与电镀镍的力学、物理及化学性能完全不同。本节将主要讨论 Ni-P 合金镀层结构和性能，其主要特点是：a. 镀层性能与其成分和组织结构密切相关，一般把含磷（质量分数）1%～4%、5%～8%、9%～12%的镀层分别称作低磷镀层、中磷镀层和高磷镀层；b. 热处理将引起镀层结构的变化；c. 基材性质及镀前处理均明显地影响镀层的性能。

3.4.1 镀层外观

化学镀镍层的外观通常是光亮、半光亮并略带黄色，有类似银器的光泽。镀层外观的影响因素有以下几种。

① 含磷量：磷含量高则光亮程度较好。

② 基材表面粗糙度：其原有粗糙度越小则光亮程度越高。

③ 镀层厚度：厚度在 20μm 以下时，镀层越厚光亮程度越高。

④ 沉积速率：沉积速率在 24μm/h 以下时，沉积速率快光亮程度高。

⑤ 施镀工艺：镀液组成、pH 值、温度、使用周期等均有影响，用氨基磺酸镍做主盐时镀层光亮。

3.4.2 镀层组织结构

化学镀镍层是一种亚稳定的过饱和合金，图 3.13 是 Ni-P 合金的二元平衡相图。

从图 3.13 可以看出，室温下 P 不固溶在镍基体中，在平衡态下该合金由纯 Ni 和金属间化合物 Ni_3P 组成，而镀态下不会析出金属间相。在 P 含量（质量分数）≤15%范围内，Ni-P 实际上是 Ni-Ni_3P 的二元共晶相；磷含量为 15.0%～21.5%则有 Ni_5P_2、$Ni_{12}P_5$ 和 Ni_2P 等多种金属间化合物，这些介温的 Ni_xP_y 相最终均转变为 Ni＋Ni_3P 平衡相。

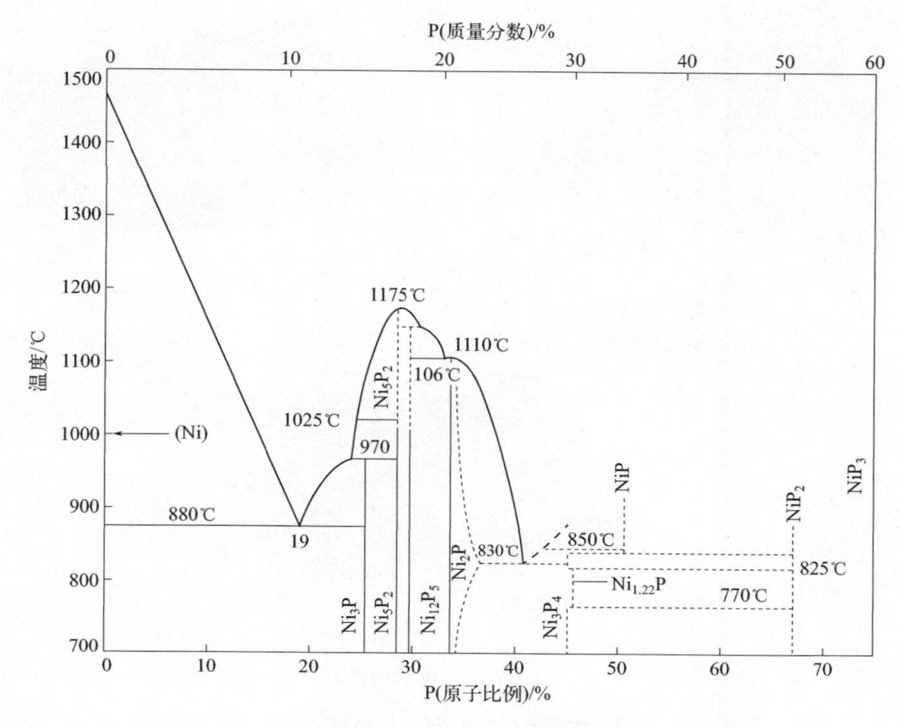

图 3.13 Ni-P 合金二元平衡相图

图 3.14 是采用扫描隧道显微镜（STM）观察到的不同含磷量镀层初期生长形貌。由图可见，低磷层表面粗糙，具有球形小丘状结构，四周有清晰的沟壑，球状颗粒尺寸 0.2μm、沟深 0.1～0.2μm；中磷镀层比较均匀平整，只有很小的凸起，沟深只有 3～8nm；高磷镀层则比中磷镀层更加平整光滑。

3.4.3 镀层物理性质

3.4.3.1 密度

Ni 的密度在 20℃时为 8.91g/cm^3，化学镀 Ni-P 合金的密度由于轻原子 P 的加入而下降，在 7.85～8.50g/cm^3 之间，受含 P 量影响。

一般来说，镀层热处理后密度增加。

3.4.3.2 热学性质

热膨胀系数用来表示金属尺寸随温度的变化规律，一般是采用线膨胀系数［单位：μm/(m・℃)］。化学镀 Ni-P（8%～9%）的热膨胀系数在 0～100℃范围内为 13μm/(m・℃)。镀层加热发生晶化、析出金属间化合物及体积发生变化可通过热膨胀系数的

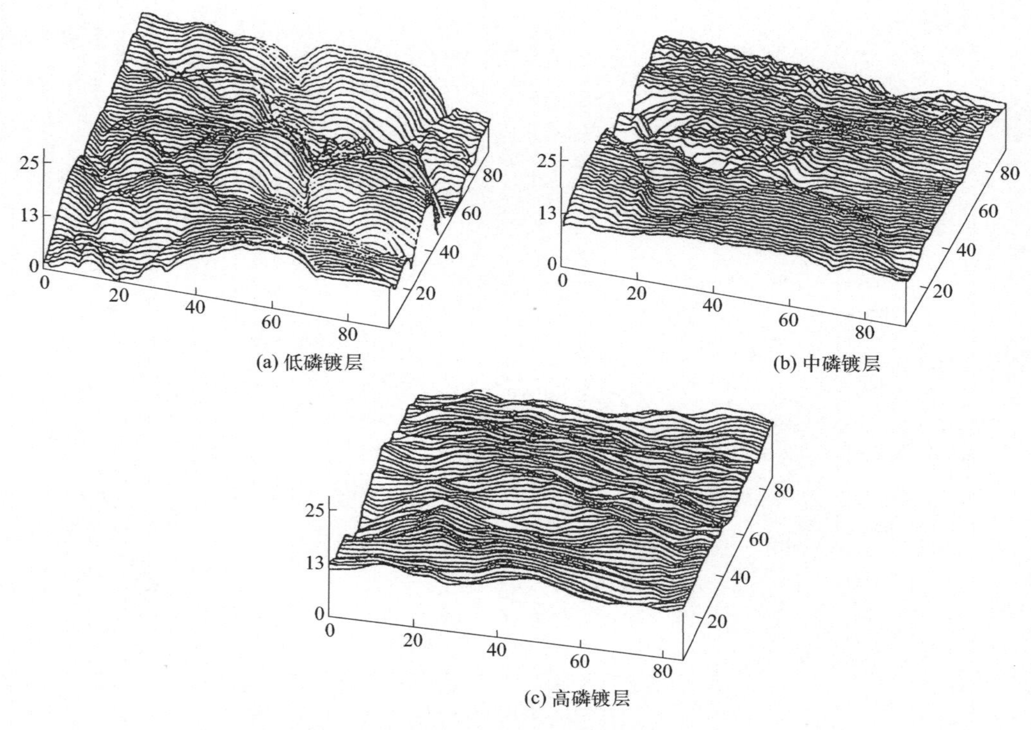

图 3.14 Ni-P 合金镀层的初期生长形貌[1]（单位：nm）

变化反映出来：如 Ni-P（11%～12%）合金镀层从镀态加热到 300℃，降低至室温的收缩率为 0.11%，如再次加热冷却则只收缩 0.013%，这说明加热后镀层的热稳定性增加。

3.4.3.3 电学性质

纯 Ni 镀层的电阻率为 6.05μΩ·cm，酸性镀 Ni-P（6%～7%）合金层电阻率为 52～68μΩ·cm，碱性镀 Ni-P 合金层电阻率为 28～34μΩ·cm；热处理明显影响电阻率，经 600℃加热后酸性镀 Ni-P 合金层电阻率下降到 20μΩ·cm。

3.4.3.4 磁学性质

化学镀 Ni-P 合金的磁性能取决于磷含量（以质量分数计）和热处理工艺制度，即其结构属性——晶态或非晶态：P≥8%的非晶态镀层是非磁性的，含 5%～6%P 的镀层有很弱的铁磁性，只有 P≤3%的镀层才具有铁磁性，但磁性仍比电镀镍小。热处理后可明显提高镀层的磁性能。

3.4.4 镀层力学性质

表 3.24 是不同含磷量镀层的力学性能。

表 3.24　化学镀 Ni-P 合金的力学性能（酸性镀液）

P（质量分数）/%	弹性模量/GPa	抗拉强度/MPa	延伸率/%
1～3	50～60	150～200	<1
5～7	62～66	420～700	<1
7～9	50～60	800～1100	1
10～12	50～70	650～900	1

化学镀镍得到的是脆性镀层，其力学性能与玻璃相似：抗拉强度高、弹性模量和延伸率低。Ni-P 合金强度高、韧性差的根本原因在于所形成的非晶或微晶结构阻碍塑性变形，在发生弹性变形后随即断裂。

3.4.5　镀层均镀能力及厚度

化学镀是利用还原剂以化学反应的方式在工件表面得到镀层，因而不存在电镀时由于工件几何形状复杂而造成的电力线分布不均、均镀（分散）能力和深镀（覆盖）能力不足等问题。无论是深孔、槽或形状复杂的工件均可获得厚度均匀的镀层，均镀能力好是化学镀工艺最大的特点和优势。目前可得到最大化学镀镍层厚度为 400μm。

化学镀层厚度均匀是依靠工件表面各部分的沉积速率基本相当来保证的，而沉积速率又与镀液温度、pH 值及镀液组成等因素有关，因此实际镀层厚度在±2%～±5%之间。搅拌极有利于得到厚度均匀的镀层。

由于化学镀工艺得到的镀层厚度均匀、易于控制、表面光洁平整，一般镀后不需要进行加工处理。

3.4.6　镀层结合力及内应力

镀层与基体的结合力是镀层一项十分重要的工艺性质，也是衡量镀件质量的重要指标之一[24-25]。化学镀镍层的结合力是较好的，如软钢上为 210～420MPa、不锈钢上为 160～200MPa、Al 上为 100～250MPa。影响化学镀层结合力的因素主要有以下几种。

① 基材：结合力与基材性质密切相关，在金属上施镀得到金属-金属的键合，而非金属表面上则是机械咬合，基材与镀层的膨胀系数差异也会影响结合力。

② 镀前处理：镀前的除油和活化工序可使基材表面得到清洁，细喷砂处理可使基材表面处于压应力状态且使之具有一定的粗糙度都是提高结合力的有力措施。

③ 施镀工艺：酸性镀液较碱性得到的镀层结合力高，镀层中的磷含量也会影响结合力。

④ 热处理：在碳钢、不锈钢、铜及铝合金基材上的化学镀镍层进行适当的热处理，镀层硬度虽然下降，但基材与镀层界面间会产生扩散层，因而提高了镀层的结合力。

镀层中残余应力对其性能影响极大：拉应力会导致镀层开裂、起皮甚至剥落，大大降低镀层的结合力；但适当的压应力则有助于提高镀层的结合力。化学镀镍应力可分为外应力和内应力两类。外应力主要是由镀层与基材热膨胀系数不同造成的，其中热膨胀系数大的材质一部分为拉应力，另一部分则为压应力。化学镀镍内应力则相对复杂一些，其影响因素主要有以下几种。

① 磷含量：由于P原子直径小于Ni原子直径，因而当P挤进Ni形成置换型晶格时，晶格会收缩而产生拉应力，但当磷含量增加晶格排列打乱后拉应力会减小，所以镀层中磷含量增加压应力上升、拉应力下降。

② 镀液组成：在酸性镀液中，pH值高镀层为拉应力、pH值低则逐渐转变为压应力。

③ 热处理：由于热处理会引起镀层组织结构的变化而必然影响到应力状态，且与基材有关。

表3.25表明，随镀层磷含量增加，内应力有从拉应力逐渐转变为压应力的趋势，但热处理使拉应力增强。

表3.25　化学镀Ni-P合金镀层的内应力

镀液组成/(mol/L)		施镀条件		P(质量分数)/%	应力/MPa	
		pH值	温度/℃		镀态	热处理后
		5.0	82	6.9	27	80
		5.0	88	7.0	16	73
		4.9	94	7.2	8	66
$NiSO_4 \cdot 7H_2O$	0.08	4.5	93	8.1	13	69
$NaH_2PO_2 \cdot H_2O$	0.23	4.5	93	8.4	44	142
乳酸	0.36	4.0	97	10.7	−55	30
		4.0	94	11.6	−90	0
		4.0	93	12.2	−74	8
		4.0	91	12.4	−108	27

3.4.7　镀层硬度与热处理

化学镀镍层的硬度高达HV3000～6000，低磷镀层最高可达HV7000，而电镀镍层硬度仅为HV1600～1800。

化学镀镍层硬度除与镀液有关外，还与磷含量有关：含磷含量（质量分数）为1%～3%的低磷镀层在镀态下硬度远高于中、高磷镀层，热处理后硬度得到进一步提高。

对镀层硬度影响最大的因素是热处理，图3.15为各种含磷量的镀层硬度与热处理温度关系曲线。在较低温度时，镀层硬度随着热处理温度增加而上升，400℃左右达到最高值，随后在400～600℃温度区间硬度几乎呈线性下降。低磷（2.8%P）镀层硬度在较低温度（300℃）即达到最高值。

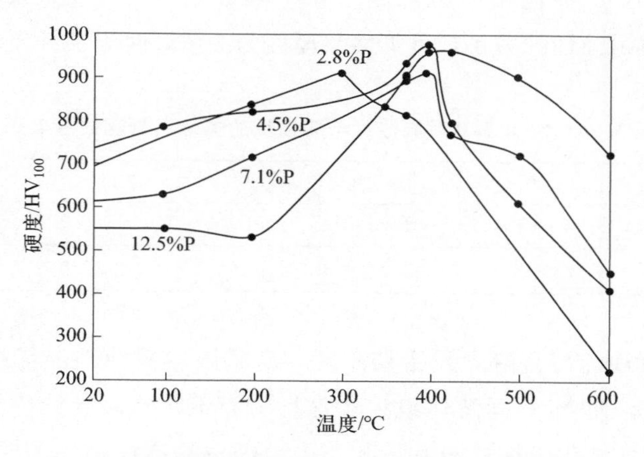

图 3.15　不同含磷量的镀层硬度与热处理温度关系

为探讨造成此种变化的原因，对中磷镀层进行了相结构分析，如图 3.16 所示。

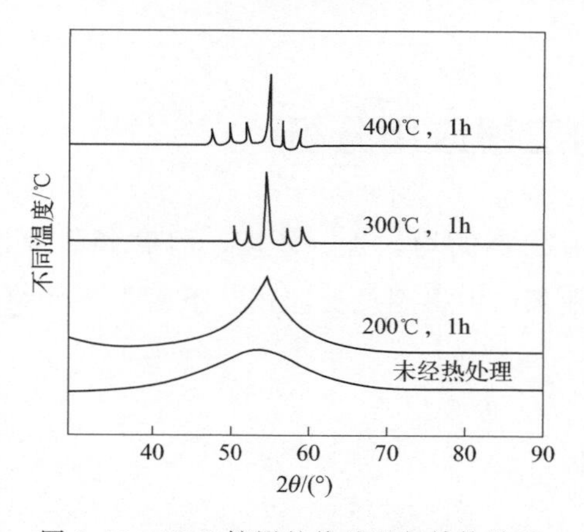

图 3.16　Ni-P 镀层的热处理与结构关系

由图 3.16 可见，镀层经 200℃、1h 热处理后尚未完全晶化，但经 300℃以上温度处理后，X 射线衍射峰明锐（HKL＝200）是镀层结构由非晶态转变为晶态的标志。热处理后镀层硬度增加的原因是弥散 Ni_3P 硬粒子的析出：初期 Ni_3P 粒子均匀连续分布在镍固溶体中，强化了基体；但随热处理温度升高（＞400℃）或时间延长，弥散分布的 Ni_3P 颗粒聚集长大，从而造成镀层硬度下降，如图 3.15 所示。同时，镀层中磷含量高则热处理后析出的 Ni_3P 粒子数量也多，使镀层硬度增幅提高，如含 6%P 的镀层热处理后析出 35% Ni_3P，最高硬度为 HV750～800，而含 8%P 的镀层热处理后析出 57% Ni_3P，最高硬度为 HV900～1000。

3.4.8 镀层腐蚀行为

化学镀镍技术能广为应用的原因之一在于其镀层具有优越的耐蚀性能[26-27]，表3.26是镀层厚度与耐蚀性的关系，可见镀层厚度为30μm时耐蚀性较为突出。

表 3.26 Ni-11%P 镀层厚度与耐蚀性的关系（盐雾试验2周）

镀层厚度/μm	0	4	6	11	21	30
表面锈斑面积/%	80～100	1～5	1	1	1	0
增重/(g/m^2)	99.0	0.9	0.2	0.1	0.1	<0.1

Ni-P镀层耐蚀性能与其磷含量密切相关，高磷镀层耐蚀性能优越源于它非晶态结构排列的长程无序，使Ni-P固溶体组织非常均匀而不存在晶界、位错、孪晶或其他缺陷。非晶态镀层表面钝化膜性质与基体相当，组织也是高度均匀的非晶结构，无位错、层错等缺陷且韧性好，不容易发生机械损伤。与晶态合金相比，钝化膜因形成速度快且钝化膜发生破损后能立即修复而具有良好的保护性。但Ni-P镀层不耐氧化性介质（如HNO_3溶液）的腐蚀。

3.5 化学镀镍的工程应用分析

由于化学镀镍层具有优良的均匀性、硬度、耐磨和耐蚀性能等综合物理化学性能[26-31]，因而已在各工业部门中得到广泛应用。下面主要介绍其在工业领域中的实际应用。

3.5.1 航空航天工业

在航空航天工业中，为减轻重量而大量使用铝合金件，经化学镀镍表面强化后不仅耐蚀、耐磨，而且可焊。其他一些钛合金件、铍合金件均采用低应力和压应力的化学镀镍表面保护的措施。表3.27是化学镀镍在航空航天工业中的主要应用。

表 3.27 化学镀镍在航空航天工业中的主要应用

零件	基底金属	P①/%	镀层厚度/μm	性能
轴承轴颈	铝	低、中磷	25～50	耐磨、均匀
伺服阀	钢	中、高磷	25	耐蚀、润滑、均匀
压缩机叶轮	合金钢	中、高磷	25	耐蚀、耐磨

续表

零件	基底金属	$P^{①}$/%	镀层厚度/μm	性能
热区零件	合金钢	中、高磷	25	耐磨
活塞头	铝	中、高磷	25	耐磨
发动机轴	钢	低、中磷	25	耐磨、镀厚修复
液压转动轴	钢	低、中磷	25	耐磨
密封垫圈和垫片	钢	中、高磷	12.5～25.0	耐磨、耐蚀
起落架零件	铝	中、高磷	25～50	耐磨、镀厚修复
支柱	不锈钢	中、高磷	25～50	耐磨、镀厚修复
皮托管	黄铜、不锈钢	中、高磷	12.5	耐磨、耐蚀
陀螺零件	钢	低、中磷	12.5	耐磨、润滑
发动机座架	合金钢	中、高磷	25	耐磨耐蚀
燃油喷嘴	钢	中、高磷	25	耐蚀、均匀
光学镜片	铝	高磷	75～125	高抛光性

①以质量分数计，低磷，1%～4%；中磷，5%～8%；高磷，9%～12%。

3.5.2 汽车工业

汽车工业利用化学镀镍层非常均匀的优点，在形状复杂的零件（如齿轮、散热器和喷油嘴）上采用化学镀镍工艺保护处理，可有效提高相关零件钎焊性、抗燃油腐蚀和磨损性能。具体应用见表3.28。

表3.28 化学镀镍在汽车工业中的主要应用

零件	基底金属	$P^{①}$/%	镀层厚度/μm	性能
散热器	铝	中、高磷	10	耐磨、均匀、可焊
汽化器零件	钢	中、高磷	15	耐蚀
喷油器	钢	中、高磷	25	耐蚀、耐磨
球头螺栓	钢	中、高磷	25	耐磨
差速器行星齿轮轴	钢	低、中磷	25	耐磨
盘式制动器活塞	钢	低、中磷	25	耐磨
变速器推力垫圈	钢	中、高磷	25	耐磨
同步齿轮	黄铜	中、高磷	30	耐磨
关节销	钢	中、高磷	25	耐磨

续表

零件	基底金属	P①/%	镀层厚度/μm	性能
排气支管、消声器	钢	中、高磷	25	耐蚀
减震器	钢	低、中磷	10	耐磨、润滑
销紧零件	钢	中、高磷	10	耐磨、耐蚀、润滑
软管接头	钢	中、高磷	5	耐蚀、耐磨
齿轮和传动装置	渗碳钢	高磷	25	耐磨、镀厚修复

①以质量分数计，低磷，1%～4%；中磷，5%～8%；高磷，9%～12%。

3.5.3 化学工业

化学工业应用化学镀镍技术代替昂贵的耐蚀合金以解决腐蚀问题，以便改进化学产品的纯度，保护环境，提高操作安全性和生产运输的可靠性，从而获得更有利的技术经济竞争能力。其中应用最为广泛的是阀门制造业：用钢铁制造的球阀、闸阀、旋塞阀、止逆阀和蝶阀等，采用高磷化学镀镍 25～75μm 可显著提高耐腐蚀性和延长使用寿命；在苛性碱腐蚀条件下，应采用 1%～4%的低磷化学镀镍层。但化学镀镍层在强氧化性酸（如浓硝酸、浓硫酸等）介质中不耐蚀。表 3.29 为其在化学工业中的主要应用。

表 3.29 化学镀镍在化学工业中主要应用

零件	基底金属	P①/%	镀层厚度/μm	性能
压力容器	钢	高磷	50.0	耐蚀
反应容器	钢	高磷	100.0	耐蚀、提高产品纯度
搅拌器轴	钢	低、中、高磷	37.5	耐蚀
泵和叶轮	铸铁、钢	低、中、高磷	75.0	耐蚀
热交换器	钢	高磷	75.0	耐蚀、耐冲蚀
过滤器和零件	钢	高磷	25.0	耐蚀、耐冲蚀
涡轮机叶轮转子	钢	高磷	75.0	耐蚀、耐冲蚀
压缩机叶轮	铝	高磷	12.5	耐蚀、耐冲蚀
喷嘴	黄铜、钢	高磷	12.5	耐蚀、耐冲蚀
球阀、闸阀、旋塞阀、止逆阀、蝶阀	钢	低、中、高磷	75.0	耐蚀、润滑
阀门	不锈钢	低、中、高磷	25.0	耐磨、抗擦伤

①以质量分数计，低磷，1%～4%；中磷，5%～8%；高磷，9%～12%。

3.5.4 石油和天然气工业

石油和天然气是化学镀镍的重要市场之一，油田采油和输油管道设备广泛采用化学镀镍技术。典型的石油和天然气工业腐蚀环境为井下盐水、二氧化碳、硫化氢等，温度高达170～200℃，并伴有泥沙和其他磨粒冲蚀，腐蚀环境相当恶劣。考虑到耐蚀合金价格昂贵，一般使用碳钢管道采取化学镀镍保护，技术经济性能最好。表3.30列举了化学镀镍在石油和天然气工业中的主要应用。

表3.30 化学镀镍在石油和天然气工业中的主要应用

零件	基底金属	P[①]/%	镀层厚度/μm	性能
管道	钢	高磷	50～100	耐蚀、耐磨、均匀
泵壳	钢	高磷	50～75	耐蚀、耐磨
抽油泵	钢	高磷	25～75	耐蚀、耐磨、均匀
球阀	钢	高磷	25～75	耐蚀、耐磨
柱塞泵泵壳	钢	高磷	25～75	耐蚀、耐磨、均匀
封隔器	钢	高磷	25～75	耐蚀、耐磨
泥浆泵	钢	高磷	25～75	耐蚀、耐磨
防喷装置	铝	高磷	25～75	耐蚀、耐磨
火管	钢	高磷	25～75	耐蚀

①以质量分数计，低磷，1%～4%；中磷，5%～8%；高磷，9%～12%。

3.5.5 食品加工业

在食品加工过程中，会涉及盐水、亚硝酸盐、柠檬酸、醋酸、挥发性有机酸腐蚀及天然木材的烟熏等问题；食品加工温度范围为60～200℃，生产环境中相对湿度很高。以上因素使食品加工设备面临着金属腐蚀、疲劳和磨损等问题，化学镀镍所具有的均镀能力好、高耐蚀性、防黏、脱模性好等方面优势，使其在食品加工业中应用越来越广泛。

3.5.6 采矿工业

采矿工业环境条件恶劣，井下机械不可避免地接触盐水、矿酸，经受腐蚀和磨料磨损的破坏。因此，采矿机械需要采用化学镀镍进行表面保护。表3.31为化学镀镍在该行业中的主要应用。

表 3.31　化学镀镍在采矿工业中的主要应用

零件	基底金属	P[①]/%	镀层厚度/μm	性能
液压缸和轴	钢	高磷	25.0	耐蚀、耐磨、润滑
挤压机	合金钢	中、高磷	75.0	耐蚀、耐磨
传动带	钢	中、高磷	12.5	耐蚀、耐磨、润滑
齿轮和离合器	钢	中、高磷	25.0	耐蚀、耐磨
液压系统	钢	低、中、高磷	60.0	耐蚀、耐磨、均匀
喷射泵头	钢	中、高磷	60.0	耐蚀、耐磨
采矿机零件	钢、铸铁	中、高磷	30.0	耐蚀、耐磨
管接头	钢	中、高磷	60.0	耐蚀
框架构件	钢	中、高磷	30.0	耐蚀

①以质量分数计，低磷，1%～4%；中磷，5%～8%；高磷，9%～12%。

3.5.7　军事工业

化学镀镍技术在军事上得到广泛应用，例如航空母舰上飞机弹射机罩和轨道采用该技术防止海水腐蚀、军用车辆的耳轴采用该技术防止道路泥浆和盐水的腐蚀和磨损等，表 3.32 为化学镀镍在军事工业中的一些应用。

表 3.32　化学镀镍在军事工业中的主要应用

零件	基底金属	P[①]/%	镀层厚度/μm	性能
引信装置	钢	高磷	12	耐蚀
迫击炮雷管	钢	高磷	10	耐蚀
近炸引信	钢	高磷	12	耐蚀、非磁性
坦克炮管轴承	合金钢	中、高磷	30	耐蚀、耐磨
雷达波导管	钢	高磷	25	耐蚀、均匀
反光镜	铝、铍	中、高磷	75	耐蚀、耐磨
枪、炮	钢	中、高磷	8	耐蚀、耐磨
舰上金属件	黄铜	中、高磷	25	耐蚀
船上用泵	钢、铸铁	中、高磷	50	耐蚀、耐磨

①以质量分数计，低磷，1%～4%；中磷，5%～8%；高磷，9%～12%。

3.5.8　其他工业

注塑模、压铸模等多种型模是机械、轻工业行业大量使用的产品。由于模具普遍存在几何形状复杂问题，因而多采用化学镀镍处理，可获得均匀镀层，无需镀后机械加工即可满足模具尺寸精度和表面粗糙度要求。同时化学镀镍层具有较低的摩擦系数和较好的脱模性能。上述这些特点，使其成为最为经济有效的模具表面处理技术之一，表3.33为其在其他工业中的主要应用。

表 3.33 化学镀镍在其他工业中的应用

零件	基底金属	P①/%	镀层厚度/μm	性能
锌压铸模	合金钢	低、中、高磷	25	耐磨、易脱模
玻璃型模	钢	低、中磷	50	耐磨、易脱模
注塑模	合金钢	高磷	15	耐蚀、耐磨、易脱模
塑料挤压模	合金钢	高磷	25	耐蚀、耐磨、易脱模
钢领	钢	低、中、高磷	50	耐磨
喷丝头	不锈钢	低、中、高磷	25	耐蚀、耐磨
布机棘轮	铝	低、中磷	25	耐磨
编织针	钢	低、中、高磷	12	耐磨
印刷辊筒	钢、铸铁	高磷	38	耐蚀、耐磨
印刷平板	钢、铸铁	高磷	38	耐蚀、耐磨
外科手术器械	钢、铝	中、高磷	12	耐蚀、清洁
分筛	钢	中、高磷	20	耐磨、清洁
药丸分选机	钢	中、高磷	20	耐蚀、清洁
螺杆送料机	钢	中、高磷	25	耐蚀、耐磨、清洁
木材切碎机零件	钢	中、高磷	30	耐蚀、耐磨
刀架孔芯板	钢	中、高磷	30	耐蚀、耐磨
链锯发动机	铝	中、高磷	25	耐蚀、耐磨
钻头、丝锥	合金钢	低磷、复合镀	12	耐磨
精密工具	合金钢	低、中、高磷	12	耐蚀、耐磨
剃刀片、刀头	钢	低、中、高磷	8	耐磨、润滑
笔尖	黄铜	中、高磷	5	耐蚀

①以质量分数计，低磷，1%～4%；中磷，5%～8%；高磷，9%～12%。

3.6 化学镀其他金属

3.6.1 化学镀铜

3.6.1.1 概述

1947年，首先由纳克斯（Narcus）报道了化学镀铜，而商品化学镀铜出现在随后几年，印刷线路板要求采用化学镀铜通孔连接以代替当时的空心铆钉工艺，为化学镀铜技术的发展提供了巨大动力。第一个化学镀铜溶液由卡希尔（Cahill）于 1957 年公开发表：该镀液为酒石酸铜溶液，甲醛为还原剂。

化学镀铜技术在 20 世纪 60 年代获得了长足进步[16-17,32-33]，主要成就有：a. 成功开发胶体 Sn-Pd 商品技术；b. 除酒石酸盐外，还采用了 EDTA、烷基醇胺等络合剂；c. 发现了一系列有效的稳定剂，显著改善了化学镀铜溶液的稳定性。随后，化学镀铜技术逐渐走向成熟：形成了印刷电路板镀薄铜、图形镀、加法镀厚铜以及塑料镀的系列化的商品规模，化学镀铜已十分稳定，出现了镀液分析调整全自动控制的生产线。

化学镀铜层一般很薄（0.1～0.5μm），外观呈粉红色，较柔软，延展性好，导热、导电性好，不宜作为装饰和防护层，通常用作非金属、印刷板孔金属化等电镀加厚镀层的导电层。

3.6.1.2　化学镀铜的反应机理

虽然肼、次磷酸二氢钠（即次磷酸氢钠）、硼氢化钠等都可以作为化学镀铜的还原剂，但目前普遍使用的是甲醛，因此下面以甲醛为例来讨论化学镀铜的反应机理。

（1）甲醛还原铜的机理

甲醛还原铜以电化学机理为主。该机理基于混合电位理论，从电流、电位曲线测得化学镀铜的阳极和阴极反应，以及阴极反应的最大速率。

用甲醛还原铜，在金属铜上存在两个共轭的电化学反应，即铜的阴极还原和甲醛的阳极氧化：

$$2HCHO+4OH^- \longrightarrow 2HCOO^- + H_2\uparrow + 2e^- + 2H_2O \tag{3.63}$$

$$Cu^{2+} + 2e^- \longrightarrow Cu \tag{3.64}$$

金属的催化还原过程就是电化学腐蚀的逆过程，产生阴阳极共轭的条件是对应的电流相等，共轭电流数值相当于金属还原速度。

化学镀全部反应的动力学极限，可以从部分反应的极限电流来测得，在电流-电位曲线上的平稳部位为极限电流值。极限电流的特性显示了极限速率的电子转移、传质和化学反应三种控制类型。铜在低的浓度和无强吸附性添加剂时，化学镀铜过程属传质控制过程，因而进行搅拌对提高沉积速率是有效的。

（2）甲醛还原铜过程中的各种反应

活化处理时，使镀件表面产生具有催化活性的单分子层：

$$Sn^{2+} + \text{催化金属离子} \longrightarrow Sn^{4+} + \text{催化金属} \tag{3.65}$$

在贵金属为催化剂的条件下，有：

$$HCHO+OH^- \xrightarrow{\text{催化金属}} HCOO^- + H_2\uparrow \quad (3.66)$$

铜离子在碱性条件下发生还原反应：

$$Cu^{2+}+H_2+2OH^- \longrightarrow Cu+2H_2O \quad (3.67)$$

以铜膜作为自生催化表面发生自生催化反应：

$$HCHO+OH^- \xrightarrow{\text{在铜膜上}} HCOO^- + H_2\uparrow \quad (3.68)$$

以上反应为化学镀铜过程的主反应，在化学镀铜时应创造条件促使主反应顺利进行。

溶液发生分解，生成氧化亚铜沉淀：

$$2Cu^{2+}+HCHO+5OH^- \longrightarrow Cu_2O\downarrow+HCOO^-+3H_2O \quad (3.69)$$

溶液中的甲醛发生氧化，生成甲酸：

$$2HCHO+OH^- \longrightarrow CH_3OH+HCOO^- \quad (3.70)$$

镀液发生分解反应，镀液分解失效：

$$Cu_2O+H_2O \longrightarrow Cu\downarrow+Cu^{2+}+2OH^- \quad (3.71)$$

上述反应会造成镀液提前分解，需要注意抑制这些反应发生，以延长镀液寿命、保证产品质量、提高经济效益。

(3) 用肼作还原剂的铜沉积机理

肼是强还原剂，尤其是在碱性条件下，还原铜的能力更强。其反应式为：

$$N_2H_4+4OH^- \longrightarrow N_2+4H_2O+4e^- \quad (3.72)$$

当 N_2H_4 浓度很高时，肼与 Cu^{2+} 也可以生成稳定的配位化合物。此时，还原铜的过程分为两步：

$$2Cu(N_2H_4)_x^{2+}+\frac{1}{2}N_2H_4+2OH^- \longrightarrow 2Cu(N_2H_4)_y^{+}+2(x-y)N_2H_4+\frac{1}{2}N_2+2H_2O \quad (3.73)$$

$$2Cu(N_2H_4)_y^{+}+\frac{1}{2}N_2H_4+2OH^- \longrightarrow 2Cu+2yN_2H_4+\frac{1}{2}N_2+2H_2O \quad (3.74)$$

但是，在酒石酸盐或 EDTA 镀液中，使用肼作还原剂时不能得到铜层。用肼作还原剂的镀液中，通常是用氨作络合剂，并随氨浓度的增加将减缓还原反应。

（4）用次磷酸二氢盐作还原剂的铜沉积机理

与甲醛或肼相比较，次磷酸二氢盐在热力学上是还原性更强的还原剂，其还原反应为：

$$H_2PO_2^- + Cu^{2+} + 3OH^- \longrightarrow Cu\downarrow + HPO_3^{2-} + 2H_2O \qquad (3.75)$$

$$3H_2PO_2^- + 2Cu^{2+} + 4OH^- \longrightarrow 2CuH\downarrow + 3H_2PO_3^- + H_2O \qquad (3.76)$$

由此可见，次磷酸二氢钠不仅可以把铜的化合物还原成金属，而且还可以把铜还原成氢化铜。温度在50℃以上时，次磷酸二氢钠在碱性或酸性镀液中均可使铜得以还原。

用次磷酸二氢钠作还原剂的化学镀液，氧化铜是铜离子的来源，铵盐作络合剂，操作温度为80～95℃。

该类化学镀液在沉积速率、镀层附着力等方面与甲醛作还原剂的镀液相比，并未发现其具备突出优点。但在此类镀液中，二价铜离子稳定，镀液稳定性好。

（5）用硼氢化物作还原剂的铜沉积机理

硼氢化钾或硼氢化钠（硼烷）以及它的各种有机衍生物是活泼的强还原剂，其还原反应为：

$$BH_4^- + 2OH^- \longrightarrow BO_2^- + 3H_2\uparrow + 2e^- \qquad (3.77)$$

用硼氢化物取代甲醛的镀液往往是不稳定的，为了使其溶液稳定，建议采用还原性更强的碱性溶液或在溶液中加入氰化物。

用硼氢化物作还原剂的化学镀铜液，其镀速是甲醛镀液的3～4倍。

用硼氢化物作还原剂还可以得到含几种金属的合金镀层，如在镀铜液中加入镍即可得到Cu-Ni镀层。

3.6.1.3 化学镀铜溶液

化学镀铜溶液的种类很多：按可镀铜层的厚薄，分为镀薄铜溶液和镀厚铜溶液；按络合剂的种类，可分为酒石酸盐、EDTA二钠盐等溶液；按使用的还原剂分类，有甲醛、肼、次磷酸二氢钠、硼氢化物及其衍生物等溶液；根据溶液的用途，又可分为塑料金属化、印刷板孔金属化、印刷板全加成法等使用的溶液。下面分别予以介绍。

（1）镀液组成及工艺条件

1）用酒石酸钾钠作络合剂的化学镀铜液

① 用甲醛作还原剂。这类化学镀铜液使用较多，表3.34列出了几种典型普通化学镀铜液配方。

表 3.34 普通化学镀铜液组成及工艺条件

溶液组成及工艺条件	分子式	配方				
		1	2	3	4	5
硫酸铜/(g/L)	$CuSO_4 \cdot 5H_2O$	5	10	7.0	10	5
酒石酸钾钠/(g/L)	$NaKC_4H_4O_6 \cdot 4H_2O$	25	50	22.5	25	22
氢氧化钠/(g/L)	NaOH	7	10	4.5	15	8～15
碳酸钠/(g/L)	Na_2CO_3	—	—	2.1	—	—
氯化镍/(g/L)	$NiCl_2 \cdot 6H_2O$	—	—	2.0	—	2
甲醛①/(g/L)	HCHO	10	10	25.5	5～8	8～12
pH值		12.8	12.9	12.5	12.5～13.0	12.5
温度/℃		15～25	15～25	15～25	15～25	15～25
时间/min		20～30	20～30	20～30	20～30	20～30

①甲醛质量分数为36%～40%。

在表3.34中，配方1比较稳定，主要用于非金属化学镀；配方2主要用于印刷板孔金属化，镀液稳定性较差；配方3中加入了少量镍盐，可以提高化学镀铜层的结合力，适宜塑料电镀前的化学镀；配方4及配方5多用于丙烯腈-丁二烯-苯乙烯共聚物（ABS）塑料化学镀。

在上述普通化学镀铜液中加入一些稳定剂，可提高镀液的稳定性，典型配方如表3.35所列。其中，加入硫代硫酸盐，可使镀液的稳定时间从2h增加到80h；而加入联喹啉后，可使镀液稳定工作的时间延长20～40倍。

表 3.35 稳定性好的化学镀铜液组成　　单位：g/L

溶液组成	分子式	配方				
		1	2	3	4	5
硫酸铜	$CuSO_4 \cdot 5H_2O$	18	25～30	35～70	10	5
酒石酸钾钠	$NaKC_4H_4O_6 \cdot 4H_2O$	85	150～170	170～200	16	150
氢氧化钠	NaOH	25	40～50	50～75	16	30
碳酸钠	Na_2CO_3	40	25～30	—	—	20
甲醛①	HCHO	100	20～25	20～30	8	100
稳定剂②		19（A） 3（B）	2～3（A） 5～10（B）	1～3（C）	5（D）	10（E）

① 甲醛质量分数为36%～40%；

② A为亚硫酸钠；B为乙醇；C为二乙基二硫代氨基甲酸钠；D为硫氰酸盐；E为联喹啉。

② 用硼氢化物作还原剂的溶液。其配方及工艺见表3.36。

表 3.36 用硼氢化物作还原剂的化学镀铜液组成

溶液组成	分子式	配方及工艺
硫酸铜/(g/L)	$CuSO_4 \cdot 5H_2O$	10
酒石酸钾钠/(g/L)	$NaKC_4H_4O_6 \cdot 4H_2O$	22
氨水/(mL/L)	NH_3H_2O (25%)	140
氢氧化钠/(g/L)	NaOH	10
硼氢化钠/(g/L)	$NaBH_4$	1.3
pH 值		13.25
温度/℃		20
沉铜速率/(μm/h)		3

2）用乙二胺四乙酸（EDTA）作络合剂的化学镀铜液　一般情况下，用 EDTA 作络合剂的镀铜液比相同条件的酒石酸钾钠作络合剂的镀铜液更为稳定，镀液温度可稍微高一些。

① 用甲醛作还原剂。常用镀液配方见表 3.37。

表 3.37 用甲醛作还原剂的镀铜液配方

溶液组成	分子式	配方				
		1	2	3	4	5
硫酸铜/(g/L)	$CuSO_4 \cdot 5H_2O$	7.5	7.5	10	110	10
EDTA 二钠盐/(g/L)	$C_{10}H_{14}N_2Na_2O_8$	15	15	20	20	20
氢氧化钠/(g/L)	NaOH	20	5	3	15	145
甲醛①/(mL/L)	HCHO	40	6	6	—	—
聚甲醛/(mL/L)	$(CH_2O)_n$	—	—	—	9	—
氰化钠/(mg/L)	NaCN	500	20	—	—	—
丁二腈/(mg/L)	$C_4H_4N_2$	—	—	19	—	—
硫脲/(mg/L)	CH_4N_2S	—	—	3	—	—
亚硫酸钾/(mg/L)	K_2SO_3	—	—	—	10	—

①甲醛质量分数为 37%～40%。

配方 1～配方 3 在 40～60℃下使用，由于在溶液中加入了氰化物，或是添加 V、As、Sb 等金属的离子，不仅可提高镀层的光亮度，还可用于镀厚铜（20～30μm），用时稍长，需 24～48h。该类镀液中铜的利用率高达 90%，因而又可用于线路板孔金属化或全加成法制造印刷电路板。

配方 4 和配方 5 在室温下使用，常用于获得非金属上的导电层。

② 用次磷酸二氢钠作还原剂。用次磷酸二氢钠作还原剂的化学镀铜液，其工作温度一般在 70～80℃，典型配方和工艺条件见表 3.38。

表 3.38 用次磷酸二氢钠作还原剂的镀铜液配方

溶液组成	分子式	配方及工艺
硫酸铜/(g/L)	$CuSO_4 \cdot 5H_2O$	20
EDTA 二钠盐/(g/L)	$C_{10}H_{14}N_2Na_2O_8$	30
次磷酸二氢钠/(g/L)	$NaH_2PO_2 \cdot H_2O$	100
pH 值		2.5
温度/℃		80
沉铜速率/[mg/(cm^2 · h)]		1

③ 用硼氢化物作还原剂。由于硼氢化物的还原能力很强，为得到稳定的含硼氢化物的碱性溶液，应加入氰化物。其具体配方及工艺条件见表 3.39。

表 3.39 用硼氢化物作还原剂的镀铜液配方

溶液组成	分子式	配方及工艺
硫酸铜/(mol/L)	$CuSO_4 \cdot 5H_2O$	0.05
EDTA 二钠盐/(mol/L)	$C_{10}H_{14}N_2Na_2O_8$	0.12
硼氢化钠/(mol/L)	$NaBH_4$	0.002
氰化钠/(mol/L)	NaCN	0.008
pH 值		13
温度/℃		25
沉铜速率/(μm/h)		2.5

3）其他络合剂化学镀铜液

① 用甘油作络合剂的化学镀铜液。其配方和工艺条件如表 3.40 所列。该配方沉积速率快，可以镀厚铜。

表 3.40 用甘油作络合剂的化学镀铜液配方

溶液组成	分子式	配方及工艺
硫酸铜/(g/L)	$CuSO_4 \cdot 5H_2O$	100
甘油/(g/L)	$C_8H_8O_3$	100
碳酸钠/(g/L)	Na_2CO_3	10
氢氧化钠/(g/L)	NaOH	100
甲醛（37%～40%）/(mL/L)	HCHO	40
pH 值		12.5

② 用柠檬酸盐作络合剂的化学镀铜液。其配方和工艺条件见表 3.41。

表 3.41　用柠檬酸盐作络合剂的化学镀铜液配方

溶液组成	分子式	配方及工艺
硫酸铜/(g/L)	$CuSO_4 \cdot 5H_2O$	20
柠檬酸钠/(g/L)	$Na_3C_6H_8O_7 \cdot 2H_2O$	15
碳酸钠/(g/L)	Na_2CO_3	10
甲醛（37%～40%）/(mL/L)	HCHO	40
温度/℃		15～25

该镀液特点是镀速快、镀层外观比类似的酒石酸盐镀液好。但在沉铜过程中，镀层表面易发生钝化，且随 pH 值升高，钝化速度加快。

③ 用苹果酸作络合剂的化学镀铜液。表 3.42 为其配方及工艺条件。由于该镀液含有氰化物，所以稳定性好。

表 3.42　用苹果酸作络合剂的化学镀铜液配方

溶液组成	分子式	配方及工艺
氧化铜/(mol/L)	CuO	0.05
苹果酸/(mol/L)	$C_4H_6O_5$	0.3
次磷酸二氢钠/(mol/L)	$NaH_2PO_2 \cdot H_2O$	0.5
氰化钠/(mol/L)	NaCN	10^{-5}
pH 值		4.5

④ 用铵盐作络合剂的化学镀铜液。配方及工艺条件见表 3.43。此镀液可使二价铜离子浓度稳定，即使不添加稳定剂，镀液也十分稳定。

表 3.43　用铵盐作络合剂的化学镀铜液配方

溶液组成	分子式	配方及工艺
氧化铜/(g/L)	CuO	2
硫酸铵/(g/L)	$(NH_4)_2SO_4$	5
次磷酸二氢钠/(g/L)	$NaH_2PO_2 \cdot H_2O$	5
pH 值		3.0～3.1
温度/℃		93

(2) 化学镀铜液的配制方法

化学镀铜溶液具体配制方法为：

① 用少量蒸馏水溶解计算称重的铜盐；

② 用少量蒸馏水溶解需要量的络合剂；

③ 按规定量配制稳定剂溶液；

④ 用少量蒸馏水溶解需要量的碱类；

⑤ 用适量蒸馏水溶解完全溶解计算量的还原剂；

⑥ 将①、②、③液混合并不断搅拌，同时加入已经混合好的④、⑤液的混合液；

⑦ 用蒸馏水稀释至规定体积；

⑧ 用碱液调整 pH 值至规定范围；

⑨ 除去镀液中的沉积物即可使用。

(3) 化学镀铜液中各组分作用

化学镀铜溶液主要由铜盐、还原剂、络合剂、稳定剂、pH 值调整剂和其他添加剂的去离子水组成。

1) 铜盐　铜盐是化学镀铜的离子源，可使用硫酸铜、氧化铜、碱式碳酸铜、酒石酸铜等二价铜盐。大多数化学镀铜溶液中都使用硫酸铜。

化学镀铜溶液中铜盐含量越高，镀速越快；但是含量增加到某一值后，镀速变化不再明显。铜盐浓度对于镀层性能的影响较小，然而铜盐中的杂质则可能对镀层性能造成很大的影响，因此化学镀铜液中铜盐的纯度要求较高。

2) 还原剂　化学镀铜溶液中的还原剂可使用甲醛、次磷酸钠、硼氢化钠、二甲氨基硼烷 (DMAB)、肼等。目前配制化学镀铜溶液时，普遍采用质量分数约为 37%的甲醛水溶液为原料。

以甲醛为还原剂的化学镀铜过程中存在两个基本化学反应：

$$Cu^{2+}+2e^{-}\longrightarrow Cu^{0} \tag{3.78}$$

$$2HCHO+4OH^{-}\longrightarrow 2HCOO^{-}+H_2\uparrow+2H_2O+2e^{-} \tag{3.79}$$

化学反应发生在催化性异相表面，并不存在外来电子。其总反应式可表达为：

$$Cu^{2+}+2HCHO+4OH^{-}\longrightarrow Cu^{0}+2HCOO^{-}+H_2\uparrow+2H_2O \tag{3.80}$$

甲醛的还原作用与镀液的 pH 值有关：只有在 pH＞11 的碱性条件下，它才具有还原铜的能力。镀液的 pH 值越高，甲醛还原铜的作用越强，镀速也越快。但镀液的 pH 值过高，镀液易自发分解，降低了镀液的稳定性，因此大多数化学镀铜溶液的 pH 值都控制在 12 左右。

增加镀液中的甲醛浓度，可显著提高镀速；但是当镀液中甲醛浓度较大时，浓度变化不再明显影响镀速。

3) pH 值调整剂　由于化学镀铜过程是镀液 pH 值降低的过程，因此必须向化学镀铜溶液中添加碱，以便维持镀液的 pH 值处于正常范围内。通常化学镀铜使用的 pH 值调整剂是氢氧化钠。

4) 络合剂　为防止在碱性镀液中析出氢氧化物沉淀，镀液中必须含有络合剂使铜离子成为络离子状态。化学镀铜溶液中使用的络合剂种类很多，表 3.44 中所列为常用络合剂及其络合的稳定常数 pK（pK 值越大表示铜络离子越稳定）。

表 3.44 常用络合剂及其络合物稳定常数

中心离子	络合剂		络离子	pK 值
	名称	分子式		
Cu^{2+}	酒石酸	$C_4H_6O_6$	$[Cu(C_4H_4O_6)_2]^{2-}$	6.51
	乙二胺	$NH_2C_2H_4NH_2$	$[Cu(C_2H_4N_2H_4)_4]^{2+}$	19.99
	氨	NH_3	$[Cu(NH_3)_4]^{2+}$	12.68
	水杨酸	$C_6H_4OHCOOH$	$[Cu(C_6H_4OHCOO)_2]^{2+}$	18.45
	三乙醇胺	$N(C_2H_4OH)_3$	$[CuN(C_2H_4OH)_3]^{2+}$	6.0
Cu^{+}	氰化钠	NaCN	$[Cu(CN)_4]^{3-}$	30.30
	硫脲	NH_2CSNH_2	$[Cu(CSN_2H_4)_4]^{+}$	15.39
	硫代硫酸钠	$Na_2S_2O_3$	$[Cu(S_2O_3)_3]^{5-}$	13.84
	硫氰化钾	KCNS	$[Cu(CNS)_2]^{-}$	12.11

络合剂对于化学镀铜溶液和镀层性能的影响很大。目前，化学镀铜溶液中通常添加两种或两种以上的络合剂，如酒石酸钾钠和 EDTA 钠盐混合使用。正确地选用络合剂，不仅有利于增加镀液的稳定性，而且可以提高镀速和镀层质量。

5）稳定剂　化学镀铜过程中，除二价铜离子在催化表面进行有效的表面化学反应而被甲醛还原成为金属铜以外，还存在许多副反应。主要的副反应有：

坎尼扎罗（Cannizzaro）反应：

$$2HCHO+OH^- \longrightarrow CH_3OH+HCOO^- \tag{3.81}$$

不完全还原反应：

$$2Cu^{2+}+HCOH+5OH^- \longrightarrow Cu_2O\downarrow+HCOO^-+3H_2O \tag{3.82}$$

氧化亚铜微粒悬浮在镀液中，可引起一系列分解反应：

$$Cu_2O+H_2O \longrightarrow 2Cu^++2OH^- \tag{3.83}$$

$$Cu_2O+H_2O \longrightarrow Cu^0+Cu^{2+}+2OH^- \tag{3.84}$$

$$2Cu^+ \longrightarrow Cu^0+Cu^{2+} \tag{3.85}$$

这些副反应不仅消耗了镀液中的有效成分，而且产生氧化亚铜和金属铜微粒造成镀层疏松粗糙，甚至引起镀液自发分解。其现象主要表现在：

① 镀液由蓝色透明逐渐变浑浊；

② 气泡不仅从镀件表面析出，也从溶液内部析出；

③ 容器壁上开始出现不连续铜层；

④ 溶液中有悬浮物或沉积物。

为抑制上述副反应、消除可能出现降低镀层质量的现象，镀液中通常添加稳定剂。化学镀铜溶液的稳定剂种类很多，常用的稳定剂有甲醛、氰化钠等。这类稳定剂在提高镀液的稳定性的同时又是化学镀铜反应的催化毒性剂，因此稳定剂的含量一般很低，否则会显著降低镀速甚至造成停镀。目前，常用持续的压缩空气鼓泡作为化学镀铜溶液稳定剂。

6）其他添加剂　提高镀速的添加剂被称为加速剂或促进剂。作为化学镀铜溶液加速剂的化合物有铵盐、硝酸盐、氯化物、氯酸盐、钼酸盐等。

某些表面活性剂也用于降低化学镀铜溶液的表面张力，有利于改善镀层质量。

化学镀铜溶液中还含有某些金属离子：当溶液中含适量的钙离子时，可提高沉铜速率，实际中用于快速镀铜；与此相反，当含有镍、铅、锡等金属的离子时，则会明显降低镀速，但可起到提高镀层结合力、韧性和溶液稳定性等作用。

（4）工艺条件对沉积速率的影响

1）pH值　由于化学镀铜反应时要消耗OH^-，所以pH值要降低，而铜的沉积速率与pH值又有着密切关系：一般情况下，沉铜速率随着pH值的升高而加快，镀层外观也得到改善；但如果pH值过高（pH>13）会导致甲醛分解速度加快、消耗量增加，此时沉铜速率不再增加；pH值低时，因甲醛还原能力降低，沉铜速率明显减小。

2）温度　一般情况下，酒石酸盐镀液都在室温下工作，EDTA镀液在较高的温度（>50℃）下工作。随着镀液温度升高，铜的沉积速率加快。

从结晶学角度来看，液温升高，使沉积铜原子的速率加快，铜的结晶容易进行，并能形成更稳定的晶体结构，所以得到的铜层内应力显著变小、韧性提高；但液温提高的同时，镀铜过程中的副反应也更容易进行，导致沉积速率反而下降。因此，液温越高，溶液的沉铜速率和稳定性越低。要使镀液温度高时沉铜速率快、镀液稳定性好，必须借助于其他络合剂和添加剂。

3）搅拌　搅拌在化学镀铜过程中是必不可少的，它的作用主要有两点：一是使接触被镀件表面的溶液浓度尽可能与整体溶液的浓度一致，以保证有足够的二价铜离子能还原成镀层，从而提高了镀液的沉积速率；二是使停留在被镀件表面的气泡迅速脱离逸出液面，以减少镀层起泡、提高镀层质量。此外，搅拌还可使镀层厚度均匀。

搅拌的方法可采用机械和空气搅拌。

（5）化学镀铜的应用及工艺

1）在印刷电路板制造中的应用　迄今为止，化学镀铜最重要的工业应用是印刷电路制造过程中的通孔镀工序。因其无电场分布问题，故能使非导体的孔壁和导线上生成厚度均匀的镀铜层。化学镀铜技术的应用极大提高了印刷电路的可靠性。

目前大多数印刷电路板采用减法工艺制造。该工艺生产原料为覆铜板，即各种绝缘板材的表面覆盖有电解铜箔。绝缘基板的厚度规格变化范围很大，因此有的覆铜板刚性很好，有的轻薄可绕则称为柔性板。如果将电路图印到覆铜板表面上，可用光致抗蚀材料在覆铜箔表面印刷成所需的精确图形；然后将没有抗蚀材料防护的即不需要的铜箔部分化学刻蚀去掉；最后除去抗蚀层，这样绝缘基板上剩下的铜箔就是复制的电路图形。减法工艺是指印刷电路的形成主要靠除去铜层。

如果印刷电路制造时原料为非覆铜箔板，则采用加法工艺。此时，化学镀铜的功能就不仅仅是通孔镀，而且是表面选择性金属化了。若采用化学镀铜直接获得所需要的电路图形的厚度时，称为全尺寸化学镀（厚）铜；有时化学镀铜至一定厚度后，改用电镀铜至规定厚度。上述两种工艺均为加法工艺。

印刷电路板化学镀铜工艺如同其他湿法工艺一样，包括镀前预备、施镀过程和镀后处理一系列工序，如表 3.45 所列，表中每两道工序之间应由一次或多次清洗操作相连接，每步工序对保证产品质量都是重要的。下面结合表 3.45 叙述完整的印刷电路板化学镀铜处理工艺过程。

表 3.45　化学镀铜印刷线路板工艺

序号	印刷线路板工艺方法			
	减法工艺			加法工艺
1	钻孔			
2	溶胀、表面调整			
3	碱性高锰酸钾去钻污			刻蚀
4	中和			
5	（碱）清洗/表面调整			表面调整
6	微刻蚀			—
7	预浸/表面催化			
8	解胶			（干燥、图形转印）解胶
9	图形镀（化学镀厚铜）	图形镀（化学镀薄铜）	整板镀	—
10	化学镀铜（2μm）	化学镀铜（0.5μm）	化学镀铜（0.5～2.5μm）	化学镀铜（25μm）
11	稀硫酸或抗铜变色剂	闪镀铜（电镀，5μm）	稀硫酸	—
12	图形转印	图形转印	电镀铜	—
13	电镀铜	电镀铜	图形转印	阻焊膜

① 镀前处理。覆铜板或层压板经程序控制高速钻孔和去毛刺加工后，装上吊装即进入化学镀铜的镀前处理工序。其镀前处理工序分为两个阶段。

第一阶段为表面初处理。此阶段主要是采用强浸蚀性的化学药品除去基体表面的纤维和异物，并且刻蚀基体表面，显著地改变基体表面形貌和表面化学性质，即该阶段各步骤的主要目的就是消除可见的表面缺陷。目前印刷电路制造的表面初处理通常由溶胀、碱性高锰酸钾氧化去钻污以及中和三个步骤组成。

第二阶段是化学镀前预备。此阶段主要为保证工件表面最终的清洁度，获得理想的表面催化活性以便于化学镀铜。该阶段由（碱）清洗、表面调整、微刻蚀、预浸、表面催化、解胶等步骤组成。

现按顺序分别予以介绍。

Ⅰ. 表面初处理。

溶胀：将钻孔后的印刷电路板浸入一种碱性、含有机溶剂的水溶液中，在加热条件下保持一定时间。处理温度为60～70℃；保温时间为5～10min，使有机溶剂稍微地渗入环氧层状材料之中；控制渗入深度，一般不超过5μm，为后续氧化去钻污工序获得最佳效果做预备。

去钻污：去钻污槽液为强碱性高锰酸钾水溶液，操作温度高达75～85℃，时间为7～10min。去钻污溶液具有很强的氧化性，可以将已经溶胀的树脂“溶解”掉。事实上是将钻污氧化生成低分子量的含氧有机化合物和二氧化碳，从而使其脱离工件表面。高锰酸钾的化学反应如下：

$$2MnO_4^- + 2OH^- \xrightarrow[\triangle]{MnO_2} 2MnO_4^{2-} + \frac{1}{2}O_2\uparrow + H_2O \tag{3.86}$$

去钻污工序至少具有三个方面的功能，即除去内芯铜层表面的钻污、使钻孔内壁绝缘基体表面形成微孔结构、有控制地刻蚀掉钻孔内壁浅表层树脂从而使内芯铜表面稍微突出，工艺上称之为凹蚀，目的在于提高内芯铜表面与化学镀铜层的结合力。

去钻污工序需要控制的重要参数是溶液中高锰酸钾和锰酸钾的浓度。高锰酸钾是氧化树脂钻污的氧化剂，当反应产物锰酸钾的积累浓度过高时则加快发生自氧化还原反应，析出MnO_2，而MnO_2又是高锰酸钾氧化反应的催化剂。

为了保持去钻污溶液的使用性能和延长使用寿命，通常控制溶液中锰酸盐的量维持在某一较低的浓度水平（15～20g/L），方法是定期添加强氧化剂，如次氯酸盐等，将锰酸盐氧化成高锰酸盐。这类强氧化剂又称为再生剂。

中和：碱性高锰酸钾溶液去钻污处理后，工件表面全部被二氧化锰所覆盖。为除去二氧化锰，中和工序槽液为一种弱还原性的酸性溶液，通常操作温度为40～50℃，在搅拌条件下洗涤4～6min，即可除去二氧化锰，从而显露出具有微孔形貌的清洁表面。

Ⅱ. 镀前预备。

碱清洗：未经过表面初处理的工件（如双面板）或者工序间断、停放，工件重新装件后就必须进行清洗，以便除去工件表面的脏污和灰尘。清洗槽液为含表面活性剂的碱性溶液，通常pH≥13，操作温度为55～70℃。碱清洗后应充分水洗，水温不能太低，一般应高于16℃；清洗应在空气搅拌下进行，避免在工件上残留清洗剂。

表面调整：所谓表面调整是指改善工件表面状态与后续工序适应性的预备性前置工作。因为后续有表面催化步骤，所以又称之为催化促进性处理。表面调整槽液中含的表面活性剂能在催化步骤之前有效地清洁工件表面。因为常用的胶体钯带负电荷，因此带正电荷的表面调整剂将促进催化剂在工件表面均匀吸附，有利于提高化学镀铜的质量。

如同之前清洗槽液一样，表面调整剂浓度不宜过高，并且应加强工序间水洗力度。

微刻蚀：该工序对覆铜箔和内芯铜层表面进行刻蚀粗化，刻蚀深度为 0.75～2.00μm，以保证化学镀铜层与内芯铜层的结合强度。常用的微刻蚀槽液为过硫酸盐的酸性溶液，刻蚀之后必须经过稀硫酸溶液浸洗。目前，微刻蚀溶液采用稀硫酸-过氧化氢水溶液，操作温度 40～50℃，刻蚀时间 1～3min，刻蚀后无需浸洗硫酸，直接进行水清洗即可。

催化前预浸：催化前预浸后直接浸催化溶液，不再进行工序间水清洗。预浸槽液中含有除催化剂（如钯）本身之外的全部化学成分，并且与催化溶液的 pH 值相同。预浸的目的在于保护昂贵的催化剂（如胶体钯）溶液不至于被稀释并且尽可能减少带入污染。考虑到盐酸对于内芯铜层表面浸蚀的影响，预浸溶液和催化（胶体钯）溶液中的盐酸浓度应有所降低，以防止内芯铜层出现变色环。

表面催化：表面催化是化学镀铜之前最重要的工序，其余的镀前处理步骤都是为了优化这一工序，以保证催化剂在工件表面附着的均匀性和选择性。胶体钯催化工序的操作温度高于室温，通常为 35～45℃，浸入时间为 4～6min，以工件表面均匀附着弥散的胶体钯粒子为度，浸钯时间不宜过长。倘若胶体钯附着过多，反而会在工件铜基体表面与随后的化学镀铜层之间形成夹心层，造成镀层结合力不合格。在操作中应避免空气搅拌催化剂溶液，因为胶体钯溶液中的亚锡离子容易被氧化而加快催化剂的失效。

胶体钯溶液对于带入污染是比较敏感的，一旦污染很容易造成化学镀铜层缺陷。减少胶体钯溶液被污染的方法有：增加催化前预浸溶液更换频率；浸钯时间不宜过长；禁止工件重复浸钯。

浸胶体钯后的水清洗不得采用喷淋法，漂洗时也尽可能避免空气搅拌。水洗时间不宜太久，通常为 3～4min。

解胶：化学镀铜之前必须除去包裹催化剂钯核的含锡外壳。解胶剂主要由可溶解或可络合二价锡盐或四价锡盐的化学品组成，通常为氟硼酸、盐酸或者其他酸性或碱性的稀溶液。某些解胶剂中含还原剂，其目的在于加快工件进入化学镀铜槽后的起镀时间。解胶工序在室温下操作，时间为 3～5min，避免“过分解胶”，即防止催化剂被剥离退除，从而导致化学镀铜缺陷。有的工艺中删去了解胶工序，同时相应地在化学镀铜溶液中加入过量的氯化物，使之具有“自催化”作用并且不损失其稳定性。

化学镀铜之前必须经过去离子水清洗，以保证镀前工件表面清洁度，具体操作在室温下进行约 1min 的清洗即可。

② 化学镀铜。有关化学镀铜溶液的组成见表 3.34～表 3.43。

若按操作温度和镀速分类，通常减法工艺制造印制电路用化学镀铜溶液有两种：低速镀液，室温下工作，镀速为 0.75～1.5μm/h；室温高速镀液，21～32℃下使用，镀速为 1.5～4.5μm/h。采用何种化学镀铜溶液取决于印刷电路制造工艺路线。如表 3.45 所列，减法工艺制造印刷电路板有多条路线：整板镀和图形镀，图形镀之中又分为化学镀厚铜和化学镀薄铜。其实，整板镀和图形镀之间的唯一差别表现在电镀铜方面：在采用整板镀工艺路线时，在图形转印工序之前，铜镀层已完全镀到规定厚度；而在图形镀中，大部分铜镀层是图形转印之后再镀上去的。由此可见，采用整板镀工艺路线时，后续蚀刻工作量很大；而采用图形镀工艺时，应考虑在电镀铜增厚时因电流密度分布不均对导线尺寸的影响。

化学镀铜溶液需要一系列控制，主要目的在于保持镀速和镀层物理性能稳定，且保证镀液达到使用寿命。首先，镀液的主要化学成分必须始终维持在规定的范围之内。通常以镀液的初始开缸成分为基础，按照镀液操作说明进行补充添加，补充添加量取决于镀速和镀液装载量。除化学成分之外，镀液温度也是最重要的操作参数之一。如果镀液温度过低，则会造成镀速过慢甚至漏镀、停镀；温度过高又会造成镀速太快和镀液不稳定。其他关键性的控制因素还有空气搅拌、循环过滤和镀液装载量等，控制方法与化学镀镍相当。

化学镀铜应用于印刷电路板制造中最重要的两项性能是覆盖性和结合力。覆盖性是指化学镀铜层在基体表面形成均匀的完整的覆盖。除镀层厚度和化学成分一致以外，其主要是指镀层不得有漏镀、孔洞和针孔等缺陷。粗大的覆盖缺陷可用肉眼观察检出，细微的针孔则用显微镜检查。化学镀铜层的结合强度取决于正确的镀前处理，包括表面初处理和镀前预备每一个步骤，必须确保镀前表面有一个完整有效的而且是最薄的催化膜，以便获得最佳的结合强度。结合强度还同化学镀铜层的延展性、抗拉强度和应力有关，取决于选择合格的镀液和采用正确的施镀操作。

目前，化学镀铜层质量要求变得越来越严格了，获得具有晶粒细、内应力低和低电阻的镀层成为质量控制目标之一。

③ 化学镀铜后处理。采用的印刷电路板制造工艺路线不同，化学镀铜的后处理也会有所不同。

在减法图形镀工艺中，化学镀厚铜之后立即进行抗铜变色处理，然后清洗、干燥、下架进入图形转印工序。抗铜变色溶液呈弱酸性，含柠檬酸或酒石酸盐络合剂和抗铜变色剂。通常抗铜变色剂溶液的浓度很低，操作温度为50～60℃。洗净后的印刷电路板在不锈钢槽中采用强制热风吹干。

在减法图形镀工艺化学镀薄铜（约0.5μm）之后，紧接着电镀铜增厚（约5μm）作为后处理，然后清洗、干燥、下架进行图形转印工序。

同样，对于整板镀工艺，化学镀铜的后处理是电镀铜。如果电镀铜在另一条生产线上进行，因此存在工件转移重新上架的步骤。为防止化学镀铜层变色或脏污，将工件放入弱酸溶液中转移，即所谓湿法转移。

④ 加法工艺化学镀厚铜。加法工艺化学镀厚铜不采用电镀铜增厚，在非覆铜板上的导线厚度全部由化学镀铜完成，故又称为全尺寸化学镀铜。相对于电镀铜增厚而言，化学镀厚铜成本昂贵，因而主要用于某些要求镀厚（线高）、线间距绝对均匀、高孔径厚度比通孔镀的高性能多层印刷电路板的制造。

与前述减法工艺相比，加法工艺化学镀铜有许多不同之处：在加法制造工艺中，化学镀铜在图形转印之后，典型镀厚约 25μm，在 55～80℃热镀液中浸泡长达 8～15h。因此要求光致阻蚀膜（屏蔽废镀部分）耐温、强度高。这层阻蚀膜通常会成为印刷电路板成品的一部分，因而要求阻蚀膜的绝缘性能和阻燃性能应符合产品技术指标。

加法工艺化学镀铜溶液的组成和施镀操作与减法工艺也不同。全尺寸化学镀铜层必须具有延展性高、抗拉强度高、结晶细致、内应力低等性能，特别重要的是在高温（260～288℃）时具有合格的延展性和抗拉强度，因为该温度就是印刷电路板制造工艺过程中要使用到的工艺温度。为保持稳定的镀层性能，在施镀控制方面应特别严格，采用镀液自动控制系统是保证质量的最佳选择。随着全尺寸化学镀铜技术的日趋完善，加法工艺制造印刷电路板在整个印刷电路产业中所占份额会不断上升。

2）化学镀铜的其他应用　除印刷电路制造业之外，化学镀铜技术在其他领域也有广泛的应用。应用的共同出发点是使非导体材料表面金属化，从而衍生出装饰性表面保护、电路互连、电子元器件封装、电磁屏蔽等一系列功能性应用。

大多数非金属材料属于电的不良导体，并不具备化学镀铜或镀镍的催化活性。有机材料包括各种塑料、纤维、树脂；无机材料主要有各种陶瓷、玻璃、单晶硅等。从冶金学观点来看，在这些材料与其表面覆盖金属层之间的交互作用之中，延晶、扩散和键合的作用是十分微弱的，因而形貌的影响显得比较突出，即这些材料与其金属覆盖层的结合强度较低。为提高基体与镀层之间的结合力，非金属材料镀前必须经过刻蚀处理，适当地增大工件表面的粗糙度和接触面积，以便获得理想的表面形貌和润湿性能。赋予基材表面催化活性的工艺过程，如表面调整、催化、解胶以及化学镀操作本身都将影响镀层结合力和镀层性能。非金属材料如此繁多，镀前处理的变化成为非金属材料化学镀的基本特点。非金属材料的镀前处理主要如下。

① 塑料件的镀前处理。最适于表面金属化的工程塑料有丙烯腈-丁二烯-苯乙烯共聚物（ABS）、聚苯醚、聚丙烯、聚碳酸酯、聚酯、聚酰胺（尼龙）等。ABS 是应用最为广泛的热塑性工程塑料，可镀级的 ABS 为接枝共聚物，其中丁二烯的含量为 18%～23%，在结构上呈现聚丁二烯团状弹性体微粒均匀分散在树脂连续相之中。在化学刻蚀时，聚丁二烯被选择性溶解，从而在 ABS 表面形成均匀粗化的适于化学镀的形貌。

塑料件上的化学镀操作，不仅与施镀工艺有关，而且与塑料件的设计与成型工艺密切相关：应避免产生应力集中、变形；避免使用有害的脱模剂；对于形状复杂的塑料件必须注意模具设计、模型温度、注模速度等成型工艺参数。

② ABS 塑料的镀前处理。ABS 塑料的化学镀前处理典型工艺流程有六个步骤：塑料件去应力→脱脂→表面粗化（化学刻蚀）→表面调整（中和、还原）→预浸、催化、解胶→化学镀。

ABS 塑料件可在 60～75℃下热处理 2～4h 去应力。在整面剂（体积分数为 20%～25%的丙酮水溶液）中浸泡 30min，也可消除表面应力，同时具有脱脂作用。

ABS 塑料件脱脂可在钢铁件碱性脱脂液中进行，操作温度低于 70℃，脱脂后应热水清洗、除净工件表面的碱液。

ABS塑料表面粗化基本上不采用机械粗化或溶剂粗化法，采用的化学粗化（刻蚀）法主要有四类，分别以铬酸、硫酸、磷酸或碱性高锰酸钾为主的化学粗化工艺。其中应用较多的是高铬酸型工艺，其刻蚀溶液组成及工艺条件如表3.46所列。

表3.46　常用高铬酸型化学粗化溶液组成及工艺条件

溶液组成	工艺及配方
铬酐（CrO_3）/(g/L)	250～400
硫酸 H_2SO_4（密度 $1.84g/cm^3$）/(mL/L)	200～300
水	余量
温度/℃	50～65
时间/min	10～30

在上述组成范围内，溶液中的铬酐处于饱和状态。化学粗化后的ABS塑料表面的镀层结合力良好。在实际操作中，应注意溶液成分的补充，特别是硫酸的含量不能太低。高铬酸型化学粗化工艺比较成熟可靠，但应注意生产含铬废水的回收和再生，防止六价铬的污染。

经过化学粗化后的ABS塑料工件必须经过充分的清洗处理，以防止工件表面残留的六价铬污染催化剂溶液。通常使用亚硫酸盐、稀盐酸溶液还原除去六价铬。

ABS塑料件化学镀前的预浸、催化、解胶以及化学镀铜工艺控制的重点事项与印制电路板化学镀铜相类似。由于ABS为热塑性材料，化学镀铜或化学镀镍时操作温度不宜过高，一般镀液温度不要超过70℃，以免工件变形。

③ 其他塑料件的镀前处理。不同的塑料表面镀前处理之间的差别主要表现在化学粗化的溶液组成和工艺条件，原因在于不同塑料的耐溶剂性能和抗氧化性能存在差异。几种常用工程塑料的镀前化学粗化工艺见表3.47。

表3.47　常用工程塑料件化学粗化溶液组成及工艺条件

塑料名称	去应力温度/℃	粗化工艺
聚丙烯（PP）	80～100	工艺1：松节油，40～50mL/L；非离子型表面活性剂，60～70mL/L；65～85℃；10～30min 工艺2：硫酸（密度 $1.84g/cm^3$），600～700mL/L；铬酐，10～15g/L；70～85℃；10～30min
聚乙烯（PE）	50～60	硫酸（密度 $1.84g/cm^3$），500～600mL/L；铬酐，5～7g/L；60～70℃；15～30min
聚氯乙烯（PVC）	50～60	工艺1：环己酮，400mL/L；乙醇，600mL/L；15～30℃；1～5min 工艺2：硫酸（密度 $1.84g/cm^3$），300mL/L；铬酐，260g/L；60～70℃；1～2h 工艺3：盐酸，500mL/L；15～30℃；5～10min

续表

塑料名称	去应力温度/℃	粗化工艺
聚酰胺 PA (尼龙 1010) (尼龙 66)	90～100	硫酸（密度 1.84g/cm^3），500～600mL/L；铬酐，100～120g/L；15～30℃；1～5min（尼龙 1010），0.5～1.0min（尼龙 66）
聚酰胺 PA (尼龙 6)	90～100	硫酸（密度 1.84g/cm^3），300mL/L；铬酐，50～70g/L；15～30℃；10～30min
聚对苯二甲酸乙二酯（PET）	—	氢氧化钠，200g/L；丙二醇，150mL/L；60～70℃；5～10min
聚甲基丙烯酸甲酯（PMMA）	80	硫酸（密度 1.84g/cm^3），450mL/L；磷酸，200mL/L；30℃；3～10min
聚苯乙烯（PS）	70	工艺 1：丙酮，80～100mL/L；15～30℃；1～4min 工艺 2：重铬酸钾，20g/L；硫酸（密度 1.84g/cm^3），500～600mL/L；60～70℃；5～15min
聚碳酸酯（PC）	110～120	工艺 1：丙酮，80～100mL/L；15～30℃；至表面稍微发白 工艺 2：硫酸（密度 1.84g/cm^3），500～600mL/L；铬酐，400g/L；90～93℃；10～30min
酚醛树脂（PF） 环氧树脂（EP） （玻璃钢）	100～120	硫酸（密度 1.84g/cm^3），500～600mL/L；氢氟酸，140～300mL/L；50～70℃；5～10min

④ 陶瓷、玻璃等材料的镀前处理。

陶瓷、玻璃和人工晶体材料等属于无机非金属材料，随着高新技术的发展，有时需要在这些材料表面实现导电和电连接，如陶瓷基印刷电路板等；有时需要将陶瓷与金属、陶瓷与陶瓷牢固地粘接在一起，如多层陶瓷基芯片的封装、电子真空件的封装等。这些材料，特别是先进无机材料表面的金属化已成为特别重要的工艺技术。化学镀是表面金属化的方法之一，无机非金属材料的化学镀前处理同样要历经脱脂清洗、刻蚀粗化、表面催化活化等步骤，但由于陶瓷、玻璃材料的种类繁多，其组织结构、理化性质不同，因而镀前处理工艺变化很大。

陶瓷、玻璃工件的脱脂清洗可采用常规溶剂脱脂或碱液脱脂。在含有低泡表面活性剂的水溶液中超声波清洗，有利于提高形状复杂、多孔的工件表面的清洁度。

陶瓷、玻璃工件化学刻蚀溶液的组成和工艺条件，如表 3.48 所列。

表 3.48 陶瓷、玻璃工件化学刻蚀溶液组成及工艺条件

溶液组成	配方 1	配方 2	配方 3	配方 4	配方 5	配方 6
重铬酸钾(KCr_2O_7)/(g/L)					30	
铬酐(CrO_3)/(g/L)	70					
氢氟酸[HF(40%)]/(mL/L)	125	100	200			275

续表

溶液组成	配方 1	配方 2	配方 3	配方 4	配方 5	配方 6
氟化铵(NH_4F)/(g/L)		40				
硫酸[H_2SO_4(98%)]/(mL/L)	230				1000	
硝酸[HNO_3(65%)]/(mL/L)			600			
氢氧化钠(NaOH)/(g/L)				100		
水	余量	余量	余量	余量		余量
温度	室温	室温	室温	室温	室温	室温
时间/min	1～30	3～40	1～30	30	10～30	0.5～5.0

表 3.48 中刻蚀溶液配方 1、2 适用于素烧陶瓷；上釉陶瓷可在配方 2 溶液中刻蚀后再转入配方 3 溶液继续刻蚀；配方 4 刻蚀液适用于高铝瓷。玻璃工件可先在配方 5 强氧化性溶液中浸蚀，以便除净表面可能残留的有机物，水洗后转入配方 6 溶液中，控制刻蚀时间至所需表面粗糙度为止。

对陶瓷、玻璃件镀前表面催化活化处理的常规工艺方法，主要介绍如下。

浸钯：经表面粗化处理洗净后的陶瓷、玻璃工件可采用二步法浸钯、浸胶钯或离子钯溶液的方法进行镀前表面催化处理。

催化性涂料：其为高固体组分有机涂料，其中的固体组分主要为对于化学镀铜或者化学镀镍具有催化活性的金属铜或镍的微粉，连续黏结相为热固性或交联固化性有机树脂，其他成分还有辅助添加剂和有机溶剂，经过充分捏合或研磨后使之成为均匀的具有可涂布性的膏状或液状涂料。通过盆、刷或者丝网漏印的方式经催化性涂料涂覆在催化处理过的陶瓷工件表面，涂料固化后成为具有可镀性的表面。这种涂料类似于电镀用的导电涂料，它将成为工件与镀层之间的中间层。因此，催化性涂层本身及其与镀层和陶瓷基体之间，必须都具备足够的结合强度。

银浆法：其又称作烧渗银法，是将预制好的银浆涂覆在陶瓷基工件表面，通过高温烧渗形成一层金属银。作为陶瓷基电子元器件上的电路，银的导电性能好，可在金属银层上直接焊接金属、电镀或化学镀铜增厚；银在以硼氢化钠为还原剂的化学镀镍溶液中具有本征催化活性，若需化学镀镍磷合金，则可通过施加阴极脉冲电流等方法，一旦银表面沉积上镍即引发化学沉积反应。

银浆由含银原料、熔剂和黏合剂组成，制备方法同涂料类相似。几种常用银浆的组成见表 3.49。

表 3.49 几种常用银浆配方

组分		云母电容器银浆	陶瓷电容器银浆	陶瓷滤波器银浆
含银原料	碳酸银 (Ag_2CO_3)/g	100		
	氧化银 (Ag_2O)/g		100	100

续表

组分		云母电容器银浆	陶瓷电容器银浆	陶瓷滤波器银浆
熔剂	氧化铋 (Bi_2O_3)/mL	1.25	1.45	1.80
	偏硼酸铅 (PbB_2O_4)/mL		1.53	1.46
黏合剂	松香/mL	60	7.15	9.1
	松节油/mL	90	32.5	30.0
	蓖麻油/mL		5.0	1.2
烧结温度/℃		550±20	860±20	650±20

烧渗银之前应将涂覆好银浆的工件放入60℃的烘箱内将银涂层烘干，以免烧银时银层起皮，然后将工件转入电炉中烧渗。

银的烧渗过程可分为四个阶段。

第一阶段是由室温升温至350℃。在此阶段熔剂挥发、黏合剂碳化分解，同时伴有大量气体产生，应注意通风排气。升温速率要控制在150～200℃/h甚至更低，以免银层起泡开裂。

第二阶段温度区间为350～500℃。在此阶段含银化合物将分解还原为金属银，伴有气体逸出，仍需适当控制升温速率。

第三阶段由500℃升至最高烧渗温度，最高烧渗温度不超过910℃，最佳温度为(825±20)℃，保温时间15～20min，升温速率小于300℃/h。在此过程中，偏硼酸铅先熔化为玻璃态；随着温度进一步升高，氧化铋相继熔化；玻璃液一方面与银粒黏结，另一方面渗入陶瓷表层，形成中间过渡层，从而使银层与陶瓷基体牢固结合。

第四阶段为冷却阶段以实现银层结晶。冷却速度的控制很重要：快速冷却可获得结晶致密的优质银层，同时要防止陶瓷开裂。

钼锰法：其又称烧结金属粉末法，是指在高温还原性气氛中，使金属钼、锰粉末（预制成涂料）在陶瓷表面上烧结成金属薄膜，然后再采用电镀镍或化学镀镍方法使陶瓷表面金属化薄膜增厚。

钼锰膏（浆）由金属钼、锰超细粉末和黏合剂组成，制备方法同涂料相类似。常用黏合剂由硝化纤维、醋酸丁酯、草酸二乙酯等无灰分成分组成，其功能主要是使钼锰膏（浆）具有可涂覆性能。

对于某些高技术陶瓷，如透明氧化铝陶瓷表面不含玻璃相，需要在钼锰膏中添加一些熔剂材料微粉，如SiO_2、MnO、CaO、B_2O_3和Y_2O_3等，这些熔剂材料在高温形成的玻璃态物质，对于陶瓷表面和钼粉都具有良好的流动性和润湿性，使金属化层与陶瓷结合牢固。

⑤ 其他镀前处理方法。可采用物理方法沉积金属使塑料件表面具有导电性，然后电镀增厚生成装饰性镀层。随着耐温高分子合成材料的不断涌现，镀前处理方法也由早期的真空蒸镀发展到一些低温物理方法作为提高结合力的镀前处理方法，如真空溅射催化性金属作为镀前处理。陶瓷、人工晶体、玻璃等无机非金属材料，特别是耐高温陶瓷

可以采用气相沉积（CVD、PVD等）、离子注入、激光表面熔覆等表面改性技术作为镀前处理方法。

⑥ 塑料件装饰镀。工程塑料替代金属具有质量轻、成本低等优点，通过模具加工形状复杂的工件也相对容易，这些都促进了塑料装饰镀工艺的发展。以化学镀铜打底，随后电镀增厚，使塑料件具有金属一般的闪亮外观。

塑料件上化学镀铜层的厚度一般为0.50～0.75μm，在电镀铜或瓦特（Watts）镍增厚2.5μm后，酸性光亮镀铜12～25μm，然后电镀镍、金、银或铜合金等装饰性镀层。对于塑料件装饰镀的质量要求主要是考核外观和在工件寿命期间镀层的耐久性。可靠性加速试验时镀层不得出现鼓泡；镀层结合力合格，其剥离强度约为0.7kN/m；用铜加速醋酸盐雾（CASS）试验检查镀层的耐蚀性。

⑦ 电磁干扰屏蔽（EMI shielding）。化学镀铜的另一项重要工业应用是对电子元器件抗电磁干扰的屏蔽。为降低电磁噪声，无论是来自外部或室内的，都需要进行抗电磁干扰屏蔽。屏蔽能力直接与电子元器件的导电性有关，因此金属外壳的电子元器件的抗电磁干扰的屏蔽效果较好。但为了降低成本和重量，许多电子元器件都采用了塑料机壳，导致抗电磁干扰的屏蔽能力很差。化学镀铜可以较好地解决这一问题。

化学镀铜层上再罩化学镀镍是最佳的EMI屏蔽方法之一，其典型的技术参数是：化学镀铜层厚0.7～2.0μm作为导电层，其表面电阻小于0.05Ω；外罩化学镀镍层厚0.25～0.50μm，化学镀镍并非提升EMI屏蔽性能，而是用于抗腐蚀和提高耐用性。

3.6.2 化学镀锡

镀锡及其合金是一种可焊性良好并具有一定耐蚀能力的涂层，在电子元件、印刷线路板中广泛应用铜制印刷线路板浸锡来提高可焊性[34]。锡层的制备除热浸、喷焊等物理法外，电镀、浸镀及化学镀等方法因简单易行已在工业上广泛应用。

3.6.2.1 化学镀锡溶液

（1）配方及工艺条件

其配方及工艺条件见表3.50。

表3.50 用硼氢化物做还原剂的镀锡液配方

溶液组成	分子式	配方及工艺
柠檬酸钠/(mol/L)	$Na_3C_6H_5O_7 \cdot 2H_2O$	0.34
EDTA二钠盐/(mol/L)	$C_{10}H_{14}O_8N_2Na_2$	0.08
氨三乙酸（NTA）/(mol/L)	$C_6H_9O_6N$	0.20
氯化亚锡/(mol/L)	$SnCl_2$	0.08

续表

溶液组成	分子式	配方及工艺
三氯化钛（盐酸溶液）/(mol/L)	$TiCl_3$	0.04
pH 值		9
温度/℃		80

（2）配制方法

① 按配方标准称取柠檬酸钠、EDTA 二钠盐、氨三乙酸，用蒸馏水将其加热溶解；

② 在上述溶液中加入氯化亚锡，待完全溶解后，使镀液保持 25℃；

③ 加入三氯化钛溶液；

④ 用 50%的氨水（微调时用 5%）调整 pH 值；

⑤ 除去沉淀物即可使用。

3.6.2.2 各成分的作用

（1）氯化亚锡

镀液中的主盐，是锡离子的供给源。

（2）EDTA 二钠盐、NTA 和柠檬酸盐

EDTA 二钠盐是二价锡离子的主络合剂，NTA 是三价钛离子的主络合剂，柠檬酸盐是上述二者的辅助络合剂。

（3）钛盐

钛盐是还原剂，常用三氯化钛的盐酸溶液。

3.6.2.3 影响沉积速率和镀液稳定性的主要因素

（1）Ti^{3+}/NTA 的比值

NTA 的浓度一定时，沉积量与 Ti^{3+} 的浓度呈线性增加；Ti^{3+} 的浓度一定时，NTA 浓度越低，沉积量越多。

（2）EDTA 二钠盐的浓度

当 Sn^{2+}/EDTA 二钠盐$>$1 时，如果提高 EDTA 二钠盐浓度，沉积速率将会急剧下降，镀液也会很不稳定；当 Sn^{2+}/EDTA 二钠盐$=$1 时，沉积速率随着 Sn^{2+} 浓度的提高而加快，镀液稳定性相当高。

（3）柠檬酸盐

柠檬酸盐浓度高时，不仅会降低镀液的稳定性，还会减少沉积总量，所以应控制柠檬酸盐浓度在 0.34mol/L 以下。

（4）镀液的 pH 值

沉积速率虽然会随 pH 值升高而有所增加，但同时会使镀液稳定性降低。在 Ti^{3+}/

NTA=0.2时，pH值应在9.0以下。

（5）沉积时间

若不更换镀液，沉积速率会随沉积时间延长而加快，但到60min后，沉积速率不再变化；若每30min更换一次镀液，则沉积速率随沉积时间延长而急剧加快。

3.6.3 化学镀镍基合金

用化学还原法获取镍基合金镀层，必须具备来两个条件：首先，主体金属镍能自催化沉积，在合金镀层中的含量能在0～100%的范围内变化；其次，进入合金的其他金属，对镍的还原反应无催化性，但比较容易还原，而且不是催化剂毒物，并能以相当的数量进入镀层。例如，如果还原时镍表面的电位足够低，它能以最简单的电化学方式在表面上还原，其他金属的还原不仅与它们的标准电极电位有关，还与它们对还原反应的催化性质有关。

镍具有自催化沉积的性质，可以作为主体金属；能满足上述条件的其他金属有Co、Fe、Cu、Re、W、Mo、Zn、Sn等[35-37]。

3.6.3.1 化学镀Ni-Co合金

用酒石酸盐做络合剂、肼做还原剂，即可获得Ni-Co镀层。

（1）化学镀Ni-Co合金镀液

1）配方和工艺规范　配方及工艺规范见表3.51。

表3.51　用硼氢化物做还原剂的镀铜液配方

溶液组成	分子式	配方及工艺
氯化钴+氯化镍/(mol/L)	$CoCl_2+NiCl_2$	0.05
盐酸肼/(mol/L)	$N_2H_4 \cdot 2HCl$	1
酒石酸钾钠/(mol/L)	$KNaC_4H_4O_6 \cdot 4H_2O$	0.4
硫脲/(mg/kg)	CH_4N_2S	2～3
pH值（用氢氧化钠调节）		12
温度/℃		90

2）配制方法

① 分别称取规定质量各种药品，并各自用蒸馏水溶解；

② 将含镍、钴的水溶液与酒石酸溶液混合，随后加入含盐酸肼的溶液；

③ 加入含稳定剂硫脲的溶液；

④ 用蒸馏水稀释至制备容量；

⑤ 用稀氢氧化钠液调整pH值至12；

⑥ 除去沉积物即可使用。

(2) 各组分浓度和 pH 值对沉积速率的影响

1) 镍盐和钴盐　改变镀液中氯化镍和氯化钴的比率，合金镀层的组成和沉积速率均发生改变。钴离子浓度在 0.01～0.04mol/L 范围内，镀层的组成变化较小。Ni-Co 合金的镀速比镍或钴单金属的镀速高，如图 3.17 所示。

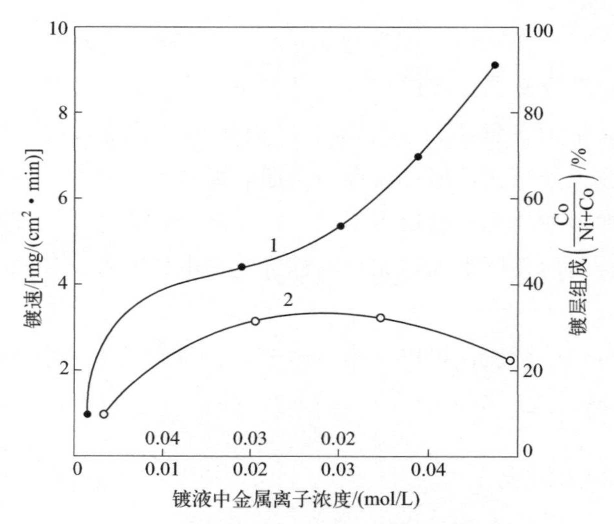

图 3.17　镀液组成与沉积速率及膜层组成关系

1—Ni^{2+} 浓度；2—Co^{2+} 浓度

2) pH 值和络合剂　镀液 pH 值在 11.5 以下时，无论使用何种络合剂与 pH 值调整剂的组合，其沉积速率都较慢；采用氨水调整 pH 值时，无论使用柠檬酸钠或酒石酸钠，pH 值均无法达到 11 以上，因此其沉积速率非常缓慢；在强碱性镀液如苛性钠镀液中，如果使用柠檬酸钠或酒石酸钠做络合剂、pH 值在 9.5 以上，此时虽然沉积速率较快，但会生成淡红色金属-肼的化合物沉淀，镀液稳定性降低。

3) 镀层的性质　用肼作还原剂的 Ni-Co 镀液，所得镀层中仅含有少量的氮。

Ni-Co 合金镀层中，Ni 与 Co 的含量与镀液中氯化钴/氯化镍的比率有关：当 Ni 盐与 Co 盐浓度相等时，所得合金镀层中含钴 65%，其维氏硬度约为 HV400；经 400℃以下热处理后，镀层硬度没有变化，热处理温度超过 400℃后，其硬度逐渐降低。

Ni-Co 合金镀层具有磁性能。

3.6.3.2　化学镀 Ni-Co-P 合金

在 Ni-Co 镀液中，如果将还原剂肼用次磷酸盐代替，所得合金镀层中就会含有磷，即为 Ni-Co-P 合金镀层。

(1) 化学镀 Ni-Co-P 合金镀液

1) 配方和工艺规范　通常是采用混合络合剂（柠檬酸盐＋NH_4^+，酒石酸盐＋

NH_4^+）的溶液，或只用柠檬酸盐做络合剂来沉积Ni-Co-P合金。具体配方及工艺参数见表3.52。

表3.52 Ni-Co-P合金镀液配方及工艺条件

组成及工艺规范		配方1	配方2	配方3	配方4	配方5	配方6	配方7
氯化镍（$NiCl_2 \cdot 6H_2O$）/(g/L)		30	15	—	25	—	—	—
硫酸镍（$NiSO_4 \cdot 7H_2O$）/(g/L)		—	—	25.00	—	14	14	14
氯化钴（$CoCl_2 \cdot 6H_2O$）/(g/L)		30	30	—	—	—	—	—
硫酸钴（$CoSO_4 \cdot 7H_2O$）/(g/L)		—	—	17.65	35	14	14	14
次磷酸二氢钠（$NaH_2PO_2 \cdot H_2O$）/(g/L)		20	20	18.80	20	20	20	20
柠檬酸钠（$Na_3C_6H_5O_7 \cdot 2H_2O$）/(g/L)		100	100	80.00	—	—	60	60
氯化铵（NH_4Cl）/(g/L)		50	50	—	50	—	—	—
硫酸铵［$(NH_4)_2SO_4$］/(g/L)		—	—	40.00	—	65	65	—
酒石酸钾钠（$KNaC_4H_4O_6 \cdot 4H_2O$）/(g/L)		—	—	—	200	140	—	—
硼酸（H_3BO_3）/(g/L)		—	—	—	—	—	—	30
氨水（$NH_3 \cdot H_2O$）/(g/L)		添加量达到所需要的pH值						—
pH值		8.5	8.5	8.0	8.0～10.0	9.0	9.0	7.0
温度/℃		90	90	75～95	80	90	90	90
沉积速率/(μm/h)		14	9	—	—	20	15	7
镀层含量/%	Co	23	37	—	40	40	40	65
	P	6.9	5.5	1～2	4	2	4	8

2）配制方法

① 将称量得到的硫酸钴或氯化钴用少量蒸馏水溶解；

② 称取计算量的柠檬酸盐和酒石酸盐，用少量蒸馏水溶解后与①液混合，随后加入次磷酸盐溶液；

③ 继续加入氯化铵或硫酸铵溶液及硼酸溶液；

④ 用蒸馏水稀释至规定体积；

⑤ 用氨水调整pH值至工艺规范要求值；

⑥ 除去镀液中的沉淀物即可使用。

3.6.3.3 组分浓度和工艺规范对沉积速率的影响

（1）镍盐和钴盐

任何一种镀液的沉积速率，都随钴的含量增多而减缓。

（2）络合剂

镀液中使用不同混合络合剂（柠檬酸盐＋NH_4^+、酒石酸盐＋NH_4^+或柠檬酸盐＋酒石酸盐＋NH_4^+），其镀速相差较大，其中以酒石酸盐＋NH_4^+镀液的沉积速率最快。

（3）工艺规范

① pH值。镀液pH值大于7的碱性镀液，沉积速率较快；而pH值小于5的酸性

镀液，其沉积速率非常缓慢。

② 温度。温度越高，沉积速率越快，温度低则沉积速率慢。

3.6.3.4 镀层的性质

(1) 镀层中 Co 和 P 的含量

Ni-Co-P 镀层中 Co 和 P 的含量与镀液中金属离子镍离子与钴离子的比值密切相关。

① Co 含量。无论在何种镀液中，随着钴离子含量的增加，镀层中的含钴量也增加。

② P 含量。镀层的含磷量随镀液的不同，相差较大。在强碱性镀液中，镀层中磷含量变化幅度最大，并随镀液中钴含量的增加而减少。

(2) 镀层硬度

① 氨碱性镀液。在氨碱性镀液中获得的镀层硬度约为 HV400，与用肼做还原剂所获取的镀层硬度相当。镀层经热处理后，硬度曲线发生变化并在 200℃ 和 400℃ 出现两个极值，其中经 400℃ 热处理后硬度高达 HV1000，与镀硬铬相似。

② 氨碱性酒石酸镀液与强碱性柠檬酸盐镀液。这两种镀层硬度相同，即 HV400。热处理后硬度变化趋势也一致，即均在 400℃ 达到最大值 HV1000，继续加热硬度将逐渐下降。

(3) 经热处理后硬度变化与镀液组成的关系

① 强碱性柠檬酸盐镀液。从这种镀液中获取的镀层，在 400℃ 以下进行热处理时，钴含量小于 70%时其硬度没有变化，而钴含量超过 70%时硬度急剧下降；镀层继续加热，钴含量小于 40%时镀层硬度是随钴含量的增大而提高；钴含量大于 40%后，硬度变化不大且呈现缓慢下降趋势。

② 氨碱性酒石酸镀液。镀层在 400℃ 以下进行热处理时，钴含量小于 40%时其硬度随钴含量的增大而提高；超过 400℃ 继续加热，钴含量小于 40%时镀层硬度也相应提高，钴含量大于 40%后，硬度有所降低。

无论从何种镀液中获取的 Ni-Co-P 镀层，为防止热处理使镀层硬度降低，镀层中的钴含量均应控制在 40%左右。

(4) 镀层的磁性能

① 镀液中 Ni^{2+}/Co^{2+} 值的影响。

在硫酸盐镀液中，当 Ni^{2+}/Co^{2+} 值为 1.5 时（相当于镀层中 Ni^{2+}、Co^{2+} 各占 1/2 左右），镀层的矫顽力最小（5Oe[1]）；Ni^{2+}/Co^{2+} 值小于或大于 1.5 时，镀层的矫顽力均可达到最大值（15Oe）。

② 还原剂浓度的影响。随着次磷酸二氢钠浓度的提高，镀层矫顽力 H_c 从 10Oe 降

[1] 1Oe≈79.5775A/m。

至4.5Oe。在生产使用的浓度范围内，H_c 一般维持在5Oe。

③ 络合剂浓度的影响。1mol柠檬酸钠与0.14mol的镍离子完全络合，此时镀层的 H_c 略高过最低值（5Oe）；当 $C_6H_5O_7^{3-}/(Ni^{2+}+Co^{2+})$ 之比超过6以后，H_c 提高至10Oe。

④ 缓冲剂的影响。随着缓冲剂硫酸铵的添加，H_c 逐渐下降，缓冲剂浓度至40g/L时，H_c 降至最低；随后随硫酸铵浓度增加，H_c 略有上升。

⑤ pH值和温度的影响。pH值大于8，H_c 略有下降；温度升高，H_c 有所增加，至70℃时趋于稳定。

⑥ 镀层厚度的影响。H_c 随镀层厚度增加急剧下降：在厚度2000Å[1]时，H_c 为13Oe；而厚度达到7000Å时，H_c 仅为1.5Oe。

⑦ 基材的影响。在磷青铜上沉积2000Å，其最低 H_c 为4Oe，而在铜上约为3.5Oe；铜上先沉积300～600Å化学镀层，再沉积Ni-Co-P合金层，其 H_c 降至2Oe；铜经抛光、化学镀镍后再沉积2500 Å厚的Ni-Co-P合金镀层，其 H_c 仅为1.2 Oe。

3.6.3.5 化学镀Ni-Fe-P合金

化学镀Ni-Fe-P合金，通常采用次磷酸盐做还原剂的氨碱性酒石酸盐镀液。

（1）化学镀Ni-Fe-P合金镀液

1）配方及工艺规范　其配方及工艺规范有三种，具体内容如表3.53所列。

表3.53　Ni-Fe-P合金镀液配方及工艺条件

溶液组成	分子式	配方及工艺		
		配方1	配方2	配方3
氯化镍/(g/L)	$NiCl_2 \cdot 6H_2O$	13	50	25～30
硫酸亚铁铵/(g/L)	$Fe(NH_4)_2(SO_4)_2 \cdot 6H_2O$	8	—	—
酒石酸钾钠/(g/L)	$KNaC_4H_4O_6 \cdot 4H_2O$	30～100	—	30～50
次磷酸二氢钠/(g/L)	$NaH_2PO_2 \cdot H_2O$	10	25	10～15
氨水/(mL/L)	$NH_3 \cdot H_2O$（25%）	280	350	（调至pH规定值）
硫酸亚铁/(g/L)	$FeSO_4 \cdot 7H_2O$	—	—	10～15
尿素/(g/L)	$CO(NH_2)_2$	—	—	10～60
pH值		—	11	8～10
温度/℃		75	75	90
沉积速率/(μm/h)		6	9	—

注：配方1—A. F. Schmeckenbecher推荐配方；配方2—美国专利3255033；配方3—美国专利3282723。

[1] $1Å=10^{-10}m$。

2）配制方法

① 按配方称取计算量的各种药品，并分别用少量蒸馏水溶解；

② 将含镍盐的溶液与酒石酸钾钠溶液混合，并在不断搅拌下加入需要量的氨水；

③ 加入次磷酸二氢钠溶液后，再加入其他金属盐溶液；

④ 加入各种添加剂后，用蒸馏水稀释至规定体积；

⑤ 调整 pH 值至规定值后，除去沉积物即可使用。

（2）镀液中各组分作用

① 镍盐。镍盐是溶液的主盐，是二价镍离子的供给源，一般采用氯化镍。

② 酒石酸钾钠。酒石酸钾钠是镍离子的络合剂。

③ 次磷酸二氢钠。次磷酸二氢钠是还原剂，不仅可以将镍离子从镍的络合物中还原出来得到金属镍，而且也能还原出铁，以得到 Ni-Fe-P 合金。

④ 铁盐。铁盐为镀液提供铁离子。在镀液中，除了加 Fe(Ⅱ) 以外，还可以加 Fe(Ⅲ)，以改变镀层的磁性能。

⑤ 氨水。氨水可调节镀液的 pH 值，并起辅助络合剂的功能。

（3）镀层的性能

1）合金镀层组成　采用 A. F. Schmeckenbecher 推荐配方所得合金镀层（以质量分数计）含铁 25%，含磷 0.5%～1.0%；采用美国专利 3255033 和美国专利 3282723 配方，所获镀层的含铁、磷量分别为 20%、0.25%～0.50% 和 10%～19%、2%。

2）镀层的磁性　Ni-Fe-P 合金镀层具有可贵的磁性能，但从上述镀液中获取的合金镀层其矫顽力极低，仅为 1～3Oe，并具有异向性。造成这种情况的原因与镀层中的含铁量及它的厚度有关。

① 含铁量对矫顽力的影响。镀层的矫顽力，随着铁含量增加在 1～3Oe 之间呈无规则变化；但当铁含量超过 30% 后，矫顽力小于 1Oe。具体变化趋势见图 3.18。

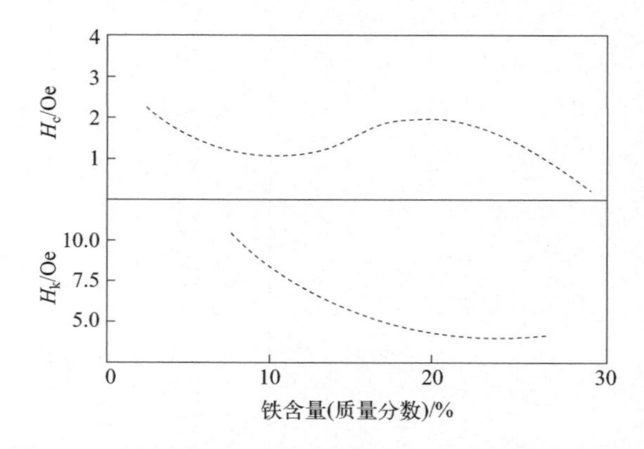

图 3.18　矫顽力（H_c）和异向性（H_k）与铁含量关系

② 镀层厚度对矫顽力的影响。如图 3.19 所示，镀层厚度极薄时，矫顽力随着厚度增加而急剧下降；但当厚度达到一定值后，磁性成为定值。

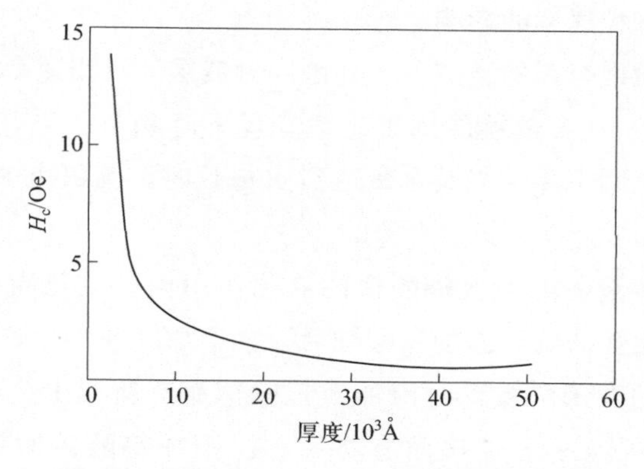

图 3.19　矫顽力（H_c）与镀层厚度的关系

3.6.3.6　化学镀 Ni-W-P 合金

在次磷酸二氢钠做还原剂的镀镍液中加入钨酸钠，即可沉积出 Ni-W-P 合金[38-39]。

（1）化学镀 Ni-W-P 合金镀液

1）配方及工艺规范　按其镀液中是否添加氨水而分为无氨的磁性镀液和含氨的碱性镀液，其配方及工艺条件见表 3.54。

表 3.54　Ni-W-P 合金镀液配方及工艺条件

溶液组成	分子式	配方及工艺	
		配方 1	配方 2
硫酸镍/(g/L)	$NiSO_4 \cdot 6H_2O$	7	35
钨酸钠/(g/L)	$Na_2WO_4 \cdot 2H_2O$	35	26
柠檬酸钠/(g/L)	$Na_3C_6H_5O_7 \cdot 2H_2O$	40	85
次磷酸二氢钠/(g/L)	$NaH_2PO_2 \cdot H_2O$	10	10
氯化铵/(g/L)	NH_4Cl	—	50
氨水/(mL/L)	$NH_3 \cdot H_2O$ (25%)	—	60
pH 值		8.2	8.8～9.2
温度/℃		98	98

2）配制方法

① 将计算量的硫酸镍、钨酸钠分别用少量蒸馏水溶解后混合；

② 将需要量的柠檬酸钠用少量蒸馏水完全溶解后，加入①液；

③ 加入需要量的氯化铵和氨水溶液；

④ 加入完全溶解的次磷酸二氢钠溶液；

⑤ 用水稀释至规定体积；

⑥ 用氨水调整 pH 值至 8.8～9.2，除去沉积物后即可使用。

（2）柠檬酸钠对沉积速率的影响

在使用柠檬酸钠做络合剂的镀液中，其浓度对镀层的沉积速率影响较大：随着柠檬酸钠浓度的增加，Ni-W-P 合金镀层沉积速率呈现下降趋势：当其含量超过 10g/L 时，沉积速率随浓度增加急剧下降；当其含量达到 40g/L 时，沉积速率下降趋缓。

（3）钨酸钠的作用

含有次磷酸盐的镀液，由于次磷酸盐的氧化作用而生成亚磷酸，在高温碱性条件下，加水也会分解产生亚磷酸。添加钨酸钠后，会增加因加水分解生成的亚磷酸量；在沉积反应时，已生成的亚磷酸量，会因加入钨酸钠而有所减少；继续增加钨酸钠的含量，亚磷酸会随着沉积速率的加快而有所增加。不加钨酸钠的镀液，其还原效率为 16%；加入 0.03mol 的钨酸钠后，还原效率提高到 25%。因此，加入钨酸钠可以加快镀液的沉积速率。

（4）镀层的性质

① 镀层中 W、P 的含量。镀层中含 W 量（质量分数）为 12%～20%，含 P 量为 2%～6%。二者含量与柠檬酸钠浓度的关系，如表 3.55 所列。

表 3.55　柠檬酸钠浓度与镀层组成关系

柠檬酸钠浓度/(g/L)	镀层组成（质量分数）/%		
	W	P	Ni
12	6.75	2.52	90.73
25	9.24	3.52	87.24
26	17.22	5.55	77.23

② 镀层硬度。由于 Ni-W-P 镀层中含有 W，因此镀层的硬度比 Ni-P 镀层高；镀层的硬度随着含 W 量的增加而提高；Ni-W-P 镀层的硬度随着热处理温度的升高而增加，当热处理温度达到 350～400℃时硬度达到最大值，随后硬度逐渐下降；当热处理温度超过 700℃后，镀层的硬度与含 W 量完全无关。

③ 镀层的耐磨性。Ni-W-P 镀层耐磨性显著优于 Ni-P 镀层，但当镀层中含 W 量达到 5%后，继续增加 W 含量对耐磨性影响不大；镀层的耐磨性经热处理后更加优异，并随热处理温度升高而增强。

3.6.3.7　化学镀 Ni-Me-P 合金

在用次磷酸盐做还原剂的镀镍液中，加入 Cu、Sn、Zn、Re、Rn 等金属的盐溶液，还可以获得 Ni-Cu-P、Ni-Sn-P、Ni-Zn-P、Ni-Re-P、Ni-Rn-P 等合金镀层。下面对各种合金镀液的配方和工艺规范予以简单介绍。

（1）化学镀 Ni-Cu-P 合金

其配方及工艺条件见表 3.56。

表 3.56 Ni-Cu-P 合金镀液配方及工艺条件

溶液组成	分子式	配方及工艺条件
氯化镍/(g/L)	$NiCl_2 \cdot 6H_2O$	20
次磷酸盐/(g/L)	$NaH_2PO_2 \cdot H_2O$	20
柠檬酸钠/(g/L)	$Na_3C_6H_5O_7 \cdot 2H_2O$	50
氯化铵/(g/L)	NH_4Cl	40
氯化铜/(g/L)	$CuCl_2 \cdot 2H_2O$	1
氨水/(mL/L)	$NH_3 \cdot H_2O$ (25%)	35
pH 值		8.9～9.1
温度/℃		98
沉积速率/(μm/h)		12

用该配方制备所得镀层，含铜（质量分数）22%、含磷 5%～7%。

(2) 化学镀 Ni-Zn-P 合金

其分为无氨（配方 1）及含氨（配方 2）镀液，配方及工艺条件见表 3.57。

从配方 1 镀液中可获取含 Zn 7%的合金镀层，而利用配方 2 所得合金镀层中含 Zn 15%。

(3) 化学镀 Ni-Sn-P 合金

① 化学镀 Ni-Sn-P 合金镀液。如表 3.58 所列，其也分为无氨（配方 1）及含氨（配方 2）两种镀液。经配方 1 处理后，所得镀层中含 Sn 3%、含 P 11%；而经配方 2 施镀后，所得合金镀层中含 Sn 2%。

② 镀层的焊接性能。无论在何种 Ni-P 镀液中加入锡盐，所得到的 Ni-Sn-P 合金镀层，由于含 Sn 增加了扩散率、改善了润湿性而使其焊接性能均有显著改善，且随着含 Sn 量增加，改善效果增强；两种镀液相比较，在无氨镀液中所得镀层含 P 量高达 11%，焊接性能更为优异。

(4) 化学镀 Ni-Mo-P 合金

常用两种化学镀 Ni-Mo-P 配方见表 3.59。

从钼酸铵镀液中获取的镀层中含 Mo 3%～10%，而从钼酸钠镀液中获取的镀层中含 Mo 6%。

表 3.57 Ni-Zn-P 合金镀液配方及工艺条件

溶液组成	分子式	配方及工艺条件	
		配方 1	配方 2
氯化镍/(g/L)	$NiCl_2 \cdot 6H_2O$	20	—
硫酸镍/(g/L)	$NiSO_4 \cdot 6H_2O$	—	35
柠檬酸钠/(g/L)	$Na_3C_6H_5O_7 \cdot 2H_2O$	20	85

续表

溶液组成	分子式	配方及工艺条件	
		配方 1	配方 2
次磷酸二氢钠/(g/L)	$NaH_2PO_2 \cdot H_2O$	10	10
硫酸锌/(g/L)	$ZnSO_4 \cdot 7H_2O$	1.5	15
氯化铵/(g/L)	NH_4Cl	—	50
氨水/(mL/L)	$NH_3 \cdot H_2O$ (25%)	—	60
pH 值		8.2	8.8～9.2
温度/℃		98	98

表 3.58 Ni-Sn-P 合金镀液配方及工艺条件

溶液组成	分子式	配方及工艺条件	
		配方 1	配方 2
氯化镍/(g/L)	$NiCl_2 \cdot 6H_2O$	45	—
硫酸镍/(g/L)	$NiSO_4 \cdot 6H_2O$	—	35
乳酸/(g/L)	$C_3H_6O_3$	90	—
柠檬酸钠/(g/L)	$Na_3C_6H_5O_7 \cdot 2H_2O$	—	90
次磷酸二氢钠/(g/L)	$NaH_2PO_2 \cdot H_2O$	60	10
四氯化锡/(g/L)	$SnCl_4$	26	—
氯化铵/(g/L)	NH_4Cl	—	50
锡酸钠/(g/L)	$Na_2SnO_3 \cdot 3H_2O$	—	3.5
氨水/(mL/L)	$NH_3 \cdot H_2O$ (25%)	—	60
pH 值		4.5	8.8～9.2
温度/℃		90	98
沉积速率/(μm/h)		6	—

表 3.59 Ni-Mo-P 合金镀液配方及工艺条件

溶液组成	分子式	配方及工艺条件	
		配方 1	配方 2
氯化镍/(g/L)	$NiCl_2 \cdot 6H_2O$	5～15	—
硫酸镍/(g/L)	$NiSO_4 \cdot 6H_2O$	—	35
柠檬酸钠/(g/L)	$Na_3C_6H_5O_7 \cdot 2H_2O$	30	50
次磷酸二氢钠/(g/L)	$NaH_2PO_2 \cdot H_2O$	10	10
氯化铵/(g/L)	NH_4Cl	30	50
氨水/(mL/L)	$NH_3 \cdot H_2O$ (25%)	调至规定 pH 值	60
钼酸钠/(g/L)	$Na_2MoO_4 \cdot 2H_2O$	—	0.06

续表

溶液组成	分子式	配方及工艺条件	
		配方1	配方2
钼酸铵/(g/L)	$(NH_4)_2MoO_4$	0.1～0.2	—
pH值		8.2	8.5～9.5
温度/℃		85～95	98
沉积速率/(μm/h)		3～9	—

(5) 化学镀Ni-Mn-P合金

化学镀Ni-Mn-P镀液配方及工艺条件见表3.60，经该镀液处理后所得镀层中含Mn 1%～10%、含P 10%～15%。

表3.60 Ni-Mn-P合金镀液配方及工艺条件

溶液组成	分子式	配方及工艺条件
醋酸镍/(g/L)	$Ni(CH_3COO)_2 \cdot 4H_2O$	31
次磷酸二氢钠/(g/L)	$NaH_2PO_2 \cdot H_2O$	40
氯化钯/(g/L)	$PdCl_2$	0.55
硫酸锰/(g/L)	$MnSO_4 \cdot H_2O$	40
温度/℃		50

(6) 化学镀Ni-Re-P合金

Ni-Re-P合金镀液分为无氨（配方1）及含氨（配方2）两种，具体配方及工艺条件见表3.61。

表3.61 Ni-Re-P合金镀液配方及工艺条件

溶液组成	分子式	配方及工艺	
		配方1	配方2
硫酸镍/(g/L)	$NiSO_4 \cdot 6H_2O$	7	35
柠檬酸钠/(g/L)	$Na_3C_6H_5O_7 \cdot 2H_2O$	20	85
次磷酸二氢钠/(g/L)	$NaH_2PO_2 \cdot H_2O$	10	10
过铼酸钾/(g/L)	$KReO_4$	1.5	1.5
氯化铵/(g/L)	NH_4Cl		50
氨水/(mL/L)	$NH_3 \cdot H_2O$ (25%)		60
pH值		8.2	8.2～9.2
温度/℃		98	98

从配方2镀液中可获取合金镀层中（以质量分数计）含Re 46%、含P 2%。

Re本身不是还原催化剂，因此当镀液中的$KReO_4$浓度升高时，合金镀层的沉积速率降低；但Re很容易与Ni一起还原。

化学镀Ni-Re-P镀层的显著特点是熔点高。如含Re46%的镀层熔点为1700℃。

（7）化学镀Ni-Re-Zn-P合金

在化学镀Ni-Re-P镀液中添加硫酸锌，即可制备得到Ni-Re-Zn-P镀液，如表3.62所列。

表3.62 Ni-Re-Zn-P合金镀液配方及工艺条件

溶液组成	分子式	配方及工艺
硫酸镍/(g/L)	$NiSO_4 \cdot 6H_2O$	35
柠檬酸钠/(g/L)	$Na_3C_6H_5O_7 \cdot 2H_2O$	90
次磷酸二氢钠/(g/L)	$NaH_2PO_2 \cdot H_2O$	10
过铼酸钾/(g/L)	$KReO_4$	1.5
氯化铵/(g/L)	NH_4Cl	50
氨水/(mL/L)	$NH_3 \cdot H_2O$（25%）	60
硫酸锌/(g/L)	$ZnSO_4 \cdot 7H_2O$	1.5
pH值		8.8～9.0
温度/℃		98

从这种镀液中获取的镀层含量为Ni 55%、Re 33%、Zn 7%、P 5%。

3.6.4 化学复合镀

化学复合镀是在化学镀液中添加固体颗粒，主要是非金属颗粒，在强烈搅拌作用下这些颗粒与金属共沉积，从而获得某些特殊机能镀层的方法[40-41]。

相较已发展到工业应用阶段的电沉积方法制备复合镀层技术，化学复合镀起步较晚，直到1966年才由Oaekerken首先得到：他首先提出用化学镀镍方法在电镀Ni-Cr层间加一层中间层，由于镀液中含有微粒氧化铝、聚氯乙烯树脂或两者的混合颗粒，结果成功地在电镀Ni层上化学镀出一薄层Ni-Al_2O_3，从此拉开了化学复合镀应用的序幕。

3.6.4.1 化学复合镀的沉积机理

化学复合镀沉积基本过程为：非金属颗粒在搅拌等机械力的作用下，到达零件表面的亥姆霍兹面，之后可能在物理或化学等因素的作用下与金属共沉积，使之牢固地镶嵌在化学镀层内，就形成了金属-固体粒子的复合化学镀层。

3.6.4.2 化学复合镀层的性质及影响因素

(1) 镀层性质

化学复合镀同化学镀一样，可以在复杂形状的工件上获得厚度均匀、表面光滑的镀层，镀槽中工件放置及转动设计得当即可保证粒子分布均匀。它随着固体微粒的不同，可获得耐磨、润滑、耐高温的复合化学镀层。如化学镀 Ni-SiC 镀层，其耐磨性比镀 Cr 层高出 4 倍，其摩擦系数仅有 0.08。目前，Ni-SiC、Ni-SiO_2、Ni-Al_2O_3 等化学复合镀层已广泛地应用于汽车工业、机械工业、电子工业以及塑料模具等领域，尤其适用于复杂零件的处理。

(2) 镀层性质的影响因素

① 搅拌。在化学复合镀过程中，非金属微粒析出量的多少与溶液搅拌有直接关系：如搅拌不充分，则非金属粒子不但到达不了双电层的亥姆霍兹面，而且要沉入槽底；如果搅拌强度过大，则非金属微粒不能在双电层停留，使微粒无法与金属共沉积。因此，需要根据微粒的粒度及实际情况来确定搅拌强度。搅拌可以采用压缩空气、超声波、旋转零件、液体流动等多种方式实现。

② 镀液中金属离子。非金属微粒在搅拌作用下，在电解液中不停运动的同时，微粒表面能物理吸附金属离子，使粒子表面的静电荷密度增加，从而容易发生与金属离子的共沉积。

③ 温度。温度升高可能会减弱非金属微粒的物理吸附作用，就会减小微粒表面的静电荷密度，从而影响到非金属微粒的共析量。

④ 非金属微粒粒度。非金属微粒的粒度对化学复合镀层的质量有较明显的影响：微粒粒度在 0.1～1.0μm 时，共沉积容易发生，但所得复合镀层硬度偏高且耐磨性下降。典型的化学复合镀层中，微粒的大小一般在 1～20μm 范围，加入量（体积分数）达到 5%，镀层中金属与非金属微粒比可通过镀液组成的调节加以固定。目前工业用途的大多数化学复合镀层中微粒的含量为 20%～30%，镀层厚度一般为 12 ～25μm。

⑤ 非金属微粒。镀液中非金属微粒含量越高，则镀层中的非金属微粒含量就越高，二者几乎呈线性关系。一般情况下，镀液中非金属固体微粒的含量应该是镀层中共析量的 10 倍左右。

镀层中非金属微粒含量越高，其所具有的特性就越发明显，从而使镀层具有许多特殊性能。

共析的微粒包括碳化物、硼化物、氧化物、氟化物（包括有机的氟树脂）、硫化物，其中使用最多的还是碳化物和氧化物，如 SiC、Al_2O_3 等。

非金属微粒尺寸及溶液中微粒体积对耐磨性的影响见表 3.63。

表 3.63 微粒尺寸及溶液中微粒体积对磨耗速率的影响

微粒平均尺寸/μm	溶液中微粒体积分数/%	时间/min	磨耗速率/(μm/h)
19～22	20	85	3.4
9	20	85	5.1
5	20	85	6.2
3	29	30	11.6
3	5	10	65
1	20	2	216

3.6.4.3 关于复合镀层的强度理论

非金属微粒与金属共析后，一般来说，不但不会削弱原镀层的强度，反而可以增加其强度，原因在于硬质微粒镶嵌在基质金属中后，对原基质镀层的位错运动产生了阻碍作用。

微粒的大小和间距对镀层强度的影响，可用下列函数式表示：

$$\sigma_y=\left[\frac{f(d)}{D-d}+\sigma_0\right]k \tag{3.87}$$

式中 σ_y——复合镀层的屈服强度；

D——复合粒子间中心距；

d——微粒直径；

σ_0——基质镀层的屈服强度；

k——强度系数，<1；

$f(d)$——粒子的体积分数。

当基质金属一定时与粒子直径间有如下关系：

$$f(d)=\frac{\frac{3}{4}\pi\left(\frac{d}{2}\right)^3}{D^3} \tag{3.88}$$

3.6.4.4 化学复合镀层

一般来说，电镀中适用的固体粒子化学复合镀均可使用。复合镀用的粒子应为化学稳定性好的不溶性微粒，如果用于化学镀的粒子本身不能具备催化活性，否则会导致镀液立刻分解；如果是金属微粒应不与镀液中离子（Cu^{2+}、Ni^{2+}等）发生置换反应。化学镀方法制备的镀层主要用于增加镀层的耐磨性或减摩润滑性能，前者实际应用的粒子主要有金刚石、SiC 及 Al_2O_3[39-41]，而后者则主要是聚四氟乙烯（PTFE）；基体镀层则主要是 Ni-P 合金镀层。

（1）耐磨镀层

在化学镀溶液中加入硬粒子后复合镀层硬度有所增加，更主要的是这些硬粒子承受载荷并对犁削起阻挡作用，从而改善了工件的耐磨性，最常见的体系是Ni-P/SiC和Ni-P/金刚石。

表3.64所列是硬铬镀层及几种硬粒子复合进入化学镀Ni-P层中后的耐磨性［用TWI表示，即Taber指数，指1000转后的磨损质量损失（以mg计）］的比较。显然，复合镀层的耐磨性比单独的化学镀镍层均有不同程度的改善，热处理后效果尤其明显。

表3.64 几种Ni-P基复合镀层的TWI值（用CS-10橡胶辊对磨，载荷10N）

镀层种类	热处理规范	硬度/HV	TWI
Ni-P	—	500	12～13
Ni-P	190℃，3h	580	8.6
Ni-P	370℃，1h	1100	7.5
Ni-P/SiC	—	570	2.6～3.9
Ni-P/SiC	190℃，3h	—	1.3
Ni-P/SiC	370℃，1h	1400	0.3
Ni-P/B_4C	—	890	2.1～2.3
Ni-P/B_4C	190℃，3h	—	1.7
Ni-P/B_4C	370℃，1h	970	0.1
Ni-P/TiC	—		2.5
Ni-P/WC	—		3.4～5.3
Ni-P/Cr_3C_2	—		7.8
Ni-P/金刚石	—		2.0
硬铬	—		3.3
铝阳极氧化硬膜	—		2.0

（2）自润滑镀层

在镀液中加入剪切强度及硬度较低且具有层状结构的微粒，如石墨、$(CF)_n$、MoS_2、WS_2、$CaF_2 \cdot BaF_2$及PTFE等制备的复合镀层，具有自润滑性能，摩擦过程中在摩擦副之间涂抹上一层减摩膜，从而降低摩擦系数并达到减少磨损失重目的。几种常见的固体润滑剂的摩擦系数和最高使用温度如下：

润滑剂	摩擦系数	最高使用温度/℃
PTFE	0.05	320
石墨	0.07～0.13	600
MoS_2	0.07～0.10	400

耐磨性很好的硬铬镀层在干摩擦条件下使用必须外加润滑剂，否则会发生卡死或冷焊，Ni-P 镀层在热处理后同样如此。但加入上述粒子后形成的自润滑复合镀层，则不必添加润滑油即可使用。自润滑复合镀层研究和应用最多的还是 Ni-P/PTFE 系。

3.7 化学镀废液处理

化学镀生产过程中产生的废液、废气和废渣等有害环境的物质，必须经过正确处理，符合国家有关环保法规和标准后方可排放。

一般化学镀生产线应具有槽边抽风系统。生产过程中所产生的有害气体，进入多级充填式废气净化装置，经稀碱溶液或加入微量氧化剂（如次磷酸盐的稀碱溶液）并进行充分洗涤，净化效率可达 90%以上。

化学镀生产过程中的废渣主要来自废液处理时所产生的沉淀污泥，其成分及渣量取决于所采用的废液处理工艺。

由此可见，化学镀生产过程中环境保护问题的关键所在是废液处理。解决废液问题应着重考虑采用少污染或无污染工艺技术，尽可能减少污染物的生产总量。

化学镀废液处理应综合考虑以下因素：

① 化学镀中含有大量处理困难的络合剂，要采用可靠的处理工艺，保证排放浓度和排放总量符合国家相关规定；

② 废液处理设备设计规模、建设投资合理，设备操作简单、维护方便、运行费用低。

3.7.1 化学镀镍废液的处理

化学镀镍废液分为浓废液和稀废液两部分：浓废液包括报废的化学镀镍液、化学除油液、电解脱脂液、酸洗液和退镀液等；稀废液主要为清洗废水。表 3.65 列出了化学镀镍废液的成分。

表 3.65 化学镀镍废液成分

污染物	浓度/(g/L)
Ni^{2+}	4～7
NaH_2PO_2	20～35
NaH_2PO_3	150～350
Na_2SO_4 或 $(NH_4)_2SO_4$	24～140
羧酸盐（络合剂、缓冲剂）	40～60
Pb^{2+}、Cd^{2+} 等贵金属离子	$(1～20)\times10^{-6}$

3.7.1.1 化学沉淀法

在一定的pH值条件下，加入沉降剂与化学镀镍废液中的有害物质反应生成不溶性物质，并沉降、液固分离，从而除去废水中的污染物。

典型的化学沉淀法工艺过程是在报废镀液中投入石灰乳和苛性碱，使废液的pH值升高至12，此时废液中绝大部分镍离子以及其他污染物发生沉淀反应，再加入少量的高分子絮凝剂以加速不溶物的沉降过程。加入氧化剂，除去废液中的有机物，有利于镍离子的沉淀反应并降低废水的化学需氧量（COD）。采用砂池过滤法、离心过滤机或板框过滤机，也可达到固液分离的目的。调整滤液pH值，分析检验达到环保标准后方可排放。沉淀污泥脱水以实现综合利用废渣。

报废镀液中含有一定量的缓冲剂和络合剂，使得升高废液pH值的碱加入量增加，且单纯投加碱也难以进一步降低废液中镍离子浓度。只有在分离或者氧化分解了这些络合剂和缓冲剂之后才能取得化学沉淀法的明显效果。化学沉淀法工艺用氧化剂有臭氧、过氧化氢、高锰酸钾、次氯酸钠和氯气等。不同的化学镀镍溶液所采用的缓冲剂和络合剂种类和数量是不同的，因而化学沉淀法处理不同废液的工艺和难易程度也有所不同。

除石灰乳之外，有效的沉淀剂还有硫酸铝、硫酸亚铁、硫化钠、二乙基二硫代氨基甲酸盐（DTC）和不溶性淀粉黄原酸酯（ISX）等。其中，DTC可以在pH 3～10比较宽泛的范围内有效地沉积镍离子，使废水中镍离子浓度不超过1×10^{-6}g/L；而每克ISX可在pH 3～11条件下吸附沉淀约50mg镍离子。这两种沉淀剂使用方便，主要用于治理低浓度的废水。

与其他废液处理方法比较，化学沉淀法的优点在于处理报废镀液的工艺成熟实用、操作费用不高；主要缺点在于沉淀法产生大量废渣，必须妥善处理和综合利用，否则废渣中镍离子等污染物溶出，会造成二次污染。综合利用废渣的方式，包括与硅酸盐物料混合烧结成砖、浇筑混凝土以及低镍含量的污泥用作建筑涂料等。

3.7.1.2 催化还原法

在准备报废的镀液中，趁热加入$(1\sim4)\times10^{-6}$g/L氯化钯溶液，可诱导化学镀镍液自发分解，反应生成黑色镍微粒，含镍量高达90%，沉降分解后可回收利用。经过上述处理后的废液，其镍离子浓度降低至原来的数十分之一，使得后续化学沉淀法处理和废渣处理变得容易许多。

类似诱发自发分解镀液的方法有：升高废液pH值和温度、滴加少量强还原剂硼氢化钠溶液，触发废液发生分解反应，经过沉降后，废液中镍含量可降低至0.2g/L。

催化还原法有效地回收了大部分镍资源，废渣中镍含量降低至原来的数十分之一，减少了废渣的排放量。

3.7.1.3 电解回收法

对于废弃化学镀液中的镍离子，可采用电解法使其在阴极表面上化学沉积以便回收利用。为提高回收效率，开发和研制出了大面积叠层电解池、导电碳纤维制造的高比表面积电极、旋转电极等。电解回收法处理废液的效率高，缺点在于设备投资比较大。

3.7.1.4 离子交换法

虽然利用离子交换树脂流动床的方式富集回收贵金属或分离重金属技术在工业上已成熟应用多年，但化学镀镍废液具有钠离子浓度和络合剂浓度高的特点，因此常见的弱酸性阳离子交换树脂对于含有强络合剂的废液中金属离子的吸附效果有限，而应选择使用螯合型离子交换树脂。

离子交换法回收的镍离子溶液质量高，可用作化学镀镍槽的补充来源，且该项工艺化学药品消耗少，因而具有十分显著的优点。目前限制使用的问题在于离子交换树脂处理能力有限、投资太大，因此仅限于处理稀的废水溶液，即大流量的稀溶液的最后处理。

3.7.1.5 其他处理方法

目前在探索一些较为先进的技术应用于化学镀镍废液的处理[41]，如电渗析技术、膜渗析技术、反渗透技术或多种技术的综合使用。目前存在的问题是投资成本和操作费用较高。考虑到世界范围内保护环境的理念日益深入人心，采用高效率的先进技术处理化学镀镍废水的技术经济性问题，必将会得到顺利解决。

3.7.2 化学镀铜废液的处理

化学镀铜技术主要用于印制电路板的制造、射频及磁屏蔽等非金属材料的表面金属化的加工，因此化学镀铜生产线工艺流程较长，涉及较多的金属、非金属材料的镀前处理。

为克服环境污染的问题，当前宜采用较少污染、废水易处理的工艺技术替代原有污染较重的工艺：如原有机溶胀液已由含少量易处理的有机物的碱溶液替代；原用铬酸凹蚀液已由碱性高锰酸钾溶液替代；原用含氨的微蚀液已由硫酸过氧化氢溶液替代；等等。

化学镀铜生产线的废水处理较为复杂。技术较为先进的做法是将生产线废液分类，各种废液分别经过含有机物废水、含氟废水、含铜废水、含氧化剂废水、浓废水、清洗水等专用管道，从而实现分别治理。

各类废水的综合利用也是在废水处理过程中完成，如用含过氧化氢的硫酸刻蚀溶液废水去处理含铜废水等。

化学镀铜废液中的污染物种类和浓度随所用的镀液和带入污染的不同而变化较大，一般情况下其如表3.66所列。

表3.66 化学镀铜废液中的污染物

污染物	浓度
Cu^{2+}	1.5～3.5g/L
CH_2O（37%）	5～25mL/L
有机物（络合剂、羧酸盐等）	40～100g/L
NaOH	8～25g/L

化学镀铜废液中含有较高浓度的强络合剂，因此采用升高废液pH值、产生氢氧化物沉淀的方法无法达到除去铜的目的。通常的处理方法为二步法：首先在废液中加入引发剂（报废的胶体钯溶液、次磷酸钠或硼氢化钠溶液）并降低溶液的pH值至5～8，引起废液自发分解，使废液中的大部分铜沉淀分离；然后采用处理稀废液的方式，加入碱和亚硫酸氢钠或者加入沉淀剂DTC，使废液中铜的溶解量降至最低，随后进行液固分离，调整pH值达标排放。

参考文献

[1] 姜晓霞，沈伟. 化学镀理论及实践[M]. 北京：国防工业出版社，2000.

[2] 伍学高，李铭华，黄渭成. 化学镀技术[M]. 成都：四川科学技术出版社，1985.

[3] 叶宁，李延祥. Ni-P基多元合金镀层的耐蚀性能研究[J]. 材料开发与应用，2000，15(3)：19-22.

[4] 李滨，李延祥. 热处理对Ni-P基镀层耐高温性能的影响[J]. 洛阳工学院学报，2002，23(4)：28-30.

[5] Palaniappa M，Seshadri S K. Structural and phase transformation behaviour of electroless Ni-P and Ni-W-P deposits [J]. Materials Science and Engineering：A，2007，460/461：638-644.

[6] Alirezaei S，Monirvaghefi S M，Salehi M，et al. Wear behavior of Ni-P and Ni-P-Al_2O_3 electroless coatings [J]. Wear，2007，262(7/8)：978-985.

[7] Huang Y S，Cui F Z. Effect of complexing agent on the morphology and microstructure of electroless deposited Ni-P alloy [J]. Surface and Coatings Technology，2007，201(9/11)：5416-5418.

[8] Oraon B，Majumdar G，Ghosh B. Parametric optimization and prediction of electroless Ni-B deposition [J]. Materials & Design，2007，28(7)：2138-2147.

[9] Contreras A，León C，Jimenez O，et al. Electrochemical behavior and microstructural characterization of 1026 Ni-B coated steel [J]. Applied Surface Science，2006，253(2)：592-599.

[10] 杨礼林，宣天鹏，琚正挺，等. 化学镀Ni-Fe-B-La合金工艺的研究[J]. 电镀与环保，2006，26(4)：19-22.

[11] 雷阿利，冯拉俊. 高磷高耐蚀性化学镀Ni-P合金复合络合剂的研究[J]. 腐蚀与防护，2006，27(3)：145-147.

[12] 孙华，冯立明，罗辉. $Na_2S_2O_3$类稳定剂在化学镀Ni-P工艺中的应用研究[J]. 实验室研究与探索，2006，25(9)：1072-1074.

[13] 万家瑰，李淑华. 表面活性剂在 Ni-P 化学复合镀中的应用[J]. 电镀与涂饰，2006，25(11):46-48.

[14] Chen W F，Wu S Y. The effect of temperature on the preparation of electrochromic nickel oxide by an electroless method [J]. Applied Surface Science，2006，253(4):1907-1911.

[15] 翟金坤，黄子勋. 化学镀镍[M]. 北京：北京航空学院出版社，1987.

[16] Norkus E，Prušinskas K，Vaškelis A，et al. Application of saccharose as copper (Ⅱ) ligand for electroless copper plating solutions[J]. Carbohydrate Research，2007，342(1)：71-78.

[17] Avelar-Batista J C，Spain E，Letch M，et al. Improvements on the wear resistance of high thermal conductivity Cu alloys using an electroless Ni-P coating prior to PVD deposition [J]. Surface and Coatings Technology，2006，201(7)：4052-4057.

[18] Anık M，Körpe E. Effect of alloy microstructure on electroless NiP deposition behavior on Alloy AZ91 [J]. Surface and Coatings Technology，2007，201(8)：4702-4710.

[19] 张天顺，张晶秋，张琦. 铝及铝合金化学镀 Ni-P 合金工艺研究[J]. 电镀与涂饰，2006，25(8)：41-43.

[20] 毕虎才，卫英慧，侯利锋，等. 压铸镁合金化学镀 Ni-P 的沉积过程[J]. 稀有金属材料与工程，2006，35(10)：1661-1664.

[21] Cheong W J，Luan B L，Shoesmith D W. Protective coating on Mg AZ91D alloy— The effect of electroless nickel (EN) bath stabilizers on corrosion behaviour of Ni-P deposit [J]. Corrosion Science，2007，49(4)：1777-1798.

[22] 邵忠财，田彦文，李建中，等. 镁合金化学镀镍层孔隙率的影响因素[J]. 材料研究学报，2006，20(4)：403-406.

[23] 王毅坚，蔡育国. 热处理温度对 Ni-P 化学镀层磨损形态和机制的影响[J]. 化工机械，2006，33(5)：283-285.

[24] 徐滨士，朱绍华. 表面工程的理论与技术[M]. 北京：国防工业出版社，1999.

[25] 赵文轸. 材料表面工程导论[M]. 西安：西安交通大学出版社，1998.

[26] Puchi-Cabrera E S，Villalobos-Gutiérrez C，Irausquín I，et al. Fatigue behavior of a 7075-T6 aluminum alloy coated with an electroless Ni-P deposit [J]. International Journal of Fatigue，2006，28(12)：1854-1866.

[27] 刘继光，钟良，文代明. 化学镀 Ni-W-P 合金对 65Mn 钢热处理的表面防护[J]. 腐蚀与防护，2006，27(9)：469-471.

[28] Ramalho A，Miranda J C. Tribological characterization of electroless NiP coatings lubricated with biolubricants [J]. Wear，2007，263(1/6)：592-597.

[29] Ahn J G，Kim D J，Lee J R，et al. Improving the adhesion of electroless-nickel coating layer on diamond powder [J]. Surface and Coatings Technology，2006，201(6)：3793-3796.

[30] 刘海韬，程海峰，曹义，等. 具有反雷达性能的伪装饰片基础布的制备及性能研究[J]. 2006，29(4)：8-11.

[31] Shi Z，Wang D Q，Ding Z M. Nanocrystalline Ni-B coating surface strengthening pure copper [J]. Applied Surface Science，2006，253(3)：1051-1054.

[32] Ureña A，Rams J，Escalera M D，et al. Effect of copper electroless coatings on the interaction between a molten Al-Si-Mg alloy and coated short carbon fibres [J]. Composites Part A：Applied Science and Manufacturing，2007，38(8)：1947-1956.

[33] Balaraju J N，Millath Jahan S，Jain A，et al. Structure and phase transformation behavior of electroless Ni-P alloys containing tin and tungsten [J]. Journal of Alloys and Compounds，2007，436(1/2)：319-327.

[34] Abdel Hamid Z，El Badry S A，Abdel Aal A. Electroless deposition and characterization of Ni-P-WC composite alloys [J]. Surface and Coatings Technology，2007，201(12)：5948-5953.

[35] Liu Y Y，Yu J，Huang H，et al. Synthesis and tribological behavior of electroless Ni-P-WC nanocomposite coatings [J]. Surface and Coatings Technology，2007，201(16/17)：7246-7251.

[36] 袁华，俞红英，孙冬柏，等. 化学镀制备高耐蚀耐磨 Ni-P-SiC 复合镀层[J]. 电镀与涂饰，2006，25(9)：16-19.

[37] Zhang W X，Huang N，He J G，et al. Electroless deposition of Ni-W-P coating on AZ91D magnesium alloy

[J]. Applied Surface Science，2007，253(11)：5116-5121.

[38] 王兰，邵红红，陈康敏，等. 化学复合镀 Ni-P-SiC-MoS_2 镀层的研究[J]. 润滑与密封，2006(10)：131-133.

[39] 朱流，郦剑，凌国平. 超细 WC_2Co 硬质合金及其磨损性能研究[J]. 材料热处理学报，2006，27(3)：112-115.

[40] 宋影伟，单大勇，陈荣石，等. AZ91D 镁合金化学复合镀 Ni-P-ZrO_2 的工艺与性能[J]. 中国有色金属学报，2006，16(4)：625-630.

[41] 孙米强. 油田设备化学镀镍镀液稳定性及废液处理研究[J]. 内蒙古石油化工，2006(5)：143-144.

第4章

涂（膜）层测试技术

4.1　涂（膜）层测试种类

4.1.1　表面分析的一般概念

通常所说的表面分析属于表面物理和表面化学的范畴，是对材料表面所进行的原子数量级的信息探测[1-3]。表面分析技术是研究材料表面的形貌、化学组成、原子结构、原子态、电子态等信息的一种实验技术。其仪器一般都比较昂贵。它利用电子束、离子束、光子束或中性粒子束为探束来探测样品表面的各种信息。为了防止介质对材料表面的污染，一般都要在超高真空中进行。表面分析在表面工程上的应用是多种多样的，其主要应用如下。

（1）表面形貌的分析

形貌指表面的“宏观外形”。这主要利用电子显微镜和离子显微镜来进行；当然也可利用一般的金相显微镜来进行，但仅能得到比较宏观的晶粒尺度的形貌。

（2）表面的组分分析

其包括测定表面的元素组成、表面元素的化学态及元素在表层的分布。

（3）表面结构分析

表面结构分析指分析表面原子的排列特点，包括自身及吸附粒子的二维超点阵类型。

（4）表面相分析

表面相分析即对表面组成物质进行分析。这方面主要应用X射线衍射和透射电镜的电子束衍射。

此外，有关表面原子态和电子态分析，在理论基础研究中有时需要采用，但工程中一般不进行这些分析。这些分析主要用于功能材料，特别是电子材料。

4.1.2　表面分析方法概述

表面分析方法是利用各种束流与表面的作用来对表面进行分析的，目前分析方法有100余种。

表面分析方法可按探测粒子或发射粒子来分类。例如，探测粒子和发射粒子之一是电子，则称电子谱；探测粒子和发射粒子都是光子，则称光谱；探测粒子和发射粒子都是离子，则称离子谱；探测粒子是光子，发射粒子是电子，则称光电子谱。这是一种习惯分类方法，不能用于所有表面分析法的分类。表面分析还可按用途分类，如组分分析、结构分析、原子态分析和电子态分析。

组分分析是经常采用的分析方法。选用分析方法时应考虑能否测氢元素、检测灵敏度对不同元素差别如何、最小可检测的灵敏度、是否能做定量分析、能否判定元素的化学态、谱峰分辨率如何、是否易于辨识、表面探测深度、能否作微区分析、探测时对表面的破坏性等因素。几种常用组分分析的性能比较如表 4.1 所列。

表 4.1 几种常用组分分析方法

项目	俄歇电子能谱(AES)	X 射线光电子谱(XPS)	二次离子质谱(SIMS)	离子散射谱(ISS)
测 H	不能	差	好	差
元素灵敏度均匀性	好	好	差	好
最小可检灵敏度(相对浓度)	$5\times(10^{-3}\sim10^{-2})$	$5\times(10^{-3}\sim10^{-2})$	$10^{-8}\sim10^{-4}$	$10^{-3}\sim10^{-2}$
定量分析	一般	好	差	差
化学态判定	一般	好	差	差
谱峰分辨率	好	好	优	差
易于识谱	好	好	一般	一般
表面探测深度	几层	几层	单层至几层	单层
空间分辨率	优	差	优	差
无损检测	好	优	差	差
理论数据完整性	一般	好	差	一般

从表 4.1 中可见，X 射线光电子谱判断化学态的性能好，检测时对样品损坏小、定量分析好，特别适于做化学分析，故又称为化学分析电子能谱（ESCA)。俄歇电子能谱的一般性能较好，结构简单，得到广泛的应用，尤其是其电子束可聚焦成细针（束斑可小至 3.5nm ），适于微区扫描分析，即扫描俄歇探针（SAM)。二次离子质谱具有很好的最小可检灵敏度，有的可测出相对浓度低至百万分之一，甚至亿分之一的杂质，它可以测 H 及同位素、分子团，具有很高的空间分辨率，适于做微量微区分析以及有机化学分析，不过其定量分析性能较差。

在结构分析方面，单晶表面的二维排列规律可通过低能电子衍射（LEED）或反射式高能电子衍射（RHEED）进行探测，后者尤适合于在分子束外延过程监视晶体的生长。LEED 装置十分简单，用它研究气体或外来原子在单晶表面的吸附现象时十分方便。四栅 LEED 装置还可以做俄歇分析，只是分析速度较慢。用 LEED 和 RHEED 还可以判断简单的晶体表面缺陷。单晶及其吸附表面层的三维排列是较难确定的，通常可利用 LEED 的 I-E 曲线（衍射斑点强度随电子能量的变化曲线）来进行分析。先假设原子排列和电子与原子相互作用的一系列参数，通过复杂的计算，算出 I-E 曲线并与实验结果比较，通过多次猜测和大量的计算工作最后才能确定结构。

4.1.3　探针与材料表面的相互作用

探针可以采用离子、电子、光子及中性粒子束流，这些束流与表面作用，会从表面激发出各种粒子，几种情况示意见图4.1[1]。

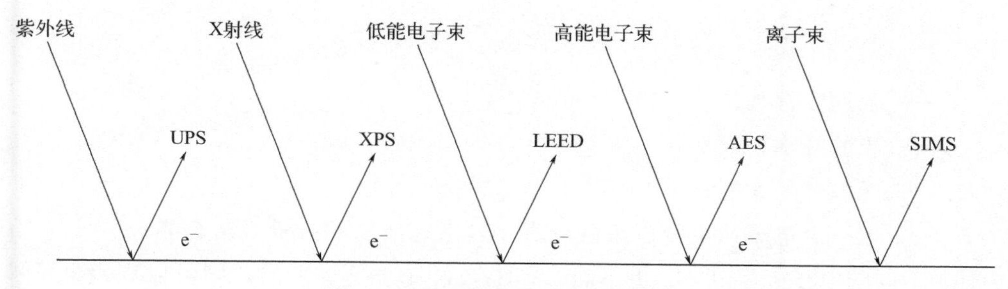

图4.1　表面束流与表面作用示意

入射到表面的光子束，例如紫外线或X射线，可激发光子散射，对应的方法为紫外线光电子谱（UPS）和X射线光电子谱（XPS）；低能电子束（几十到几百电子伏）可产生低能电子衍射；高能电子束可激发俄歇电子，构成俄歇电子能谱；离子束可激发二次离子溅射，构成二次离子质谱。

4.1.3.1　电子探针与表面的作用

当具有一定能量的电子束射到固体表面时，入射电子和表面原子间会发生库仑相互作用，使电子发生散射。原子对电子的散射有弹性散射和非弹性散射两种。在弹性散射中，电子只发生方向的改变而能量基本不变；在非弹性散射中，电子不仅运动方向发生变化，而且能量也会不同程度地减小。入射电子能量会引起表面材料的X射线辐射、次级电子发射、光子辐射，甚至会使表面的离子脱落等一系列效应。

入射电子和原子的价电子发生非弹性碰撞，损失的能量会引起次级电子的发射。次级电子的能量较低，一般只有20～50eV，且方向是全方位的，只有在表面层十分之几个纳米深度以内的电子才可能逸出表面。次级电子的发射受表面的物理化学性质的影响很大，因此不同的材料、不同的表面形貌次级电子的发射也不相同，扫描电子显微镜就是利用这一性质对表面进行观察的。

入射电子与原子芯态能级的电子作用，可以产生俄歇电子。通过对俄歇电子能谱的分析，可以鉴别表面元素的种类。俄歇电子产生的原理是：当较高能量（3～5 keV）的入射电子轰击固体表面时，表面原子的内层电子会被激发到外层，并在内层能级上留下一个空位，使原子由原来能量较低的稳态变为能量较高的激发态；能量较高的能级上的电子可以跳下来补充这个空位，使能量降低；但在退激过程中，释放的能量使另一能级上的电子激发，此激发出的电子即俄歇电子。

4.1.3.2 入射光子与表面的相互作用

用X射线或紫外线照射固体表面，也可使表面原子受光激发而电离，光子把能量传给电子发生光电跃迁或俄歇跃迁，使某些电子逃逸到物体外。

爱因斯坦光电效应方程：

$$h\nu = E_K + E_B \tag{4.1}$$

式中 h——普朗克常数；

ν——光的频率；

E_K——光电子的动能；

E_B——把一个电子从束缚态激发到真空自由态所需的能量（结合能）。

对于不同的电子壳层其 E_B 也不同。如果入射光子是单色的，则可以利用电子能谱仪测出电子的动能 E_K，从而得出结合能 E_B。此即用光电子能谱分析表面成分的基本原理。

在紫外线光电子能谱分析中常使用16.8eV的He Ⅰ线或40.8eV的He Ⅱ线作激发光源，这种能量范围的光子只能激发试样原子的价电子，不能激发内层电子，主要用于研究分子的成键情况。在X射线光电子能谱中通常使用铝阳极靶（1486.6eV）X射线管和镁阳极靶（1254.6eV）X射线管，可以激发多种元素的内层电子。不同元素原子内层电子的结合能往往差异较大，容易在X射线光电子能谱中分辨开来，故X射线光电子能谱特别适合做元素的定性分析；此外，虽然X射线可以穿透样品内部，但激发出的电子的逃逸深度只有十分之几纳米，因此XPS又可有效地对表面进行分析。

同电子束入射一样，入射光子也可激发俄歇电子。

4.1.3.3 入射离子与表面的相互作用

用气体（如Ar，Ne，He等）离子束聚焦后入射到固体表面上，如果离子的能量达到500eV以上，则离子同固体表面的原子间会发生弹性或非弹性碰撞。当样品表面原子获得的能量高于临界值后便会激发出格点，把这些逸出的原子电离，形成二次离子，用质谱仪进行分析，便可测出原子的种类，此即二次离子质谱分析的基本原理。

4.1.4 表面成分分析技术

表面成分分析多采用俄歇电子能谱等谱仪。在此做简单介绍。

4.1.4.1 俄歇过程

前已述及，当一束电子入射到固体表面时会激发俄歇电子，该过程可用图4.2[1]说明。俄歇电子的能量可以下式表示：

$$E_{wxy}(Z)=E_w(Z)-E_x(Z)-E_y(Z)-\Delta E_{yx}(Z) \tag{4.2}$$

式中　　Z——原子序数；

w、x、y——由低到高的三个能级。

上式的物理含意是电子从 x 能级非辐射落回到 w 能级的空位上可释放出 E_w-E_x 能量，该能量可使 y 能级上的电子克服束缚能而逃逸到真空之外，剩余的能量即俄歇电子的能量。而最后一项 ΔE_{yx} 是一修正项，因为在内层 w 空位的条件下，y 层电子的束缚能应大于 E_y。由于不同的元素，原子序数 Z 不同，而 E_w、E_x、E_y 都与原子序数有关，因此所发射的俄歇电子的能量 $E_{wxy}(Z)$ 也和原子序数有关。

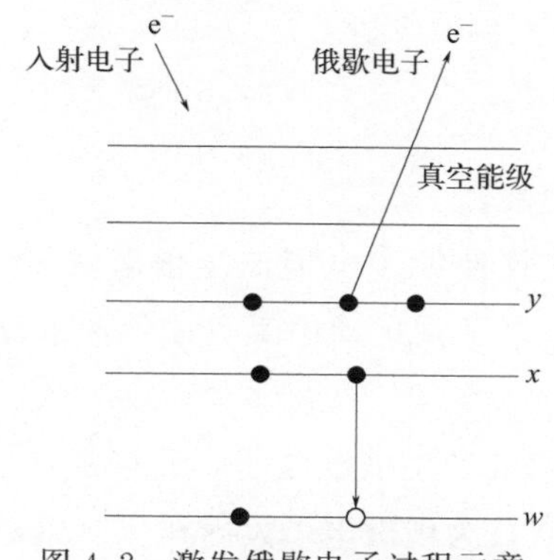

图 4.2　激发俄歇电子过程示意

激发俄歇电子过程至少要有两个能级和三个电子参与，所以 H 不可能发生俄歇跃迁，He 一般说来也不能发生，孤立的 Li 外层仅有一个电子，也不会发生俄歇跃迁，但是在固体中价电子是共有的，可以发生俄歇跃迁，因此 Li 的 KLL 跃迁，实际上是 KVV 跃迁，这里 V 代表价带能级。

4.1.4.2　俄歇电流

如图 4.3 所示[1]，当入射电子束以 φ 角入射表面时可以估计待测的俄歇电流 I_A。

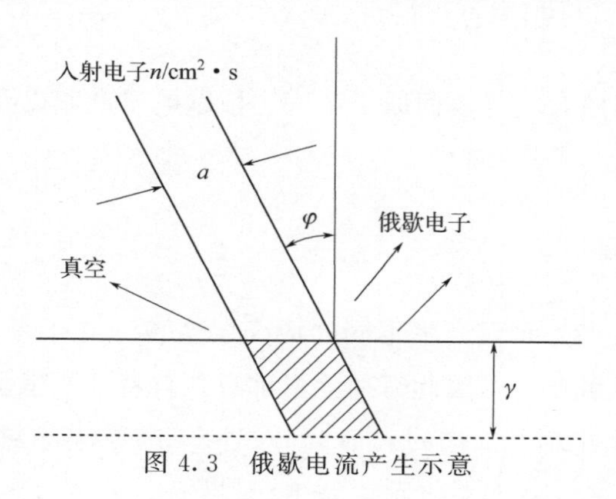

图 4.3　俄歇电流产生示意

设入射电子束的截面为 a，每个入射电子在一个原子上可产生 Q 个俄歇电子。俄歇电子的逸出深度为 τ，即从表面到深度 τ 的材料中所产生的全部俄歇电子都从表面释放出来，而在其他部位产生的俄歇电子都不逸出。图上的阴影区的体积为 $a\sec\varphi$，其中的原子对俄歇电流都有贡献。设能产生俄歇电子的原子浓度为 N，则阴影体积中这种原子总数为 $N\gamma a\sec\varphi$。设 n 为入射电子束内每秒每平方厘米的电子个数，则每秒入射电子为 na 个，以 $I_0=na$ 来表示所有原子在 1s 内可产生的俄歇电子数 $naQN\gamma a\sec\varphi$，则俄歇电流为：

$$I_A=I_0QN\gamma a\sec\varphi \tag{4.3}$$

若以 $\sigma_A=Qa$ 表示俄歇电子发射截面，则：

$$I_A=I_0N\gamma\sigma_A\sec\varphi \tag{4.4}$$

估算中应该考虑到以下因素：

① 入射电子束 I_0 可以直接使原子电离产生俄歇电子，同时还会引起次级电子发射，具有较高能量的部分次级电子在运动中又可能使表面原子电离，即使 I_0 的有效值增加。

② 激发态电子的退激不仅能产生俄歇电子，还可能产生特征 X 线。用 $\overline{\omega}_K$ 表示 X 线的产生概率（荧光产额），X_K 为俄歇电子发射概率（俄歇电子产额），则有

$$X_K+\overline{\omega}_K=1 \text{ 或 } X_K=1-\overline{\omega}_K \tag{4.5}$$

若用 ϕ 表示入射电子引起的原子电离化截面，则俄歇电子发射截面为

$$\sigma_A=(1-\overline{\omega}_K)\phi \tag{4.6}$$

③ 设筒式分析器的立体角为 Ω，则仅可能有 $\Omega/(4\pi)$ 倍的俄歇电子进入检测器。根据以上分析，俄歇电流的表达式应为

$$I_A=\Omega/(4\pi)I_0N\gamma(1-\overline{\omega}_K)\phi\sec\varphi \tag{4.7}$$

由上式可见，俄歇电流的大小与表面原子浓度、俄歇电子产额以及分析器的立体角等因素有关。

4.1.4.3 俄歇电子能谱

入射电子可以使大多数元素产生不同的内壳层空位。对于每个特定的内壳层空位，又可引起很多不同的俄歇跃迁，因此每种元素都有各自特征的俄歇电子能谱。通过进行俄歇电子能量分析，即可确定试样的表面成分。由于随原子序数 Z 的增加，突出的俄歇电子峰将有所变化，$Z=3\sim14$ 的元素是 KLL 跃迁，$Z=14\sim40$ 的元素是 LMM 跃

迁，$Z=40\sim79$ 的元素是 MNN 跃迁，再重的元素是由 NOO 跃迁形成的。因此，从表面区域能够得到尽可能多的可电离原子，对于原子序数低的元素，应采用 K 系列俄歇跃迁，随着 Z 的增加，依次采用 L 系列、M 系列、N 系列。

从固体样品发射的次级电子，不仅有俄歇电子，还有其他各种各样的次级电子，包括初级电子的弹性散射电子、非弹性散射电子以及慢次级电子等，它们形成了强大的本底，几乎把俄歇电子峰淹没。不过一般来说，弹性散射峰的能量较高，慢次级电子峰能量较低，可以避开，但强大而变化缓慢的本底也给测量带来了困难。若用 $N(E)$ 表示俄歇电子数随能量变化的函数，从测量的 $N(E)$-E 曲线很难得到有用的信息。为了能明确地获得俄歇电子的信息，可以采取微分的办法，测得 $\frac{\mathrm{d}N(E)}{\mathrm{d}E}$-$E$ 来识别俄歇电子峰，$\frac{\mathrm{d}N(E)}{\mathrm{d}E}$-$E$ 称为微分谱，而 $N(E)$-E 则称为直接谱。为了得到微分谱，可以在能量分析器上叠加一微弱的调制电压 $\Delta E=K\sin\bar{\omega}t$（$K$ 称调制幅度，是一个小量），输出信息 $N(E+\Delta E)$ 受此扰动调制。用泰勒级数把 N 展开：

$$N(E+\Delta E)=N(E)+N'(E)\Delta E+\frac{N''(E)}{2!}\Delta E^2+\cdots=N_0+N_1\sin\bar{\omega}t+N_2\sin(2\bar{\omega}t)+\cdots \tag{4.8}$$

式中，$N_1=KN'(E)+\frac{1}{8}K^3N'''(E)+\cdots$

如果 K 足够小，则可忽略高次项使

$$N_1\approx KN'(E) \tag{4.9}$$

改变 E，测得对应的 N_1，便可测得微分谱 $\frac{\mathrm{d}N(E)}{\mathrm{d}E}$-$E$。不过俄歇电子谱仪经常利用的能量分析器是筒镜能量分析器（CMA），用此分析器只能得到 $\frac{\mathrm{d}N(E)}{\mathrm{d}E}$-$E$ 微分谱，该谱也可大大提高信背比，在实际生产中得到了广泛的利用。

4.1.4.4 俄歇电子谱仪

如图 4.4 所示，俄歇电子谱仪通常由探针系统、能量分析系统、真空系统及其他辅助系统构成。

4.1.4.5 X 射线光电子谱仪

该种谱仪也是目前最广泛采用的表面成分分析仪之一，XPS 实验系统的基本过程如图 4.5 所示。

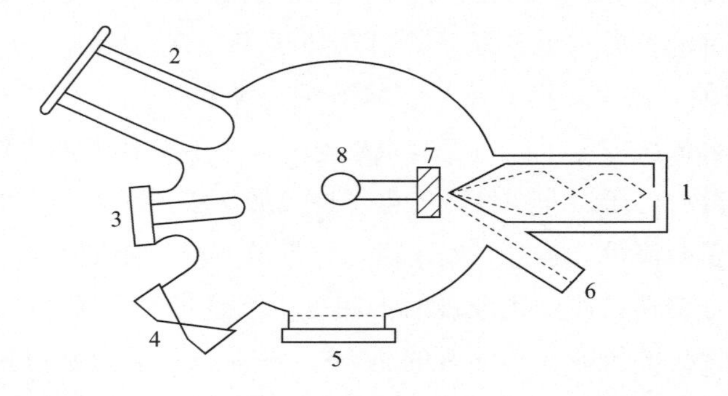

图 4.4 俄歇电子谱仪

1—探针系统；2—俄歇电子分析器；3—溅射离子枪；4—预备窗；
5—观察窗；6—掠射电子枪；7—样品；8—可旋转样品架

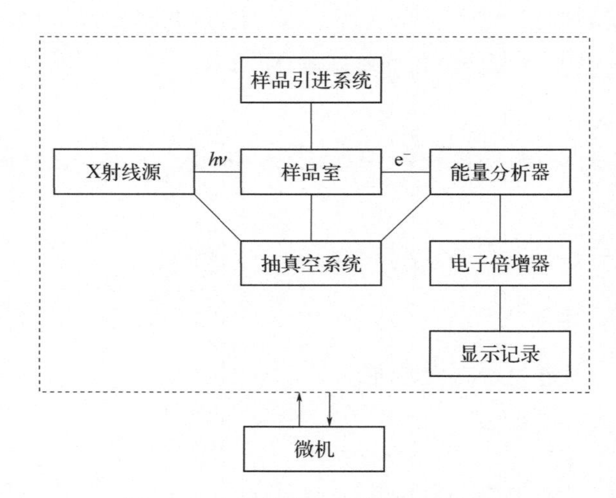

图 4.5 X 射线光电子谱仪实验系统

实验的大致过程如下。将样品置入样品室，用一束单色的 X 射线激发，只要光子的能量 $h\nu$ 大于原子、分子或固体中某原子电子轨道的结合能 E_B，便能将电子激发而使其离开，并得到具有一定动能的光电子。由于 X 射线能量较高，所以主要得到的是来自原子内层轨道的电子。光电子进入能量分析器，利用分析器的色散作用，可测得其按能量高低的数量分布。由分析器出来的光电子经电子倍增器进行信号放大，再以适当的方式显示、记录，得到如图 4.6 所示的 XPS 谱图。为防止分析时样品表面受到污染，样品室应保持 10^{-6}～10^{-8}Pa 的超高真空条件。整个系统和一台微机相连，可实现操作、数据采集和处理以及数据输出的自动化。XPS 的基本实验就是观测并研究所激发出来的光电子。光电子的基本特性可用其动能大小、相对于激发源的发射方向及在特定条件下的自旋取向这三个物理量来表征。一般光电子谱仪是在固定激发源几何位置和一定的接收角条件下测量不同动能的光电子的数量分布。

图 4.6[2] 是对金属铝样品测得的两张 XPS 谱图，其中图 4.6（a）是宽能量范围扫描的全谱，图 4.6（b）是图 4.6（a）中高能端的放大。

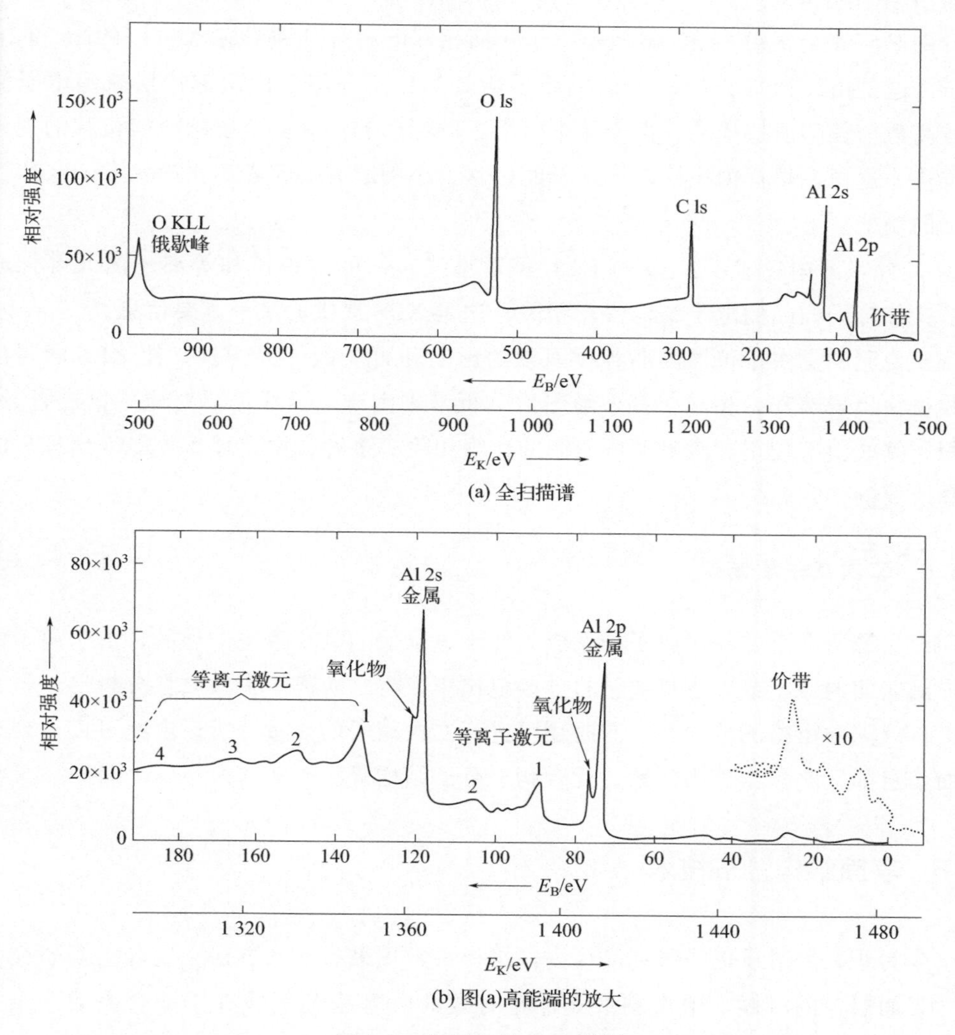

(a) 全扫描谱

(b) 图(a)高能端的放大

图 4.6 金属铝的 XPS 谱图

（样品表面被氧化且有碳污染；激发源为单色 AlKα）

分析这两张图谱可知：

① 谱图中除了有 Al 2s 和 Al 2p 谱线外，还显示了 O 1s 和 C 1s 两条谱线，说明铝表面受到氧化以及有机物的污染。谱图的横坐标是光电子的动能或轨道电子结合能，这表明每条谱线的位置和相应元素原子内层电子的结合能有一一对应的关系。不同元素原子各轨道电子结合能为一定值且互不重叠，因此只要在宽能量范围内对样品进行一次扫描，由各谱峰所对应的结合能即可确定试样表面元素的组成。

② 谱图的纵坐标表示单位时间内所接受到的光电子数。在相同激发源及谱仪接受条件下，考虑到各元素电离截面差别之后，显然表面含有某种元素越多，光电子信号越

强。因此，在理想的情况下，每个谱峰所属面积的大小可用以度量表面所含的元素，这就是 XPS 定量分析的依据。

③ 由图 4.6（b）可见，在 Al 2s 和 Al 2p 谱线低动能一侧都有一个紧挨着的肩阶。主峰分别对应纯金属铝 2s 和 2p 轨道电子，而相邻的肩阶分别对应 Al_2O_3 的 2s 和 2p 轨道电子。这是由纯铝与 Al_2O_3 中的铝原子所处的化学环境不同引起内层轨道电子结合能向较高数值偏移所造成的。由于化学环境不同而引起内壳层电子结合能位移的现象叫化学位移。这样，根据内壳层电子结合能位移大小判断有关元素的化学状态，这是 XPS 最突出的功能。

④ 此外，图中还显示了 O 的 KLL 俄歇谱线、铝的价带谱和等离子激元等伴峰结构。这些伴峰同样品的电子结构密切相关，这是 XPS 提供的又一重要信息。

需要说明的是由于仪器内部各种因素的影响和可能的外界干扰，使 XPS 测得的原始谱线往往出现畸变，相互交叠，给图谱分析带来困难，因此需要对原始谱进行分峰、退卷积、基线斜率校正和激发源所引起的伴峰扣除等多种数据处理，才能得到理想的分析谱和所要的信息。

4.1.4.6 二次离子质谱仪

用离子源所产生的一次离子加速成为几千电子伏的离子束轰击样品，由于离子的碰撞，样品表面的原子或正、负离子将被溅射出来。将二次离子引入质量分析器，按其质荷比进行分离并由检测器检测，有时还可进行二次离子的能量分析。由此可以得到有关的表面信息如元素种类、同位素、化合物、分子结构等。

4.1.5 表面结构分析技术

迄今为止，X 射线仍是研究晶体内部结构最常用最有效的方法。实际上当研究的表面是“表面层”的时候，用 X 射线是非常有效的，但是 X 射线并不适合表面上原子层的二维结构研究。表面结构的分析方法，目前主要采用低能电子衍射（LEED）和反射型高能电子衍射（RHEED）。

4.1.5.1 低能电子衍射

图 4.7 是一种 LEED 仪，主要由电子枪、样品架、荧光屏和三个球形栅极构成。栅丝直径 25μm，栅丝间距 0.25mm，每个栅网透明度约 80%。靶和第一球形栅 G_1 均接地，以保证从靶发出的衍射电子在无场空间沿着它原有的方向前进。第二栅 G_2 接阴极电位，使 G_2 相对靶的电位为$-V_p$（V_p 是电子枪对电子的加速电压），因此在初次电子轰击下从靶发生的次级电子中，只有动能为 eV_p 的弹性散射电子才能穿过 G_2 打在加正高压的荧光屏上，于是在荧光屏上可观察到衍射束的斑点，此即 LEED 装置的基本原

理。由于荧光屏对地加5～7kV的正高压，其电场会影响第二栅 G_2 面上的电位，使 G_2 栅丝之间的空间电位与栅丝电位不同，导致非弹性碰撞的电子也通过 G_2，造成荧光屏本底宽度的增加，所以后来发展为三栅。G_3 接地或接 G_2，可屏蔽高压电场对 G_2 球面电位不均匀的影响。

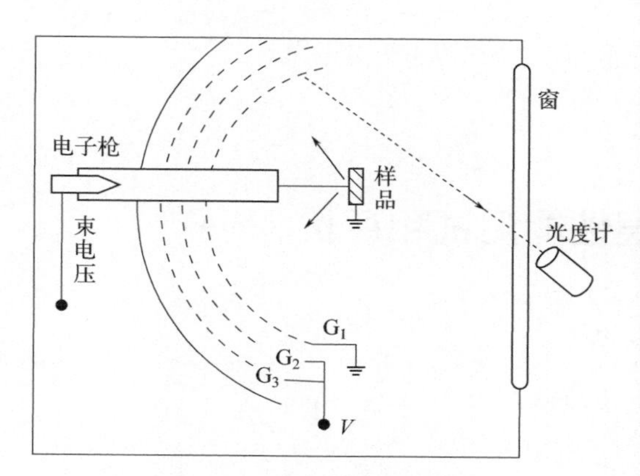

图 4.7　低能电子衍射仪示意

作为接收极的荧光屏应保持几千伏的正电位。它只增加衍射电子的能量而并不改变衍射谱。点光度计可以扫描并量度荧光强度。也可以调准对某个衍射束射在荧光屏上的位置，改变入射电子能量 E_0(70～500eV) 以测量衍射束的强度 I 和入射电子束能量的关系（I-E_0 曲线）。

电子束在样品表面的衍射在荧光屏上形成衍射斑点而成为LEED图谱。LEED图是与二维晶体结构相对应的二维倒易点阵的直接投影。不过只分析此图样的几何图形并不能得到表面结构，还需分析衍射束的强度。衍射束强度 I 和入射电子能量 E_0、入射角 θ 及方位角 φ（样品绕表面法线的旋转角）有关。在实验中常常固定 θ 和 φ，只测量 E_0 和 I 的关系。把从给定表面的各种入射角 θ 和方位角 φ 值所得的 I-E_0 曲线加以综合，得到总的衍射信息，并由此推演出表面结构，即LEED图样及衍射斑点强度可反映二维晶体的结构特征。

4.1.5.2　反射型高能电子衍射

用10～50 keV高能电子束向平滑表面以很小角度（1°～3°）入射时，垂直于表面方向上入射的电子动量分量很小，电子束在表面上的入侵深度很浅，这种电子衍射图像就能完全反映出表面的结构信息，如图4.8所示。

RHEED法，入射电子束要覆盖约1cm长的表面，试样表面长度不能小于5mm，且要求表面平滑以减少由于不平整而引起衍射能量的分散。RHEED法由于衍射斑点大，精确度差，在表面结构分析中远不如LEED的功能强。但近年来RHEED法也得到较广泛的应用。

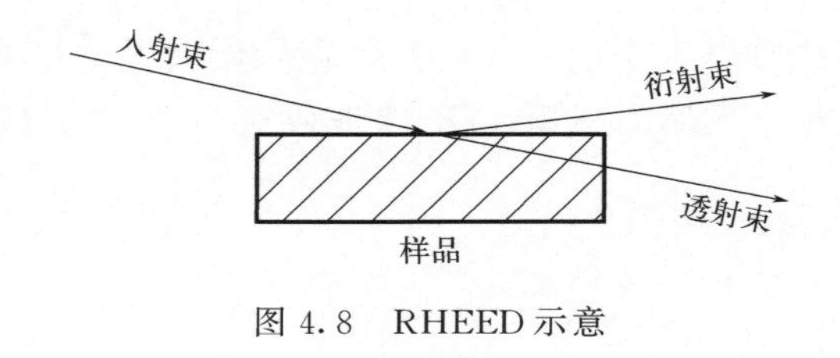

图 4.8 RHEED 示意

4.2 涂 (膜) 层性能测试和评价

4.2.1 涂层质量

4.2.1.1 结合强度

结合强度实际上是指从一块基体上去除覆层时所需的应力。有很多测定覆层结合强度的技术[3-5]，大致可以分为核方法、机械方法和其他方法三大类（图 4.9）。对核方法来说，一个覆层的去除主要是覆层个别原子和基体之间结合的破裂，其宏观结合强度则可考虑为个别原子力的总和且和基体上的一个单原子对覆层总的吸附能 E_a 有关。测量吸附能的核方法是非常复杂的，因而应用也是很有限的。

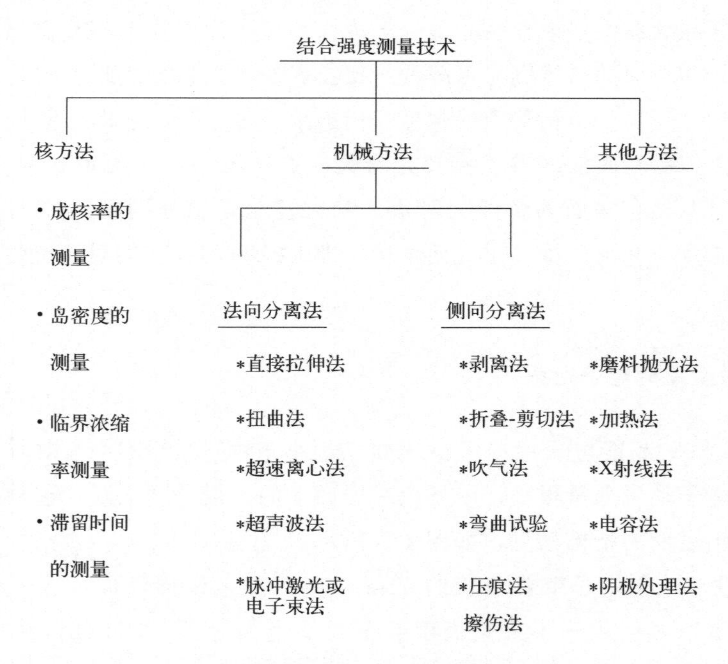

图 4.9 覆层与基体结合强度测量技术的分类

下面介绍几种测定结合强度的机械方法。

所有的机械方法都是应用一些手段使覆层从基体上分离。它们一般可分为法向分离法和侧向分离法两大类。

（1）法向分离法（拉伸方法）

在所用的拉伸方法中，直接拉伸法、扭曲法或颠倒法都需采用某些胶黏剂或焊料以及专用装置来拉覆层。所以，这些试验取决于粘接的强度；而对超速离心法、超声波法以及脉冲激光或电子束方法就不用胶黏剂或焊料了，但需要专门的设备。其中，超声波法和超速离心法一般用于较厚的覆层（$>100\mu m$）。

1）直接拉伸法　图4.10为用直接拉伸法测量结合强度的示意图。其基本原理是要采用焊料或高强度胶黏剂将覆层与某种拉伸用的附件（如平头黄铜销）粘在一起，然后在一台拉伸试验机上法向拉伸该覆层。

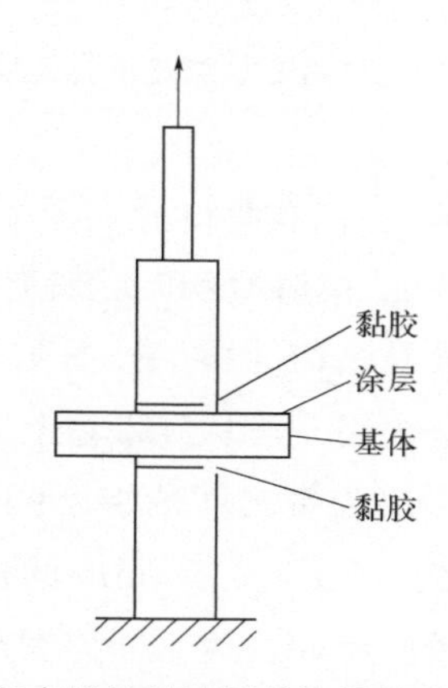

图4.10　用直接拉伸法测量涂层结合强度的示意

2）超速离心法　用这种方法时，将试样作为一个转子，其轴高速转动以产生所需的离心力（见图4.11）。当到达一个临界速度时，覆层在离心力作用下脱离。这个转子是处于真空状态依靠一个旋转磁场使轴转动，转子直径只有2.5mm，转动速度超过80000r/min。

这种方法适用于较厚的覆层。由于在高频下快速、反复运动，依靠覆层的惯性产生法向力使覆层剥离，其加速力是根据振动的频率与幅度以及覆层的质量和面积来测定的。莫斯（Moss）用此方法测量了在一个硬铝的圆柱上涂聚苯乙烯覆层的结合强度。采用的频率为23.6 MHz，测得的结合强度为410kPa。

（2）侧向分离法（剪切法）

用侧向分离方法时，施加一个侧向力使覆层从基体上分离出来。其中，剥离法一般用于结合强度较低的覆层。但由于其方法简便且快速，常用来作为否定较差覆层的依据；折叠-剪切法要使用粘接方式实现，所以也有像拉伸法一样的弱点；折叠法也用于

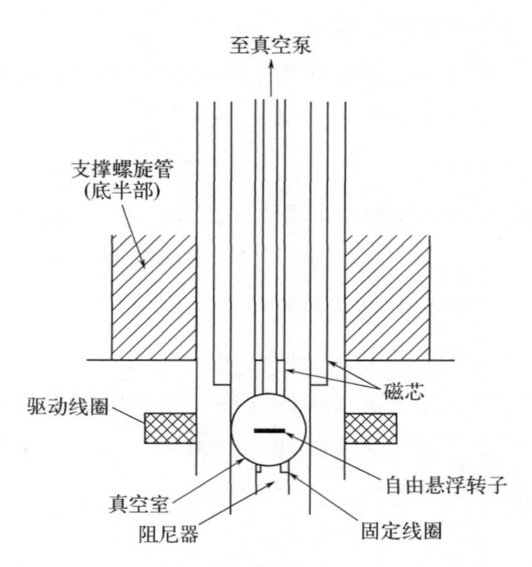

图 4.11　用超速离心法测量结合强度的示意

结合强度较低的覆层（如聚合物覆层）；弯曲试验、压缩试样压痕试验以及擦伤试验测定覆层结合强度时，还与其他的性能（如硬度和断裂韧性）有关系。所以它们大部分用来定量或半定量地测定薄、硬且较易黏结的覆层。图 4.12（a）表示了一种最古老而广泛采用的方法，即粘接胶带拉伸法。用一段从胶带卷上撕下的胶带，紧贴在试验覆层表面。如果覆层基体结合强度小于覆层胶带之间的结合强度，覆层就会被胶带剥离下来。例如，布里斯克（Brisk）用了大约（1±0.1)N/mm 的拉力，可做测定大于 0.5MPa 结合强度的覆层试验。这个方法比较简便而快速，固体润滑剂覆层（例如塑料一般用于测量涂料和气体喷涂的固体、二硫化钼以及石墨）的结合强度。

图 4.12（b）描述了一种改进型的可定量测定覆层结合强度的胶带剥离法。将胶带贴于覆层表面且用刮刀刮平，胶带伸出一个风翼。在拉伸时，覆层与基体脱离，测量分离覆层所需的载荷。如果覆层的基体是柔性的材料（如厚 25～40μm 半流粒子型磁带），覆层的基体可用一种双面胶带粘到一块光滑平板上，被涂的基体可从平板上呈 90°或 180° 角度拉伸［图 4.12（c），图 4.12（d）］，测量分离覆层所需的载荷。

1）压痕法　将有覆层的试样在不同载荷下施压。在低载时，覆层随着基体一起变形；然而，当载荷足够高时，就会出现一个横向裂纹并沿着覆层-基体的界面扩展，横向裂纹的长度随着压痕载荷增加而增加。观察覆层开裂的最小载荷（称为临界载荷）并用来度量覆层的结合强度（图 4.13）。压痕法可以用一种带有金刚石压头的洛氏硬度计或维氏硬度计来进行试验；对极其薄的覆层来说，可以采用纳米级的硬度计。

应当指出：测定的临界载荷 $W_{临}$ 是覆层的硬度、断裂韧性以及结合强度的函数；压痕裂纹的长度与施加载荷以及覆层-基体界面的断裂韧性有关。

2）擦伤法　利用指甲刀或小刀来擦刮表面可能是测定涂料或其他覆层黏结性能最古老的方法。现代新的方法是采用一个具有碳化钨或洛氏 C 型金刚石尖（半径 0.2mm

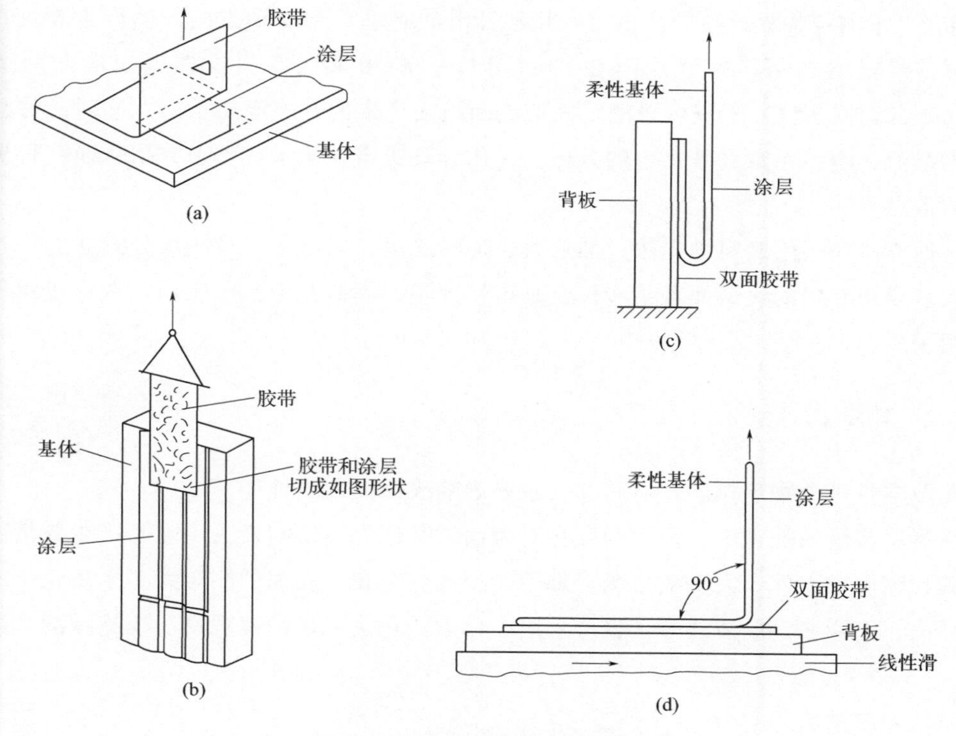

图 4.12　侧向剥离法的原理示意

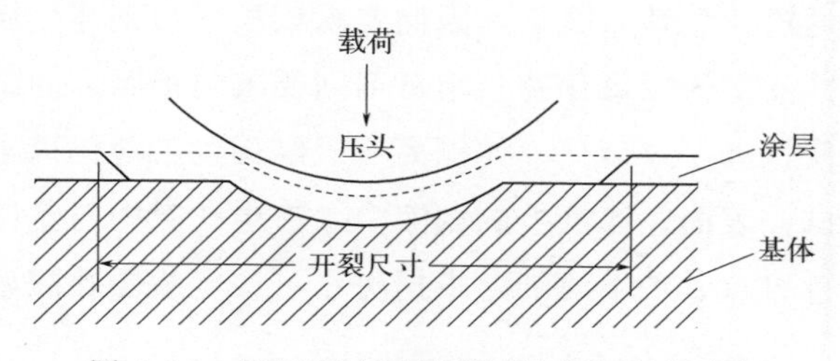

图 4.13　用压痕法测量覆层结合强度的示意

半球尖端的 120°圆锥体）的光滑的圆形铬钢触针来划过覆层表面，逐渐增加其法向载荷直至覆层完全分离。其最小的临界载荷用来作为测定结合强度的依据。其关系式可表达为：

$$H=W_{临}/(\pi a^2) \tag{4.10}$$

$$r=H\tan\theta=W_{临}/(\pi aR) \tag{4.11}$$

式中　H——基体硬度；

$W_{临}$——临界法向载荷；

a——接触半径；

R——触针半径；

r——结合强度。

由于临界载 $W_{临}$ 的测定是很困难的，现在已经采用一种音响漫射技术（acoustic

emission）来测定临界载荷的数值。一旦触针滑动时垂直于滑动方向开始产生裂纹，音响漫射信号就增加，其频率范围在 0～50kHz。利用某些专门仪器（如瑞士制造的 Revetest 自动擦伤仪）不仅可以测定因覆层断裂而产生的音响漫射信号，同时能够测定其临界载荷、摩擦系数和摩擦力的数值，并用计算机自动记录其动态数据从而获得更加完善的信息。

其他方法是指用磨料抛光法、加热法、X 射线法、电容法以及阴极处理法等。这些方法大多要用专门的设备而且某些仅仅是定性评定，因此并不十分实用，在这里就不详细介绍了。

4.2.1.2 孔隙率

孔隙本身是个物理概念，但其存在主要影响表面的化学性能。

在覆层覆膜的处理中，孔隙的存在对表面的其他性能影响极大。除了极少数情况下希望其孔隙率增大外，大多数情况下都不希望孔隙存在。孔隙的测定大多采用化学法如贴滤纸法、涂膏法、浸渍法等，也可采用电化学钝化法、显微镜观察法或绝缘测试法来测定。

（1）贴滤纸法

本法采用的化学试液必须包含两种：一种是电极腐蚀液；另一种是指示剂。腐蚀液是用于浸蚀试样的，通过孔隙渗入膜层，因此要求该液只与基体金属或中间镀层作用而不腐蚀表面镀层，腐蚀液多采用氯化物。指示剂则要求与被腐蚀的金属离子产生特征颜色，例如铁氰化钾可使铁离子显蓝色、使铜离子显红褐色、使钨离子显黄色。将浸有测试液的滤纸贴于被测试样表面，滤纸上的试液渗入镀层孔隙中与基体金属或中间层发生作用，生成相应的颜色斑点，揭下滤纸，根据斑点可评定膜层孔隙率。

$$\text{孔隙率}=\frac{n}{s} \tag{4.12}$$

式中 s——被检试样面积，cm^2；

n——孔隙斑点总数，个。

由于所得斑点的大小不一，因此计测时可做如下处理：点直径在 1mm 以下的，每点以 1 个孔计；点直径为 1～3mm，每点以 3 个孔计；点直径在 3～5mm 之间，每点以 10 个孔计。一般以 3 次试验的算术平均值评定孔隙率测试结果。

（2）涂膏法

涂膏法的基本原理同贴滤纸法。只不过腐蚀剂和指示剂不是吸附到滤纸上，而是掺进膏泥里，膏泥是洁白的，对任何曲面都可以很容易刷涂上，涂层很薄（0.5～1.0g/dm^2）。这样膏泥中的试液通过孔隙渗入基体或中间层，反应物形成特定的颜色又渗出，直接计测斑点数即可求得孔隙率。

（3）电化学钝化法

钢在 Na_2SO_4 等溶液中会发生阳极钝化，钝化的电流密度和时间与孔隙度的多少会有一定的关系，根据此关系可求得膜层的孔隙率。

例如对磷化膜孔隙率的测定即可用此法。把一个柱形试样的一个端面磷化并暴露在外，其他各面全部绝缘，置于 Na_2SO_4 溶液电解槽中作为阳极，以 2～3 V 的恒电压进行电解，磷化面上孔隙中的铁被钝化。

记录初期电流密度 i_0（A/cm^2）、钝化所需要的时间 t_p（min）（以电流急剧减小为信号），孔隙率可由下式计算：

$$\lg F=(\lg t_p-\lg B+n\lg i_0)/n \tag{4.13}$$

式中 F——孔隙率；

B、n——常数，$B=2.0$，$n=1.5$。

（4）显微观察法

用一定放大倍数的显微镜直接观察表面的孔隙，或对不同的截面观察孔隙，可参照贴滤纸法的评定方法，求出孔隙率。

（5）绝缘测试法

该方法仅是一个定性的方法，主要适于有机薄涂层的表面，基体是导电金属。测试时表面涂上导电液体并使其渗入孔隙中。该法外加电压 100～200 V 即可，采用一个电极在端面上扫描的办法，如果有孔隙存在就会产生电流，引起端面产生电火花。因此如果孔隙过于密集，无法用此法判定。

4.2.1.3 密度

覆层的密度也是一个很重要的参数。它取决于材料的成分和物理结构。一般可按下面公式计算：

$$\rho_c=m_c/V_c \tag{4.14}$$

式中 ρ_c——覆层密度；

m_c——覆层质量；

V_c——覆层体积。

对大多数覆层来说，密度的测量都因为它的质量和体积很小而存在着一些问题；再者，覆层的不均匀性、表面粗糙度、孔隙、裂纹以及凹槽等都可能导致覆层厚度测量的误差。现在介绍一种浸泡或漂浮技术即液态称重法。

这种方法是将试样放在两种流体中分别测出它们的质量，测量精度为 0.02%。这时，其密度可按下式计算出来：

$$m_a = m_c - \rho_{L_1} V_c \tag{4.15}$$

$$m_L = m_c - \rho_{L_2} V_c \tag{4.16}$$

式中　m_a，m_L——在空气和液体中的质量；

ρ_{L_1}，ρ_{L_2}——两种流体的密度。

图 4.14 为用两种不同密度的不可混合的液体采取浸泡或漂浮技术测量覆层密度的示意图。

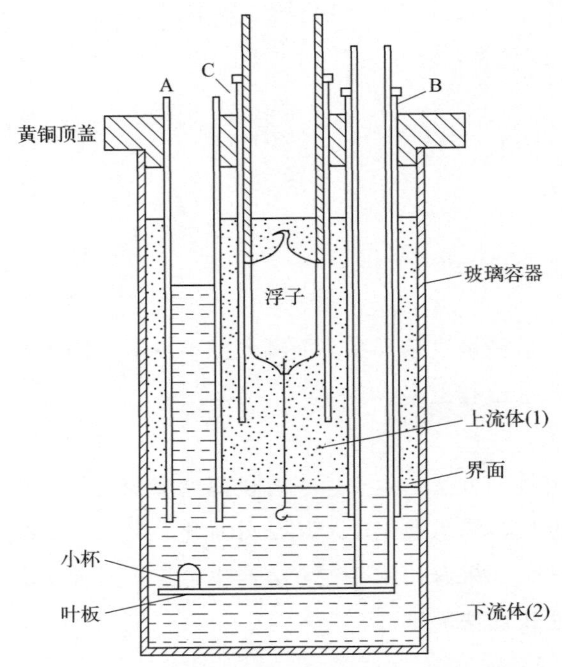

图 4.14　用两种不同密度的不可混合的液体采取浸泡或漂浮技术测量覆层密度的示意

在容器中装有两种互不混合的液体：上面的液体是一种密度为 1770kg/m^3 的含氟的烃类化合物；而下面的液体为含 0.2g/L 烷基硫酸钠的蒸馏水。一个装有试样的小杯悬浮在下面一种密度更高的液体中并用一根绳子悬挂在上面液体中的浮体上。试样的密度可用两个参考试样校正标准密度与试样密度的比值按下面的公式计算出来：

$$\frac{\rho_c}{\rho_s} = \left[\frac{m_s}{m_c} + \frac{\rho_s}{\rho_{LL}} \times \left(1 - \frac{m_s}{m_c}\right) - \left(\frac{\rho_s}{\rho_{LL}} - 1\right) \times \frac{\Delta h_1}{\Delta h_2} \times \frac{\Delta m}{m_c}\right]^{-1} \tag{4.17}$$

式中　ρ_c——覆层密度；

m_c——覆层质量；

ρ_s——参考试样的密度；

m_s——两个参考试样的质量；

ρ_{LL}——下面流体的密度；

Δm——两个参考试样质量的绝对差值；

Δh_1——试样与最轻的参考试样之间停留位置的差值；

Δh_2——参考试样之间停留位置的差值。

这种测量方法的优点是适于测定不规则形状的物体，对覆层厚度的不均匀性、表面粗糙度、孔隙、裂纹以及凹槽等都影响不大。它适于质量为几毫克或更重的可分离覆层试样的测定，大多用于电镀覆层。

4.2.1.4 厚度

在用表面镀层或涂层强化时，膜厚往往都是有一定要求的。如果这个要求并不是十分严格，可以采用一些简单的方法，例如用卡尺、千分尺测量后，减去基体的尺寸就可以了，但是，如果要求严格，或者基体具有不规则的形状，就必须采用专用的方法了。

下面介绍的一些方法可根据需要选用。

(1) 称重法

如果假定膜厚是均匀的。设 A 为测定的面积，t 为厚度，ρ 为密度，m_2 为沉积膜的质量，则有

$$tA\rho=m_2 \tag{4.18}$$

或

$$t=m_2/(A\rho) \tag{4.19}$$

m_2 可以通过试样表面处理前后的质量差来求得。如果取块状材料的 ρ 来计算，得到的膜厚只能是等效厚度，因为大多情况下膜的密度小于块状密度。

(2) 磁性法

其基本原理是以探头对磁性基体的磁通量或互感电流为基准，利用非磁性膜的厚度不同，通过探头磁通量或互感电流的线性变化值来测量覆盖层的厚度。因此该法仅适于磁性基体上的非磁性膜的测量，即钢铁上的所有非磁性膜都可用该法进行测试。

(3) 涡流法

其基本原理是利用一个载有高频电流线圈的探头，在被测试样表面产生高频磁场，由此引起金属内部涡流，此涡流产生的磁场又反作用于探头内线圈，使其阻抗变化来测量厚度。如果基体表面覆盖层厚度发生变化，探头与基体金属表面的间距会有相应的改变，反作用于探头线圈的阻抗亦发生相应的改变。测出探头线圈的阻抗值，就可以反映出覆盖层的厚度。涡流测厚法同样适用于磁性基体上的各种非磁性膜层，也可以用来测试阳极氧化膜的厚度[6]。

(4) β粒子回射法

当β粒子射向薄膜试样表面时，一些β粒子在光源的方向上被散射回来进入计数管，在入射β射线强度一定的条件下，被反射的β粒子数是被测镀层种类和厚度的函数，通过和从相同基体、相同材料已知厚度膜层上回射的β粒子数相比较，即可测得被测层的厚度。

β粒子回射法适于大多数金属基体上的不同金属膜层，具有较高的精度，特别适于膜层金属的原子序数大于基体金属的情况，这时测试仪器对单位面积上的镀层厚度的灵敏度也增大，因而特别适合贵金属薄膜镀层。

（5）X射线荧光法

其基本原理是用X射线照射镀层表面时，会产生荧光X射线，由此而引起入射X射线的衰减，通过测定衰减之后的X射线的强度，可以测量镀层的厚度。但必须以标准厚度的样品进行校准。

该法能快速而精确地测量大多数镀层。但测量试样的断面直径＜2mm，镀层厚度在4～25μm之间。

（6）触针扫描厚度测试法

该法实际上是利用粗糙度测定仪对基体表面和与其邻接的表面膜进行扫描，把膜厚引起的触针跳动转变成电信号进行放大，然后自动绘出。放大倍率是已知的，因此从绘制图上测得厚度除以倍率即可。如果基体表面和膜层表面是相当光滑的，以上测试比较容易。但是实际上这种理想情况是不多的，如图4.15所示，测得的表面是峰状的。这时可规定一定的基准扫描长度，用扫描峰顶膜层厚或扫描峰中心间膜层厚来表示。

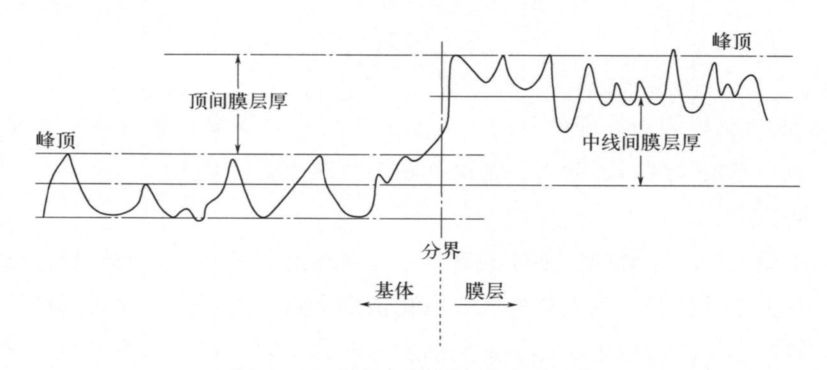

图4.15　触针扫描厚度测试法示意

（7）光切显微法

前面介绍这是用来测量表面粗糙度的一种方法。这里干涉带条纹的弯曲是由于镀层台阶引起的，测量后计算的h即为膜层厚度。

此外，还有人研究出一种多光束干涉法用来测试膜厚，在最佳条件下它是现有测定膜厚的最精确的方法，其分辨率约±0.05nm。

（8）石英晶体振荡法

以上所说的测试方法都是静态测试法。在气相沉积工艺中，有时要随时监控薄膜的厚度，可采用石英晶体振荡法（method of quartz crystal oscillator，QCO）。简单地说，该法的原理就是利用了石英晶体振荡片固有振荡频率随着其质量的变化而变化这一特性。在石英晶体振荡片上蒸镀薄膜，如果所镀薄膜的质量与石英晶体振荡片相比很小，则就与石英晶体振荡片本身的质量或者厚度增加时所产生的效果相同，即振荡片频率的变化与质量或膜厚的变化成正比：

$$d\nu = -\frac{v^2}{N} \times \frac{\rho_1}{\rho} dx \tag{4.20}$$

式中　ν——振荡频率；

v——声速；

ρ——石英晶体的密度；

ρ_1——薄膜物质密度；

x——膜厚；

N——频率常数。

因为石英晶体具有压电效应，所以，在石英晶体片的两个面上装上电极所形成的石英晶体振荡器可把电量转化成机械量的变化。

石英晶体振荡片是直径为 1.7～1.8cm，厚度为 0.2～0.3mm 的沿 AT 方向切割的单晶石英片。表面是细微的粗糙面。在其两个面上用蒸镀方法镀上足够的金膜以作为电极。

如图 4.16 所示，石英振荡片被装在称为探头的装置中，为了避免石英振荡片的频率因温度变化而变化，探头中要通入冷却水。使用时该探头要装在与工件靠近的且和蒸发源距离相同的位置上。

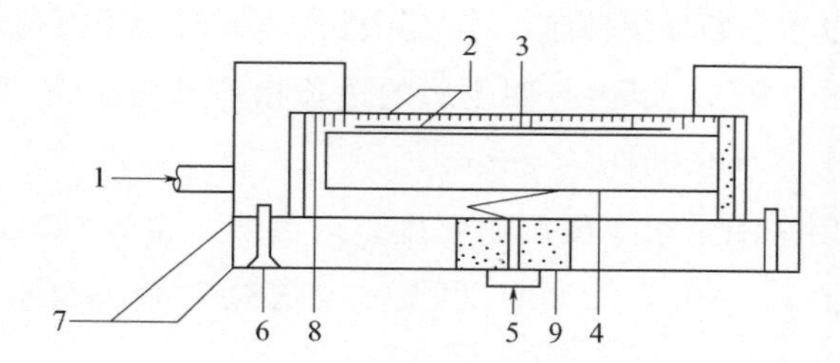

图 4.16　QCO 的测量头

1—冷却水；2—金电板；3—石英振荡片；4—压板；5—接线柱；6—螺钉；7—不锈钢支柱；8—绝缘环；9—绝缘陶瓷

该方法的优点是测量简单，可在薄膜的制造过程中连续测量膜厚，精度为 0.012nm。缺点是测量的膜是石英晶体上的膜，而不是金属基体上的膜。因此，每当条件改变时必须重新校正。

4.2.2　力学性能

4.2.2.1　显微硬度

从硬度的定义可知，如果材料的表面硬度同芯部一样或者硬化层有足够的厚度，采用一般的硬度计就可以了。不过对于不是很厚的膜层或强化层来说，最多采用的是显微维氏硬度试验。具体试验要求请参照 GB/T 4340.1—2009。显微硬度的加荷范围是 $9.807\times10^{-2}\sim1.961$N，在表面膜层的基体不出现塑性变形的情况下，应尽可能选取比较大的试验力。载荷的大小应根据试样表面膜层的厚度和硬度不同来选择，通常，可按下式来选择载荷：

$$m=\frac{\mathrm{HV}\delta^2}{7.9176} \tag{4.21}$$

式中 m——载荷重量，g；

HV——维氏硬度；

δ——膜层厚度。

显然，如果所计算的载荷小于硬度计的载荷，测示值将是无效的。从压痕的深度也可以判定测试的有效性，按 GB/T 6462—2005 规定，试验力应使压痕的深度小于膜层厚度的 1/10，即显微维氏硬度测定的膜层厚度应≥1.4d（d 为压痕对角线长）。

为了测量膜层的显微硬度，还专门设计了一个压头，所得压痕的对角线长短相差很大，长者平行于表面，可用以测量更薄的膜层，测定时膜层厚度只要≥0.35d 就可以了，所测硬度称努氏硬度。努氏硬度和维氏硬度的区别仅在于分母不是压痕倾斜表面的面积，而是投影的面积。

膜层的硬度还可以在横断面上测定。当采用维氏压头时，压痕角端与膜层边缘距离≥$d/2$，两对角线长度相差在 5%以内，四个边的边长相差也应在 5%以内。当用努氏压头时，软膜层厚度≥40μm，硬膜层应≥25μm。

洛氏硬度也可以用来测定稍厚膜层的硬度，请参照《金属材料 洛氏硬度试验 第 1 部分：试验方法》（GB/T 230.1—2009）以及《金属热喷涂层表面洛氏硬度试验方法》（YS/T 541—2006）。

有机涂料膜层的硬度测量比较特殊，是通过摆杆阻尼试验来测定的（GB/T 1730—2007）。基本原理是以一定周期摆动的摆杆接触涂层表面时，表面越软，摆杆振幅衰减越快；表面越硬，衰减越慢。

4.2.2.2 耐磨性

在许多情况下表面硬度可以反映耐磨性的好坏，但是硬度和耐磨性的关系也并不是固定的，表面的耐磨性的准确度量还是要在服役条件下，进行磨损试验而求得，摩擦环境不同，材料配副不同，所受载荷不同，所求磨损量也不同，因此，试验法也是多种多样的[7]。现以使用较多的 MM-2 型磨损试验机为例，介绍其试验原理。

图 4.17 为 MM-2 型试验机装置示意，由加力装置、力矩测量机构及试样夹持部分等组成。用该机可进行滑动、滚动或滚滑复合磨损试验，用以测定材料表面的磨损率

W_r 和摩擦系数 μ。

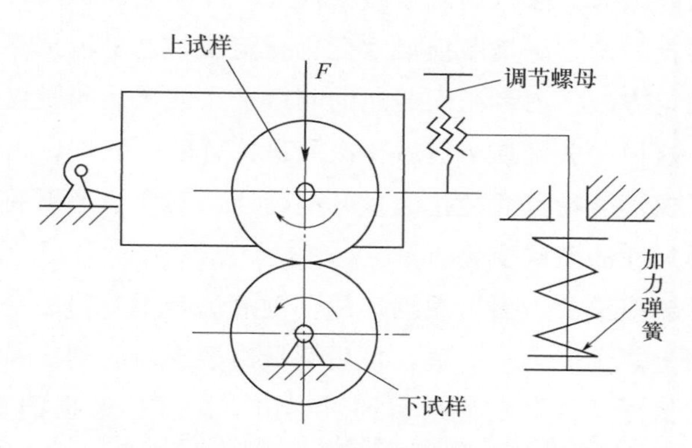

图 4.17　MM-2 型磨损试验机加力装置示意

通过调节螺母可以调节试样之间的压力 F，F 可在试验机的标尺上给出读数，同时，摩擦力矩 T 可在描绘筒上画出。由此可求得滚动摩擦系数：

$$\mu = T/(RF) \tag{4.22}$$

式中　T——力矩，N·cm；

R——下试样半径，cm；

F——试样间压力，N。

耐磨性能的评定主要是采用对比法。如果在相同的摩擦条件下，磨损量越大，耐磨性越差。因此，评定的关键是如何准确地测出磨损量的大小。常用方法是称重法、磨痕法等，其中多用称重法。耐磨性的好坏常用 ε 表示：

$$\varepsilon = 1/W_r \tag{4.23}$$

式中　W_r——磨损率，是单位行程或单位时间内的磨损量。

4.2.2.3　覆层摩擦磨损结果的定量测定

摩擦系数一般是根据摩擦力与施加的法向载荷的比值计算出来的。摩擦力是用应变仪（应变传感器）或位移仪（电容法或光学法）来测定的。在某些情况下，压电传感器（大多用于动态测量）也用来测量摩擦力的大小。上述的一些商业用的现代擦伤仪可自动提供擦伤过程中摩擦系数和摩擦力的动态数据。

通常对磨损结果的测量方法有失重法、体积损失法、刻痕法或其他一些几何测量方法；另外，还有一些间接测量方法，例如，评定试样达到一定磨损量所需的时间或者引起严重磨损或使表面精度产生变化所需的载荷等。磨损表面的微观测量方法，如扫描电镜、透射电镜以及放射性衰减法等都是用来做微观测量的，一般应用较少。

在摩擦磨损试验中，对整体材料磨损量特别是磨料磨损条件下磨损量较大的情况，其测定方法大多采用磨损失重法（即质量磨损损失）或磨损体积损失法来表示。

另一种评定磨损损失的方法是磨损尺寸变化测定法。这里包括宏观尺寸测定法和微观尺寸测定法两种测定方法。前者是用普通的测微卡尺或螺旋测微仪，直接测出某部位的磨损尺寸变化量。这里的关键在于前后多次测量位置的一致性，这就需要预先确定需测量的磨损部位，以保证磨损尺寸变化测量的准确性。某些情形下还可以通过投影仪或光干涉仪来测定磨损尺寸的精确变化。

微观测定法包括刻痕法及表面形貌测定法。刻痕法是用专门的金刚石压头在经受磨损的零件或试样表面上，预先刻上磨痕，最后测量出磨损前后刻痕尺寸的变化来确定其磨损量。这种方法的优点是在短期使用后即可确定不同部位磨损的变化，精确度较高。这种方法常用来测定渗硼气缸套、导轨覆层表面的磨损。国内试制的 WDA-2 型静态磨损测定仪，其测量精度绝对误差可达 0.45μm 。当然，也可以用计算机来处理这些数据，并可画成三维的表面轮廓图形，计算出任意部位的尺寸及体积变化。

除此之外，还有一种磨屑分析法，即通过对磨屑的分析推算出磨损率。常用的方法有同位素法、铁谱法、光谱法和显微法等。同位素法目前大致分为三种：一是用放射性计数器测量转移的金属量；二是测量从零件或表面磨下来的磨屑的放射性；三是测量表面因磨损而产生的放射性下降。这种方法最大的优点是灵敏度高，可测量极轻微的磨损；缺点是必须采取防护措施。近年来正在研究采用低能量放射性同位素，可在不保护条件下测量磨损。国内曾报道了利用放射性同位素研究喷油嘴精密件的磨损研究，这种方法也可适宜于表面覆层磨损量的测定。表 4.2 列出了几种磨损测量方法精确度的比较。

表 4.2 几种磨损测量方法精确度的比较

磨损测量方法	精确度
失重法	10～100μg
放射性衰减法	约 1μg
触针式轮廓仪	25～50nm
显微硬度计	25～50nm
光学轮廓仪	0.5～2nm
扫描电镜	0.1nm
透射电镜	0.02～0.05nm

4.2.3 化学和电化学性能

覆层表面的耐蚀性同样取决于覆层材料的特性以及环境因素和腐蚀条件。它与摩擦学特性一样，也是一种与工况条件有关的系统特性。由于腐蚀条件及机理不同，选用的覆层表面材料类型及工艺也不同。所以，覆层表面的耐蚀性也应指耐化学腐蚀或电化学腐蚀的特性；或者是指耐大气腐蚀、土壤腐蚀、海水腐蚀、高温腐蚀以及其他特殊环境和工况条件下的腐蚀（熔盐、放射性辐照）以及在冲刷及磨损条件下的腐蚀的特性。

覆层表面的耐蚀性可以用现场腐蚀试验以及模拟条件或强化模拟条件下做腐蚀试验来进行评定。现场腐蚀试验可将覆层表面试样置于大气中长期曝晒，或在工程环境中挂片试验，或直接用有覆层的工件进行实际试验等；模拟试验则是在模拟主要的环境因素（如人工海水腐蚀、H_2S气氛腐蚀试验等）下对覆层表面进行腐蚀试验；强化模拟试验则是将某些腐蚀因素进行强化，这样可以在更短的时间内取得效果，例如采用潮湿箱、盐雾箱、人工气候箱等。它主要通过调整温度与湿度变化的幅度和频率、介质的浓度、pH值、淋洗频率及照射强度等因素而达到强化模拟试验的目的。由于一般进行腐蚀试验过程时间较长，所以，这种强化模拟试验方法常被采用。

覆层表面经腐蚀试验后要对其腐蚀程度进行检测。一般情况下，评定材料或覆层腐蚀程度的方法有以下几种。

（1）宏观测定法

这种方法是借助于观测腐蚀表面的腐蚀形态及腐蚀面积、产物颜色的变化来评定。它可以用目测或用图像分析仪来获得定量描述，如腐蚀面积所占的比例、腐蚀点密度、腐蚀点平均大小等。颜色则可用色度计给出定量数值。另外，可以采用称重法，利用热天平来观察和记录质量随时间的变化。这里有减重（金属在介质中溶解）和增重（金属高温氧化形成氧化膜）两种情况。应该特别指出的是：在腐蚀试验中要区别开覆层表面与基体两种材料不同的腐蚀作用，避免混淆和误解。

此外，还可采用测定其腐蚀试验后厚度变化以及力学性能变化来评定。这时，可用各种无损测厚仪如超声仪、磁性仪、涡流仪等测定覆层的厚度变化。还可用电阻探针置于介质中，由探针的腐蚀电阻变化，间接地判定材料的腐蚀状况。对于某些晶间腐蚀和氢腐蚀，还可通过弯曲、冲击、抗拉等机械性能试验观察腐蚀前后性能的变化来评定。

（2）微观表面的测试

这种方法主要是通过现代分析仪器如高性能的扫描电镜、透射电镜、俄歇电子能谱、红外分光光度计等来观察覆层表面的腐蚀特征和形貌，分析其成分及结构，以判定腐蚀机理和特征。这种方法大致用来研究覆层表面的腐蚀机理和做微观分析。

（3）特殊的腐蚀性能试验和参数的测试

1）电化学试验　一般采用两或三根电极，用来测量以下参数：a. 决定材料实际惰性的腐蚀电位；b. 决定材料腐蚀速率的腐蚀电流密度；c. 在一定试验条件下腐蚀电流与电位的关系以探索其腐蚀机理；d. 决定一对材料的腐蚀速率的两种不同材料的腐蚀电位。在电化学试验中，可以利用恒电位法测定腐蚀系统中金属电位随时间的变化规律；利用微参比电极测定微区电位分布绘出等电位图；利用恒电位法测出材料的阳极极化曲线，通过极化曲线了解点蚀及缝隙腐蚀敏感性以及通过画出电位-pH值-电流密度图等

方法来评定各种 E-pH 值状态下合金覆层的腐蚀速率。这里的重点是要测定该腐蚀系统的极化电阻。

2）强化的实际环境试验　盐雾试验这种试验通常是采用一种合适尺寸的盐雾箱（$2m^3$ 或更大），在箱子中由空气吸入 5% NaCl 溶液，一般试验时间为 72h（参见 ASTM B117—73）。这种试验常用于试验锌的覆层。对气体涡轮发动机零件的腐蚀试验，通常采用由空气吸入 Na_2SO_4 和 NaCl 的溶液。

海水试验在试验时可将试样部分或全部浸入天然或人造海水中浸泡半天到几个月，然后观察其腐蚀结果（参见 ASTM D1141—98）。这种试验通常用于海军装备。

在腐蚀气体试验中，试样被暴露在一种强化了的腐蚀气体环境中。这种腐蚀气体可以含少量 Cl_2、NO_2、H_2S 和 SO_2（例如空气中含有 5μL/L 的 Cl_2、500μL/L 的 NO_2、35μL/L 的 H_2S 和 275μL/L 的 SO_2，相对湿度为 70%，温度为 25℃）。暴置的时间由几个小时到几天不等。

温度/湿度试验是将试样暴置在高温或高湿度条件下进行试验，而后可用各种宏观或微观方法进行测定，也可同标准试样进行比较，以观察材料和覆层的腐蚀结果。

4.2.4 物理性能

4.2.4.1 耐热性能

耐热性能的测试主要有高温软化性能的测试、热冲击性能测试及抗高温氧化性能测试。后者属于化学性能范围了。

高温软化性能的测试比较简单，只要一台高温硬度计就可以了，测量温度要根据具体情况确定。

热冲击性能试验主要用于测定循环加热的情况。表面可以是无膜层的也可以是有膜层的，但更多的是用来评价膜层的抗热冲击性能。热冲击试验的加热温度也是自行选定的，保温时间可以是 10min 或再长一些，冷却方式可以采用水冷或气冷，当然前者条件比较苛刻。抗热冲击能力可以用表面出现开裂、剥落或鼓泡的次数来表征。

关于抗高温氧化试验，即把试样加热到高温并保温，每隔一定的时间间隔，检查表面的氧化情况，其中质量的变化是最重要的测试项目，可以给出总的氧化量；但是局部氧化如晶界氧化、界面氧化引起的破坏更大，因此也要重点检查。具体的加热试验是多种多样的，例如加热炉氧化试验、火炬试验、燃烧器加热试验、低压氧化试验、热腐蚀试验等。

4.2.4.2 绝缘性能测试

阳极氧化膜、涂料膜以及陶瓷膜有时需要了解其绝缘性能。这一般采用引起膜层破坏的最小外加电压来表征，也有多种测试方法。

（1）传递式绝缘破坏试验法

这是在膜层上加以电压，测定最小破坏电压的简单方法。当电流开始急剧增大，例如达50～100mA时，使蜂鸣器响起，读取电压值。测试前把试样放入干燥剂中保持1h，把两个银电极紧紧地压到膜层两侧，交流电压以25～50V/s的速率增高。膜层的绝缘性能以1μm膜厚的绝缘破坏电压表征。

（2）芯轴式绝缘破坏试验法

此法用于像氧化铝膜处理的导线那样弯曲使用的绝缘破坏电压的测试，试验前把处理过的铝导线置入于燥剂中保持1h以上，然后缠绕在一个5～60mm的绝缘棒上，分两层，每层25匝，在两层导线上施以电压，以25～50V/s的速率增加，求出引起绝缘破坏的最小电压。显然所使用的芯轴直径越小，破坏电压越低，如图4.18所示。

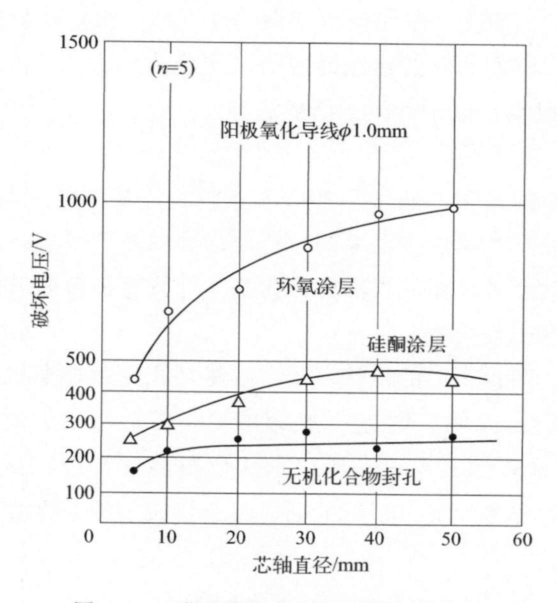

图4.18 膜层绝缘破坏电压的弯曲特性

（3）压紧式绝缘破坏试验法

如图4.19所示，把一个电极紧紧地压在绝缘膜层的表面上，另一个电极是金属基体自身。电极直径为25mm，表面无磨伤，圆角$r=2.5$mm，黄铜制造。测试时加交流电压，加压速率控制在自开始10s后达到破坏电压。绝缘性也是以1μm膜厚的电压数来表征。

4.2.4.3 测量覆层残余应力的技术

几乎所有的覆层（不管用什么方法产生的或处理过的表层）都会发现有残余应力存在。残余应力的存在对材料的机械性能有重要影响。残余应力可以是压应力，也可以是拉应力。在少数情形下，界面的切应力可能会超过覆层与基体界面的结合强度并导致覆

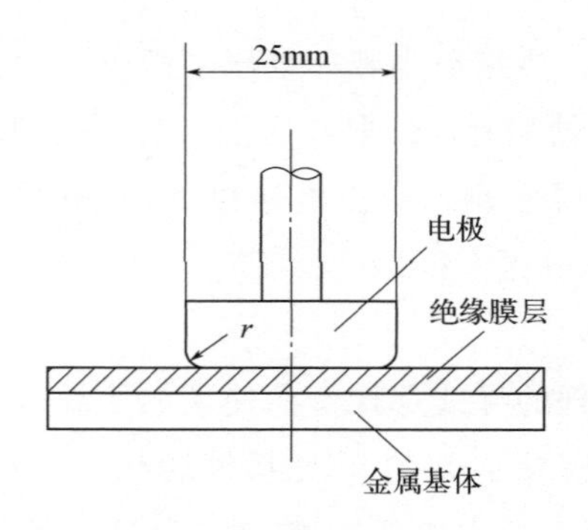

图 4.19　压紧式绝缘破坏试验法

层开裂和脱层。然而，压应力一般是会增加覆层硬度的。测量残余应力的技术主要是靠测量受残余应力存在影响的物体的物理性能而决定应力的大小[8-9]。这些方法包括：变形（弯曲）法以及 X 射线、电子和中子衍射法等。

（1）变形法

假定覆层涂在一个薄基体上处于一种应力状态时，基体的弯曲程度是可以度量的。拉应力将使基体弯曲并导致覆层表面呈凹形；压应力则使覆层成凸起。基体的变形可以靠观察圆盘中心的位移或者采用一根细杆作为基体计算弯杆弯曲的曲率来决定，因为这个变形量与残余应力有密切关系。

在采用变形法时，圆盘中心的位移可用一台触针式轮廓仪来测定，也可用光学干涉镜来测定（见图 4.20）。此时，圆盘一般为玻璃、石英或硅晶体制成的厚度为 5 ～ 250μm 的薄片。由于基体的不平度，所以，这个覆层常常会在试验后从基板上脱落，而其留下的轮廓可作为参考试样。变形的圆盘将会弯成一种抛物线形状。

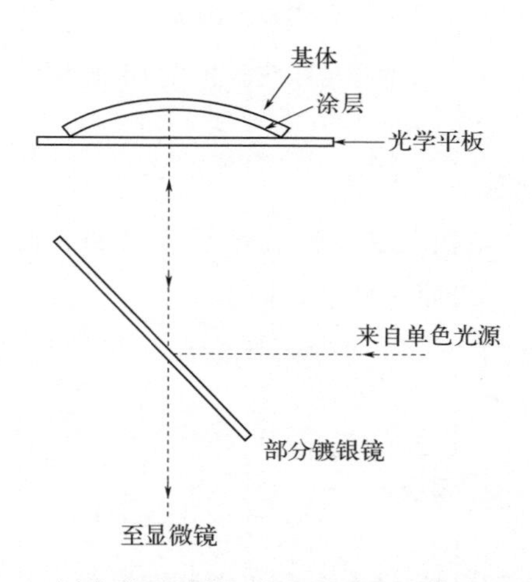

图 4.20　用光学干涉镜测量圆盘中心挠度的原理示意

应力σ可以按下式计算：

$$\sigma=\frac{\delta}{r}\times\frac{E_s}{3(1-\nu_s)}\times\frac{t_s^2}{t_c} \tag{4.24}$$

式中 δ——弯曲挠度；

r——圆盘半径；

E_s——基体的杨氏模量；

ν_s——基体的泊松比；

t_s——基体厚度；

t_c——覆层厚度。

这个公式只有在挠度远小于基板厚度时才有效。还应当指出：凸起的表面实际上也不是像等式中假定的那样呈球形。

图 4.21 为一台纳米级压痕计来测量弯杆挠度的示意图。

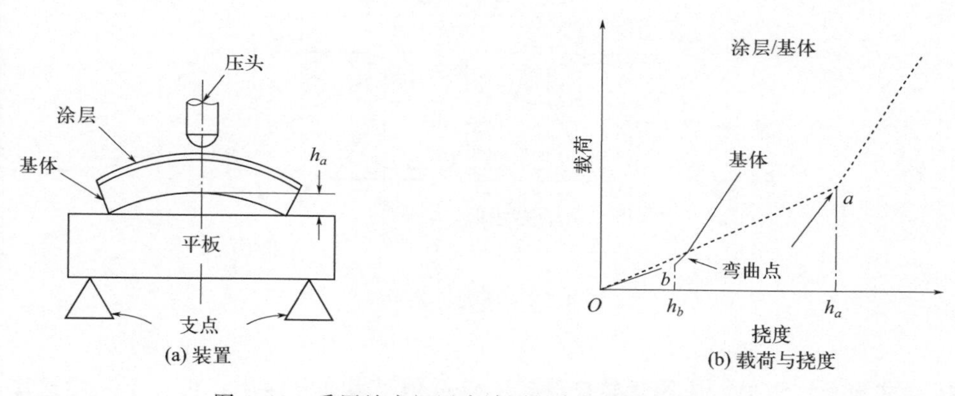

图 4.21 采用纳米级压痕计测量弯杆的挠度的示意

（2）X 射线、电子和中子衍射法

这些方法主要是用来测定受晶格空间变化影响的晶格的形变和应力，可测出局部产生的应力，而大多数其他的方法测的是宏观应力。在用 X 射线衍射法时，如果覆层晶体的尺寸小于 100nm 时，衍射线将会扩展；而电子衍射技术可以在晶体尺寸小于 10nm 条件下不受衍射线扩展的影响；中子衍射的应用补充和扩展了 X 射线衍射法的用途。由于中子的渗透深度更深，所以，这种方法能测定整体材料的宏观应力梯度，也能测定合成物以及多相合金的微观应力状态。

4.2.4.4 膜层脆性测试法

膜层的脆性也是重要的一个表面性能指标，工艺上的某些因素往往会对脆性有明显影响，在实际应用中脆性也是不可忽视的指标。膜层的脆性是表面变形时膜层抵抗开裂的能力。

膜层脆性的测试不是采用一般的冲击试验法，而是采用变形法，即加以外力使试样发生变形，直至试样表面膜层产生裂纹，测定产生裂纹时的变形程度或挠度值的大小即可以用来评定膜层的脆性程度。由于膜层的延伸率可以反映膜层的脆性程度，因此有时候可以用表面未产生裂纹前镀层试样的延伸率来评估镀层的韧性。

常用的膜层脆性测定方法有杯突法、静压挠曲法及芯轴弯曲法等。

(1) 杯突法

用一个金属钢球或球状冲头向夹紧在固定压模内的试样均匀地施加压力，直到镀层产生裂纹为止，以试样的压入深度值（mm）作为镀层脆性的指标，如图 4.22 所示。杯突深度越深，脆性越小。

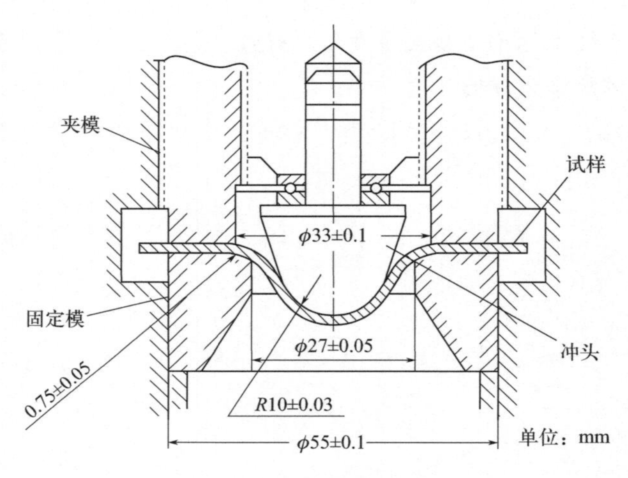

图 4.22 杯突试验示意

杯突试验操作简单，应用比较广泛，不仅适用于大部分镀层，也适于热喷涂层。高分子涂层的耐冲击测定法（GB/T 1732—2020）实际上也是一种杯突试验，只不过加载方式是采用冲击式。其衡量性能的指标是以重锤的质量与其落于样板上而不引起漆膜破坏的最大高度的乘积（kg・cm）来表示的，同夏比冲击试验有些类似。

(2) 静压挠曲法

静压挠曲法示意于图 4.23。将一块 60mm×30mm×(1～2)mm 的镀层试样，置于静压弯曲试验机上，让试片中心对准弯头顶端，上方置一低倍显微镜，在两端缓慢加载，当从目镜中观察到有裂纹产生时，立即停止加载，挠度表上读出的位移值，即可用以衡量镀层的脆性，显然挠度值越大，脆性越小。

(3) 芯轴弯曲法

芯轴弯曲法可用以评定镀层的韧性，实际上也可反映镀层的脆性。芯轴直径从小到大，规格可按需要设置。

用宽 10mm、厚度为 1.0～2.5mm 的韧性金属（如铜、镍）为基体，按工艺进行镀层后做测试试样。将其置于弯曲试验器上，用不同直径的芯轴，从大到小逐一进行弯

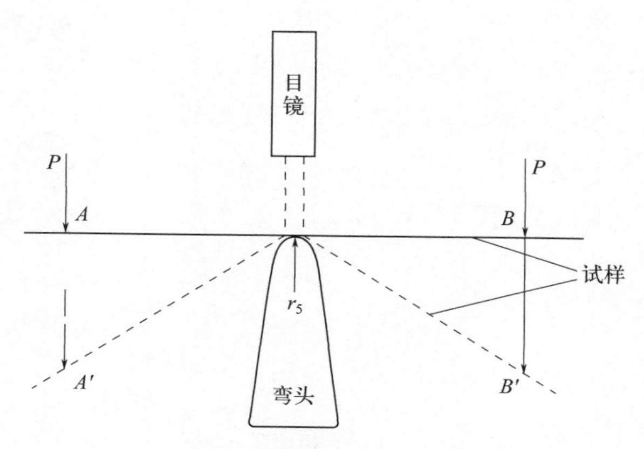

图 4.23　静压挠曲法工作示意

曲，每种规格芯轴弯曲后用放大镜观察外表面膜层，这样，最后以镀层不产生裂纹的最小芯轴为直径，按下式计算镀层的延伸率 ε，ε 的大小即反映镀层的韧性，韧性越小，意味着脆性越大。

$$\varepsilon=\frac{\delta}{D+\delta}\times100\% \tag{4.25}$$

式中　δ——试样的总厚度；

D——芯轴直径。

4.2.4.5　表面粗糙度的测试

表面粗糙度测试的常用方法有比较法、光切法、干涉法、针描法等。

（1）比较法

这是一种简单的定性方法，即将被测表面与表面粗糙度样板进行比较来确定粗糙度的一种方法。比较法可用显微镜、放大镜甚至目测进行。

（2）光切法

其原理如图 4.24 所示。由光源发出的光线经过光学仪器形成一束平行光，以 45°倾角投射到被测面上，从反射方向通过目镜可看到光带与被测面的交线。不难证明，此交线的峰谷间的高度 h' 与被测表面实际对应峰谷间高度 h 之间的关系为 $h=h'\cos45°$。按此原理制成的仪器称为光切显微镜，测量范围为 0.8～80.0μm。

（3）干涉法

利用光波的干涉原理可制成干涉显微镜。如果表面非常平滑，则形成一组等距平直的干涉条纹。若表面存在一定程度的微观不平，则会形成一组弯曲的干涉条纹（图 4.25），据此条纹则可计算表面的峰谷高度 h，即

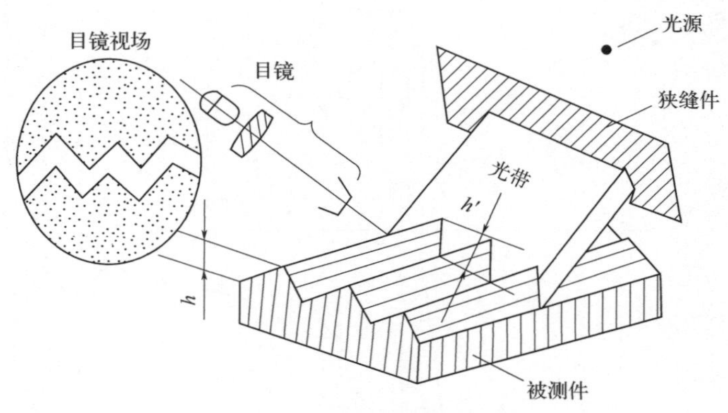

图 4.24 光切原理示意

$$h=\frac{a}{b}\times\frac{\lambda}{2}$$

式中 a——干涉条纹的弯曲量；

b——干涉条纹的间距半波长；

λ——自然光的波长，0.27μm。

该法的测量范围为 0.025～0.800μm。

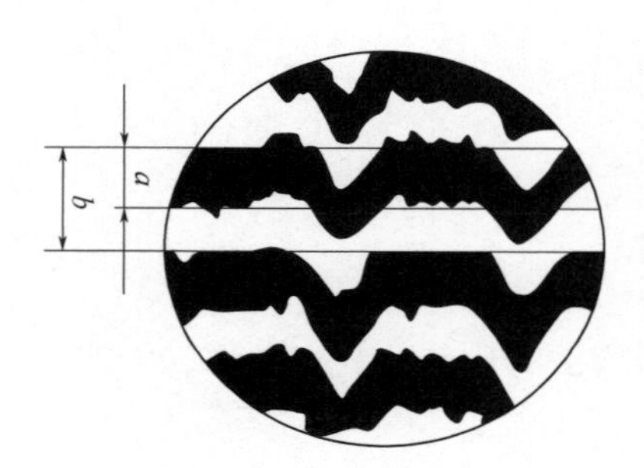

图 4.25 干涉条纹

(4) 针描法

其是利用金刚石触针在被测表面上划过，从而测出表面粗糙度的一种方法。表面粗糙度检查仪就是其中的一种针描法测量仪，也是最广泛使用的测量表面粗糙度的仪器。

一般来说表面的粗糙度，即峰谷距离是不相同的。因此粗糙度的评定必须有统一的标准。在机械行业中，规定了取样长度、评定长度和评定基准等，并在此基础上建立了相应的评定参数：

① 取样长度 l 应与表面粗糙度的大小相适应，一般来说在该长度内应包括 5 个峰和谷；

② 评定长度可用 1 个或多个取样长度；

③ 基准线，GB/T 1031—2009 规定以最小二乘中线 m 作为基准线，但由于确定比

较困难，实际应用中可近似地用算术平均中线代替；

④ 评定参数常用的有 6 个。

轮廓算术平均偏差 R_a。其定义是在取样长度 l 内，轮廓偏距 y 绝对值的算术平均值，称为算术平均偏差 R_a。

$$R_a=\frac{1}{l}\int_0^l y\mathrm{d}x \tag{4.26}$$

微观不平度数用点高度 R_Z 来表示。R_Z 为在取样长度 l 内，5 个最大轮廓峰高 y_p 的平均值与五个最大轮廓谷深 y_v 的平均值之和：

$$R_Z=\frac{1}{5}\left(\sum_{i=1}^{5}y_{p_i}+\sum_{i=1}^{5}y_{v_i}\right) \tag{4.27}$$

轮廓最大高度 R_y 为在取样范围内，通过轮廓峰最高点和轮廓谷最低点的平行于基准线的两条线间的距离。

轮廓支撑长度率 t_p。在取样长度 l 内，一条平行于中线的线与轮廓相截所得到的各线段长度 b_i 之和，叫作轮廓的支承长度 η_p，η_p 与 l 之比称为支撑长度率 t_p，即

$$t_p=\frac{\eta_p}{l}=\frac{1}{l}\sum_{i=1}^{n}b_i \tag{4.28}$$

t_p 是表面支承能力和耐磨性的重要评定指标。在水平截距相同的条件下，t_p 值大，则说明表面凸起的实体部分多，而凹进的空隙部分少。这样的表面接触刚度强，耐磨性好。

4.2.4.6 覆层电阻率的测量技术

对薄金属覆层的电阻率测量在电子工业中是相当重要的一种技术。它可以采用两点式或四点式的探头，其中后者应用更为广泛，如图 4.26 所示。

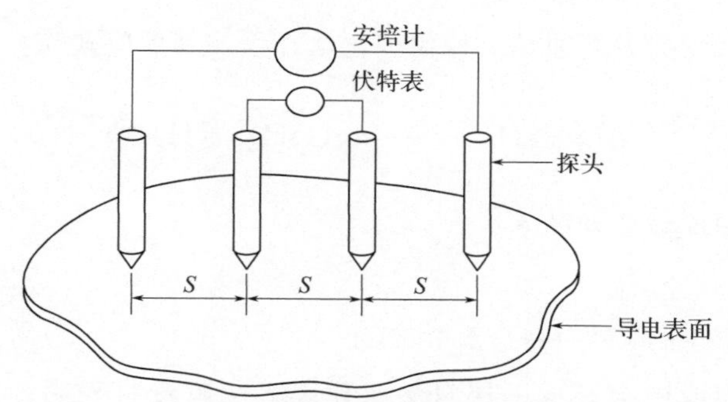

图 4.26　四点式探头测量薄层电阻原理示意

S—间距

两点式探头可直接用欧姆电阻仪或韦氏电桥仪来测量覆层的电阻 R 并导出其电阻率 ρ，即

$$\rho=R\frac{Wt}{l} \tag{4.29}$$

式中　W、t、l——导条的宽度、厚度和长度。

两点法的优点是简单方便，但精确度较差。四点式探头通常将探头安排在一条直线上：其中外面两个探头测电流；中间两个探头测电压。其测量电路通常是一种开尔文（Kelvin）电桥。电流可借助于测量与探头相连的经过一个标准电阻而产生的压降进行精确地监控。四点探头技术的优点在于无需进一步处理即可测定，精确度较高，约为0.5%或更佳。

4.3　工程应用分析

4.3.1　镁及镁合金腐蚀与防护特点

镁合金作为最轻的金属结构材料，具有比强度和比刚度高、切削性优良等特点，在汽车、3C（计算机、通信和消费性电子产品）、国防军工、航空航天等领域具有广阔的应用前景。

虽然镁合金有着广阔的应用前景，但镁在金属结构材料中具有最低的标准电极电位，而且其氧化膜疏松多孔，不能形成有效的稳定保护膜，在大多数腐蚀性环境下容易出现电偶腐蚀、环境腐蚀等腐蚀问题，不能持续使用，限制了镁合金的广泛应用。因此，如何提高镁合金的耐蚀性已成为镁合金广泛应用必须解决的瓶颈问题。

4.3.1.1　镁及镁合金的腐蚀特点

（1）镁及镁合金的腐蚀机理

镁及镁合金在水溶液中腐蚀是一种物理化学过程，其反应式为：

$$Mg+2H_2O \longrightarrow Mg(OH)_2+H_2\uparrow$$

其中阳极和阴极反应分别如下。

阳极反应：$Mg \longrightarrow Mg^{2+}+2e^-$

阴极反应：$2H_2O+2e^- \longrightarrow H_2\uparrow+2OH^-$

镁在空气或水溶液中会形成一层自然氧化膜，文献资料表明，氧化膜具有三层结构，如图4.27所示，内层是厚0.4～0.6μm的多孔胞状层，中间是厚20～40nm的致密

层，外层是厚 1.8～2.2μm 的层片状层。层片状层的排布垂直于金属表面，片层厚度约为 30nm，外层主要由 $Mg(OH)_2$ 非晶结构组成，含有一些 MgO 晶体颗粒。这种三层的表面膜呈多孔状，且膜质脆，极易被腐蚀，对镁合金基体没有保护作用。

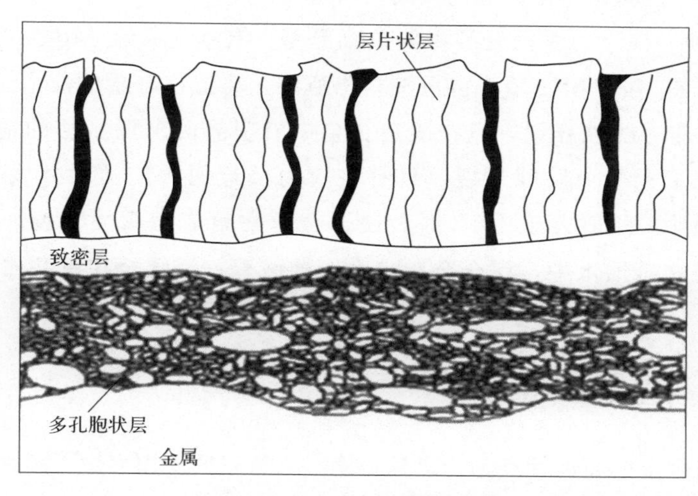

图 4.27 镁合金自然氧化膜结构

(2) 镁及镁合金的主要腐蚀类型

在大多数情况下，镁和镁合金的腐蚀从局部开始，有时局部腐蚀非常浅，范围广。镁合金的腐蚀形貌依赖于合金的化学成分和环境条件，一般在工业大气中为均匀腐蚀，而在浸没条件下则为局部腐蚀。镁合金的腐蚀类型主要分为以下几种。

1）电偶腐蚀　镁合金极易发生电偶腐蚀。常常可以看到与阴极相邻的镁合金出现严重局部腐蚀。阴极可以是外部与镁接触的其他金属，也可以是内部的第二相或杂质相。

具有低氢过电位的金属（如 Ni、Fe、Cu）相对镁构成有效阴极，将引起严重的电偶腐蚀。镁与那些具有较高氢过电位的金属（如 Al、Zn、Cd 和 Sn）组成活化腐蚀电池，镁合金受到较少损坏。使电偶腐蚀速率增加的因素有：高导电性的媒介；阴极和阳极之间的电位差大；阴极和阳极的极化稳定性低；阴极与阳极面积比大；阴极到阳极距离短。

2）晶间腐蚀　镁和镁合金实际上可以避免晶间腐蚀，腐蚀不会沿晶界向晶粒内部穿透，因为晶界相对于晶粒内部一定是阴极。腐蚀趋向集中在邻近晶界区域，直到逐渐把晶粒从其下面切下而脱落，这种腐蚀不是晶间腐蚀，而是颗粒剥离腐蚀。

3）点蚀　镁是一种自然钝化金属。当镁在非氧化介质中遇到氯离子时，在自腐蚀电位处，发生点蚀。镁合金在中性或碱性盐溶液中表现为典型的点蚀。重金属污染物也会加快镁合金的点蚀。

4）缝隙腐蚀　镁合金基本不产生缝隙腐蚀，这是因为镁合金腐蚀对氧浓度差别相对不敏感。

5）丝状腐蚀　丝状腐蚀或丝虫腐蚀是由穿过金属表面运动的活性腐蚀电池引起的。头部是阳极，尾部是阴极。丝状腐蚀发生在保护涂层或阳极氧化层下。无涂层的纯镁不遭受丝状腐蚀。丝线是氢析出使氧化膜断裂所致。

6）应力腐蚀　镁应力腐蚀开裂主要是穿晶型，有些时候在Mg-Al-Zn系合金中晶间应力腐蚀开裂是Mg17Al12沿晶界沉淀析出所致。铸造镁合金的应力达到0.2%许用应力时几乎没有应力腐蚀开裂，但在锻造合金中沿孪晶面出现显著的应力腐蚀开裂。含锆镁合金实际上无应力腐蚀开裂，只有在应力接近屈服应力时才发生应力腐蚀开裂。在碱性介质中pH值大于10.2时，镁合金非常耐应力腐蚀开裂；在含Cl^-的中性溶液中，甚至在蒸馏水中，镁合金对应力腐蚀敏感；镁合金在氟酸或氟盐溶液中耐应力腐蚀。

4.3.1.2　镁及镁合金的防护特点

基于以上镁合金的腐蚀特点，为了延长镁合金材料的使用寿命，需采取一些防护方法使腐蚀降低到最小，因此镁合金的表面防护也是一项重要工作。提高镁合金耐蚀性能的方法主要从以下几方面入手：

① 生产高纯镁合金，使杂质含量降低到溶解极限以下；

② 开发新合金；

③ 表面调整，包括离子注入和激光退火；

④ 保护膜和涂层。

最为有效的方法之一是对镁合金进行涂层防护，在合金表面存在一层阻挡膜，能够使合金与环境隔离，从而实现对镁合金的防护。

对镁合金的表面进行适当处理可改善它的外观和耐腐蚀性能。镁合金的表面处理方法较多，可按照不同的用途、外观、合金成分和组织选择不同的表面处理方法。常用的镁合金表面处理手段有阳极氧化、化学转化、微弧氧化等。

（1）阳极氧化

阳极氧化是在一定的电解液中，通过电流作用在合金表面生成一层较硬的沉积膜的过程。阳极氧化膜有一定的耐磨性和良好的热稳定性。阳极氧化膜为多孔双层结构，较厚的多孔层为外层，较薄的致密层为内层，膜层的成分由合金元素的氧化物和沉积的氧化物共同组成。阳极氧化膜孔隙大、无规则、分布不均匀，如果不进行封闭，耐蚀性非常差，因此，需进行后续的封孔处理，使其既美观又耐蚀。

（2）化学转化

化学转化膜是金属表面与处理液发生反应生成的一层保护性钝化膜，这层膜与基体有良好的结合力，能阻止基体的腐蚀，但比较薄，硬度和耐蚀性稍低。该工艺设备简单、投资少、成本低，适用于量少、表面质量要求不高且使用环境较好的镁合金工件。

（3）微弧氧化

微弧氧化是一种直接在轻金属表面原位生产陶瓷膜的新技术，其原理是将 Al、Mg、Ti 等轻金属或其合金置于电解质水溶液中作为阳极，利用电化学方法在材料表面产生火花放电，在热化学、等离子体化学和电化学的共同作用下，获得金属氧化物陶瓷层的一种表面改性技术。微弧氧化膜的突出特点为：

① 大幅提高材料的表面硬度，显微硬度在 HV1000～2000；

② 良好的耐磨损性能；

③ 良好的耐热性及抗腐蚀性，这从根本上克服了镁合金材料在应用中的缺点；

④ 基体原位生长陶瓷膜，结合牢固。

与化学转化、阳极氧化技术相比，微弧氧化制备的膜层厚度可控，耐蚀性和耐磨性也更优异，在航天、航空、机械及电子等领域有广泛的应用前景。

微弧氧化膜层的生长是一个“成膜—击穿—熔化—烧结—再成膜”的多次循环过程，最终形成的膜层主要分为过渡层、致密层、疏松层。疏松层是由很硬的、孔隙较大的物质组成，表面疏松且粗糙，易打磨掉。致密层是微弧氧化层的主体，占氧化层总厚度的 60%～70%，该层致密、孔隙小，每个孔隙的直径约为几微米，孔隙率在 5% 以下，主要是金属氧化物，硬度高且耐磨。过渡层为界面层，是微弧氧化膜层与基体的交界处。过渡层凹凸不平，与基体相互渗透，使微弧氧化膜层与基体结合牢固，属典型的冶金结合。

镁合金的微弧氧化已被证明是提高镁合金的耐蚀和耐磨性能的有效途径。

4.3.2 试验方案设计

4.3.2.1 试验方案

对镁及镁合金进行化学转化、微弧氧化表面处理，采用扫描电镜、金相显微镜、反射率与透射率测试仪器、热导率仪、盐雾试验箱等设备对膜层的性能进行测试及表征，确定最佳的表面处理工艺，用于科研生产。

4.3.2.2 试验设备及试验材料

试验材料：MB15。

试验设备：整个试验研究中所用到的设备主要包括表面处理设备与分析表征设备两大类。详细的设备信息如下。

（1）表面处理设备

1）化学转化相关设备　化学转化所需设备主要为前处理槽、电加热炉及反应槽。

2）微弧氧化相关设备　微弧氧化相关设备如图 4.28 所示，主要设备包括微弧氧化电源、电源循环水槽、热交换水槽、氧化槽、制冷机（双压缩）及其他辅助设备。微弧氧化电源为双极性脉冲电源，设备最大微弧氧化电压可达到750V、电流可达到90A。

图 4.28　微弧氧化相关设备

（2）分析表征相关设备

1）涡流测厚仪　采用德国 Elektro Physik（EPK）公司生产的 MiniTest 型涡流测厚仪对膜层的厚度进行测量，设备照片如图 4.29 所示，设备分辨率为 0.1μm，测量范围为 0～1600μm，测量精度为±(1.00±0.01)μm。

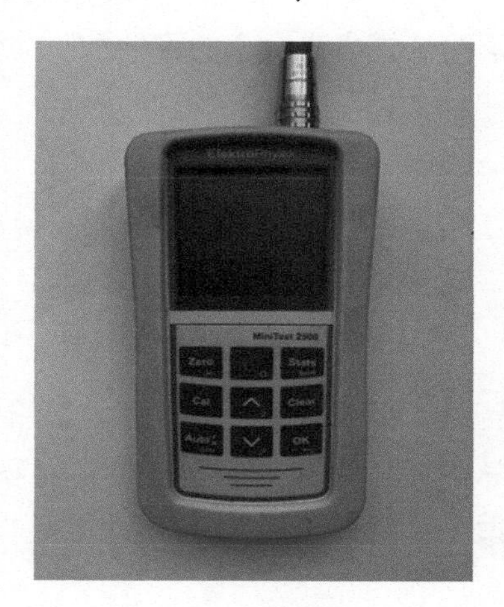

图 4.29　涡流测厚仪

2）扫描电镜　采用日本电子株式会社（JEOL）生产的 JSM-7800F 场发射扫描电镜（SEM）对膜层的形貌及元素分布进行了分析表征。

作为新一代超高分辨率扫描电镜，JSM-7800F 配备了新开发的超级混合式物镜(SHL)，在保持极高的可操作性的同时，实现了低加速电压下的高分辨率观测，电子源采用浸没式（in-lens）肖特基场发射电子枪，能以大束流电流进行稳定的分析。该设备技术指标：分辨率 0.8nm（15kV)/1.2nm（1kV)、放大倍数 25～1000000、加速电压

0.01～30kV、束流强度200nA（15kV），能实现金属、非金属、生物等各种样品的纳米尺度的形貌分析、微区成分分析、微区取向与微观织构分析、晶体结构分析、物相分析等，设备照片见图4.30。

图4.30 场发射扫描电镜

3）盐雾试验箱 采用北京雅士林公司生产的YWX/F-750复合盐雾腐蚀试验箱对膜层的耐中性盐雾性能进行了测试，设备照片如图4.31所示。该设备利用含盐溶液或酸性含盐溶液，在一定的温度和相对的湿度的环境下对材料或产品进行加速腐蚀，重现材料或产品在一定时间范围内所遭受的破坏程度。其能够单独实现盐雾箱功能、湿热箱功能和干燥功能，同时也能根据要求，三种功能，随意组合，进行试验。

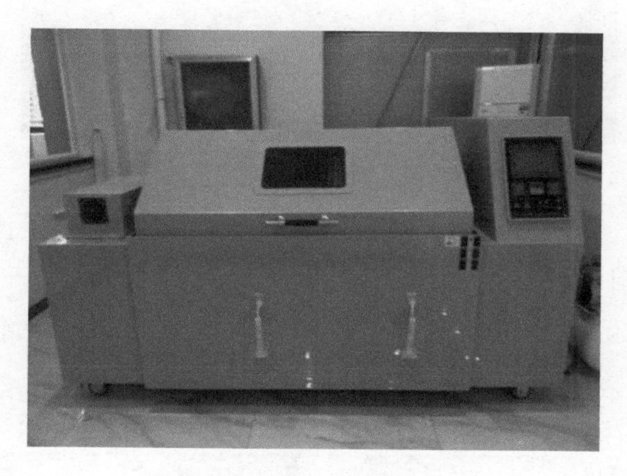

图4.31 复合盐雾腐蚀试验箱

4）电化学工作站 采用德国普林斯顿公司生产的Versa STAT 3F型电化学工作站对膜层的电化学性能进行了测试，设备照片如图4.32所示。设备电流为±2000mA，电流分辨率为120fA，施加电压范围为±10V，电压分辨率为6μV，可实现开路电位（OCP）、局部放电（PD）、电化学阻抗谱（EIS）等多项电化学测试。

5）热导率仪 采用德国耐驰公司生产的LFA 467型闪射法导热仪对各膜层在室温

图 4.32 电化学工作站

下的热导率进行了测试，设备照片如图 4.33 所示。LFA 467 热导率仪测试温度范围为 −100～500℃，为非接触式测量，通过红外光谱（IR）检测器检测样品上表面升温过程，数据采集频率高达 2MHz，热扩散系数范围为 0.01～2000.00mm^2/s，热导率测试范围为 0.1～4000.0W/(m·K)。

图 4.33 热导率仪

6）反射率与透射率测试仪

采用 Lambda 950 分光光度计和 Spectrum GX 傅里叶红外光谱仪对膜层的反射率与透射率进行了测试，设备照片见图 4.34。

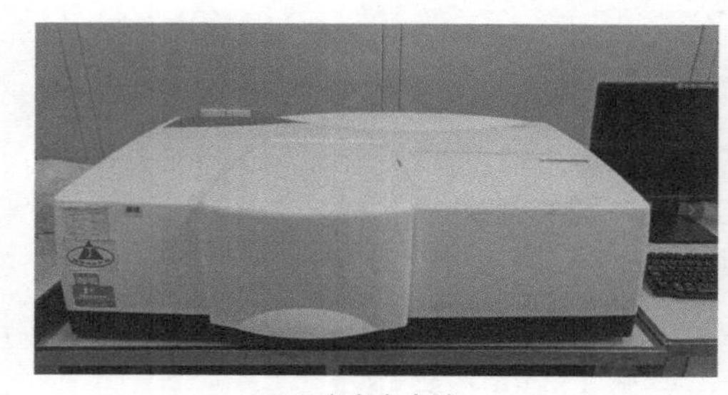

(a) 分光光度计

(b) 傅里叶红外光谱仪

图 4.34 反射率与透射率测试仪器

4.3.2.3 试验方法

采用化学氧化和微弧氧化两种表面处理方法制备膜层，两种膜层颜色均为黑色，色泽均匀一致，无色差，微弧氧化膜层厚度控制在10～15μm，膜层应无明显脱落。

通过一系列表征手段对两种膜层的组织形貌、结合力、反射率与透射率、耐蚀性、热导率等性能进行分析研究，明确两种膜层的性能差异。

4.3.3 试验过程

4.3.1.1 化学转化膜制备过程

（1）准备基体

将镁合金原材料按照要求加工成25mm×25mm×5mm小试片，要求试样边缘无毛刺和尖角。

（2）前处理

前处理主要包括除油、酸洗等。

① 除油。除油清洗是镁合金前处理的第一个环节，同样也是金属前处理或表面处理必备的第一步，良好的除油效果对后续化学成膜影响很大，因而需对除油后的试样进行除油效果检测，最简单的方法为将试样浸入水中再取出，观察其是否会存在挂珠现象，没有则说明除油效果良好。

除油剂主要成分为氢氧化钠和水玻璃，pH值为10～11，在60℃除油5min即可。

② 酸洗。镁合金基体裸露在环境中，表面极易被氧化，形成一层氧化膜。但这层膜粗糙、致密性不够，并不能很好地保护镁合金基体，镁合金仍会遭到侵蚀；同时这层膜的存在还会对镁合金化学转化成膜形成阻碍。因而进行化学成膜处理前，对镁合金进行酸洗处理。

（3）活化

活化也称为表面调整，主要作用表现为：消除镁合金因酸洗形成的腐蚀不均匀造成的表面粗化效应；增加镁合金基体表面活性点的数量，增加表面活性，促进晶核的形成，利于后续的转化成膜；细化成膜过程中的晶粒大小，减小大晶核的形成概率，使所得膜层更加细腻紧密，提升膜层致密性，进而提高膜层的整体性能。

（4）化学转化

化学转化液采用较成熟的化学转化处理液，将待转化试样放入转化液中室温反应一定时间后，将试片取出水洗干净，放入封闭液里，在特定的温度、pH值下封闭特定的时间，封闭后水洗干净，烘干，编号，装入试样袋中，以备后期观察和检测使用。

4.3.1.2 微弧转化膜制备过程

（1）准备基体

将镁合金原材料按照要求加工成25mm×25mm×5mm小试片，要求试样边缘无毛刺和尖角，微弧氧化前对试样进行除油操作。

（2）电解液的配制

镁合金在酸性环境下极易腐蚀，因此本试验采用碱性钠盐作为主电解质。为获得黑色的微弧氧化膜，在电解液中加入适量的铜盐作为着色电解质，依靠金属离子沉积掺杂在氧化膜中，从而获得黑色的微弧氧化膜层。

（3）电参数的确定

微弧氧化工艺中的电参数主要包括频率、占空比、终止电压、电流密度等。频率、占空比和电流密度在一定范围内处理出来均可获得理想的膜层，试验时频率定为500Hz，占空比为20%，电流密度为8A/dm^2，终止电压受电流密度、电解液配方、膜层厚度等因素影响，根据微弧氧化情况确定氧化的终止电压。

（4）微弧氧化处理

将制备好的微弧氧化试样块用导线连接好，当作微弧氧化的阳极，试样块需完全浸入电解液中，但不接触容器底部；以不锈钢板作为微弧氧化的阴极。打开微弧氧化电源、冷却水电源、搅拌器电源，设定电源参数后，接通电源，待试验反应到预定时间后，关闭电源，取出试样。

（5）试样后处理

待氧化电压降至20V以下后，将微弧氧化后的试样取出后用自来水清洗，吹干，编号，装入试样袋中，以备后期观察和检测使用。

4.3.1.3 膜层性能测试过程

（1）膜层厚度测试

本试验依据《非磁性基体金属上非导电覆盖层 覆盖层厚度测量 涡流法》（GB/T 4957—2003），采用德国EPK公司生产的MiniTest型涡流测厚仪对膜层的厚度进行测量。测试前先利用镁合金基体试样对涡流测厚仪进行校准，由于膜层不均性，在试样的正反两面各选取3个点进行测试，然后取其平均值。

（2）膜层外观和颜色测试

本试验采用目测法检查膜的外观，要求膜层颜色为黑色，色泽均匀一致，无色差。

（3）膜层结合力测试

本试验采用3M胶带来评价膜层的结合力，要求胶带去除时表面无明显膜层剥落。

（4）膜层反射率与透射率测试

本试验采用Lambda 950分光光度计和Spectrum GX傅里叶红外光谱仪对膜层的反

射率与透射率进行了测试。

（5）膜层微观形貌观察

本试验采用JEOL生产的JSM-7800F场发射扫描电镜对膜层的形貌及元素分布进行了分析表征。

（6）膜层耐蚀性测试

本试验依据GJB 150.11A—2009，采用北京雅士林公司生产的YWX/F-750复合盐雾腐蚀试验箱对膜层的耐中性盐雾性能进行了测试，盐雾试验周期为96h。

（7）膜层导热性能测试

采用耐驰公司生产的LFA 467型闪射法导热仪对各膜层在室温下的导热性能进行了测试，测试温度为26℃。

4.3.4 试验结果及分析

4.3.4.1 化学转化膜层试验结果及分析

（1）膜层厚度测试

由于化学转化膜膜层厚度很薄，采用涡流测厚仪不能较准确地对其膜厚进行测试；采用SEM观察截面膜层厚度时，由于截面薄层很薄，在制样时膜层已发生破损，因此，未能较准确地评估出化学转化膜厚度。根据文献资料报道，化学转化膜膜厚在几十纳米到几百纳米间。

（2）膜层外观和颜色测试

制得的化学转化膜层的试样如图4.35所示，化学转化膜层颜色为黑色，膜层色泽均匀一致，无色差。

图4.35 化学转化膜试样

（3）膜层微观形貌观察

采用场发射扫描电镜对制得的化学转化膜层的表面形貌进行了观察，表面形貌如图 4.36 所示，可见转化膜表面呈干枯的“河床”状，腐蚀单元约 10μm，表面存在微裂纹，表面平整、光滑。

（4）膜层结合力测试

本试验采用 3M 胶带对化学转化膜膜层的结合力进行了评价，从图 4.37 可看出，胶带去除时表面无明显膜层剥落。

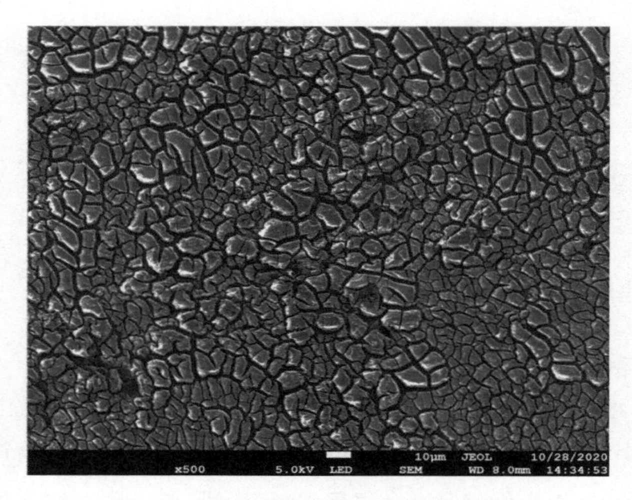

图 4.36　镁合金化学转化膜层微观形貌

(a) 测试前　　(b) 测试后

图 4.37　化学转化膜层结合力测试前后试样照片

（5）膜层耐蚀性测试

采用盐雾腐蚀试验箱对膜层的耐中性盐雾性能进行了测试，盐雾试验周期为 96h，由图 4.38 可看出化学转化膜在 8h 已出现腐蚀，随着盐雾时间的延长，腐蚀面积增大，经过 96h 中性盐雾试验后，出现较大面积腐蚀，参照《金属基体上金属和其他无机覆盖层经腐蚀试验后的试样和试件的评级》（GB/T 6461—2002）（下文简称《评级》）的标准，达到保护5级腐蚀。

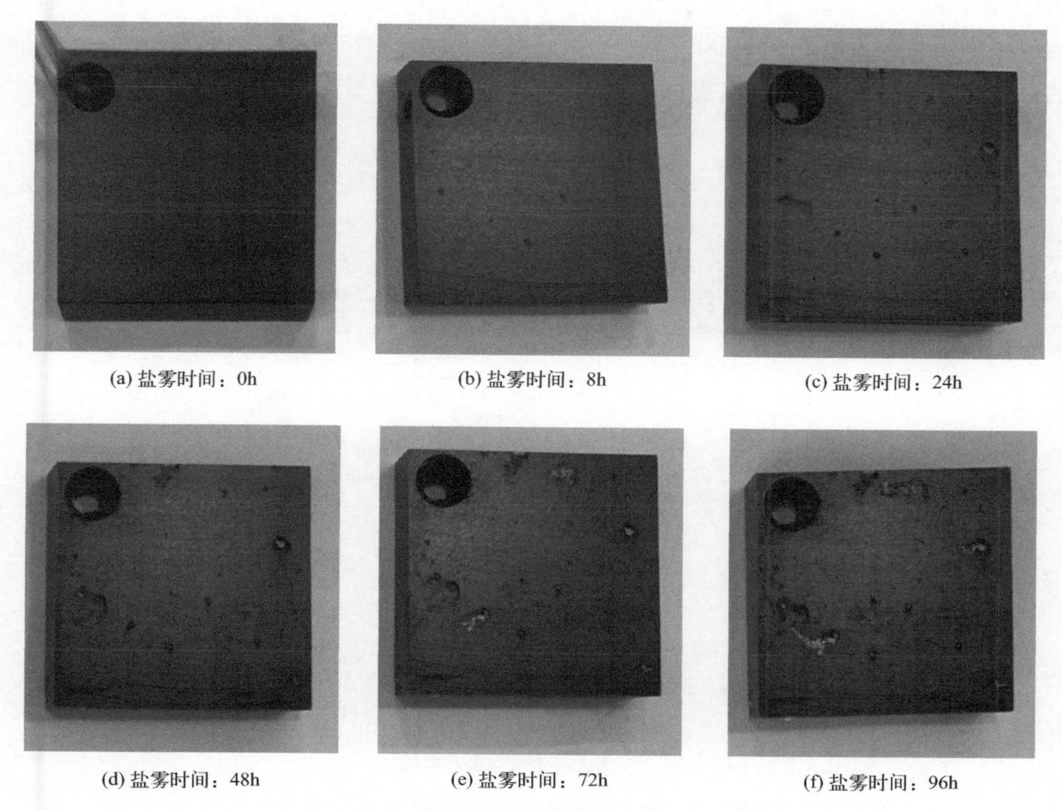

(a) 盐雾时间：0h　(b) 盐雾时间：8h　(c) 盐雾时间：24h

(d) 盐雾时间：48h　(e) 盐雾时间：72h　(f) 盐雾时间：96h

图4.38　镁合金化学转化膜中性盐雾腐蚀试验表面形貌

对制得的黑色化学转化膜采用DJB-823保护剂进行浸渍处理后，膜层耐蚀性大幅提高，经过96h中性盐雾试验后，膜层可达到保护10级腐蚀（图4.39）。

(a) 盐雾试验前　(b) 96h盐雾试验后

图4.39　镁合金化学转化膜＋DJB 823保护剂中性盐雾腐蚀试验前后表面形貌

（6）膜层电化学性能测试

对制得的化学转化膜层的电化学性能进行了测试，测试参数如下：OCP 测试 1h，PD 测试区间为−0.25～1.60V（相对于 OCP），阻抗测试频率为 0.1～100000Hz。测得的膜层极化曲线和伯德（Bode）模量图如图 4.40 所示。通过计算得出，化学转化膜层的自腐蚀电位为−1.36V、自腐蚀电流为 1.1μA，Bode 模量为 2.3lg$K$。

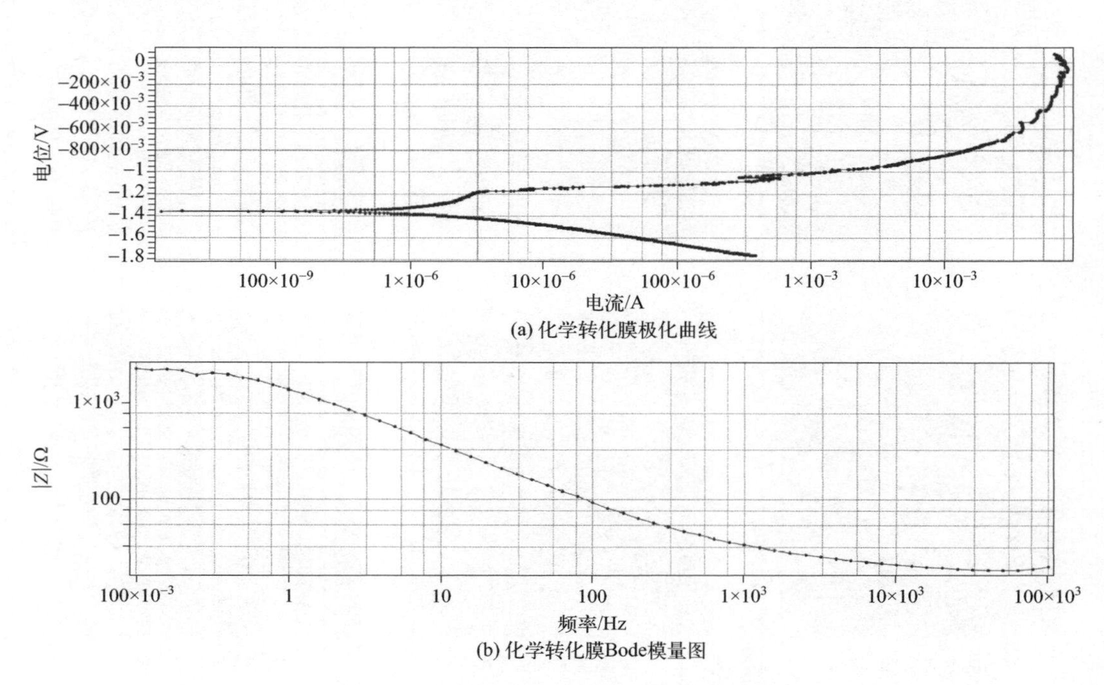

(a) 化学转化膜极化曲线

(b) 化学转化膜Bode模量图

图 4.40　镁合金化学转化膜电化学测试结果

（7）膜层导热性能测试

对制得的黑色化学转化膜在室温下的热扩散系数进行了测试，测试时取两个平行样，测得的结果分别为 64.77mm^2/s、62.80mm^2/s，平均热扩散系数为 63.79mm^2/s。

（8）膜层反射率与透射率测试

近红外波长范围 0.75～1.1μm，短波红外波长范围 1.1～2.5μm，中波红外波长范围 3～5μm，长波红外波长范围 7～14μm。

对制得的黑色化学转化膜的反射率与透射率进行了测试，测试时取两个平行样，膜层反射率测试范围为 500～2000nm，透射率测试范围为 5000～1500cm^{-1}（对应波长范围为 2～6.66μm），测试结果如图 4.41 所示。可看出：在 1300nm 处膜层反射率出现第一峰值（3.0%～3.5%），在 1500～1650nm 处膜层反射率出现峰谷值，随着波长延长，膜层反射率增大，2000nm 处两组膜层反射率为 7.0%和 4.4%；在 5000～1500cm^{-1} 范围内，膜层透射率为 0.5%～3.0%。

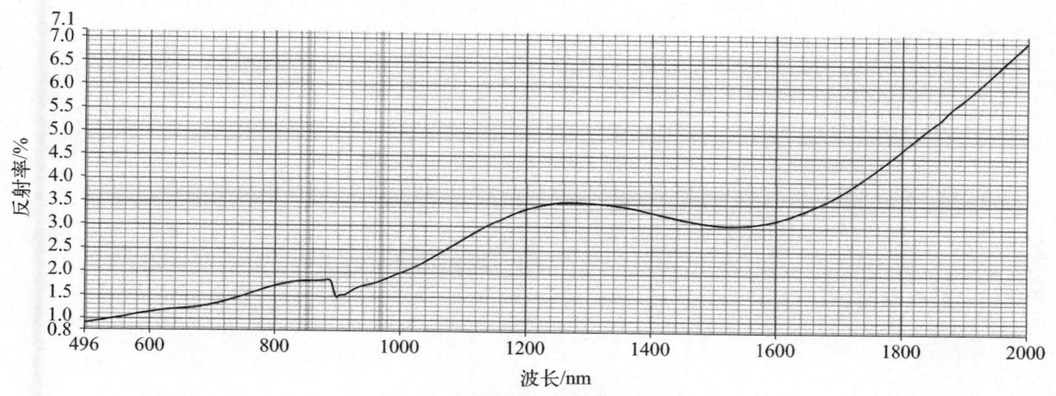

(a) 化学转化膜试样1反射率测试结果

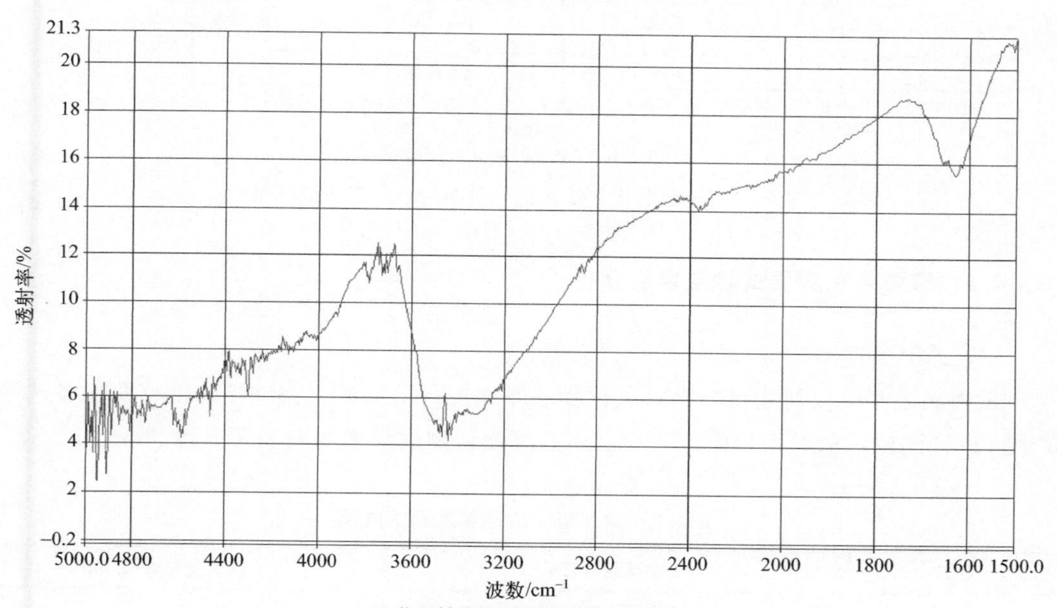

(b) 化学转化膜试样1透射率测试结果

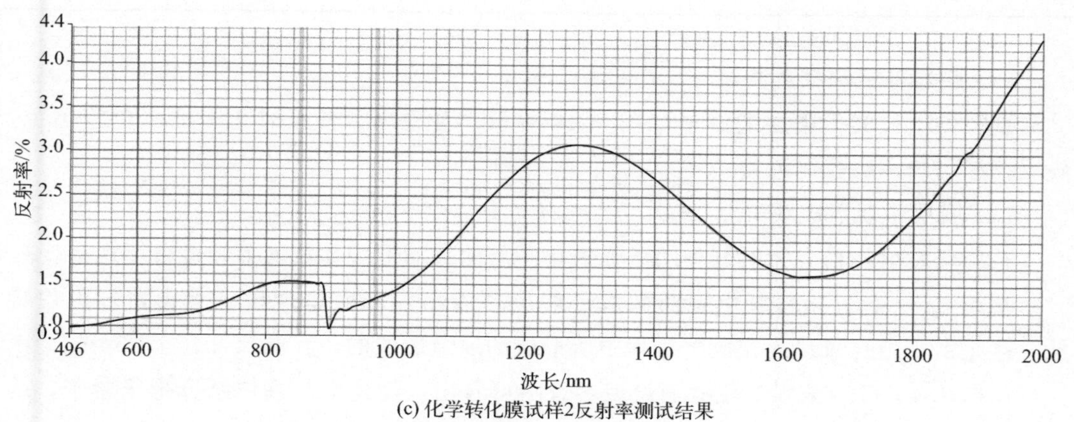

(c) 化学转化膜试样2反射率测试结果

图 4.41

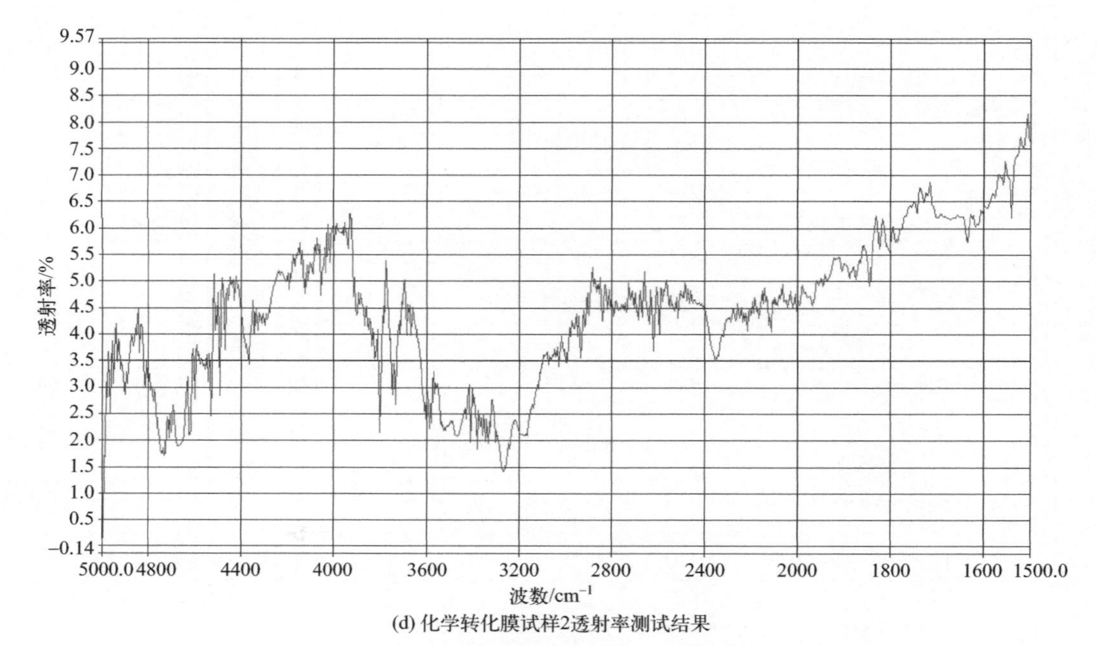

(d) 化学转化膜试样2透射率测试结果

图 4.41　镁合金化学转化膜反射率与透射率测试结果

4.3.4.2　微弧氧化膜层试验结果及分析

(1) 膜层厚度测试

采用涡流测厚仪对制得的微弧氧化膜层厚度进行了测试，在试样的正反两面各选取3个点进行测试，取其平均值作为膜层最终厚度，测试结果如表 4.3 所列。

表 4.3　微弧氧化膜层厚度测试结果

<table>
<tr><th>项目</th><th colspan="3">膜厚测试结果/μm</th><th>膜厚平均值/μm</th></tr>
<tr><td>正面</td><td>15.0</td><td>14.5</td><td>14.0</td><td rowspan="2">14.2</td></tr>
<tr><td>反面</td><td>13.7</td><td>14.0</td><td>13.5</td></tr>
</table>

(2) 膜层外观和颜色测试

制得的微弧氧化膜层的试样如图 4.42 所示，可看出，微弧氧化膜层颜色为黑色，膜层色泽均匀一致，无色差。

(3) 膜层微观形貌观察

采用场发射扫描电镜对制得的微弧氧化膜层的表面形貌和截面形貌进行了观察。

从图 4.43 (a) 微弧氧化表面微观形貌图可看出：表面呈现出“火山口”形貌特征，这是由于微弧氧化火花放电过程中所形成的通道造成的，孔洞尺寸在 1～5μm。

从图 4.43 (b) 微弧氧化截面微观形貌图可看出：陶瓷层与基体结合得很紧密，结合截面有明显的不规则波浪线存在，这说明微弧氧化陶瓷层与基体是冶金结合，而非一般的物理结合；陶瓷层由致密层和疏松层组成。

图 4.42　镁合金微弧氧化膜试样

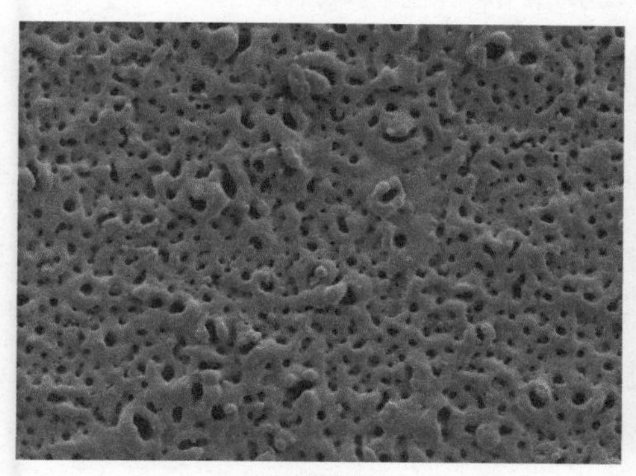

(a) 表面形貌

(b) 截面形貌

图 4.43　镁合金微弧氧化膜层微观形貌

（4）膜层结合力测试

本试验采用3M胶带对微弧氧化膜膜层的结合力进行了评价，从图 4.44 可看出，胶带去除时表面无明显膜层剥落。

(a) 测试前

(b) 测试后

图 4.44　微弧氧化膜层结合力测试前后试样照片

（5）膜层耐蚀性测试

采用盐雾腐蚀试验箱对膜层的耐中性盐雾性能进行了测试，盐雾试验周期为 96h，由图 4.45 中可看出试验过程中试样表面未出现明显锈斑等腐蚀迹象，参照《金属基体上金属和其他无机覆盖层经腐蚀试验后的试样和试件的评级》（GB/T 6461—2002）的标准，达到保护10级腐蚀。

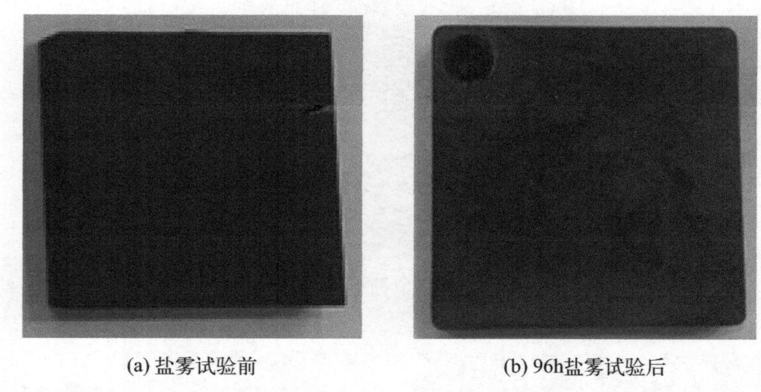

(a) 盐雾试验前　　(b) 96h盐雾试验后

图 4.45　镁合金微弧氧化膜中性盐雾腐蚀试验前后表面形貌

（6）膜层电化学性能测试

对制得的微弧氧化膜层的电化学性能进行了测试，测试参数如下：OCP测试1h，PD测试区间为−0.25～1.60V（相对于OCP），阻抗测试频率为0.1～100000Hz。测得的膜层极化曲线和Bode模量见图4.46，通过计算得出，微弧氧化膜层的自腐蚀电位为−1.41V、自腐蚀电流为0.49μA，Bode模量为50000。

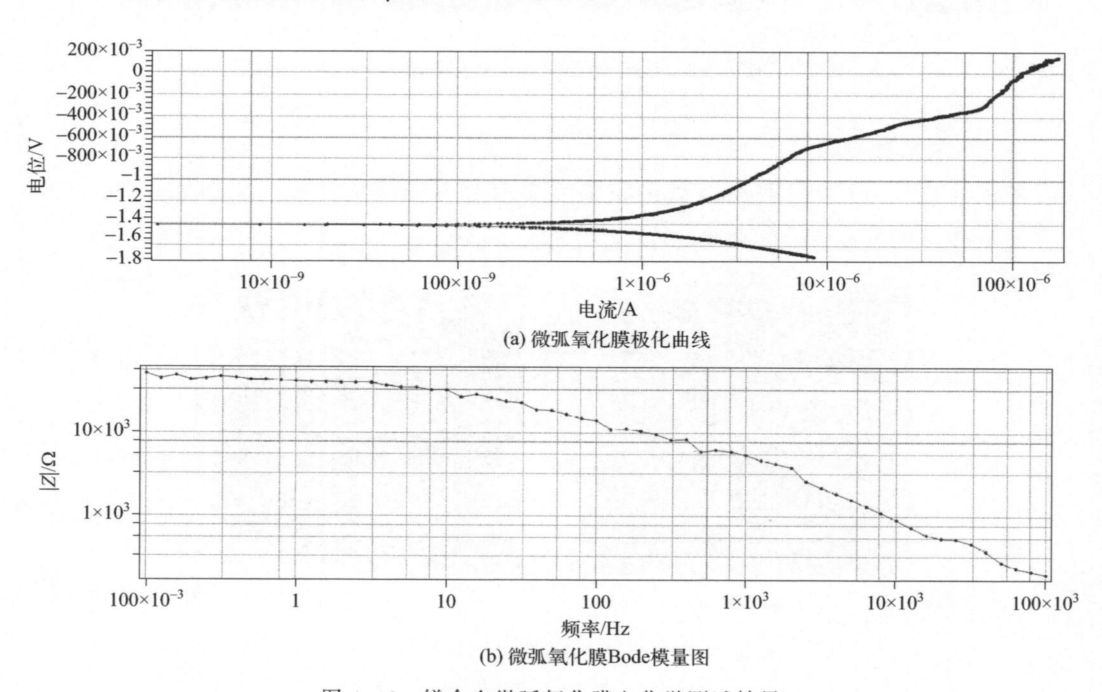

(a) 微弧氧化膜极化曲线

(b) 微弧氧化膜Bode模量图

图 4.46　镁合金微弧氧化膜电化学测试结果

（7）膜层导热性能测试

对制得的黑色微弧氧化膜在室温下的热扩散系数进行了测试，测试时取两个平行样，测得的结果分别为 68.53mm²/s、69.34mm²/s，平均热扩散系数为 68.94mm²/s。

（8）膜层反射率与透射率测试

对制得的黑色微弧氧化膜的反射率与透射率进行了测试，测试时取两个平行样，膜层反射率测试范围为 500～2000nm，透射率测试范围为 5000～1500cm^{-1}（对应波长范围为 2.00～6.66μm），测试结果如图 4.47 所示，可看出：在 900nm 处膜层反射率骤降，在 1000～1600nm 处膜层反射率呈上升趋势，最高反射率在 0.7%，在 1600～2000nm 处膜层反射率呈下降趋势；在 5000～1500cm^{-1} 范围内膜层透射率为 0.5%～3.5%。

本项目对镁及镁合金进行化学转化、微弧氧化表面处理，采用扫描电镜、金相显微镜、反射率与透射率测试仪器、导热仪、盐雾试验箱等设备对膜层的性能进行测试及表征，结果表明：

① 通过两种表面处理方法，均可得到膜层色泽均匀一致的黑色氧化膜层；

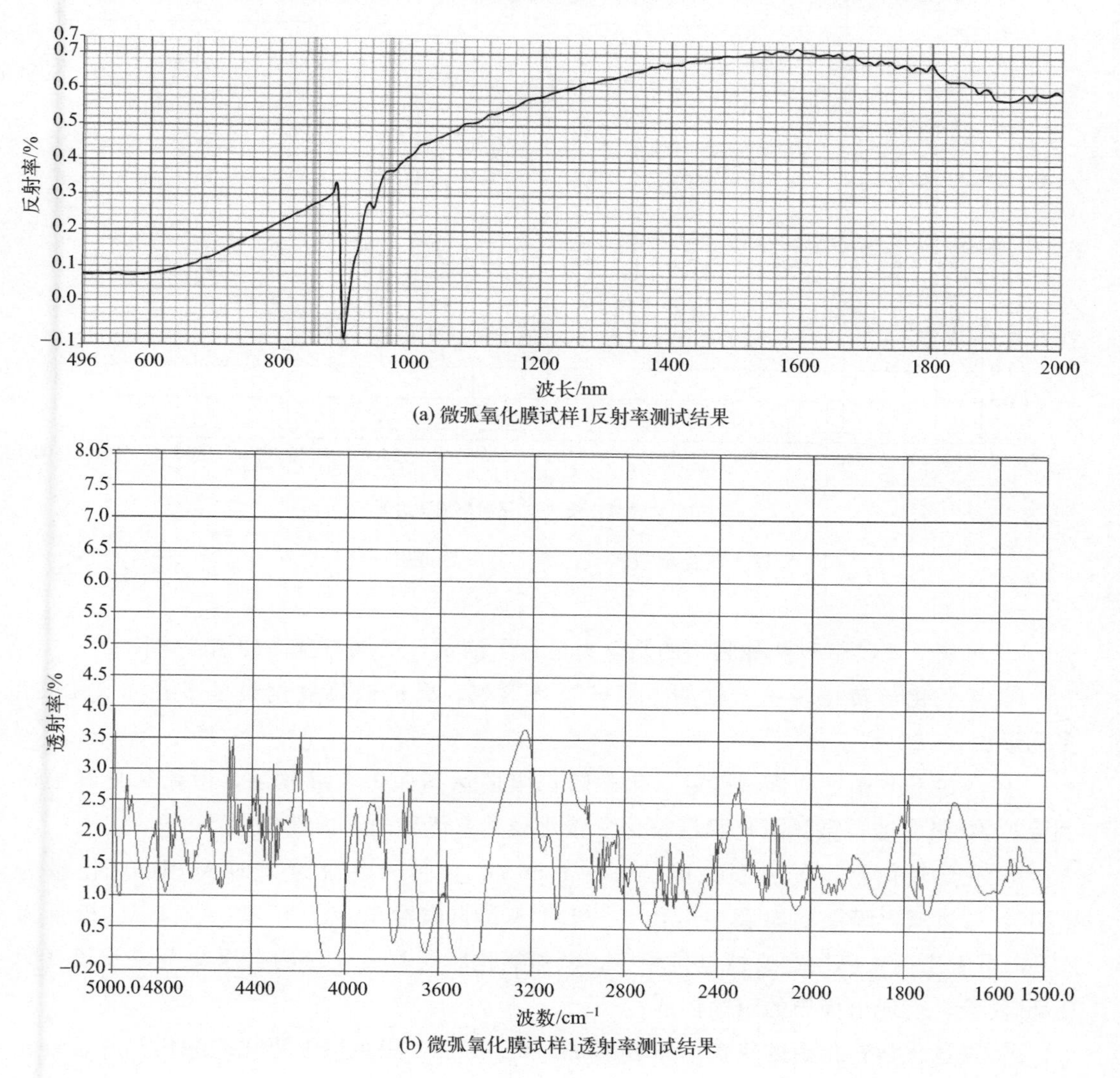

(a) 微弧氧化膜试样1反射率测试结果

(b) 微弧氧化膜试样1透射率测试结果

图 4.47

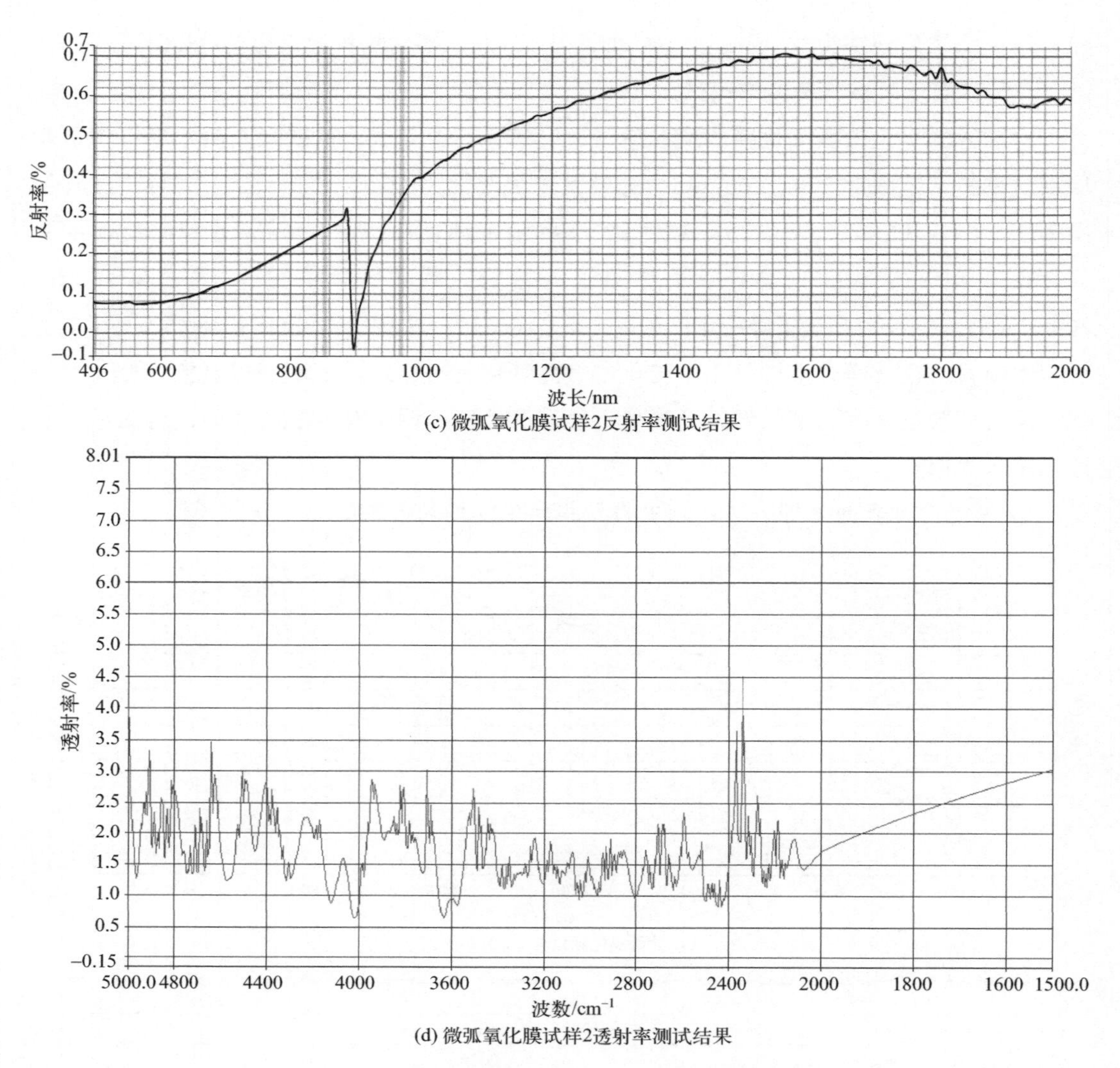

(c) 微弧氧化膜试样2反射率测试结果

(d) 微弧氧化膜试样2透射率测试结果

图 4.47 镁合金微弧氧化膜反射率与透射率测试结果

② 采用 3M 胶带对两种膜层的结合力进行了测试，膜层与基体均结合牢固；

③ 黑色化学转化膜呈干枯的“河床”状形貌，黑色微弧氧化膜呈多孔“火山口”多孔形貌；

④ 经过 96h 中性盐雾试验后，化学转化膜层达到保护 5 级腐蚀，微弧氧化膜层达到保护 10 级腐蚀，微弧氧化膜层较化学转化膜具有优异的耐蚀性能；

⑤ 化学转化膜层的自腐蚀电位为 −1.36V、自腐蚀电流为 1.1μA、Bode 模量为 2.3K，微弧氧化膜层的自腐蚀电位为 −1.41V、自腐蚀电流为 0.49μA、Bode 模量为 50K，可看出两种膜层自腐蚀电位相当，微弧氧化膜层具有较低的自腐蚀电流和较高的 Bode 模量，表现出优异的耐蚀性能；

⑥ 黑色化学转化膜的热扩散系数为 63.79mm^2/s，黑色微弧氧化膜的热扩散系数为 68.94mm^2/s，两种膜层导热性能差别不大。

参考文献

[1] 徐滨士，朱绍华. 表面工程的理论与技术[M]. 北京：国防工业出版社，1999：90-98.

[2] 赵文轸. 材料表面工程导论[M]. 西安：西安交通大学出版社，1998：210-216.

[3] 周泽翔，程海斌，薛理辉，等. 改善化学镀层结合力的方法及其检测手段[J]. 材料导报，2006，20(2)：79-81.

[4] 王毅坚. Ni-P 化学镀层及其复合镀层结合强度的声发射研究[J]. 无损检测，2006，28(6)：296-298.

[5] 张永康，孔德军，冯爱新，等. 涂层界面结合强度检测研究(Ⅱ)：涂层结合界面应力检测系统[J]. 物理学报，2006，55(11)：6008-6012.

[6] 周俊华，徐可北，葛子亮. 热障涂层厚度涡流检测技术研究[J]. 航空材料学报，2006，26(3)：353-354.

[7] 刘振作. 涂层耐磨性试验方法与测试仪器[J]. 试验技术与试验机，2004，44(1/2)：3-7.

[8] 王峰会，张勇，王泓. 热障涂层氧化残余应力大小与演化过程测试[J]. 实验力学，2006，21(5)：607-610.

[9] 伍超群，周克崧，邓畅光. 浅谈热喷涂涂层残余应力的测试技术[J]. 表面技术，2005，34(5)：82-83.

第5章

结论与趋势分析

5.1 结论

材料表面处理和测试技术是装备制造和维修的有效途径。随着科技发展和工业需求提升，传统金属材料正向着轻量化和高性能发展；与此同时，轻质、高强度和高热导率、强耐蚀的非金属材料——碳纤维，也被广泛应用于航空航天、石油石化、体育器械和家纺用品等领域。其中，火箭、导弹、宇航及航空等尖端科学技术对装备用先进材料要求“故障归零”，因而材料表面处理技术以及性能的测试技术尤为重要。

本书结合笔者在激光表面熔覆、热喷涂、化学镀等领域取得的一些研究成果，并结合国内外最新相关研究进展，就材料表面与界面基础理论、激光熔覆、热喷涂、化学镀、涂（膜）层测试技术进行了论述。以碳纤维为例，其表面缺少具有活性官能团，呈现化学惰性，无法与表面处理的涂层紧密结合，基体负载不能有效传递到纤维本体，极大限制了复合材料整体力学性能。目前，碳纤维材料的表面处理方法包括电化学氧化、偶联剂涂层处理、气相氧化法、液相氧化法、等离子处理及石墨烯改性法等。相较于近年来实验室发展的石墨烯改性法，传统的电化学氧化是唯一能够在碳纤维制造成型过程中连续运行的技术。由此可见，先进材料表面处理不仅需考虑对材料自身性能提升程度，规模化稳定连续运行也是工程应用的关键。

此外，工程用先进材料表面处理和检测技术需严格按照最新版标准执行。标准执行应遵循下列先后顺序原则优先选用：国内标准有的→国外标准有的→国内经相关标准化委员会认可批准的案例→国外经相关标准化委员会认可批准的案例→经权威专家委员会鉴定合格并有一年以上实际使用经验的。针对标准中设计的温度区间，应参考环境条件予以确定，并在相关报告中注明温度选用依据，为后期故障分析和维修提供参考依据。

5.2 趋势分析

表面处理的快速发展及广泛应用被认为是制造领域中的重要进展。目前，技术成熟并投入工业实际应用的表面处理技术已多达上百种。表面加工技术不仅是产品内在质量得以保证的关键，也是保障产品外观质量的重要手段。目前各种类型的表面技术，从电镀、刷镀、化学镀、氧化、磷化、涂装、黏结、堆焊、熔结、热喷涂、电火花涂覆、热浸镀、搪瓷涂覆、陶瓷涂覆、塑料涂覆、喷丸强化、表面热处理、化学热处理，到 20 世纪 60 年代以后发展起来的等离子体表面处理、激光表面处理、电子束表面处理、高密度太阳能表面处理、离子注入、物理气相沉积（真空蒸镀、溅射镀膜、离子镀）、化学气相沉积（等离子体化学气相沉积、激光化学气相沉积、金属有机物化学气相沉积）、分子束外延、离子束合成薄膜技术，以及由多种表面技术复合而成的新一代表面处理技术和各种表面加工技术如金属的清洗、精整、电铸、包覆、抛光、蚀刻，还有各种表面微细加工技术等，都已在冶金、机械、电子、建筑、宇航、造船、军事、农业、能源、轻工和仪表等各个领域乃至人们日常生活中有着极其广泛的应用，而且起着越来越重要的作用。由于表面处理技术应用的广泛性和重要性，世界上许多国家，特别是经济发达国家，都十分重视表面处理技术的研究和发展。表面处理技术多达几十类，过去分散在各个技术领域，它们的发展基本上是分别进行、互不相关的。此外，随着生产环保要求日益严苛且趋于常态化，因而表面处理技术也将呈现低投入、低能耗、低污染的趋势。

当今科学技术的快速发展也为测试技术的发展和进步创造了有利条件，同时也不断地向测试技术提出了更高的要求。尤其是计算机软件技术和数字处理技术的进步，促使微型传感器、集成传感器和智能传感器得到了迅速的发展，加之信息技术和微电子技术的快速发展使测试技术和测试仪器仪表取得了跨时代的进步，使仪器仪表向数字化、智能化、网络化、多功能化和小型化方向发展。测试技术中数据处理能力和在线检测、实时分析的能力迅速增强，使仪器仪表的功能得到扩展，精度和可靠性也有了很大的提高，与传统仪器仪表相比虚拟化仪器仪表有了很大的改善。在微机械技术的微仪器应用领域其也有了创新式的发展，如芯片上的微轮廓仪、芯片上的微血液分析仪等的研制成功。在工程技术领域，工程研究、产品开发、生产监督、质量控制等方面，都离不开测试技术，尤其是工程方面广泛应用的自动控制系统已越来越多地运用到测试技术，测试装置已经成为控制系统中不可缺少的重要组成部分，而传感器技术的发展，更加完善和充实了测试和控制系统。测试与控制系统不仅是现代生产系统的必需，而且在办公和通信等方面也越来越多地得到应用。因此，随着现代社会的不断进步，测试技术的应用领域将更加广泛。

附录　有关表面处理和测试技术标准目录一览

（1）中国国家标准（GB）

1. GB/T 13744—1992 磁性和非磁性基体上镍电镀层 厚度的测量，1992-11-04

2. GB/T 4956—2003 磁性基体上非磁性覆盖层 覆盖层厚度测量 磁性法，2003-10-29

3. GB/T 6466—2008 电沉积铬层 电解腐蚀试验（EC 试验），2008-06-19

4. GB/T 9800—1988 电镀锌和电镀镉层的铬酸盐转化膜，1988-09-05

5. GB/T 4957—2003 非磁性基体金属上非导电覆盖层 覆盖层厚度测量 涡流法，2003-10-29

6. GB/T 6843—1986 感光材料涂层熔点测定方法，1986-09-06

7. GB/T 5753—2013 钢丝绳芯输送带 总厚度和覆盖层厚度的测定方法，2013-12-17

8. GB/T 18683—2002 钢铁件激光表面淬火，2002-03-10

9. GB/T 19355.2—2016 锌覆盖层 钢铁结构防腐蚀的指南和建议 第 2 部分：热浸镀锌，2016-02-24

10. GB/T 13322—1991 金属覆盖层 低氢脆镉钛电镀层，1991-12-13

11. GB/T 4955—2005 金属覆盖层 覆盖层厚度测量 阳极溶解库仑法，2005-10-12

12. GB/T 13346—2012 金属及其他无机覆盖层 钢铁上经过处理的镉电镀层，2012-11-05

13. GB/T 9799—2011 金属及其他无机覆盖层 钢铁上经过处理的锌电镀层，2011-12-30

14. GB/T 11379—2008 金属覆盖层 工程用铬电镀层，2008-06-19

15. GB/T 12332—2008 金属覆盖层 工程用镍电镀层，2008-06-19

16. GB/T 12333—1990 金属覆盖层 工程用铜电镀层，1990-04-27

17. GB/T 16921—2005 金属覆盖层 覆盖层厚度测量 X 射线光谱法，2005-10-12

18. GB/T 12305.6—1997 金属覆盖层 金和金合金电镀层的试验方法 第六部分：残留盐的测定，1997-06-27

19. GB/T 19351—2003 金属覆盖层 金属基体上金覆盖层孔隙率的测定-硝酸蒸汽试验，2003-10-29

20. GB/T 18179—2000 金属覆盖层 孔隙率试验 潮湿硫（硫华）试验，2000-08-28

21. GB/T 17721—1999 金属覆盖层 孔隙率试验 铁试剂试验，1999-04-08

22. GB/T 17720—1999 金属覆盖层 孔隙率试验评述，1999-04-08

23. GB/T 12600—2005 金属覆盖层 塑料上镍＋铬电镀层，2005-06-23

24. GB/T 12599—2002 金属覆盖层 锡电镀层 技术规范和试验方法，2002-09-11

25. GB/T 17462—1998 金属覆盖层 锡-镍合金电镀层，1998-08-12

26. GB/T 17461—1998 金属覆盖层 锡-铅合金电镀层，1998-08-12

27. GB/T 12307.3—1997 金属覆盖层 银和银合金电镀层的试验方法 第三部分：残留盐的测定，1997-06-27

28. GB/T 11378—2005 金属覆盖层 覆盖层厚度测量 轮廓仪法，2005-06-23

29. GB/T 17722—1999 金属盖层厚度的扫描电镜测量方法，1999-04-11

30. GB/T 9789—2008 金属和其他无机覆盖层 通常凝露条件下的二氧化硫腐蚀试验，2008-06-19

31. GB/T 12334—2001 金属和其他非有机覆盖层——关于厚度测量的定义和一般规则，2001-12-17

32. GB/T 6465—2008 金属和其他无机覆盖层 腐蚀膏腐蚀试验（CORR 试验），2008-06-19

33. GB/T 11375—1999 金属和其他无机覆盖层 热喷涂 操作安全，1999-08-10

34. GB/T 9793—2012 热喷涂 金属和其他无机覆盖层 锌、铝及其合金，2012-11-05

35. GB/T 6463—2005 金属和其他无机覆盖层厚度测量方法评述，2005-06-23

36. GB/T 11377—2005 金属和其他无机覆盖层 储存条件下腐蚀试验的一般规则，2005-10-12

37. GB/T 6462—2005 金属和氧化物覆盖层 厚度测量 显微镜法，2005-06-23

38. GB/T 5267.1—2002 紧固件 电镀层，2002-12-05

39. GB/T 5267.2—2021 紧固件 非电解锌片涂层，2021-12-31

40. GB/T 8184—2020 硫酸铑，2020-11-19

41. GB/T 15675—2020 连续电镀锌、锌镍合金镀层钢板及钢带，2020-09-29

42. GB/T 8014.2—2005 铝及铝合金阳极氧化 氧化膜厚度的测量方法 第 2 部分：质量损失法，2005-07-04

43. GB/T 17456.2—2010 球墨铸铁管外表面锌涂层 第 2 部分：带终饰层的富锌涂料涂层，2011-01-10

44. GB/T 18681—2002 热喷涂 低压等离子喷涂 镍-钴-铬-铝-钇-钽合金涂层，2002-03-10

45. GB/T 8642—2002 热喷涂 抗拉结合强度的测定，2002-09-11

46. GB/T 19352.1—2003 热喷涂 热喷涂结构的质量要求 第 1 部分：选择和使用指南，2003-10-29

47. GB/T 19352.2—2003 热喷涂 热喷涂结构的质量要求 第 2 部分：全面的质量要求，2003-10-29

48. GB/T 19352.3—2003 热喷涂 热喷涂结构的质量要求 第 3 部分：标准的质量要

求，2003-10-29

49. GB/T 19352.4—2003 热喷涂 热喷涂结构的质量要求 第4部分：基本的质量要求，2003-10-29

50. GB/T 18719—2002 热喷涂 术语、分类，2002-05-17

51. GB/T 16744—2002 热喷涂 自熔合金喷涂与重熔，2002-04-16

52. GB/T 19356—2003 热喷涂 粉末 成分和供货技术条件，2003-10-29

53. GB/T 11373—2017 热喷涂 金属零部件表面的预处理，2017-09-29

54. GB/T 11374—2012 热喷涂涂层厚度的无损测量方法，2012-09-03

55. GB/T 10125—2021 人造气氛腐蚀试验 盐雾试验，2021-08-20

56. GB/T 10430—2008 烧结金属摩擦片粘结性能检验方法，2008-08-11

57. GB/T 5210—2006 色漆和清漆 拉开法附着力试验，2006-09-01

58. GB/T 18682—2002 物理气相沉积 TiN 薄膜技术条件，2002-03-10

59. GB/T 18684—2002 锌铬涂层 技术条件，2002-03-10

60. GB/T 17711—1999 钇钡铜氧（123相）超导薄膜临界温度 T_c 的直流电阻试验方法，1999-03-13

61. GB/T 15870—1995 硬面光掩模用铬薄膜，1995-12-22

62. GB/T 15717—2021 真空金属镀层厚度测试方法 电阻法，2021-10-11

（2）国际标准化组织标准（ISO）

1. ISO 10074：2021 Anodizing of aluminium and its alloys—Specification for hard anodic oxidation coatings on aluminium and its alloys

2. ISO 10110-9：2016 Optics and photonics—Preparation of drawings for optical elements and systems—Part 9：Surface treatment and coating

3. ISO 10111：2019 Metallic and other inorganic coatings—Measurement of mass per unit area—Review of gravimetric and chemical analysis methods

4. ISO 10215：2018 Anodizing of aluminium and its alloys—Visual determination of image clarity of anodic oxidation coatings—Chart scale method

5. ISO 10216：2016 Anodizing of aluminium and its alloys—Instrumental determination of image clarity of anodic oxidation coatings—Instrumental method

6. ISO 10289：1999 Methods for corrosion testing of metallic and other inorganic coatings on metallic substrates—Rating of test specimens and manufactured articles subjected to corrosion tests

7. ISO 10308：2006 Metallic coatings—Review of porosity tests

8. ISO 10309：1994 Metallic coatings—Porosity tests—Ferroxyl test

9. ISO 10546：1993 Chemical conversion coatings—Rinsed and non-rinsed chromate conversion coatings on aluminum and aluminum alloys

10. ISO 10587：2000 Metallic and other inorganic coatings—Test for residual embrittlement

in both metallic-coated and uncoated externally-threaded articles and rods—Inclined wedge method

11. ISO 10683：2000 Fasteners—Non-electrolytically applied zinc flake coatings

12. ISO 10684：2004 Fasteners—Hot dip galvanizedcoatings

13. ISO 11408：1999 Chemical conversion coatings—Black oxide coating on iron and steel—Specification and test methods

14. ISO 12683：2004 Mechanically deposited coatings of zinc—Specification and test methods

15. ISO 12686：1999 Metallic and other inorganic coatings—Automated controlled shot-peening of metallic articles prior to nickel, autocatalytic nickel or chromium plating, or as a final finish

16. ISO 12687：1996 Metallic coatings—Porosity tests—Humid sulfur (flowers of sulfur) test

17. ISO 13779-2：2018 Implants for surgery—Hydroxyapatite—Part 2：Thermally sprayed coatings of hydroxyapatite

18. ISO 13779-4：2018 Implants for surgery—Hydroxyapatite—Part 4：Determination of coating adhesion strength

19. ISO 14231：2000 Thermal spraying—Acceptance inspection of thermal spraying equipment

20. ISO 14232-1：2017 Thermal spraying—Powders—Part 1：Characterization and technical supply conditions

21. ISO 1456：2009 Metallic and other inorganic coatings—Electrodeposited coatings of nickel, nickel plus chromium, copper plus nickel and of copper plus nickel plus chromium

22. ISO 19487：2016 Metallic and other inorganic coatings—Electrodeposited nickel-ceramics composite coatings

23. ISO 1460：2020 Metallic coatings—Hot dip galvanized coatings on ferrous materials—Gravimetric determination of the mass per unit area

24. ISO 1461：2009 Hot dip galvanized coatings on fabricated iron and steel articles—Specifications and test methods

25. ISO 1463：2021 Metallic and oxide coatings—Measurement of coating thickness—Microscopical method

26. ISO 14647：2000 Metallic coatings—Determination of porosity in gold coatings on metal substrates—Nitric acid vapor test

27. ISO 14713-3：2017 Paints and varnishes—Corrosion protection of steel structures by protective paint systems—Part 2：Classification of environments

28. ISO 14916：2017 Thermal spraying—Determination of tensile adhesive strength

29. ISO 14917：2017 Thermal spraying—Terminology，classification

30. ISO 14918：2018 Thermal spraying—Qualification testing of thermal sprayers

31. ISO 14919：2015 Thermal spraying—Wires，rods and cords for flame and arc spraying—Classification—Technical supply conditions

32. ISO 14920：2015 Thermal spraying—Spraying and fusing of self-fluxing alloys

33. ISO 14921：2010 Thermal spraying—Procedures for the application of thermally sprayed coatings for engineering components

34. ISO 14922：2021 Thermal spraying—Quality requirements for manufacturers of thermal sprayed coatings

35. ISO 14923：2003 Thermal spraying—Characterization and testing of thermally sprayed coatings

36. ISO 15720：2001 Metallic coatings—Porosity tests—Porosity in gold or palladium coatings on metal substrates by gel-bulk electrography

37. ISO 15721：2001 Metallic coatings—Porosity tests—Porosity in gold or palladium coatings by sulfurous acid/sulfur dioxide vapour

38. ISO 15724：2001 Metallic and other inorganic coatings—Electrochemical measurement of diffusible hydrogen in steels—Barnacle electrode method

39. ISO 15730：2000 Metallic and other inorganic coatings—Electropolishing as a means of smoothing and passivating stainless steel

40. ISO 16348：2003 Metallic and other inorganic coatings—Definitions and conventions concerning appearance

41. ISO 17834：2003 Thermal spraying—Coatings for protection against corrosion and oxidation at elevated temperatures

42. ISO 17836：2017 Thermal spraying—Determination of the deposition efficiency for thermal spraying

43. ISO 17925：2004 Zinc and/or aluminum based coatings on steel—Determination of coating mass per unit area and chemical composition—Gravimetry，inductively coupled plasma atomic emission spectrometry and flame atomic absorption spectrometry

44. ISO 19840：2012 Paints and varnishes—Corrosion protection of steel structures by protective paint systems—Measurement of，and acceptance criteria for，the thickness of dry films on rough surfaces

45. ISO 2063：2005 Thermal spraying—Metallic and other inorganic coatings—Zinc，aluminum and their alloys

46. ISO 2064：1996 Metallic and other inorganic coatings—Definitions and conventions concerning the measurement of thickness

47. ISO 2080：2008 Metallic and other inorganic coatings—Surface treatment，metallic and other inorganic coatings—Vocabulary

48. ISO 2081：2018 Metallic and other inorganic coatings—Electroplated coatings of zinc with supplementary treatments on iron or steel

49. ISO 2085：2018 Anodizing of aluminium and its alloys—Check for continuity of thin anodic oxidation coatings—Copper sulfate test

50. ISO 2093：1986 Electroplated coatings of tin—Specification and test methods

51. ISO 2106：2016 Anodizing of aluminium and its alloys—Determination of mass per unit area (surface density) of anodic oxidation coatings—Gravimetric method

52. ISO 2135：2017 Anodizing of aluminium and its alloys—Accelerated test of light fastness of coloured anodic oxidation coatings using artificial light

53. ISO 2143：2017 Anodizing of aluminium and its alloys—Estimation of loss of absorptive power of anodic oxidation coatings after sealing—Dye-spot test with prior acid treatment

54. ISO 2177：2003 Metallic coatings—Measurement of coating thickness—Coulometric method by anodic dissolution

55. ISO 2178：2016 Non-magnetic coatings on magnetic substrates—Measurement of coating thickness—Magnetic method

56. ISO 2179：1986 Electroplated coatings of tin-nickel alloy—Specification and test methods

57. ISO 2360：2017 Non-conductive coatings on non-magnetic electrically conductive base metals—Measurement of coating thickness—Amplitude-sensitive eddy-current method

58. ISO 2361：1982 Electrodeposited nickel coatings on magnetic and non-magnetic substrates—Measurement of coating thickness—Magnetic method

59. ISO 252：2007 Conveyor belts—Adhesion between constitutive elements—Test methods

60. ISO 2738：1999 Sintered metal materials，excluding hardmetals—Permeable sintered metal materials—Determination of density，oil content and open porosity

61. ISO 2819：2017 Metallic coatings on metallic substrates—Electrodeposited and chemically deposited coatings—Review of methods available for testing adhesion

62. ISO 2931：2017 Anodizing of aluminium and its alloys—Assessment of quality of sealed anodic oxidation coatings by measurement of admittance

63. ISO 3160-2：2015 Watch-cases and accessories—Gold alloy coverings—Part 2：Determination of fineness，thickness，corrosion resistance and adhesion

64. ISO 3210：2017 Anodizing of aluminium and its alloys—Assessment of quality

of sealed anodic oxidation coatings by measurement of the loss of mass after immersion in acid solution (s)

65. ISO 3211：2018 Anodizing of aluminium and its alloys—Assessment of resistance of anodic oxidation coatings to cracking by deformation

66. ISO 3497：2000 Metallic coatings—Measurement of coating thickness—X-ray spectrometric methods

67. ISO 3543：2000 Metallic and non-metallic coatings—Measurement of thickness—Beta backscatter method

68. ISO 3613：2021 Metallic and other inorganic coatings—Chromate conversion coatings on zinc, cadmium, aluminium-zinc alloys and zinc-aluminium alloys—Test methods

69. ISO 3868：1976 Metallic and other non-organic coatings—Measurement of coating thicknesses—Fizeau multiple-beam interferometry method

70. ISO 3882：2003 Metallic and other inorganic coatings—Review of methods of measurement of thickness

71. ISO 3892：2000 Conversion coatings on metallic materials—Determination of coating mass per unit area—Gravimetric methods

72. ISO 4042：2018 Fasteners—Electroplated coating systems

73. ISO 4516：2002 Metallic and other inorganic coatings—Vickers and Knoop microhardness tests

74. ISO 4518：2021 Metallic coatings—Measurement of coating thickness—Profilometric method

75. ISO 4519：1980 Electrodeposited metallic coatings and related finishes—Sampling procedures for inspection by attributes

76. ISO 4520：1981 Chromate conversion coatings on electroplated zinc and cadmium coatings

77. ISO 4521：2008 Metallic and other inorganic coatings—Electrodeposited silver and silver alloy coatings for engineering purposes—Specification and test methods

78. ISO 4524-2：2000 Metallic coatings—Test methods for electrodeposited gold and gold alloy coatings—Part 2：Mixed flowing gas (MFG) environmental tests

79. ISO 4524-3：2021 Metallic coatings—Test methods for electrodeposited gold and gold alloy coatings—Part 3：Electrographic tests for porosity

80. ISO 4524-6：1988 Metallic coatings—Test methods for electrodeposited gold and gold alloy coatings—Part 6：Determination of the presence of residual salts

81. ISO 4525：2003 Metallic coatings—Electroplated coatings of nickel plus chromium on plastics materials

82. ISO 4526：2004 Metallic coatings—Electroplated coatings of nickel for engineering purposes

83. ISO 4527：2003 Metallic coatings—Autocatalytic（electroless）nickel-phosphorus alloy coatings—Specification and test methods

84. ISO 4536：1985 Metallic and non-organic coatings on metallic substrates—Saline droplets corrosion test (SD test)

85. ISO 4538：1978 Metallic coatings—Thioacetamide corrosion test (TAA test)

86. ISO 4539：1980 Electrodeposited chromium coatings—Electrolytic corrosion testing (EC test)

87. ISO 4541：1978 Metallic and other non-organic coatings—Corrodkote corrosion test (CORR test)

88. ISO 4543：1981 Metallic and other non-organic coatings—General rules for corrosion tests applicable for storage conditions

89. ISO 4624：2016 Paints and varnishes—Pull-off test for adhesion

90. ISO 18203：2016 Steel—Determination of the thickness of surface-hardened layers

91. ISO 6158：2018 Metallic and other inorganic coatings—Electrodeposited coatings of chromium for engineering purposes

92. ISO 6581：2018 Anodizing of aluminium and its alloys—Determination of the comparative fastness to ultraviolet light and heat of coloured anodic oxidation coatings

93. ISO 7587：1986 Electroplated coatings of tin-lead alloys—Specification and test methods

94. ISO 7989-1：2006 Steel wire and wire products—Non-ferrous metallic coatings on steel wire—Part 1：General principles

95. ISO 8078：1984 Aerospace process—Anodic treatment of aluminum alloys—Sulfuric acid process，undyed coating

96. ISO 8079：1984 Aerospace process—Anodic treatment of aluminum alloys—Sulfuric acid process，dyed coating

97. ISO 8081：2021 Aerospace process—Chemical conversion coating for aluminium alloys—General purpose

98. ISO 8130-1：2019Coating powders—Part 1：Determination of particle size distribution by sieving

99. ISO 8130-10：2021 Coating powders—Part 10：Determination of deposition efficiency

100. ISO 8130-11：2019 Coating powders—Part 11：Inclined-plane flow test

101. ISO 8130-12：2019 Coating powders—Part 12：Determination of compatibility

102. ISO 8130-13：2019 Coating powders—Part 13：Particle size analysis by laser diffraction

103. ISO 8130-14：2019 Coating powders—Part 14：Vocabulary

104. ISO 8130-2：2021 Coating powders—Part 2：Determination of density by gas comparison pycnometer (referee method)

105. ISO 8130-3：2021 Coating powders—Part 3：Determination of density by liquid displacement pycnometer

106. ISO 8130-4：1992 Coating powders—Part 4：Calculation of lower explosion limit

107. ISO 8130-5：2021 Coating powders—Part 5：Determination of flow properties of a powder/air mixture

108. ISO 8130-6：2021 Coating powders—Part 6：Determination of gel time of thermosetting coating powders at a given temperature

109. ISO 8130-7：2019 Coating powders—Part 7：Determination of loss of mass on stoving

110. ISO 8130-8：2021 Coating powders—Part 8：Assessment of the storage stability of thermosetting powders

111. ISO 8179-1：2017 Ductile iron pipes，fittings，accessories and their joints—External zinc-based coating—Part 1：Metallic zinc with finishing layer

112. ISO 8179-2：2017 Ductile iron pipes，fittings，accessories and their joints—External zinc-based coating—Part 2：Zinc-rich paint

113. ISO 8251：2018 Anodizing of aluminium and its alloys—Measurement of abrasion resistance of anodic oxidation coatings

114. ISO 8401：2017 Metallic coatings—Review of methods of measurement of ductility

115. ISO 8501-1：2017 Preparation of steel substrates before application of paints and related products—Visual assessment of surface cleanliness—Part 1：Rust grades and preparation grades of uncoated steel substrates and of steel substrates after overall removal of previous coatings

116. ISO 8501-2：1994 Preparation of steel substrates before application of paints and related products—Visual assessment of surface cleanliness—Part 2：Preparation grades of previously coated steel substrates after localized removal of previous coatings

117. ISO 8873-1：2006 Rigid cellular plastics—Spray-applied polyurethane foam for thermal insulation—Part 1：Material specifications

118. ISO 9220：1988 Metallic coatings—Measurement of coating thickness—Scanning electron microscope method

119. ISO 9587：2007 Metallic and other inorganic coatings—Pretreatment of iron or steel to reduce the risk of hydrogen embrittlement

120. ISO 9588：2007 Metallic and other inorganic coatings—Post-coating treatments of iron or steel to reduce the risk of hydrogen embrittlement

121. ISO 9717：2017 Metallic and other inorganic coatings—Phosphate conversion coating of metals

（3）美国材料与实验协会标准（ASTM）

1. ASTM A123/A123M-17 Standard Specification for Zinc（Hot-Dip Galvanized）Coatings on Iron and Steel Products

2. ASTM A754/A754M-96（2021）Standard Test Method for Coating Weight (Mass) of Metallic Coatings on Steel by X-Ray Fluorescence

3. ASTM A755/A755M-18 Standard Specification for Steel Sheet，Metallic Coated by the Hot-Dip Process and Prepainted by the Coil-Coating Process for Exterior Exposed Building Products

4. ASTM A924/A924M-22a Standard Specification for General Requirements for Steel Sheet，Metallic-Coated by the Hot-Dip Process

5. ASTM A929/A929M-18 Standard Specification for Steel Sheet，Metallic-Coated by the Hot-Dip Process for Corrugated Steel Pipe

6. ASTM ANSI/AWS A5. 33 Specification for Solid and Ceramic Wires and Ceramic Rods for Thermal Spraying

7. ASTM B117-19 Practice for Operating Salt Spray (Fog) Apparatus

8. ASTM B294-92 (2022) Standard Test Method for Hardness Testing of Cemented Carbides

9. ASTM B555-86（2018）Standard Guide for Measurement of Electrodeposited Metallic Coating Thicknesses by the Dropping Test

10. ASTM B576-94（2021）Standard Guide for Arc Erosion Testing of Electrical Contact Materials

11. ASTM B659-90 (2021) Standard Guide for Measuring Thickness of Metallic and Inorganic Coatings

12. ASTM B735-16 (2022) Standard Test Method for Porosity in Gold Coatings on Metal Substrates by Nitric Acid Vapor

13. ASTM B741-95 (2000) Standard Test Method for Porosity in Gold Coatingson Metal Substrates By Paper Electrography

14. ASTM B798-95 (2020) Standard Test Method for Porosity in Gold or Palladium Coatings on Metal Substrates by Gel-Bulk Electrography

15. ASTM B799-95（2020）Standard Test Method for Porosity in Gold and Palladium Coatings by Sulfurous Acid/Sulfur-Dioxide Vapor

16. ASTM B833-20 Standard Specification for Zinc and Zinc Alloy Wire for THERMAL Spraying (Metallizing) for the Corrosion Protection of Steel

17. ASTM B914-21 Standard Practice for Color Codes on Zinc and Zinc Alloy Ingot for Use in HOT-Dip Galvanizing of Steel

18. ASTM B920-16 (2020) Standard Practice for Porosity in Gold and Palladium Alloy Coatings on Metal Substrates by Vapors of Sodium Hypochlorite Solution

19. ASTM C127-15 Standard Test Method for Density, Relative Density (Specific Gravity), and Absorption of Coarse Aggregate

20. ASTM C128-15 Standard Test Method for Density, Relative Density (Specific Gravity), and Absorption of Fine Aggregate

21. ASTM C1525-18 Standard Test Method for Determination of Thermal Shock Resistance for Advanced Ceramics by Water Quenching

22. ASTM C633-13（2021）Standard Test Method for Adhesion or Cohesion Strength of Thermal Spray Coatings

23. ASTM C664-10（2020）Standard Test Methods for Thickness of Diffusion Coating

24. ASTM C868-02（2012）Test Method for Chemical Resistance of Protective Linings

25. ASTM D1474-13 (2018) Standard Test Methods for Indentation Hardness of Organic Coatings

26. ASTM D16-19 Terminology for Paint and Related Coatings, Materials, and Applications

27. ASTM D3451-06（2017）Standard Guide for Testing Coating Powders and Powder Coatings

28. ASTM D4712-87a（2005）Standard Guide for Testing Industrial Water-Reducible Coatings

29. ASTM D4871-11（2022）Standard Guide for Universal Oxidation/Thermal Stability Test Apparatus

30. ASTM D6132-13 (2022) Standard Test Method for Nondestructive Measurement of Dry Film Thickness of Applied Organic Coatings Using an Ultrasonic Gage

31. ASTM D6361-98（2020）e1 Standard Guide for Selecting Cleaning Agents and Processes

32. ASTM D6386-22 Standard Practice for Preparation of Zinc（Hot-Dip Galvanized) Coated Iron and Steel Product and Hardware Surfaces for Painting

33. ASTM D6577-15（2019）Standard Guide for Testing Industrial Protective Coatings

34. ASTM E1458-12（2022）Standard Test Method for Calibration Verification of Laser Diffraction Particle Sizing Instruments Using Photomask Reticles

35. ASTM E1920-03（2021）Standard Guide for Metallographic Preparation of Thermal Sprayed Coatings

36. ASTM E1920-03（2021）Standard Guide for Metallographic Preparation of Thermal Sprayed Coatings

37. ASTM E376-19 Standard Practice for Measuring Coating Thickness by Magnetic-Field or Eddy-Current（Electromagnetic）Examination Methods

38. ASTM F1160-14（2017）e1 Standard Test Method for Shear and Bending Fatigue Testing of Calcium Phosphate and Metallic Medical and Composite Calcium Phosphate/Metallic Coatings

39. ASTM F1185-03（2014）Standard Specification for Composition of Hydroxylapatite for Surgical Implants

40. ASTM F1438-93（2020）Standard Test Method for Determination of Surface Roughness by Scanning Tunneling Microscopy for Gas Distribution System Components

41. ASTM F1609-03（2014）Standard Specification for Calcium Phosphate Coatings for Implantable Materials

42. ASTM F1665-08（2022）Standard Specification for Poly（Vinyl Chloride）（PVC）and Other Conforming Organic Polymer-Coated Steel Barbed Wire Used With Chain-Link Fence

43. ASTM F2024-10（2021）Standard Practice for X-ray Diffraction Determination of Phase Content of Plasma-Sprayed Hydroxyapatite Coatings

44. ASTM F732-17 Standard Test Method for Wear Testing of Polymeric Materials for Use in Total Joint Prostheses

45. ASTM F941-99（2019）Standard Practice for Inspection of Marine Surface Preparation and Coating Application

46. ASTM G111-21a Standard Guide for Corrosion Tests in High Temperature or High Pressure Environment，or Both

47. ASTM G116-99（2020）e1 Standard Practice for Conducting Wire-on-Bolt Test for Atmospheric Galvanic Corrosion

48. ASTM G133-22 Standard Test Method for Linearly Reciprocating Ball-on-Flat Sliding Wear

49. ASTM G134-17 Standard Test Method for Erosion of Solid Materials by a Cavitating Liquid Jet

50. ASTM G137-97（2017）Standard Test Method for Ranking Resistance of Plastic Materials to Sliding Wear Using a Block-On-Ring Configuration

51. ASTM G162-18 Standard Practice for Conducting and Evaluating Laboratory Corrosions Tests in Soils

52. ASTM G171-03（2017）Standard Test Method for Scratch Hardness of Materials Using a Diamond Stylus

53. ASTM G176-03（2017）Standard Test Method for Ranking Resistance of Plastics to Sliding Wear Using Block-on-Ring Wear Test—Cumulative Wear Method

54. ASTM G32-16（2021）Standard Test Method for Cavitation Erosion Using Vibratory Apparatus

55. ASTM G4-01（2014）Standard Guide for Conducting Corrosion Tests in Field Applications

56. ASTM G73-04 Standard Practice for Liquid Impingement Erosion Testing

57. ASTM G76-14（2020）Standard Test Method for Conducting Erosion Tests by Solid Particle Impingement Using Gas Jets

58. ASTM G83-96 Standard Test Method for Wear Testing with a Crossed-Cylinder Apparatus

（4）日本工业标准JIS（日英对照）

1. JIS B 0209-4：2001 一般用メートルねじ—公差—第4部：めっき後に公差位置H又はGにねじ立てをしためねじと組み合わせる溶融亜鉛めっき付きおねじの許容限界寸法 ISO general purpose metric screw threads—Tolerances—Part 4：Limits of sizes for hot-dip galvanized external screw threads to mate with internal screw threads tapped with tolerance position H or G after galvanizing

2. JIS B 0209-5：2001 一般用メートルねじ—公差—第5部：めっき前に公差位置hの最大寸法をもつ溶融亜鉛めっき付きおねじと組み合わせるめねじの許容限界寸法 ISO general purpose metric screw threads—Tolerances—Part 5：Limits of sizes for internal screw threads to mate with hot-dip galvanized external screw threads with maximum size of tolerance position h before galvanizing

3. JIS B 1044：2001 締結用部品—電気めっきFasteners—Electroplated coatings

4. JIS B 1046：2005 締結用部品—非電解処理による亜鉛フレーク皮膜Fasteners—Non-electrolytically applied zinc flake coatings

5. JIS C 2520：1999 電熱用合金線及び帯 Wires and rolled wires for electrical heating

6. JIS C 2523：1990 電気抵抗用銅ニッケル酸化皮膜線 Oxidized copper-nickel alloy wires for electrical resistance use

7. JIS D 0201：1995 自動車部品—電気めっき通則 Automobile parts—General rules of electroplating

8. JIS G 0559：2019 鋼の炎焼入及び高周波焼入硬化層深さ測定方法 Methods of measuring case depth for steel hardened by flame or induction hardening process

9. JIS G 0562：1993 鉄鋼の窒化層深さ測定方法 Method of measuring nitrided case depth for iron and steel

10. JIS G 3302：2022 溶融亜鉛めっき鋼板及び鋼帯 Hot-dip zinc-coated steel sheets and coils

11. JIS G 3312：2019 塗装溶融亜鉛めっき鋼板及び鋼帯 Prepainted hot-dip zinc-coated steel sheets and coils

12. JIS G 3314：2022 溶融アルミニウムめっき鋼板及び鋼帯 Hot-dip aluminum-coated steel sheets and coils

13. JIS G 3317：2022 溶融亜鉛—5％アルミニウム合金めっき鋼板及び鋼帯 Hot-dip zinc —5 ％ aluminum alloy-coated steel steets and coils

14. JIS G 3318：2019 塗装溶融亜鉛—5％アルミニウム合金めっき鋼板及び鋼帯 Prepainted hot-dip zinc— 5％ aluminum alloy-coated steel sheets and coils

15. JIS G 3321：2022 溶融 55％アルミニウム—亜鉛合金めっき鋼板及び鋼帯 Hot-dip 55％ aluminum-zinc alloy-coated steel sheets and coils

16. JIS G 3322：2019 塗装溶融 55％アルミニウム—亜鉛合金めっき鋼板及び鋼帯 Prepainted hot-dip 55 ％ aluminum-zinc alloy-coated steel sheets and coils

17. JIS G 3502：2019ピアノ線材 Piano wire rods

18. JIS G 3505：2017 軟鋼線材 Low carbon steel wire rods

19. JIS G 3544：2008 溶融アルミニウムめっき鉄線及び鋼線 Hot-dip aluminum-coated steel wires

20. JIS G 4308：2013ステンレス鋼線材 Stainless steel wire rods

21. JIS G 4401：2022 炭素工具鋼鋼材 Carbon tool steels

22. JIS G 7121：2000 冷間圧延電気めっきぶりき（ISO 仕様）Cold-reduced electrolytic tinplate

23. JIS G 7124：2000 一般及び絞り用連続溶融アルミニウム/シリコンめっき冷間圧延炭素鋼鋼板（ISO 仕様）Continuous hot-dip aluminum/silicon-coated cold-reduced carbon steel sheet of commercial and drawing qualities

24. JIS H 0201：1998アルミニウム表面処理用語 Glossary of terms used in aluminum surface treatment

25. JIS H 0211：1992ドライプロセス表面処理用語 Glossary of terms used in surface treatments by dry processing

26. JIS H 0400：1998 電気めっき及び関連処理用語 Glossary of terms used in

electroplating and related processes

27. JIS H 0401：2021 溶融亜鉛めっき試験方法 Methods of test for hot dip galvanized coatings

28. JIS H 0404：1988 電気めっきの記号による表示方法 Graphical symbol for electroplated coating

29. JIS H 8200：2013 溶射用語 Thermal spraying terms

30. JIS H 8250：2007 溶射の記号による表示方法 Graphical symbol for thermal spraying

31. JIS H 8300：2021 亜鉛，アルミニウム及びそれらの合金溶射—溶射皮膜の品質 Zinc，aluminum and their alloys sprayed coatings quality off sprayed coatings

32. JIS H 8302：2010 肉盛溶射（鋼）Build-up thermal spraying

33. JIS H 8303：2010 自溶合金溶射 Thermal spraying of self-fluxing alloy

34. JIS H 8304：2017セラミック溶射 Ceramic sprayed coatings

35. JIS H 8306：2009 サーメット溶射 Cermet thermal spraying

36. JIS H 8401：1999 溶射皮膜の厚さ試験方法 Methods of thickness measurement for sprayed coatings

37. JIS H 8402：2004 溶射皮膜の引張密着強さ試験方法 Test methods of tensile adhesive strength for thermal-sprayed coatings

38. JIS H 8501：1999めっきの厚さ試験方法 Methods of thickness test for metallic coatings

39. JIS H 8504：1999 めっきの密着性試験方法 Methods of adhesion test for metallic coatings

40. JIS H 8601：1999 アルミニウム及びアルミニウム合金の陽極酸化皮膜 Anodic oxide coatings on aluminum and aluminum alloys

41. JIS H 8602：2010 アルミニウム及びアルミニウム合金の陽極酸化塗装複合皮膜 Combined coatings of anodic oxide and organic coatings on aluminum and aluminum alloys

42. JIS H 8603：1999アルミニウム及びアルミニウム合金の硬質陽極酸化皮膜 Hard anodic oxide coatings on aluminum and its alloys

43. JIS H 8625：1993 電気亜鉛めっき及び電気カドミウムめっき上のクロメート皮膜 Chromate conversion coatings on electroplated zinc and cadmium coatings

44. JIS H 8630：2006 プラスチック上の装飾用電気めっきElectroplated coatings on plastics materials for decorative purposes

45. JIS H 8641：2021 溶融亜鉛めっきZinc hot dip galvanizings

46. JIS H 8642：1995 溶融アルミニウムめっきHot dip aluminized coatings on

ferrous products

47. JIS H 8661：1999 亜鉛，アルミニウム及びそれらの合金溶射一溶射皮膜試験方法 Zinc, aluminum and their alloys sprayed coatings—Test methods for sprayed coatings

48. JIS H 8664：2004 肉盛溶射（鋼）皮膜試験方法 Test methods for build-up thermal spraying

49. JIS H 8666：1994 セラミック溶射皮膜試験方法 Test methods for ceramic sprayed coatings

50. JIS H 8667：2002 サーメット溶射皮膜試験方法 Test methods for cermet sprayed coatings

51. JIS H 8679-1：2013 アルミニウム及びアルミニウム合金の陽極酸化皮膜に発生した孔食の評価方法一第1部：チャート法 Evaluation methods for pitting corrosion of anodic oxide coatings on aluminum and aluminum alloys—Part 1：Chart method

52. JIS H 8679-2：2013 アルミニウム及びアルミニウム合金の陽極酸化皮膜に発生した孔食の評価方法一第2部：グリッド法 Evaluation methods for pitting corrosion of anodic oxide coatings on aluminum and aluminum alloys—Part 2：Grid method

53. JIS H 8680-1：1998 アルミニウム及びアルミニウム合金の陽極酸化皮膜厚さ試験方法—第1部：顕微鏡断面測定法 Test methods for thickness of anodic oxide coatings on aluminum and aluminum alloys — Part 1：Microscopical method

54. JIS H 8680-2：1998 アルミニウム及びアルミニウム合金の陽極酸化皮膜厚さ試験方法—第2部：渦電流式測定法 Test methods for thickness of anodic oxide coatings on aluminum and aluminum alloys—Part 2：Eddy current method

55. JIS H 8680-3：2013 アルミニウム及びアルミニウム合金の陽極酸化皮膜厚さ試験方法—第3部：スプリットビーム顕微鏡測定法 Test methods for thickness of anodic oxide coatings on aluminum and aluminum alloys—Part 3：Non-destructive measurement by split-beam microscope

56. JIS H 8681-1：1999 アルミニウム及びアルミニウム合金の陽極酸化皮膜の耐食性試験方法—第1部：耐アルカリ試験 Test methods for corrosion resistance of anodic oxide coatings on aluminum and aluminum alloys—Part 1：Alkali resistance test

57. JIS H 8681-2：1999 アルミニウム及びアルミニウム合金の陽極酸化皮膜の耐食性試験方法—第2部：キャス試験 Test methods for corrosion resistance of anodic oxide coatings on aluminum and aluminum alloys—Part 2：CASS test

58. JIS H 8682-1：2013 アルミニウム及びアルミニウム合金の陽極酸化皮膜の耐摩耗性試験方法—第1部：往復運動平面摩耗試験 Test methods for abrasion resistance of anodic oxide coatings on aluminum and aluminum alloys—Part 1：Wheel wear test

59. JIS H 8682-2：2013アルミニウム及びアルミニウム合金の陽極酸化皮膜の耐摩耗性試験方法—第2部：噴射摩耗試験 Test methods for abrasion resistance of anodic oxide coatings on aluminum and aluminum alloys—Part 2：Abrasive jet test

60. JIS H 8682-3：2013アルミニウム及びアルミニウム合金の陽極酸化皮膜の耐摩耗性試験方法—第3部：砂落し摩耗試験 Test methods for abrasion resistance of anodic oxide coatings on aluminum and aluminum alloys—Part 3：Sand-falling abrasion resistance test

61. JIS H 8683-1：2013アルミニウム及びアルミニウム合金の陽極酸化皮膜の封孔度試験方法—第1部：染料吸着試験 Test methods for sealing quality of anodic oxide coatings on aluminum and aluminum alloys—Part 1：Dye spot test method

62. JIS H 8683-2：2013アルミニウム及びアルミニウム合金の陽極酸化皮膜の封孔度試験方法—第2部：りん酸—クロム酸水溶液浸せき試験 Test methods for sealing quality of anodic oxide coatings on aluminum and aluminum alloys—Part 2：Phosphoric-chromic acid solution immersion test method

63. JIS H 8683-3：2013アルミニウム及びアルミニウム合金の陽極酸化皮膜の封孔度試験方法—第3部：アドミッタンス測定試験 Test methods for sealing quality of anodic oxide coatings on aluminum and aluminum alloys—Part 3：Admittance test method

64. JIS H 8684：2013アルミニウム及びアルミニウム合金の陽極酸化皮膜の変形による耐ひび割れ性試験方法 Test method for resistance of anodic oxidation coatings on aluminum and aluminum alloys too cracking by deformation

65. JIS H 8685-1：2013アルミニウム及びアルミニウム合金の着色陽極酸化皮膜の促進耐光性試験方法—第1部：光堅ろう度試験 Accelerated test methods for light fastness of coloured anodic oxide coatings on aluminum and aluminum alloys—Part 1：Test for light fastness to artificial light

66. JIS H 8685-2：2013アルミニウム及びアルミニウム合金の着色陽極酸化皮膜の促進耐光性試験方法—第2部：紫外光堅ろう度試験 Accelerated test methods for light fastness of coloured anodic oxide coatings on aluminum and aluminum alloys—Part 2：Test for light fastness to ultra-violet light

67. JIS H 8686-1：2013アルミニウム及びアルミニウム合金の陽極酸化皮膜の写像性試験方法—第1部：視感測定法 Test methods for image clarity of anodic oxide coatings on aluminum and aluminum alloys—Part 1：Chart scale method

68. JIS H 8686-2：2013アルミニウム及びアルミニウム合金の陽極酸化皮膜の写像性試験方法—第2部：機器測定法 Test methods for image clarity of anodic oxide coatings on aluminum and aluminum alloys—Part 2：Instrumental method

69. JIS H 8687：2013アルミニウム及びアルミニウム合金の陽極酸化皮膜の絶縁耐

力試験方法 Test methods for dielectric strength of anodic oxidation coatings on aluminum and aluminum alloys

70. JIS H 8688：2013アルミニウム及びアルミニウム合金の陽極酸化皮膜の単位面積当たりの質量測定方法 Test method for determination of mass per unit area of anodic oxide coatings on aluminum and aluminum alloys—Gravimetric method

71. JIS H 8689：2013アルミニウム及びアルミニウム合金の陽極酸化皮膜の連続性試験方法 Test method for continuity of anodic oxide coatings on aluminum and aluminum alloys—Copper sulphate test

72. JIS H 9300：1999 亜鉛，アルミニウム及びそれらの合金溶射—溶射作業標準 Zinc，aluminum and their alloys sprayed coatings—Recommended practice for sprayed coatings

73. JIS H 9302：1994セラミック溶射作業標準 Recommended practice for ceramic sprayed coatings

74. JIS H 9303：2004サーメット溶射作業標準 Recommended practice for cermet sprayed coatings

75. JIS H 9304：2005 自溶合金溶射作業標準 Recommended practice of self-fluxing alloys spraying

76. JIS K 3151：1996 塗装下地用りん酸塩化成処理剤 Recommendations for phosphate conversion coatings to ensure good adhesion of paints，varnishes and related coatings

77. JIS K 6766：2008 金属表面のポリエチレン皮膜試験方法 Testing methods for polyethylene coatings on metals

78. JIS K 6940：1998ガラスフレーク入りビニルエステル樹脂ライニング皮膜 Glass flakes vinyl ester resin lining films

79. JIS R 1636：1998ファインセラミックス薄膜の膜厚試験方法—触針式表面粗さ計による測定方法 Test method for thickness of fine ceramic thin films—Film thickness by contact probe profilometer

80. JIS T 0306：2002 金属系生体材料の不動態皮膜のX線光電子分光法（XPS）による状態分析 Analysis of state for passive film formed on metallic biomaterials by X-ray photoelectron spectroscopy

81. JIS W 1106：1993 航空宇宙—オーステナイト系ステンレス鋼製部品の表面処理 Aerospace—Surface treatment of austenitic stainless steel parts

82. JIS W 1107：1993 航空宇宙—硬化性ステンレス鋼製部品の表面処理 Aerospace—Surface treatment of hardenable stainless steel parts

83. JIS W 1118：1996 航空宇宙—アルミニウム合金の陽極処理—硫酸法非染色皮膜 Aerospace process—Anodic treatment of aluminum alloys—Sulfuric acid process,

undyed coating

84. JIS W 1119：1996 航空宇宙—アルミニウム合金の陽極処理—硫酸法染色皮膜 Aerospace process—Anodic treatment of aluminum alloys—Sulfuric acid process, dyed coating

85. JIS Z0103：1996 防せい防食用語 Glossary of terms used in rust and corrosion preventive technology

86. JIS Z 3251：2006 硬化肉盛用被覆アーク溶接棒 Covered electrodes for hardfacing

87. JIS Z 3322：2010ステンレス鋼帯状電極肉盛溶接材料 Materials for stainless steel overlay welding with strip electrode

88. JIS Z 3326：2007 硬化肉盛用アーク溶接フラックス入りワイヤArc welding flux cored wires for hardfacing